普通高等教育“动画与数字媒体专业”系列教材

3ds Max基础教程

（微课版）

张俭丰　邵东　王彬　杨浩婕　编著

清华大学出版社
北京

内 容 简 介

本书全面讲述 3ds Max 软件中建模及渲染的技术，全书内容涵盖建模与渲染两大模块，还包括红蓝立体及 360°VR 全景效果图案例。项目案例均配备视频讲解，以项目案例形式展现流程操作，对照视频边学边做，达到高效学习的目的。全书视频涵盖生活用品、工业产品、建筑、角色造型等各种建模过程，读者能够独立完成案例学习。

全书共分为 3 篇：第 1 篇(第 1～4 章)为基础篇，着重介绍 3ds Max 软件的基础建模技术，包括软件的视图操作和简单模型建模技术；第 2 篇(第 5～8 章)为建模篇，着重研究样条线建模、复合对象建模和多边形建模，同时介绍各种建模技术的原理及应用；第 3 篇(第 9～15 章)为渲染篇，基于前面的建模实例，介绍场景及产品的渲染。全书提供了大量应用实例，并配备视频教程供读者学习使用。

本书既可作为高等院校相关专业的教学用书，又可作为设计爱好者的学习用书，同时也可作为社会各类 3ds Max 培训班的参考教材。

图书在版编目(CIP)数据

3ds Max 基础教程：微课版/张俭丰等编著. —北京：清华大学出版社，2022.2(2024.2重印)
普通高等教育“动画与数字媒体专业”系列教材
ISBN 978-7-302-59557-1

Ⅰ. ①3…　Ⅱ. ①张…　Ⅲ. ①三维动画软件－高等学校－教材　Ⅳ. ①TP391.414

中国版本图书馆 CIP 数据核字(2021)第 228937 号

责任编辑：张　玥　薛　阳
封面设计：常雪影
责任校对：胡伟民
责任印制：宋　林

出版发行：清华大学出版社
网　　址：https://www.tup.com.cn，https://www.wqxuetang.com
地　　址：北京清华大学学研大厦 A 座　　**邮　　编**：100084
社 总 机：010-83470000　　**邮　　购**：010-62786544
投稿与读者服务：010-62776969，c-service@tup.tsinghua.edu.cn
质量反馈：010-62772015，zhiliang@tup.tsinghua.edu.cn
课件下载：https://www.tup.com.cn，010-83470236
印 装 者：三河市铭诚印务有限公司
经　　销：全国新华书店
开　　本：185mm×260mm　　**印　　张**：24　　**字　　数**：600 千字
版　　次：2022 年 2 月第 1 版　　**印　　次**：2024 年 2 月第 4 次印刷
定　　价：75.00 元

产品编号：092697-01

Foreword

前言

本书系统地讲述了3ds Max建模及渲染技术，全书内容涵盖建模与渲染两大模块，其中，建模模块涵盖3ds Max基础建模技术、样条线建模、复合对象建模、多边形建模等内容；渲染模块涵盖了产品渲染、室内外渲染、武器模型渲染等内容；还包括流行的红蓝立体效果案例、360°VR全景效果图案例。书中以"理论知识+项目案例"的形式讲述3ds Max在各个领域的必备知识与技术。项目案例均配备视频讲解，以项目案例形式展现流程操作，对照视频边学边做，达到高效学习的目的；亦可下载项目资源，拓展案例辐射的知识面。全书视频涵盖生活用品、工业产品、建筑、角色造型等各种建模过程，读者能够独立完成案例学习，进而具备三维建模能力、场景渲染能力，并能够独立制作产品展示和建筑可视化项目，从而达到三维建模师、渲染师的职业需求目标。本书既可作为高等院校相关专业的教学用书，又可作为设计爱好者的学习用书，同时也可作为社会各类3ds Max培训班的参考教材。

全书共分为15章，章节安排以综合项目应用为主线展开，内容讲解由浅入深，层次清晰，通俗易懂。第1章介绍3ds Max应用；第2章介绍3ds Max界面操作知识；第3章介绍3ds Max软件的视图操作和对象操作功能；第4章介绍基本体建模技术；第5章介绍样条线、挤出、车削等建模技术；第6章介绍复合对象建模的条件、原理和应用；第7章介绍编辑多边形的基本命令及各自功能；第8章介绍小黄人、卡宾枪、手机及产品模型的建模技术；第9章介绍VRay渲染器的切换、草图渲染及成图渲染的参数设置；第10章介绍标准灯光、VRay灯光、光度学灯光的创建方法及参数功能；第11章介绍标准材质、VRay材质及复合材质的调节方法，材质质感体现的注意事项；第12章介绍贴图的类型、贴图对位及贴图展开的技术；第13章介绍标准摄影机、VRay摄影机及立体摄影机的创建及调节方法；第14章介绍场景模型的布光、材质调节、渲染输出及后期处理的流程；第15章介绍产品、枪械模型的布光、材质调节、渲染输出及后期处理的流程。

本书具有以下特点。

(1) 遵照专业培养目标和培养方案，在系统化理论的指导下，将知识、能力、素质培养进行一体化设计，有机融合在教材体系中。

(2) 注重理论和实践的结合,融入创新性强的综合项目案例,使得学生在掌握理论知识的同时提高在建模及渲染过程中分析问题和解决问题的实践动手能力,启发学生的创新意识,使学生的理论知识和实践技能得到全面提升。

(3) 每个知识点都包括基础案例,每章都有一个综合案例,知识内容层层推进,使得学生易于接受和掌握相关知识内容。

(4) 本书在章节中设置大量的实践题目,采用课内外结合的方式,以能力培养为主线,以案例教学为引导,以项目为载体,充分体现"做中学"和"学中做"的思想。

(5) 提供配套的案例素材、视频教程。

本书由张俭丰、邵东、王彬、杨浩婕共同编写。其中,张俭丰编写了第1、5、8、10、11、12、13和15章并统稿,邵东编写了第2、3、4章,王彬编写了第6、9、14章,杨浩婕编写了第7章。本书在出版过程中,得到了清华大学出版社的大力支持,在此表示诚挚的感谢。

由于编者水平有限,书中难免有不妥和疏漏之处,恳请各位专家、同仁和读者不吝赐教和批评指正并与编者讨论。

编 者

2021年5月

Contents

目录

Chapter 1

第 1 章

认识 3ds Max

本章内容简介

本章将为读者讲解有关 3ds Max 的应用领域、安装方法、制作流程及特别注意事项等知识，通过本章的学习，读者会对 3ds Max 软件有一个概括的了解，为后期在各个部分学习时奠定基础。

本章学习要点

- 3ds Max 应用领域。
- 3ds Max 制作流程。
- 3ds Max 注意事项。

能力拓展

通过本章的学习，读者可以对相关的作品进行分析，哪些作品是应用 3ds Max 软件制作的，哪些作品是优秀的，为后期制作指引方向。

优秀作品

本章优秀作品如图 1.0 所示。

图 1.0　优秀作品

1.1 3ds Max 的应用领域

随着计算机技术的不断发展,三维仿真技术越来越多地被应用到各个生活领域。三维仿真比平面图更直观,更能给观赏者以身临其境的感觉。随着三维技术的的日趋完善与成熟,3ds Max 被广泛应用到室内效果图设计、建筑装潢设计、工业产品设计、游戏设计、电影电视特效和栏目包装设计等领域。

1.1.1 室内效果图设计

室内设计一直是蓬勃发展的行业,从建筑室内设计到商业空间设计、从居民住房到酒店空间都离不开室内设计,而 3ds Max 凭借其逼真的渲染技术受到广大设计者的青睐,如图 1.1 和图 1.2 所示。

图 1.1 简约室内

图 1.2 商务空间

1.1.2 建筑设计

3ds Max 在建筑设计领域有着悠久的应用历史,通过该软件,可以快速制作出建筑的外观及景观效果图,深受设计者的喜爱,如图 1.3 和图 1.4 所示。

图 1.3 室外别墅

图 1.4 室外高层建筑

1.1.3 工业产品设计

随着工业时代的进步,工业产品不仅需要从性能上满足需求,也要从产品的外观结构方面吸引眼球。3ds Max凭借其超强的建模、强大的灯光和渲染功能，完美地展现出工业产品的外观质感及结构功能，便于用户选择与使用，如图1.5和图1.6所示。

图1.5 口红

图1.6 音响

1.1.4 游戏设计

次世代三维美术是利用高模烘焙的法线贴图回贴到低模上，让低模在游戏引擎里可以及时显示高模的视觉效果。3ds Max凭借其超强的贴图展开技术、烘焙技术使游戏的画面更加真实、细腻、生动，极大地提高游戏的观赏性与真实性，如图1.7和图1.8所示。

图1.7 游戏场景

图1.8 游戏室外场景

1.1.5 影视动画

在电影电视的后期制作中，3ds Max占有一席之地，遇到直接拍摄无法完成的画面时，就可以应用 3ds Max 进行场景与角色模型的搭建,最后渲染出序列文件,配合后期软件进行合成,最终完成影视动画镜头的制作,如图 1.9 和图 1.10 所示。

图 1.9 动画室内场景

图 1.10 动画室外场景

1.1.6 栏目包装设计

3ds Max 以其强大的仿真能力、强大的质感表现功能,能够更好地将片头的内容、片头的主题、片头的艺术性及片头的技术性传递给受众,以此提高栏目的观赏性及收视率,因此它在栏目包装方面发挥着巨大的作用,如图 1.11 和图 1.12 所示。

图 1.11 手表元素

图 1.12 粒子元素

1.2 3ds Max 安装流程

步骤 1 双击 Setup.exe 文件,进行安装,如图 1.13 所示。

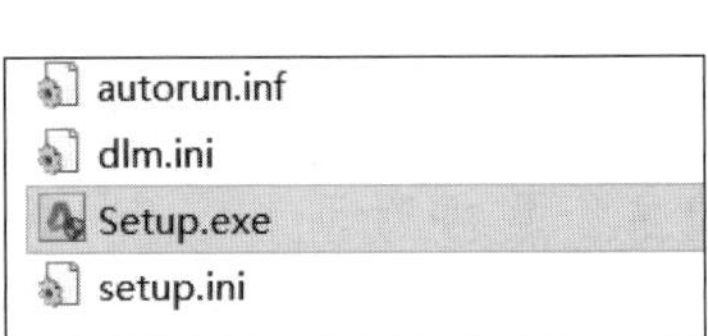

图 1.13 安装文件

步骤 2 在弹出的界面中,单击"安装"按钮,进行安装，如图 1.14 所示。

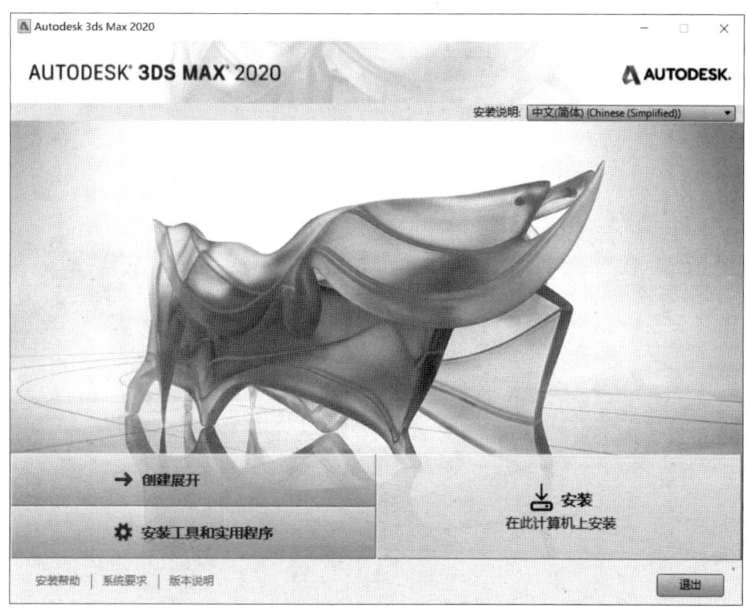

图 1.14　安装界面

步骤 3　在许可协议界面中，单击“我接受”单选按钮，单击“下一步”按钮，如图 1.15 所示。

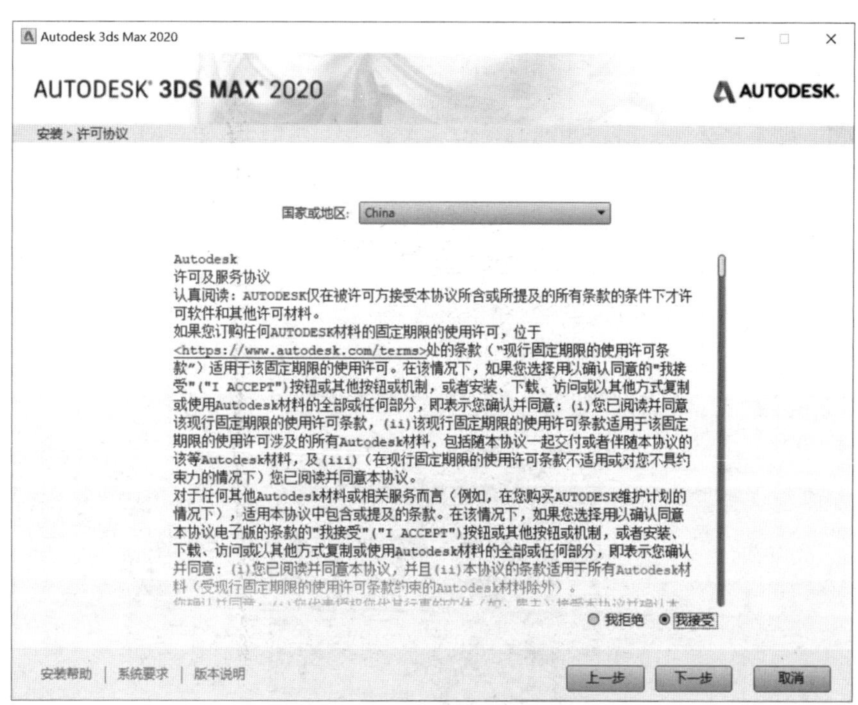

图 1.15　许可协议界面

步骤 4 单击"浏览"按钮,选择 3ds Max 2020 软件的安装路径,建议放到英文路径下方,单击"安装"按钮,如图 1.16 所示。

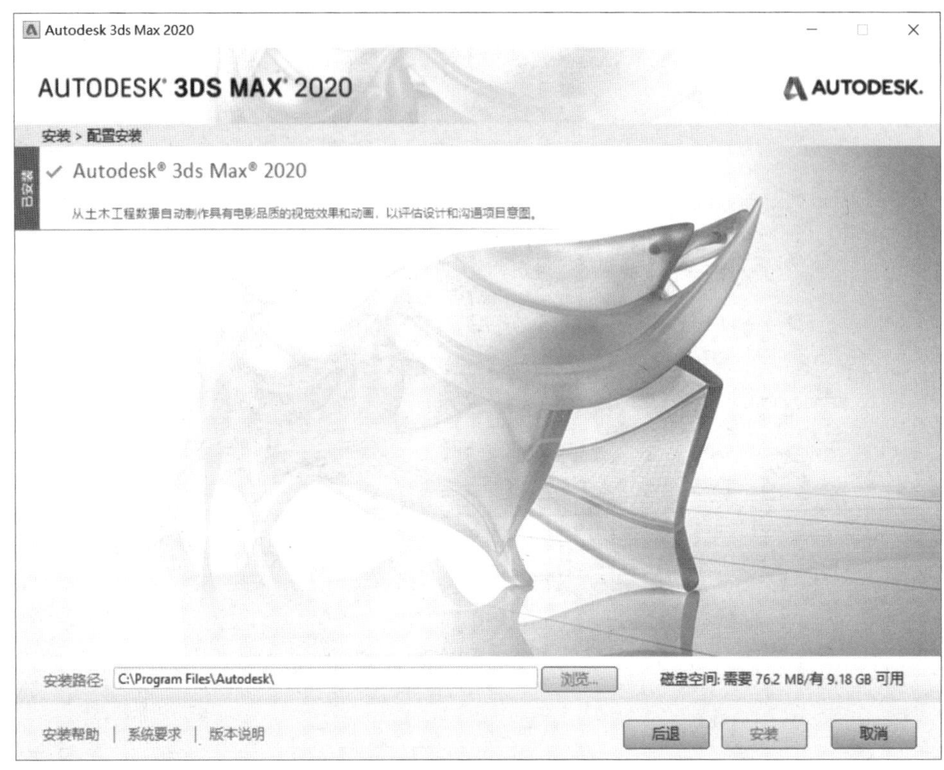

图 1.16 安装路径

步骤 5 成功安装 3ds Max 2020 软件后,单击右上角的"关闭"按钮。

步骤 6 单击计算机桌面左下方的"开始"按钮,在程序中找到 Autodesk 文件,在下拉框中选择 3ds Max 2020 Simplified Chinese 的文件图标,打开中文版的 3ds Max 软件,如图 1.17 所示。

图 1.17 应用程序

步骤 7　单击“输入序列号”，如图 1.18 所示。

图 1.18　序列号界面

步骤 8　隐私声明，单击“我同意”按钮，如图 1.19 所示。

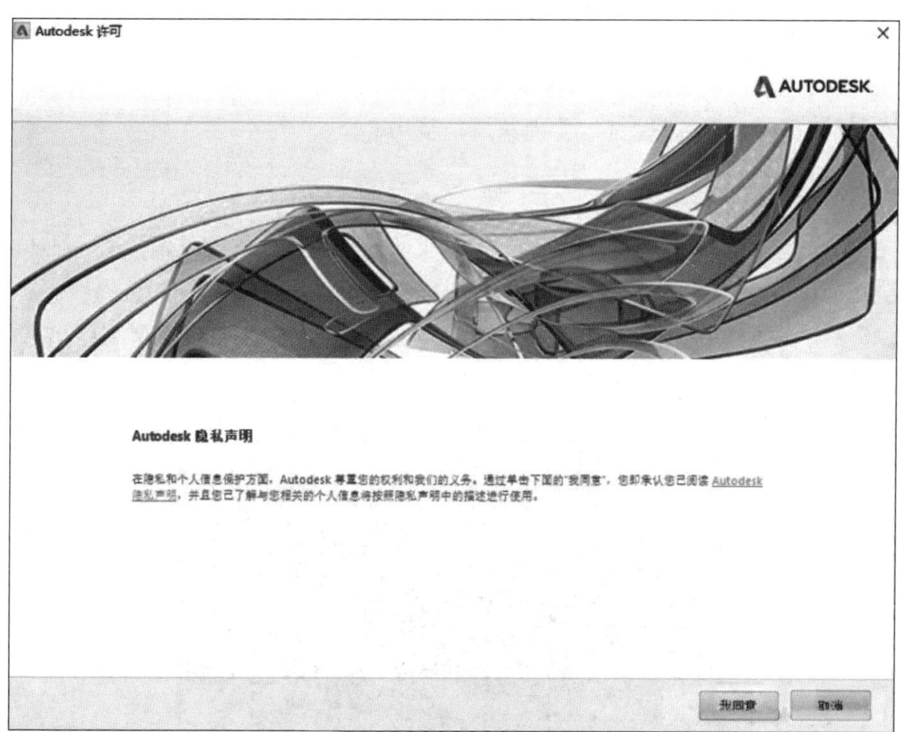

图 1.19　隐私声明界面

步骤 9　开始运行，未激活的试用版只能用 30 天，如果想永久使用该软件，可以购买相应的序列号进行软件激活。打开软件后关闭欢迎屏幕，就可以进行软件学习与使用，如图 1.20 所示。

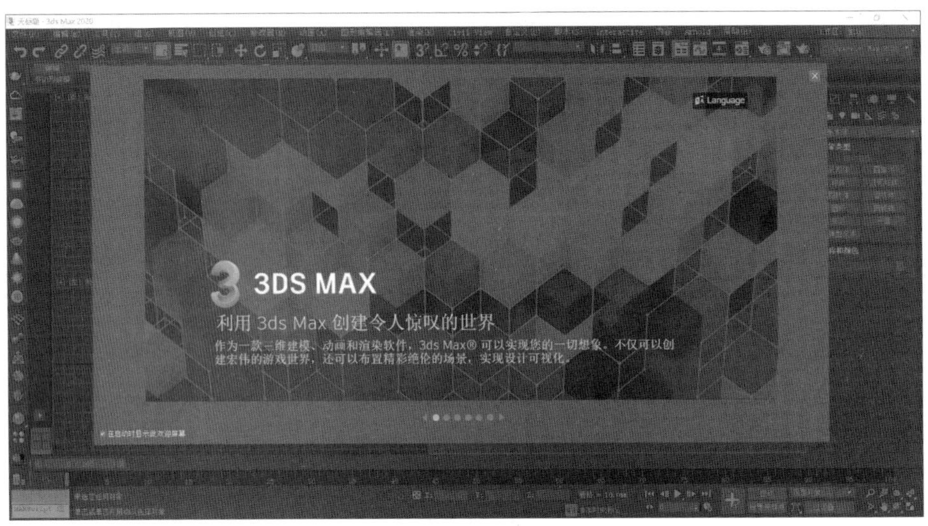

图 1.20　软件界面

1.3　3ds Max 的创作流程

在 3ds Max 软件中，无论是制作静帧作品还是制作动画视频作品，创作的流程是建模、渲染设置、材质贴图、灯光、摄影机、动画及渲染输出。

1.3.1　建模

在 3ds Max 软件中，从无到有地建造出物体的模型元素，这个过程统称为"建模"。在 3ds Max 软件中有很多种建模方法：几何体建模、复合对象建模、二维图形建模、修改器建模、多边形建模、曲面建模。无论采用哪种建模方法，只要能快速地将模型制作出来，就是可以采用的建模方法，如图 1.21 所示。

图 1.21　建模场景

1.3.2　渲染器设置

在三维软件中的渲染器有扫描线渲染器、Arnold 渲染器、VRay 渲染器、Redshift 渲染器。那么，在选择渲染器时，该采用哪一种作为自己场景的渲染呢？从时间、渲染质量与学习难易角度考虑，本书主要选择 VRay 渲染器来渲染场景。VRay 是目前最受欢迎的渲染引擎之一，提供具有物理照明的材质类型，结合光线的跟踪与光能传递，真实的光线计算使它渲染的场景更加真实自然。

1.3.3　材质及贴图制作

创建完的模型是裸模的状态，就像没穿衣服的孩子。可以通过材质与贴图的学习，将调节好的材质与贴图赋予模型，模型的表面就穿上了新衣服，从外界看向模型时，模型的表面就会出现不同的纹理、不用的质感、不同的凹凸、不同的反射等现象，如图 1.22 所示。

图 1.22　赋予材质贴图

1.3.4　灯光、摄影机设置

场景的模型材质都制作完毕后，可以进行灯光的布置，可以用两点布光、五点布光、灯光矩阵等布光方法。灯光除了能够照亮场景模型，还可以将物体的明暗关系呈现出来。灯光布置完毕，可以找一个合适的角度，创建摄影机，用来从固定视角观看场景的模型，便于渲染测试对比，如图 1.23 所示。

1.3.5　动画调整

3ds Max 软件中的动画模块也是非常强大的，其动画的制作方法也有很多种，包括关键帧动画、修改器动画、约束动画、角色动画、表达式动画。在建筑场景漫游动画中，灯光动画、摄影机动画就经常被应用。

1.3.6　渲染输出

经过建模、渲染器设置、材质与贴图、灯光与摄影机、动画，接下来就要进行渲染输出了，在 3ds Max 软件中可以渲染输出静帧图片，也可以渲染动态的序列文件，这些都可以在渲染面板中进行设置，渲染后的图片或序列文件就可以在其他软件中使用了，如图 1.24 所示。

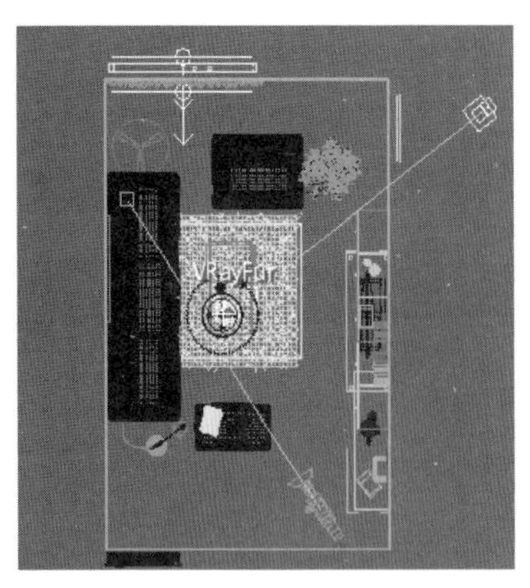

图 1.23　设置灯光与摄影机

图 1.24　渲染场景

1.4　3ds Max 特别注意事项

1.4.1　3ds Max 材质编辑器模糊如何解决

在 3ds Max 软件的学习与使用过程中，可能会遇到材质编辑器显示不全、材质/贴图浏览器窗口中的材质与位图显示模糊，这些都是计算机系统与软件显示不兼容造成的。可以通过下面的步骤进行解决。

步骤 1　在计算机中找到 3ds Max 软件的快捷方式，如果按默认方式安装软件，则在桌面上就有 3ds Max 软件的快捷方式。在快捷方式上，单击鼠标右键，在弹出的菜单中单击“属性”按钮，如图 1.25 所示。

图 1.25　属性面板

步骤 2　选择“兼容性”选项卡，在下方单击“更改高 DPI 设置”按钮，如图 1.26 所示。

步骤 3　勾选“替换高 DPI 缩放行为”，在缩放执行中选择系统，单击“确定”按钮，返回到“兼容性”选项卡，再次单击“确定”按钮，完成设置，如图 1.27 所示。

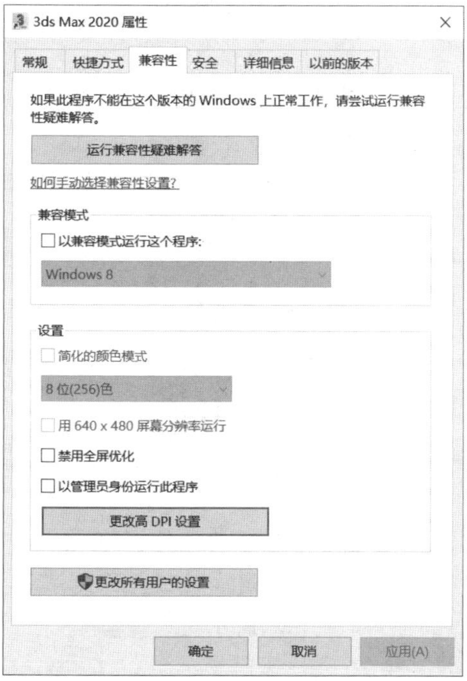

图 1.26　设置 DPI

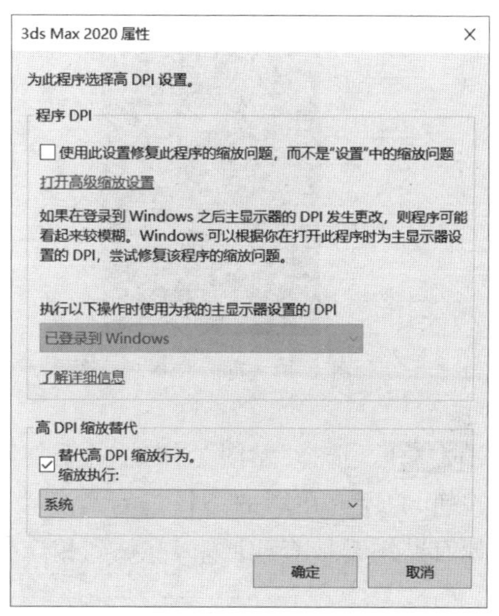

图 1.27　高 DPI 参数

步骤 4　重启计算机，打开 3ds Max 软件，问题就被解决了。

1.4.2　3ds Max 工程如何资源收集及找回贴图

在 3ds Max 软件的学习与使用过程中，经常会遇到将工程文件及贴图一起转移到其他计算机继续编辑，这时问题就出现了：打开工程文件，贴图丢失了。可以通过下面的步骤解决贴图丢失问题。

步骤 1　在转移 3ds Max 工程文件及贴图时，先对工程文件进行资源收集，将工程文件及贴图放入一个文件夹中。单击“命令”面板中的“实用程序”，在“实用程序”列表中，单击“资源收集器”。如果列表中没有“资源收集器”，可以单击“配置按钮集”按钮，将“资源收集器”拖曳到“实用程序”列表中，如图 1.28 所示。

图 1.28　资源收集器

步骤 2　在“参数”卷展栏中，设置好输出路径，勾选“收集位图/光度学文件”，勾选“包括 MAX 文件”，单击“开始”按钮，进行资源收集。收集完毕后，工程文件、贴图、广域网文件都放入到一个文件夹中。可以将整个文件夹复制到其他计算机中，如图 1.29 所示。

步骤 3　在其他计算机中打开工程文件。在“实用程序”列表中，单击“位图/光度学路径”，单击“编辑资源”按钮，进行贴图查找，如图 1.30 所示。

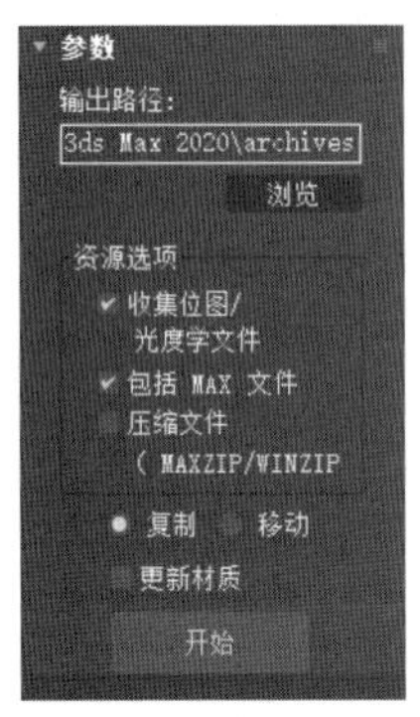

图 1.29 资源收集器参数

图 1.30 位图/光度学路径

步骤 4 选择“贴图”列表中的全部贴图,单击…按钮查找贴图的文件夹,单击“设置路径”按钮,将所有贴图的路径进行重新设置。单击右上角的×关闭该面板。回到工程文件中,所有贴图都被查找回来,并贴到相应模型的表面上,如图 1.31 所示。

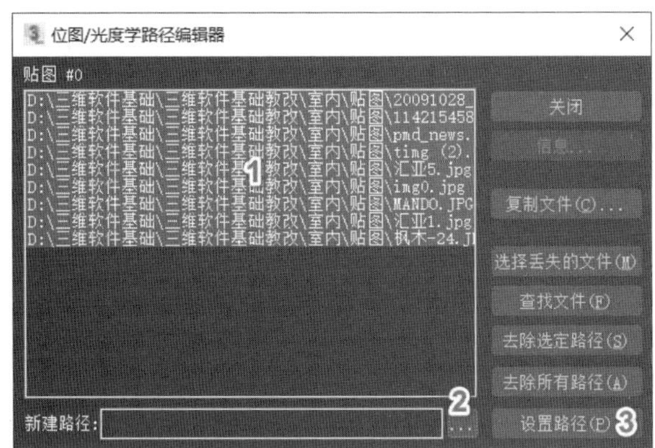

图 1.31 位图/光度学路径编辑器

小结

本章主要通过 3ds Max 软件的应用领域、安装流程、制作流程及可能遇到的问题等方面进行介绍,重点讲解 3ds Max 软件的制作流程,读者从宏观的角度对三维模型的制作流程有所了解,为软件的细节知识学习指引方向。

Chapter 2

第2章

3ds Max 界面

本章内容简介

本章将为读者讲解有关 3ds Max 软件菜单栏、工具栏、视图区、命令面板、状态栏及视图导航区的知识，通过本章的学习，读者会对 3ds Max 软件界面有一个全面的掌握，为快速地查看场景及改变场景奠定基础。

本章学习要点

- 3ds Max 工具栏。
- 3ds Max 命令面板。
- 3ds Max 视图导航操作。

能力拓展

通过本章的学习，读者可以对相关的场景进行操作，对视图进行操作，能够快速查看相应的模型，熟练掌握 3ds Max 软件的各个功能。

优秀作品

本章优秀作品如图 2.0 所示。

图 2.0 优秀作品

2.1 菜单栏

3ds Max 2020 版本的菜单栏，和大部分的设计软件一样，都位于工作界面的顶端，其中包含 16 个子菜单，分别为：文件、编辑、工具、组、视图、创建、修改器、动画、图形编辑器、渲染、Civil View、自定义、脚本、Interactive、内容、帮助，如图 2.1 所示。

文件(F) 编辑(E) 工具(T) 组(G) 视图(V) 创建(C) 修改器(M) 动画(A) 图形编辑器(D) 渲染(R) Civil View 自定义(U) 脚本(S) Interactive 内容 帮助(H)

图 2.1 菜单栏截图

"文件"菜单：主要用于打开、关闭文件，存储和打包文件，导入导出文件，并对一些全局的设置进行参数化、个性化的修改等。

"编辑"菜单：主要用来在场景中选择和编辑对象，部分功能是工具栏中的菜单显示模式。

"工具"菜单：主要包含对物体进行操作的常用命令，这些命令在主工具栏中也可以找到并可以直接使用。

"组"菜单：主要用于两个或以上的物体成组、拆分等。

"视图"菜单：主要用来控制视图的显示方式以及视图的配置与导航器显示等。

"创建"菜单：主要用来创建几何物体、二维物体、灯光、摄像机、虚拟体、动画器、骨骼工具和粒子等，在右侧图表面板中也可以实现相同的操作。

"修改器"菜单：主要包含右侧修改器列表面板中的所有修改器。

"动画"菜单：主要用来加载和保存动画，添加骨骼解算器，添加动画控制器，添加约束功能，添加 CAT 骨骼插件，动力学解算和流体解算，导线参数生成，骨骼工具加载等。

"图形编辑器"菜单：主要是用于图表式的调节关键帧轨迹与时间，以及粒子流视图创建等。

"渲染"菜单：主要用来设置渲染参数，包括渲染器设置、光能传递开关、渲染效果器、烘焙贴图、材质编辑器使用以及渲染队列批处理设置等。

Civil View 菜单：该菜单是为土木工程师和交通运输基础设施规划人员使用的可视化功能菜单，在软件 design 模式下运行。

"自定义"菜单：主要用来更改用户界面或系统设置。可以对 3ds Max 系统进行设置，如渲染和自动保存文件等。

"脚本"菜单：主要用来书写脚本语言的短程序来自动执行某些命令。在 MAXScript 菜单中包括新建、测试和运行脚本的一些命令。

Interactive 菜单：3ds Max Interactive 是一款 VR 引擎，可以扩展 3ds Max 的功能，创建身临其境的交互式体系结构可视化设计。

"内容"菜单：启动 3ds Max 资源库时，使用资源库可通过本地计算机和网络在单个视图中快速访问三维内容，以便实时搜索所有内容。

"帮助"菜单：菜单中主要是一些帮助信息，可以供用户参考学习。

通过上面的讲解，读者能够大概了解 3ds Max 2020 版本的菜单栏中的一些基本信息，在这里，部分功能需要外部的加载和读取，本书中主要讲解一些关于 3ds Max 内部菜单命令，希望读者了解并掌握这些部分即可。

2.2 工具栏

2.2.1 撤销与重做工具

在视图中创建完成物体以后，对其进行操作，如果想撤回刚才的操作，可以直接按 Ctrl+Z 组合键，如果还是想恢复刚才的操作，可以按 Ctrl+Y 组合键，这和多数设计软件相同，如果记不住就单击工具栏上的“撤销”和“重做”按钮。

在此值得一提的是，默认软件只能撤销 20 步，选择“自定义”→“首选项”→“常规”，设置场景撤销项，将级别改为 50。这样操作就可以返回 50 步，如图 2.2 所示。

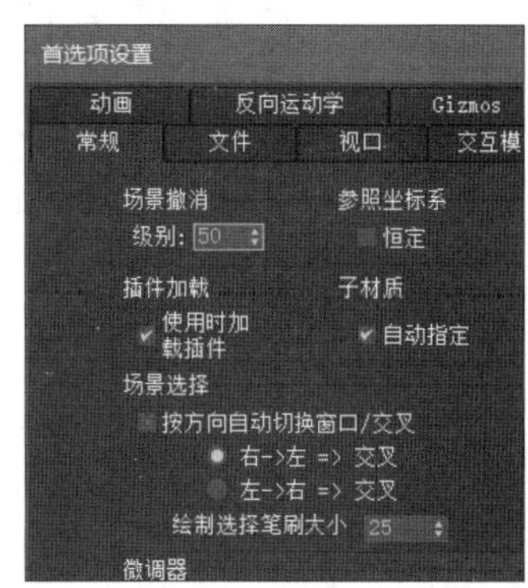

图 2.2 撤销项参数

2.2.2 选择与选框区域工具

图标表示选择对象工具和按照列表选择工具。在场景中创建一个物体，单击鼠标左键选择一个物体后才能对它进行编辑，也可以通过场景中的物件列表进行选择，如图 2.3 所示。

图 2.3 选择对象和列表选择

图标分别表示区域选择方式的切换和部分选择与整体框选切换，区域选择模式从上到下分别为多种选择级，都是通过鼠标框选来完成的，代表着矩形选区、圆形选区、围栏选区(多边形选区)、套索选区、绘制选择区域五种方式。“窗口”/“交叉”则表示在选择物体的时候，是选择物体某一部分就能选择物体，还是选择全部才能选择物体的切换，如图 2.4 所示。

2.2.3 捕捉工具

在工具架中，是捕捉的四个开关，分别表示捕捉开关、角度捕捉切换、百分比捕捉切换、微调器捕捉切换。

工具栏中的捕捉开关图标，是灰色的表示捕捉关闭，是淡蓝色表示捕捉打开，分别在图标上面执行按住操作和右击操作能弹出新的菜单，如图 2.5 所示。

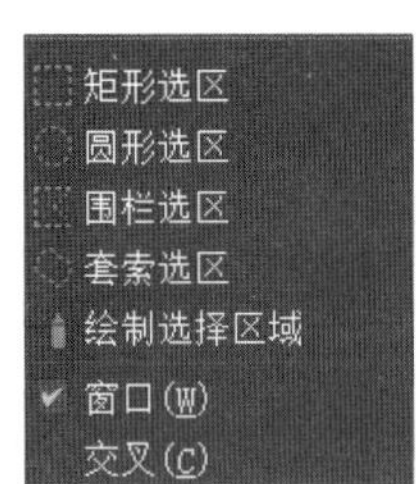

图 2.4 选择区域与窗口/交叉

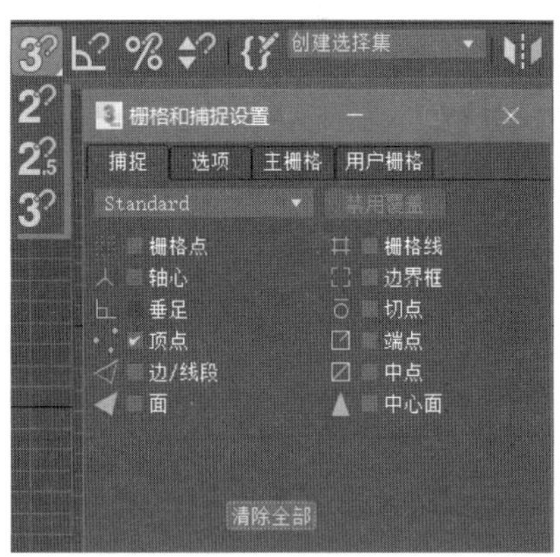

图 2.5 捕捉选项和设置

图标默认情况下是三维捕捉,按自上而下顺序排列分别是二维捕捉、二点五维捕捉和三维捕捉。二维捕捉代表只能捕捉二维平面上的点,二点五维捕捉可捕捉空间中的任何点,所得的结果只在当前的平面上,三维捕捉可捕捉空间中的任何点。

接下来,尝试单击右键选择栅格和捕捉设置,勾选"顶点",创建两个基本几何体方盒子,使用二点五维方式进行捕捉,对它们进行拖曳顶点操作,对其边角进行对齐变得很容易,如图 2.6 所示。

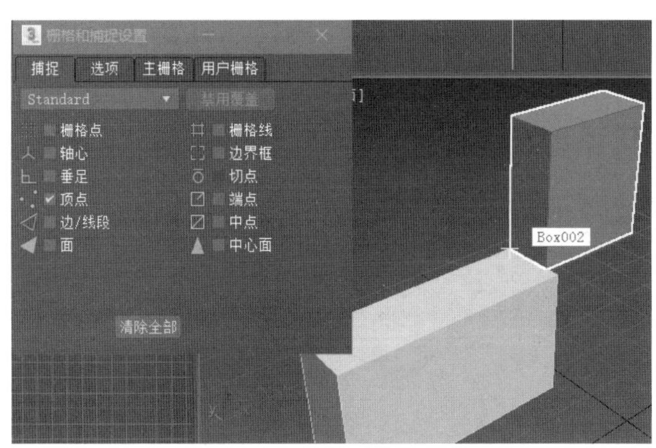

图 2.6 使用二点五维方式进行对齐顶点操作

在创建模型的过程中,点的捕捉或者中心点轴心的拾取等操作都会经常用到捕捉工具,它是一个非常好用也使用频繁的工具,在后续的制作中会具体介绍。

2.2.4 对象操作类工具

在工具架中,是对一个物件进行操作的工具,其中从左到右分别为位移、旋转、缩放、放置、坐标系参考、轴点位置。

位移:按下 W 键,指物体可以沿着单轴、公共轴区域实现位置移动的操作。

旋转:按下 E 键,指物体可以沿着单轴、公共轴区域实现物体旋转的操作。

缩放：按下 R 键，指物体通过公共轴区域实现等比缩放，单轴实现不等比缩放等操作。在“缩放”菜单中有三个子菜单分别为：等比缩放、不等比缩放、挤压缩放。

放置：单击左键，调出下拉菜单中的第一个图标：选择和放置菜单，要放置单个对象时，单击对象进行选择，并拖动鼠标以移动该对象。第二个图标：选择和旋转菜单，当“旋转”选项处于活动状态时，操作鼠标对其进行角度的旋转。

单击缩放图标，选择第一个选项：等比缩放，会对某个物体的形状进行变形操作。在等比缩放按钮上单击右键，可以对缩放进行精确参数设置，如图 2.7 中想要把物体从方盒子压到一个平面，需要在 Z 轴数字右侧的箭头上单击右键，将 Z 轴值设置成 0，如图 2.7 所示。

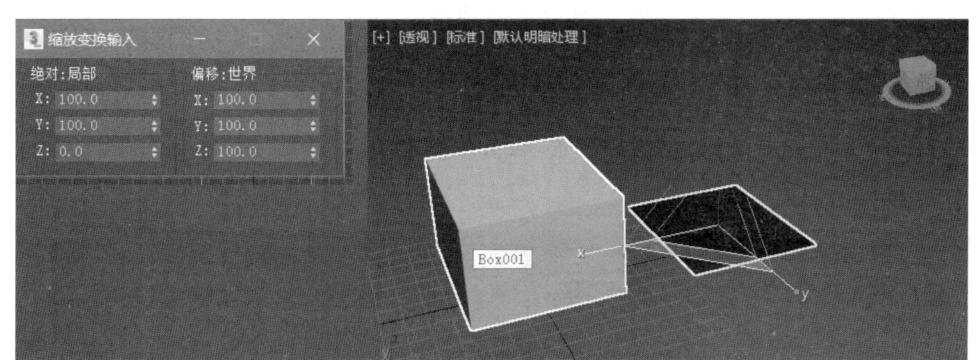

图 2.7　压扁一个面或者点

此方法在制作后面多边形以及一些物体的变形动画的时候是很便捷的，能够快速实现在一条线上对齐的操作。

2.2.5　坐标系工具

坐标系参考：这个菜单默认是视图模式，列表中有许多的菜单，如图 2.8 所示。

视图：在默认的“视图”坐标系中，所有正交视口中的 X、Y 和 Z 轴都相同。使用该坐标系移动对象时，会相对于视口空间移动对象。

屏幕：选择屏幕坐标则是将活动视口屏幕用作坐标系，它会因为用户对视图的调节来进行改变。

世界：使用世界坐标系时，使用视图左下角一侧的小坐标系，世界坐标系始终固定。

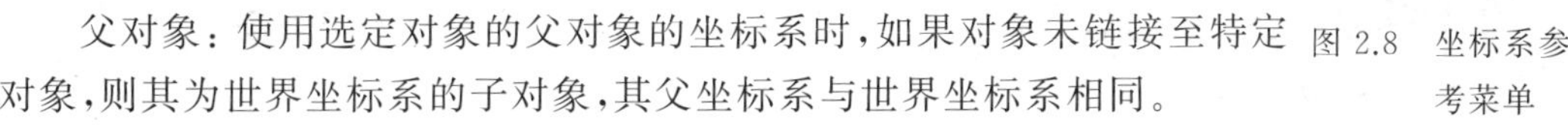

图 2.8　坐标系参考菜单

父对象：使用选定对象的父对象的坐标系时，如果对象未链接至特定对象，则其为世界坐标系的子对象，其父坐标系与世界坐标系相同。

局部：对象的局部坐标系由其轴点支撑，使用“层次”命令面板上的选项，可以相对于对象调整局部坐标系的位置和方向。

方向：方向坐标系与 Euler XYZ 旋转控制器一同使用。它与局部坐标系类似，但其三个旋转轴相互之间不一定垂直。

栅格：使用活动栅格坐标系。

工作：使用工作轴坐标系，可以随时使用坐标系，无论工作轴处于活动状态与否，使用工作轴启用时，即为默认的坐标系。

局部对齐：使用选定对象的坐标系来计算 X 轴和 Y 轴以及 Z 轴，当同时调整具有不同面的多个子对象时，这是有用的。

拾取：使用场景中另一个对象的坐标系，选择“拾取”后，单击以选择变换要使用其坐标系的单个对象，对象的名称会显示在“变换坐标系”列表中。

上述坐标系参考中，用得比较多的是视图、局部、拾取。具体的操作会在后面遇到的时候进行应用讲解。

轴点位置：分别为下拉菜单的三个图标选择，使用轴点中心、使用选择中心、使用变换坐标中心。

使用轴点中心：可以围绕其各自的轴点旋转或缩放一个或多个对象。

使用选择中心：可以围绕其共同的几何中心旋转或缩放一个或多个对象。

使用变换坐标中心：可以围绕当前坐标系中心旋转或缩放对象。

三种变换需要观察轴位置、坐标位置，以及相对的位置变化，在此罗列了两个物体之间的旋转变化供读者参考，如图 2.9 所示。

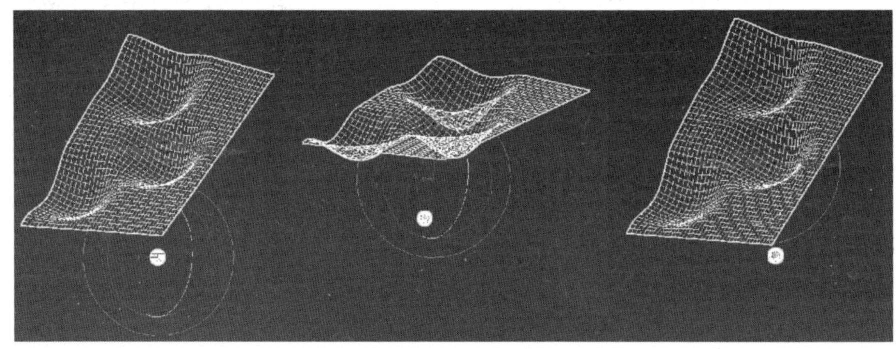

图 2.9　坐标系参考菜单

图 2.9 中左侧选择的是轴点中心，平面和球按照自己的坐标进行旋转，互不影响。中间图中选择的是中心，小球和平面按照共同的中心进行旋转，但坐标位置处于两者中心，右侧图中使用交换坐标中心，两个物件使用的是平面坐标的位置，旋转发现，它是按照平面的坐标系统来完成旋转操作的。

2.2.6　材质编辑器及渲染类工具

材质编辑器，顾名思义就是物件材质的编辑工具，可以单击工具栏中的图标打开，也可以按住 M 键进行加载。

最初始的状态为 Slate 材质编辑器，Slate 材质编辑器是在 3ds Max 2012 版本后就加载在材质编辑器中，它是以列表和控件为基础的摆放模式，但在实际中，很多人一直还在沿用最早的旧版本材质编辑器——基于层级的精简材质编辑器。它们的区别一目了然，单击“模式”进行切换，如图 2.10 所示。

在此值得一提的是两种不同的材质编辑器的所有功能相同，只是架构不同，使用方法不同，当然感受也不同。图 2.10 中，左侧原始模式，依然延用层级管理，右侧则使用新节点连接方式，类似于 Maya、NUKE 之类的节点软件布局，按照个人的操作习惯进行选择。

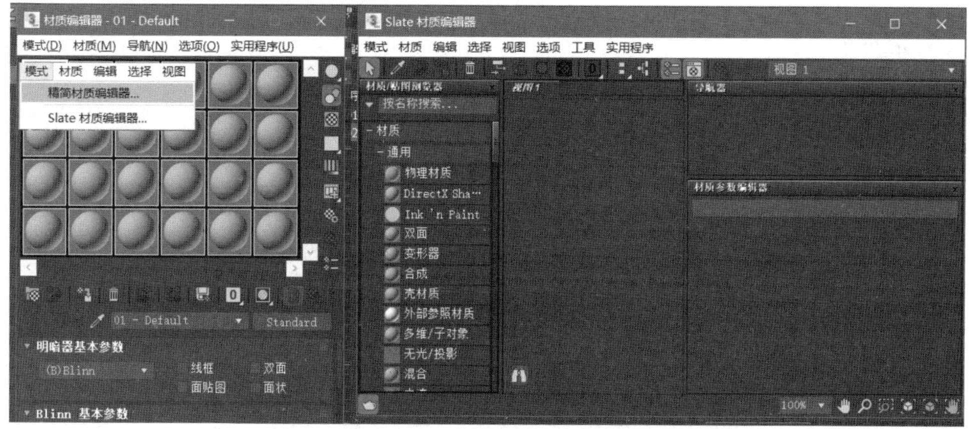

图 2.10 两种不同的材质编辑器显示

在工具架上，这组图标代表着渲染参数设置，从左到右分别是“渲染设置”“渲染帧窗口”“渲染产品命令”，如图 2.11 所示。

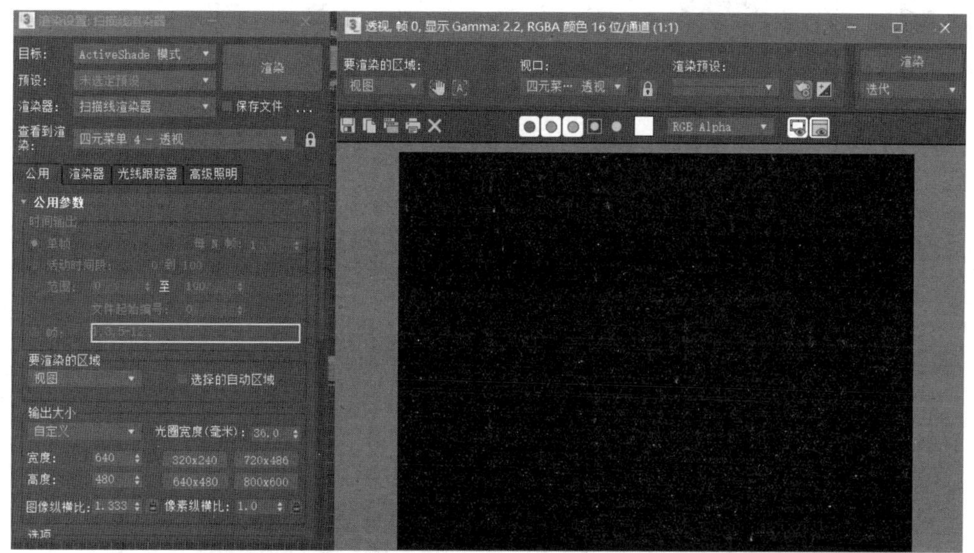

图 2.11 渲染设置和渲染帧窗口

渲染设置：这里可以设置渲染器类型、渲染输出格式、尺寸，并且设置所选渲染器的一些具体参数，如贴图采样、渲染精细度等。

渲染帧窗口：渲染的显示框，里面包括渲染画面框、视口设置、渲染区域选择、多个通道颜色显示，以及保存、复制、删除图像等按钮。

渲染产品命令：单击按钮可以直接渲染视图中的场景和物件，激活的就是渲染帧窗口。在按住这个按钮时会出现子菜单：渲染迭代和 ActiveShade。

渲染迭代：该命令可在迭代模式下渲染场景，而无须打开“渲染设置”对话框，迭代渲染会忽略文件输出、网络渲染、多帧渲染、导出到 MI 文件和电子邮件通知。在图像(通常对各部分迭代)上执行快速迭代时使用该选项。

ActiveShade：要使用 ActiveShade 模式，必须使用 Nitrous 驱动程序，并且渲染器类型是扫描线渲染器。想要应用 VRay 渲染器，可在渲染面板中切换成产品级渲染模式。

2.3 视图区

视口区域是操作界面中最大的一个区域，也是 3ds Max 中用于实际工作的区域，默认状态下为四视图显示，包括顶视图、左视图、前视图和透视图，快捷键分别是 T、L、F、P，在这些视图中可以从不同的角度对场景中的对象进行观察和编辑。

可以通过设置来对窗口进行自定义布局，选择视图中的“标准”“视口全局设置”，打开菜单，也可以单击[+]，选择配置视口，如图 2.12 所示。

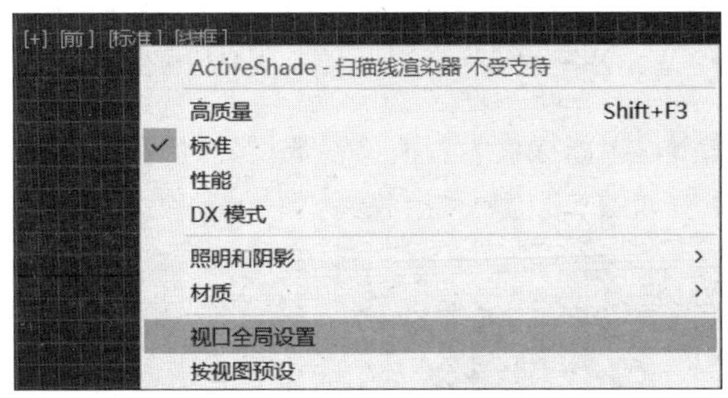

图 2.12　选择视口全局设置

打开面板，在“布局”选项卡中，选框下系统预设了一些视口的布局方式，如图 2.13 所示。

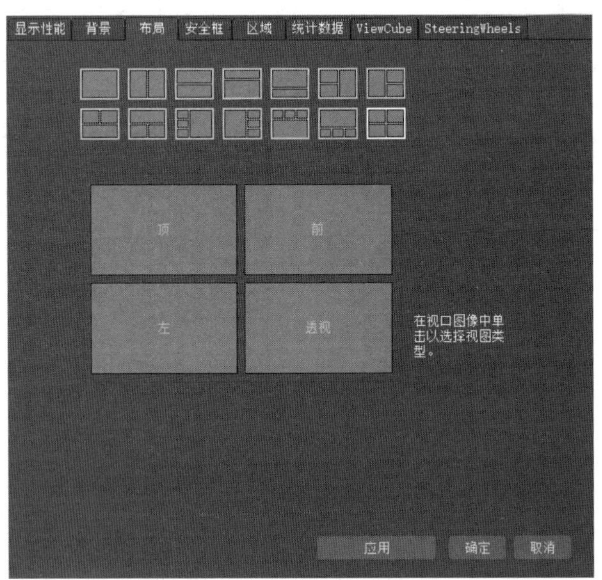

图 2.13　视图布局设置

也可以通过拖曳分区中间的十字架来自定义每格的大小，如果想回复到初始的状态，可以在十字线上右击，选择重置布局。

如果在使用过程中，默认视图不能满足要求，可以选择视图名称栏，切换到想要的视图，每个视图也都可以用快捷键操作，如图 2.14 所示。

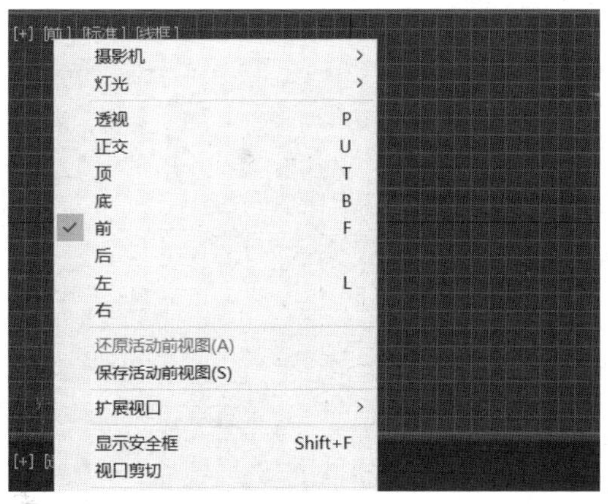

图 2.14　视图名称切换

需要操作哪一个视图必须单击才能激活操作，按 Shift＋F 组合键显示安全框，按 G 键为显示和去除背景网格的切换，独立显示和分别显示视图的切换组合键是 Alt＋W。

值得一提的是，在使用视图的时候，最好不要去摇移调节顶、前、侧视图，因为它会变成正交视图，不便于创建新物体，也不方便调节和操作。在需要整体调节的时候应尽可能多地去使用透视图，它摇移物体方便，查看清晰，调整更全方位。

2.4　命令面板

命令面板是 3ds Max 软件很重要的组成部分，这里包括软件主要的功能和显示，一些顶部菜单的命令也能够在这找到，最重要的是对基本的功能都做了分类，能够让操作者按照类别进行选择，操作更加便捷。这里不会对每一个按钮进行逐一介绍，而是会按照类别对它们进行分析和说明。首先是“创建”面板，选择“几何体”，这里主要是三维物体的创建，如图 2.15 所示。

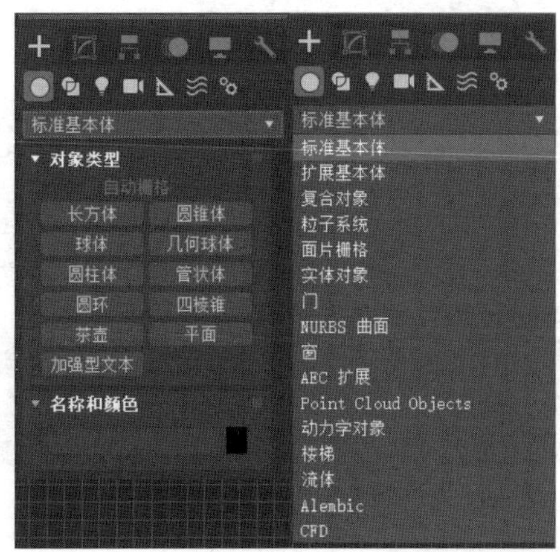

图 2.15　创建菜单

标准基本体：主要是基本几何物体的创建，包括常用的长方体、圆柱体、球体等。通过对基本体的创建和修改，达到对后期形态塑造的基础性搭建。

扩展基本体：主要是较为复杂的一些几何体的创建，包括比较常用的切角长方体、切角圆柱体、胶囊等，如图 2.16 所示。

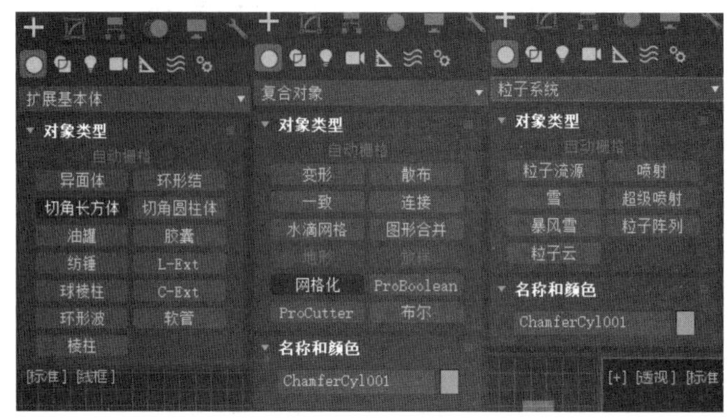

图 2.16　扩展基本体/复合对象/粒子系统

复合对象：主要是对更为复杂的自定义形态几何体创建模式。这里用的比较多的是图形合并、布尔、超级布尔(ProBoolean)等。布尔运算是一种数学算法，使用时需要谨慎。

粒子系统：主要是创建场景中的粒子喷射模式。这里使用比较多的是超级喷射和喷射，里面有很多可以控制从粒子发射到死亡、变化到消失的具体参数。

菜单中有用于曲面建模的面片栅格和 NURBS 曲面创建菜单，有创建具象物体的菜单，如门、窗、楼梯，还有对动力学和流体基本体创建的菜单，这里不做详解，如图 2.17 所示。

图 2.17　其他创建菜单

单击“创建”面板，选择“图形”，这里主要是二维图形的创建，如图 2.18 所示。

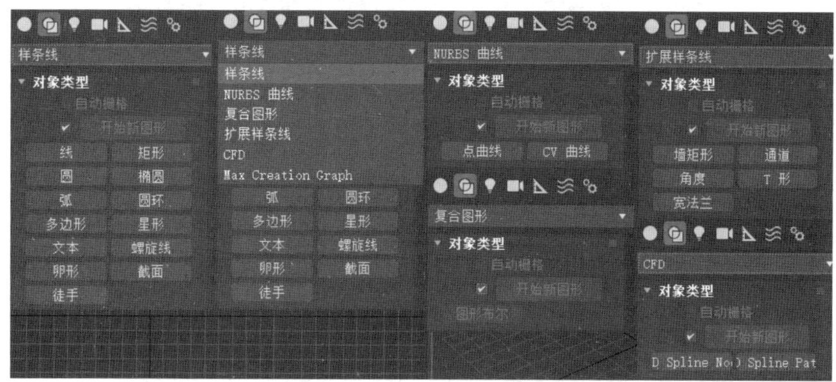

图 2.18　图形创建菜单

在这个面板中，下拉菜单大部分所创建的图形都是为了完成三维物体成型、动画工具拾取、曲面建模构造等工作，它可以根据实际的制作需求，高效地完成从线到体的转换过程。

单击“创建”面板，选择“灯光”，功能主要是为场景创建灯光，如图 2.19 所示。

在这个面板中，主要是创建场景所需要的灯光，包括标准和光度学。

其中，目标光用来模拟有方向性的光源，如太阳和台灯等；泛光是作为补光或者四周发散的光源；天光则提供全局的照明。光度学灯光则是模拟自然界中真实类衰减的灯光，所以也被称为物理灯光，也可以用来模拟太阳、展厅灯等，主要用于室内外效果图方面的光域网和光能传递。

单击“创建”面板，选择“摄像机”，创建多种摄像机，如图 2.20 所示。

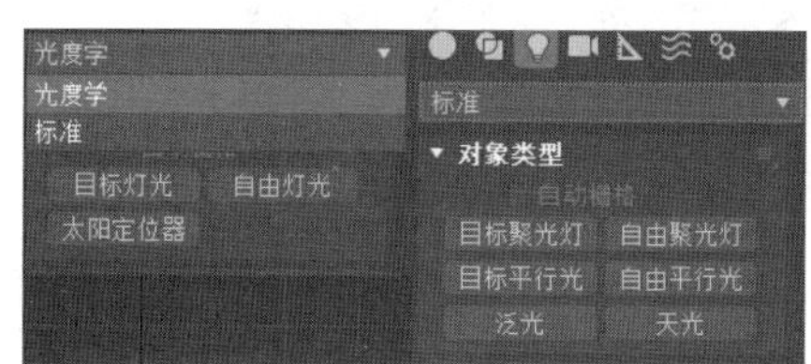

图 2.19　灯光创建菜单

图 2.20　摄像机创建菜单

在这个面板中，主要是为场景创建摄像机，包括物理、目标和自由三种摄像机类型。

其中，物理相机可以很方便地控制渲染图的整体明暗、颜色偏向、景深和运动模糊，针对不同的需求做不同的设置。目标相机不带有任何属性，例如，白平衡、曝光值等，界面更简单，其中参数较少，操控起来很容易。“自由”和“目标”类似，只是少了一个目标点的控制。按住 C 键可以切换成摄像机视图，如果一个场景中出现多个摄像机，按住 C 键会弹出一个列表供选择。

单击“创建”面板，选择“辅助对象”，创建动画所需的帮助物体，如图 2.21 所示。

在这个面板中，辅助对象通常不是一般物体，也不会被渲染出来，它只是起辅助作用的，大部分都是围绕着动画展开。例如，“标准”菜单下的许多虚拟体类型，就是为了动画指代绑定所用，能够让物体与动画关系进行搭桥和设置；“大气装置”则是设置大气效果的一个区域范围选择；“操纵器”是动画关系指代的控制器类型；“粒子流”和“CAT 对象”则是创建粒子

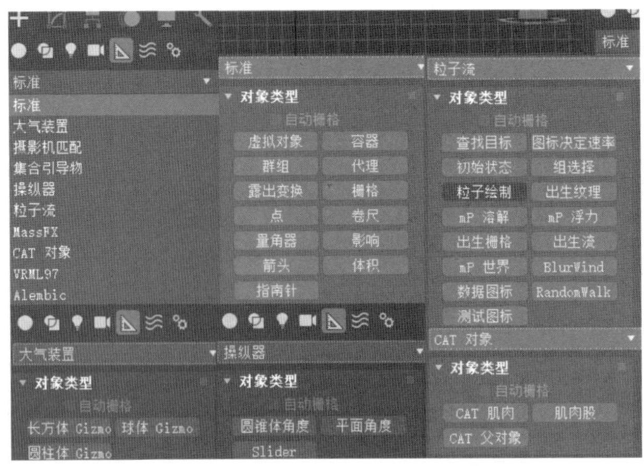

图 2.21 辅助对象主要创建菜单

视图中的部分图标和 CAT 骨骼中骨骼与肌肉的创建。

单击“创建”面板，选择“空间扭曲”，创建某些动画变形，如图 2.22 所示。

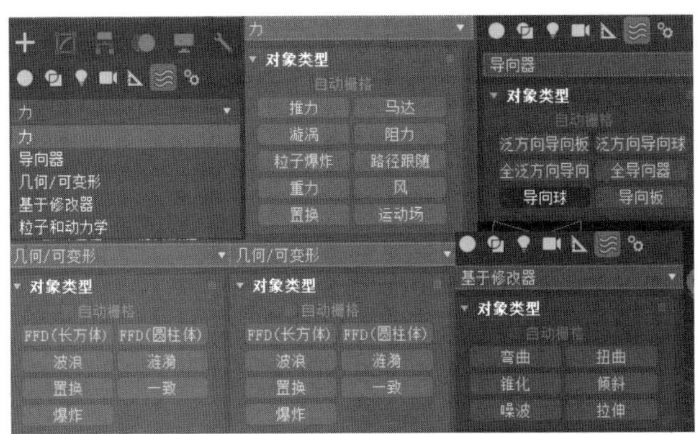

图 2.22 空间扭曲创建菜单

在这个面板中，空间扭曲是一些特殊的辅助物体，它可以影响周围空间中的可见物体但自己却不可见，它能改变物体的形态以及方向，同样自身不被渲染。一般情况下，要结合粒子系统来使用，但也可以通过空间拾取和绑定改变和影响其他对象。

空间扭曲的创建使其他对象变形的力场，经常用于制作涟漪、波浪、吹风、爆炸等效果，也可以结合粒子流创造出更为丰富的粒子特效和动画效果。

单击“创建”面板，选择“系统”，创建骨骼和太阳光，如图 2.23 所示。

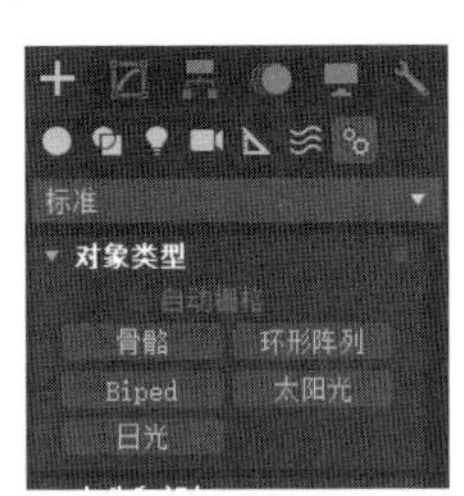

图 2.23 系统创建菜单

这个面板中的按钮不多，主要涉及骨骼创建和太阳光的创建，对于动画和后期渲染来说这个面板非常重要。其中，选择骨骼可以创建 3ds Max 自定义的骨骼系统 Bones，每一段骨骼都可以调节参数，它的优势在于灵活度高，但绑定一套完整的角色两足或者四足还是较为复杂的，需要创建很多的绑定关系和虚拟体，对控件等进行控制，也需要掌握很多动画知识。Biped 骨骼则是在 3ds Max 中集成的骨骼插件，已经做好了骨骼的形态以及基础的 IK 和 FK 关系，直接对位模型进行创建就可以，在项目制作中还是非常方便的。太阳光和日光都是用于创建场景中的灯光，可以使用系统中的灯光，系统遵循太阳在地球上某一给定位置的符合地理学的角度和运动，可以根据具体情况选择位置、日期、时间和指南针方向进行创建，也可以设置日期和时间的动画。

接下来，单击顶端左起第二个图标，打开"修改"面板。对物件进行修改的前提，是必须选择之前创建的物件，在"修改"项中才会出现参数设置和菜单按钮。如图 2.24 所示创建的 Box001 下面，长宽高就是修改列表中的参数，大多数模型的修改参数是不同的，选择不同物体要进行不同参数的设置。

在名字的上方有一行修改器列表，单击右侧小箭头打开命令列表，这些命令大概分为三组不同类型：选择修改器类、世界空间修改器、对象空间修改器。具体的使用方法在后面详细解答。

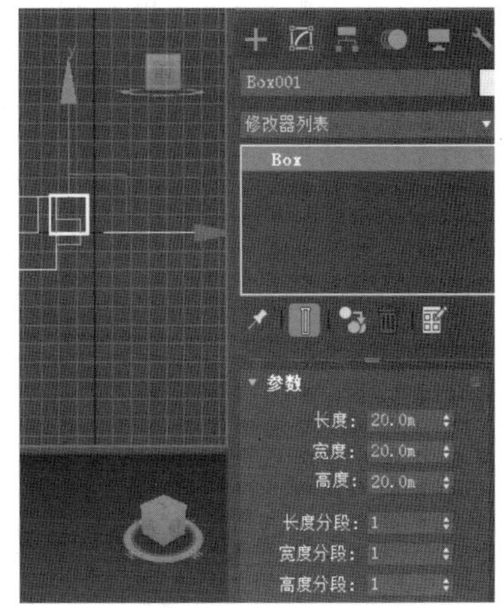

图 2.24　参数修改面板

单击顶端左起第三个图标，即"层次"图标，里面有三个组成部分，分别是轴、IK、链接信息，如图 2.25 所示。

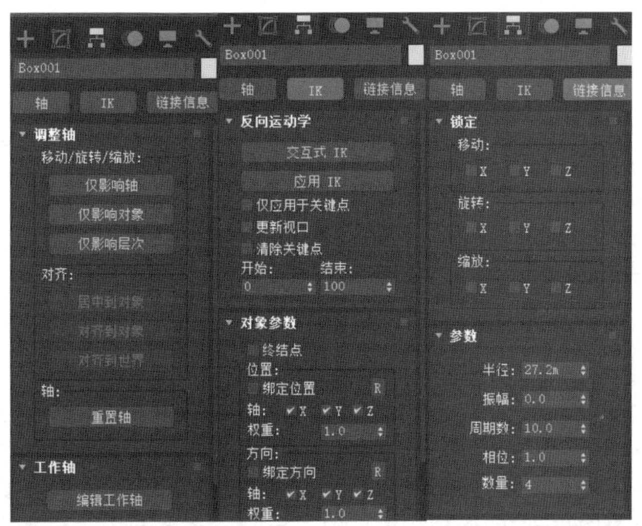

图 2.25　"层次"面板参数

图 2.25 中，轴用来调节每个对象中的局部坐标中心和局部坐标系统的轴点的转换。一般情况下，使用"轴"选项卡来调整层次中对象的轴点。使用 IK 选项卡来管理反向运动学的行为，用于继承 IK 和 HD IK 解算器的控件。链接信息则是针对限制对象在特定轴中移动的控件和限制子对象继承其父对象变换的控件。

单击图标打开"运动"面板，这个面板主要是对动画进行调节，如图 2.26 所示。

其中，"参数"按钮在该面板上的工具可以用来调整关键点时间及其缓入和缓出，提供了轨迹视图替代选项，用来指定动画控制器。如果指定的动画控制器具有参数，在对应的卷展栏中也会有对应的一些参数可调节。“运动路径”可绘制对象在视口中穿行的路径,路径沿线的黄点代表帧,提供速度和缓和程度。通过启用“子对象”关键点,关键点将以一定间距移动,可以更改关键点属性,轨迹将反映所制作的所有调整,也可以使用轨迹来回转换样条线及塌陷变换。

单击图标打开“显示”面板,面板中主要提供一些隐藏、显示、冻结的命令,如图 2.27 所示。

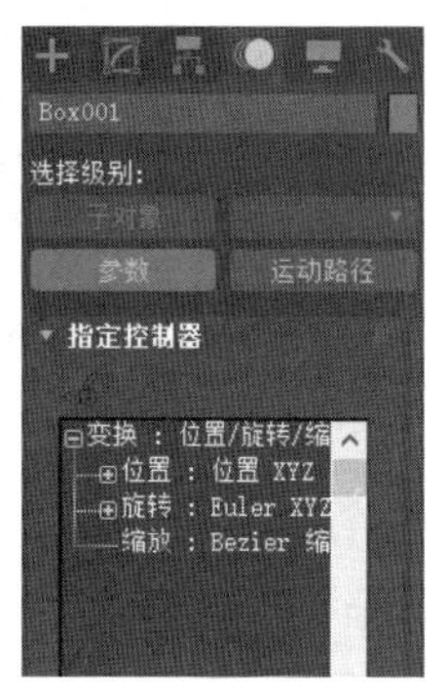

图 2.26 “运动”面板的参数

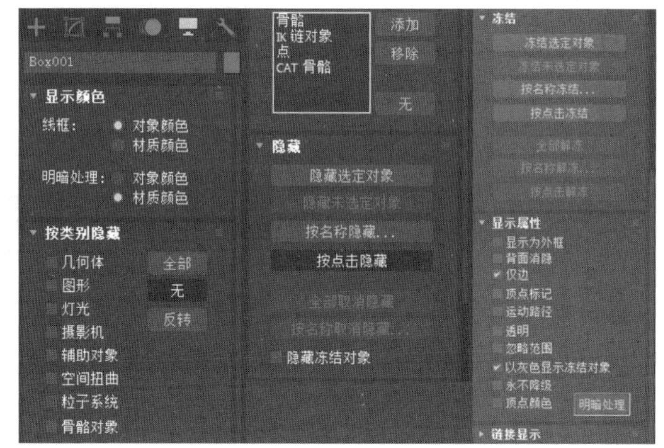

图 2.27 显示栏参数

在参数里,提供显示颜色、按类别隐藏、隐藏、冻结、显示属性等功能。在实际制作中,按照类别来进行隐藏能够非常有效地控制场景中的各种部件,也能有效地加速运算,减少资源占用。隐藏项和在视图中的右键菜单基本相同,是对一些物件的显示和隐藏,提供了多种模式。冻结项和在视图中的右键菜单也相同,是对一些物体操作时冻结对象和解冻对象的选择。显示属性则是对一些具体情况下显示类型的选项,用得比较多的是显示为外框、透明、以灰色显示冻结对象、顶点颜色。

在实际制作中,如果需要从外部导出一张图片到场景中作为参考图,需要首先把以灰色显示的冻结对象选项给取消掉,然后冻结选定对象,这样模型既不会显示成灰色又不会被选中。

在实际制作手绘 UV 贴图时,如果在 Photoshop 软件中已经绘制了具有光影变化的贴图,指定贴图以后,在视图中因为光影器的原因不能够看到贴图绘制的效果,请单击“顶点颜色”项,场景中的物件被认为是自发光模式,就可以完整显示贴图的光影变化了。

单击最右侧的图标打开“实用程序”面板,在这个面板里命令不多,但功能举足轻重,如图 2.28 所示。

在参数栏中,单击“更多”按钮可出现很多有用的小程序,例如,经常用到的计算面数的“多边形计数器”,修改打开贴图丢失路径问题的“位图/光度学路径”等。单击“测量”按钮可以对场景中两点间位置进行精确计算操作。单击“重置变换”可以解决对轴点发生旋转偏移回不到水平线的问题。单击物件,选择“重置选定内容”,在修改面板中就添加了一个重置项。需要右击选择“塌陷全部”,坐标轴会重新被启用,如图 2.29 所示。

在这个选项卡中还有很多的菜单参数,在这里不可能逐一介绍,在实际的制作中,或许会遇到上面所说的问题,希望能对读者有所帮助。

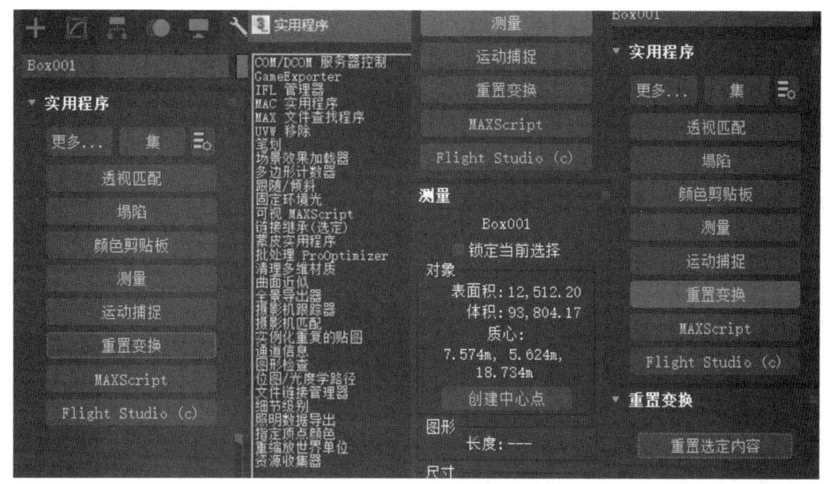

图 2.28 实用程序参数栏

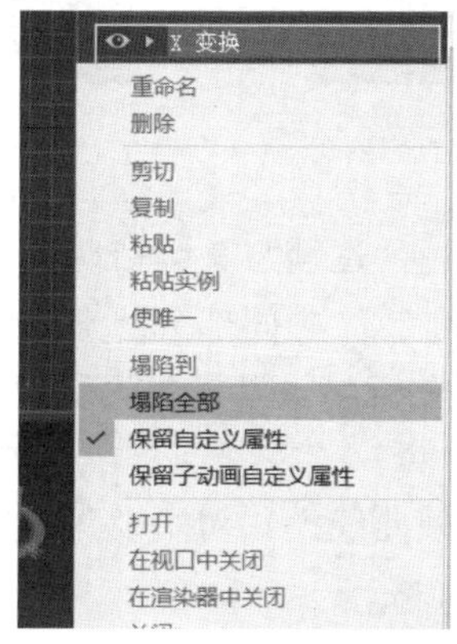

图 2.29 重置 X 变换轴

2.5 状态栏

状态栏在 3ds Max 的底部视图最下端。这里包括几大区域：时间轴、时间配置、播放模块、关键帧设置模块、三维坐标系数值等，如图 2.30 所示，下面简要介绍一下。

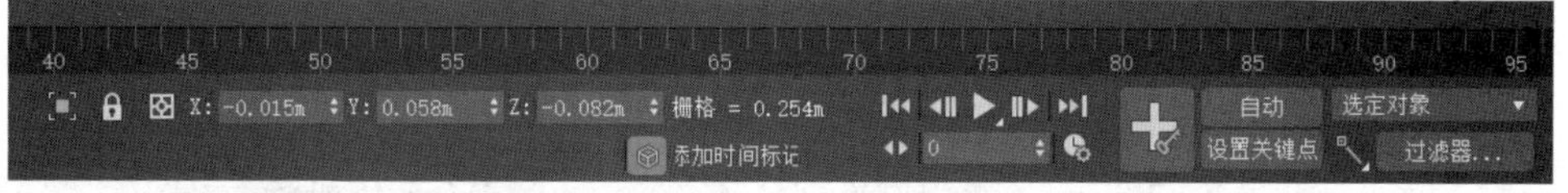

图 2.30 状态栏区域

在图 2.30 中，上部标尺的位置被称为时间轴，制作动画显示关键帧的区域，默认是 0～100 帧，可以通过时间配置来进行时间长度、帧速率、播放速度、制式等设置，如图 2.31 所示。

在播放和关键帧设置区域，都与制作动画知识有关系，如图 2.32 所示。

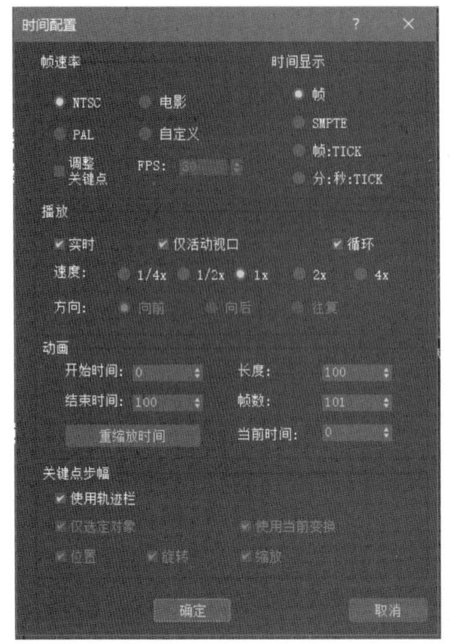

图 2.31　时间配置参数

图 2.32　播放和关键帧设置

图 2.32 左侧的播放模块中，具有“逐帧与关键帧切换”按钮，输出数值跳转到帧，上一帧下一帧的“播放”和“停止”按钮。图 2.32 中间部分的＋，是手动打关键帧的按钮，在“设置关键点”按钮激活以后使用。自动的关键帧设置模式记录时是不需要单击＋的，当然也可以单击变成手动模式。

图 2.32 最右侧的部分是关键帧曲线模式初始设置和过滤器的选择，过滤器可以对打关键帧的物件动画属性进行过滤和加减。

2.6　视口导航区

在状态栏界面的右侧是可以控制视口显示和导航的按钮，在这里可以使用控制透视和正交视口控件、摄影机视口控件、灯光视口控件三套按钮，如图 2.33 所示。

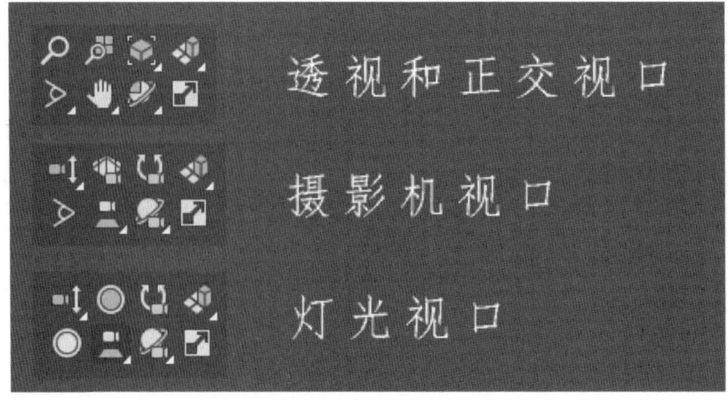

图 2.33　三种视口模式

透视和正交视口：在正常的透视图窗口操作时，分别表示缩放单个视图、缩放所有视图、最大化显示/最大化显示选定对象，所有视图最大化显示/所有视图最大化显示选定对象。分别表示视野透视缩放/缩放区域、平移/穿行/2D平移缩放、环绕/环绕子对象/选择的环绕、最大化显示当前视图。

摄影机视口：右键单击摄影机切换到摄影机视角时，分别表示推拉摄影机/推拉目标点、透视镜头(畸变效果)、旋转摄影机、所有视图最大化显示/所有视图最大化显示选定对象。分别表示"视野"按钮、2D平移缩放/平移摄影机、环游摄影机/摇移摄影机、最大化显示当前视图。

灯光视口：将视图切换到灯光视角时，分别表示推拉灯光/推拉目标点、灯光聚光区调节、旋转灯光、所有视图最大化显示/所有视图最大化显示选定对象。分别表示灯光衰减区、2D平移缩放/平移灯光、环游灯光/摇移灯光、最大化显示当前视图。

小结

本章为读者讲解有关3ds Max的应用软件菜单栏、工具栏、视图区、命令面板、状态栏及视图导航区的知识，通过本章的学习，读者会对3ds Max软件界面有一个全面的掌握，为快速地查看场景及改变场景奠定基础。

3ds Max 基本操作

本章内容简介

本章将为读者讲解有关 3ds Max 的文件操作、对象的基本操作及视图的操作知识，通过本章的学习，读者会对场景中的模型进行查看及复制，为快速建立相同模型奠定基础。

本章学习要点

- 3ds Max 文件的资源搜集。
- 3ds Max 模型的复制。
- 3ds Max 视图的操作。

能力拓展

通过本章的学习，读者可以对相关的场景进行文件的传递，对模型对象进行复制，能够运用不同的复制方式进行模型复制，并能快速地进行视图操作。

优秀作品

本章优秀作品如图 3.0 所示。

图 3.0 优秀作品

3.1　文件基本操作

文件基本操作包括新建、重置、打开、保存、另存为、归档、导入、导出等，如图 3.1 所示。

3.1.1　工程文件打开与保存

打开“文件”菜单，“新建”与“重置”分别是对一个场景的新建和对已存在场景的重设。

“打开”则是在计算机中找到路径打开以.max 为后缀名的文件。“打开最近”是将在计算机中已存在的未完成物件再次打开，按照时间先后顺序进行排列。

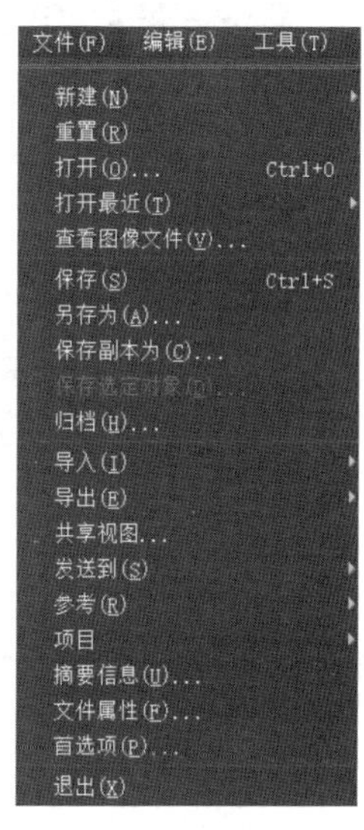

图 3.1　“文件”菜单项

如图 3.2 所示，左侧对话框展示的是要打开的文件和当前的场景设置单位不匹配的选择，中间和右侧则是打开较为复杂场景的时候丢失贴图的报错对话框，左侧的确定右侧的继续，会发现物件一片漆黑，没有了材质。在重新打开文件的时候，3ds Max 文件会弹出一个“缺少外部文件”对话框，这是因为 3ds Max 会自动识别材质，当 Max 文件识别不到材质路径的时候就会弹出这样的对话框。然后在“缺少外部文件”对话框中单击“添加”按钮，就会再弹出“添加外部文件”对话框。在弹出的“选择新的外部文件路径”中找到目前材质所在的文件夹，勾选“添加子路径”，然后使用路径。3ds Max 软件会自动在该文件夹中识别出与材质贴图命名一样的材质贴图，识别完后单击“确定”按钮就可以了。

图 3.2　打开项异常

如图 3.3 所示，打开了 3ds Max 文件，也可以直接在 Max 文件中设置，来解析 3ds Max 贴图路径的批量修改。单击右边“实用程序”(锤子图标)按钮，然后选择“更多”按钮，在弹出的“实用程序”对话框中选择“位图/光度学路径”，单击“确定”按钮。然后在下面会弹出“路径编辑器”窗口，先单击“选择丢失的文件”按钮，然后单击新建路径后面的浏览按钮，就会弹出“选择新路径”对话框，在对话框中找到贴图所保存的文件夹，选择该文件夹后单击“使用路径”就可以完成贴图路径的批量更改。

保存是指在制作场景中进行的存储操作，隔一段时间就保存当前场景是一个很好的习惯，另存为也是可以的，区别在于它比保存多了一个文件，而且必须要重新命名。保存的步

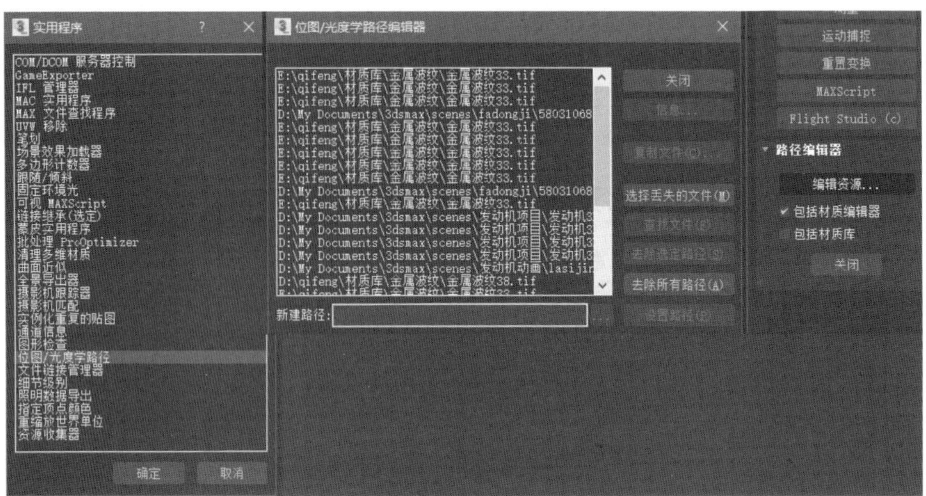

图 3.3　丢失贴图

骤很简单,取名字,找到路径,确定就可以保存,在新的版本中 Max 可以向下保存版本号更低的文件,如 3ds Max 2017 文件。

在软件中也可以设置自动保存的时间,如图 3.4 所示。

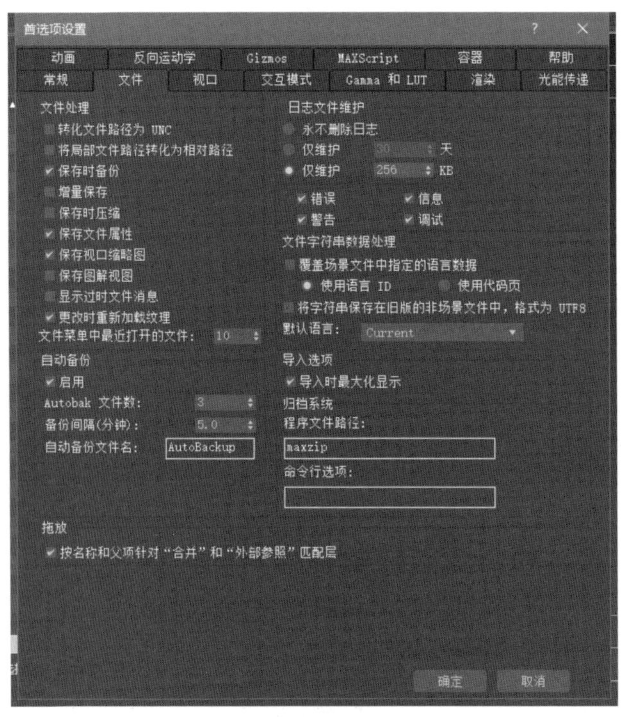

图 3.4　自动备份

单击“自定义”→“首选项”→“文件”项,打开自动备份,可以对 Autobak 和备份间隔时间进行设置,也可以对备份名字进行设置。那 Autobak 的路径在哪儿呢?如图 3.5 所示。

在图 3.5 中,项目文件夹下的路径就是当前 Autobak 暂存的路径,如果确实因为失误没

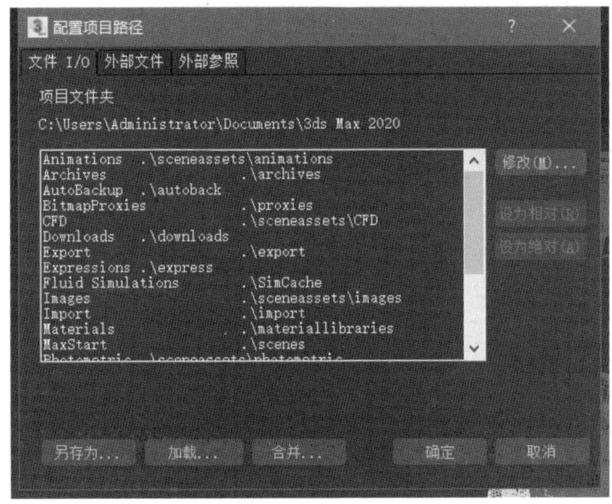

图 3.5 项目路径参数

有及时保存,那可以在这里找到三个缓存文件,找到最近时间的 Max 文件打开即可。3ds Max 软件一直在系统或者软件崩溃的时候都能够被找回,这绝对是此软件的一大优势,但并不提倡这样的习惯,还是要养成好的工作习惯,实时保存。

3.1.2 导入与导出

“导入和导出”是 3ds Max 与其他版本,以及外部软件的“交流和匹配”专属菜单,如图 3.6 所示。

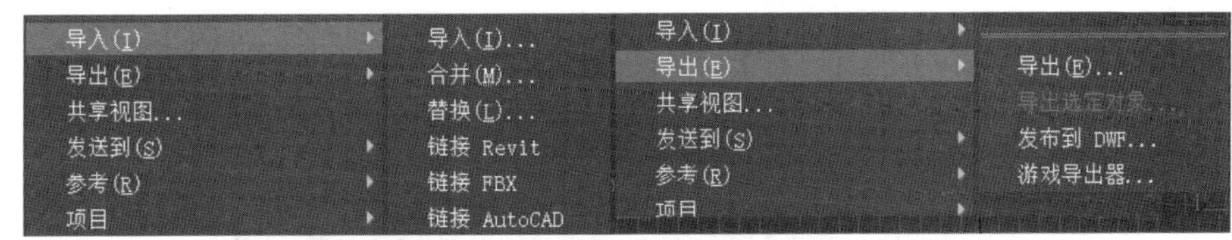

图 3.6 导入和导出

在“导入”菜单中常用的是“导入”“合并”“替换”。“导出”菜单常用的是“导出”“导出选定对象”。导入什么内容,用什么格式,如图 3.7 所示。

这里有很多熟悉的格式,下面介绍几个常用的文件格式。

.FBX 格式:用于 Unity 和 Unreal 引擎等的模型和动画文件。

.3DS 格式:用于 3ds Max 每个版本之间的互导文件。

.DWG 格式:用于 AutoCAD 的工程制图文件。

.OBJ 格式:用于 Keyshot、Maya 等三维软件的模型文件。

下面是文件导出格式,如图 3.8 所示。

文件导出格式比导入格式要少,大部分格式都相同,操作流程也相同。

在导出设置的时候很多格式都是需要进行设置的,如图 3.9 所示。

以当前的导出 FBX 格式为例,包含动画、附加、烘焙动画、变形、角色等更多更复杂的属性和参数需要设置,因为涉及在游戏引擎或者虚拟引擎中去使用,所以需要根据需求去筛选

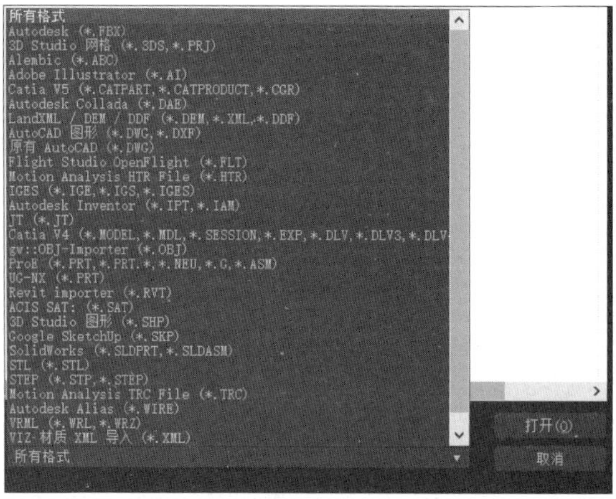

所有格式
Autodesk (*.FBX)
3D Studio 网格 (*.3DS,*.PRJ)
Alembic (*.ABC)
Adobe Illustrator (*.AI)
Catia V5 (*.CATPART,*.CATPRODUCT,*.CGR)
Autodesk Collada (*.DAE)
LandXML / DEM / DDF (*.DEM,*.XML,*.DDF)
AutoCAD 图形 (*.DWG,*.DXF)
原有 AutoCAD (*.DWG)
Flight Studio OpenFlight (*.FLT)
Motion Analysis HTR File (*.HTR)
IGES (*.IGE,*.IGS,*.IGES)
Autodesk Inventor (*.IPT,*.IAM)
JT (*.JT)
Catia V4 (*.MODEL,*.MDL,*.SESSION,*.EXP,*.DLV,*.DLV3,*.DLV
gw::OBJ-Importer (*.OBJ)
ProE (*.PRT,*.PRT.*,*.NEU,*.G,*.ASM)
UG-NX (*.PRT)
Revit importer (*.RVT)
ACIS SAT: (*.SAT)
3D Studio 图形 (*.SHP)
Google SketchUp (*.SKP)
SolidWorks (*.SLDPRT,*.SLDASM)
STL (*.STL)
STEP (*.STP,*.STEP)
Motion Analysis TRC File (*.TRC)
Autodesk Alias (*.WIRE)
VRML (*.WRL,*.WRZ)
VIZ 材质 XML 导入 (*.XML)
所有格式
打开(O)
取消

图 3.7 文件导入格式

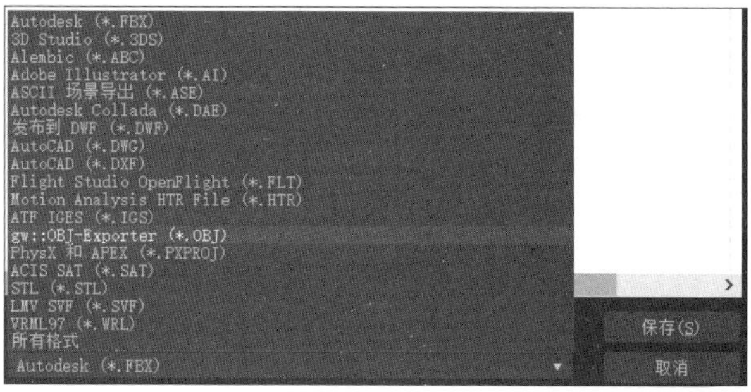

Autodesk (*.FBX)
3D Studio (*.3DS)
Alembic (*.ABC)
Adobe Illustrator (*.AI)
ASCII 场景导出 (*.ASE)
Autodesk Collada (*.DAE)
发布到 DWF (*.DWF)
AutoCAD (*.DWG)
AutoCAD (*.DXF)
Flight Studio OpenFlight (*.FLT)
Motion Analysis HTR File (*.HTR)
ATF IGES (*.IGS)
gw::OBJ-Exporter (*.OBJ)
PhysX 和 APEX (*.PXPROJ)
ACIS SAT (*.SAT)
STL (*.STL)
LMV SVF (*.SVF)
VRML97 (*.WRL)
所有格式
Autodesk (*.FBX)
保存(S)
取消

图 3.8 文件导出格式

FBX 导出 (版本: 2019.2)
预设
当前的预设: Autodesk Media & Entertainment
包含
几何体
动画
动画
附加选项
烘焙动画
变形
曲线过滤器
点缓存文件
角色
摄影机
摄影机
灯光
Audio
嵌入的媒体
高级选项
信息
FBX 插件版本: 2019.2 Release (71e69bd5d)
有关 FBX 的帮助
编辑...
确定
取消

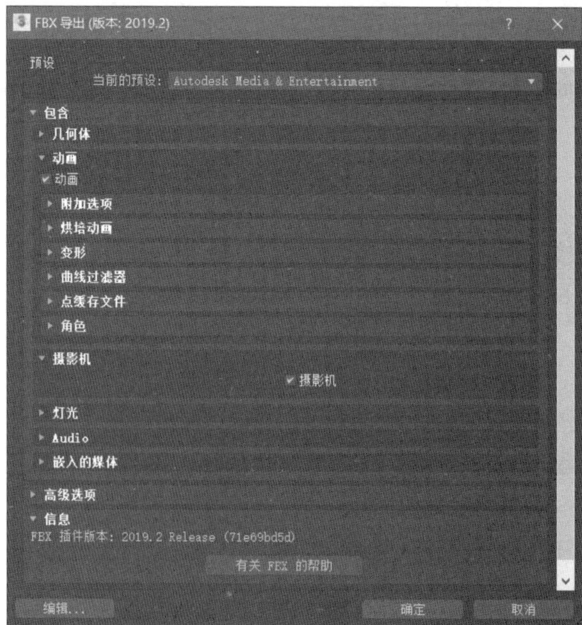

图 3.9 FBX 导出选择项

需要导出的项目和具体设置。

3.1.3 合并文件

合并文件是把在一个场景合并到另外的场景，让它们成为一个整体的场景。这个操作在具体制作中用得很多，具体操作如下。假如要把一个酒杯导入到当前的椅子场景中，前提是它们都是.max 文件，选择“导入”→“合并”，选择 yyyy.max 酒杯文件，如图 3.10 所示。

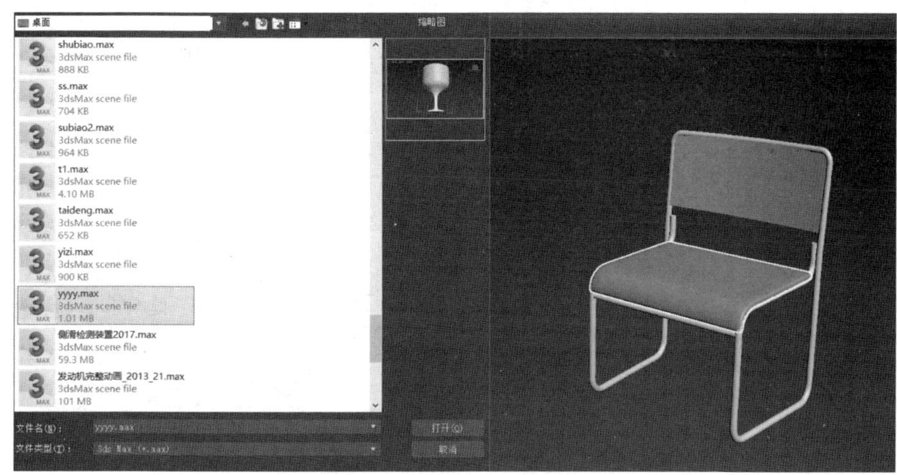

图 3.10 导入合并操作

单击“打开”按钮后，会发现出现了两个对话框，如图 3.11 所示。

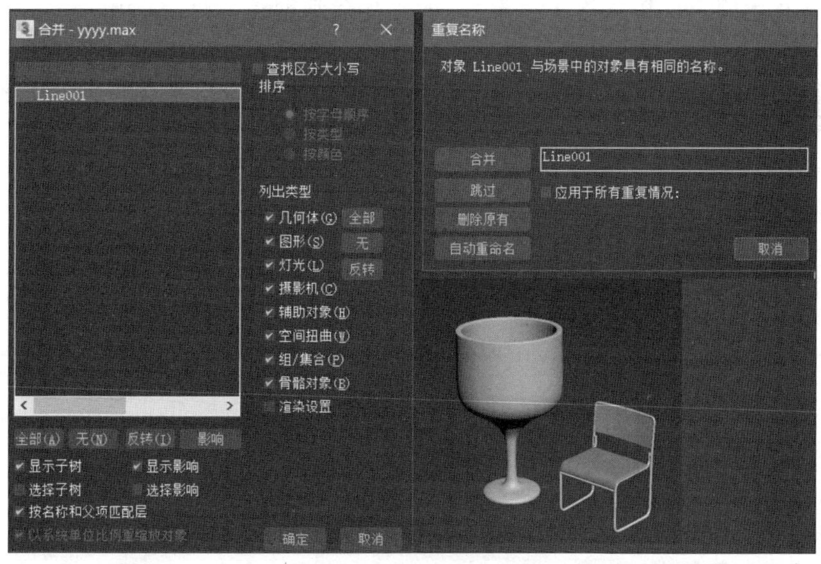

图 3.11 导入弹出框

因为是单个物体可以选择单一物体，如果场景中很多物件很大，想要一同合并，需要先单击“全部”按钮，再单击“确定”按钮。右侧的对话框表示在合并的文件中与现有的文件有重名，可以选择“应用于所有重复情况”复选框，单击“合并”按钮，所有物件就在一个场景中了。

3.1.4 归档文件

归档文件是针对当前的场景,在制作完模型以后打完灯光赋完材质,但保存时,用在其他的计算机上就会丢失材质贴图,这是因为保存时并没有将材质灯光贴图等打包,如何来解决这样的问题呢?如图3.12所示。

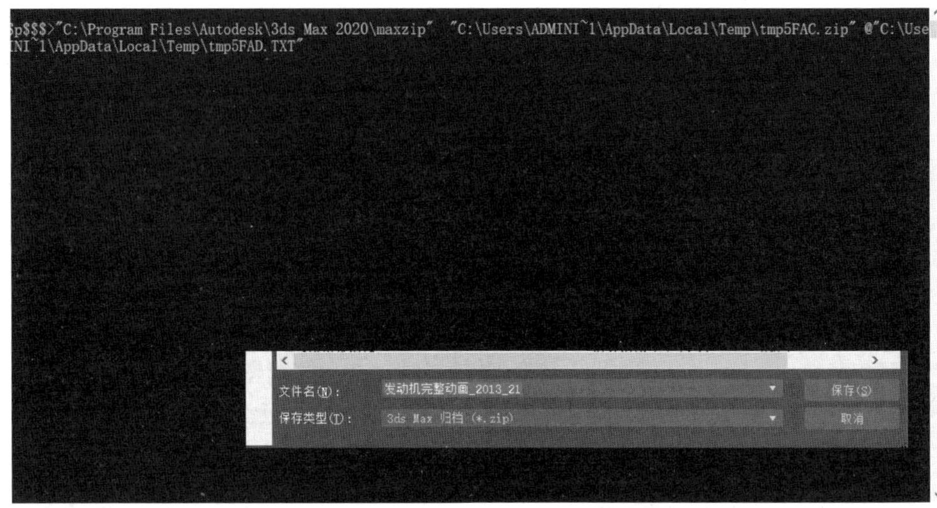

图3.12 归档文件

首先选择“文件”,单击“归档”,单击“归档”选择框,命名格式、位置操作都相同。需要强调的是,打包出来的文件格式为.ZIP格式,如果想在别的计算机中使用,必须解压到文件夹,去打开.max文件,这样操作才能识别路径。

这里也可以按照自己的需求来放到指定位置的文件夹内,建议不要放在桌面的文件夹里面,避免造成C盘的积压导致C盘爆满从而影响软件或计算机的运行效率。

3.2 对象基本操作

3.2.1 创建模型

任何复杂的物体都是从一个最基本的几何体或者元素开始创建的,单击“创建”面板,然后选择“几何体”,创建一个茶壶物体,如图3.13所示。

单击茶壶,在透视图中单击左键拖曳鼠标,当茶壶放大到想要的大小,单击右键结束创建,基本创建几何体都是以左键开始右键结束。要想茶壶在视图坐标的中心点上,可以在状态栏的下端去调节参数归零,在数值上右击即可,这样做是便于后期的调节和美观,如图3.14所示。

3.2.2 模型成组与解组

用同样的方法创建一个底座,使用的是“长方体”,也同样归零在中心点,如图3.15所示。

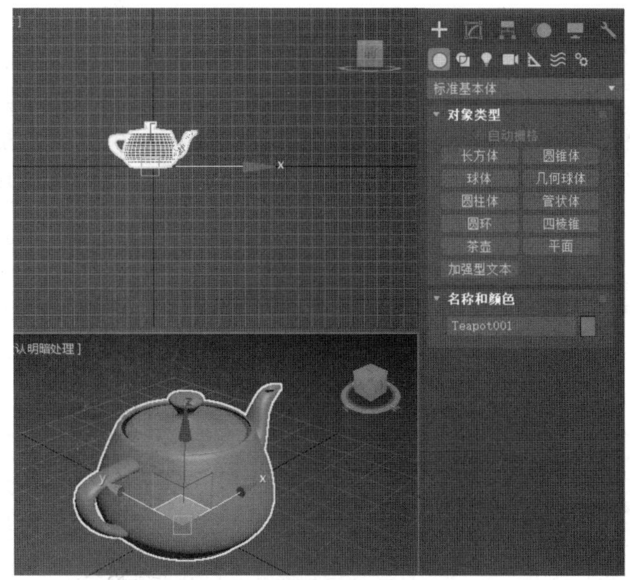

图 3.13 创建一个几何体

X: 0.0m Y: 0.0m Z: 0.0m 栅格 = 10.0m

图 3.14 归零到中心位置

图 3.15 创建一个底座

当两个模型需要同时选择时,可以按住鼠标左键框选,前提是选区为图标,也可以选择一个物体后按 Ctrl 键同时选择其他的物件,想要把它们弄成一个整体,需要选择顶部菜单“组”→“组”命令,这个时候出现一个对话框,可进行命名,单击“确定”按钮,会发现它们总是一起被选择,如图 3.16 所示。

可以群组当然就能够解组,单击“解组”,两个物体就分开了,如图 3.17 所示。

在这里说明一下,菜单的下部还有一个“打开”命令,它的意思是在群组还保留的情况下,把组打开。也就是说,可以选择组里的内容和物体。它经常用于动画方面的制作,如果用完了,还可以单击“关闭”命令,就又回到了群组的状态,如图 3.18 所示。

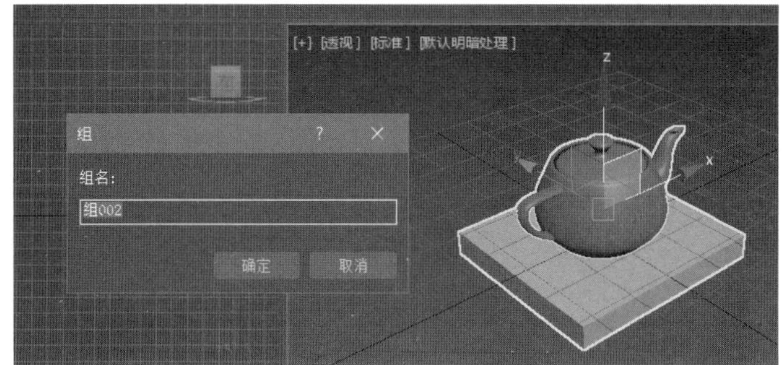

图 3.16　群组命令操作

图 3.17　解组命令操作

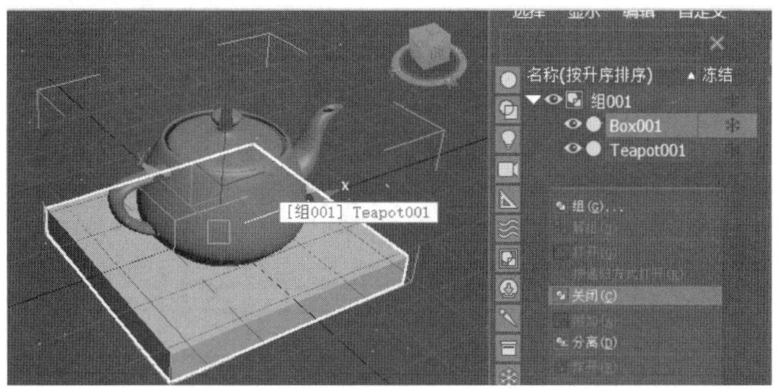

图 3.18　打开和关闭组

3.2.3　模型对齐

还是用刚才的茶壶和底座进行对齐,把群组取消掉,来观察这两个物体最开始创建时的质心位置,如图 3.19 所示。

不难看出,左侧的底座质心是在物体的上端,右侧茶壶的质心是在物体的下端,现在选择茶壶,单击命令,出现一个对话框,对齐的参数面板如图 3.20 所示。

根据图 3.20 的参数,在对齐位置都是 XYZ 的情况下,中心对齐取的是两物体中心点位置进行对齐,轴点对齐取的是它们各自轴的位置对齐,因为重合,所以没有发生任何位移。

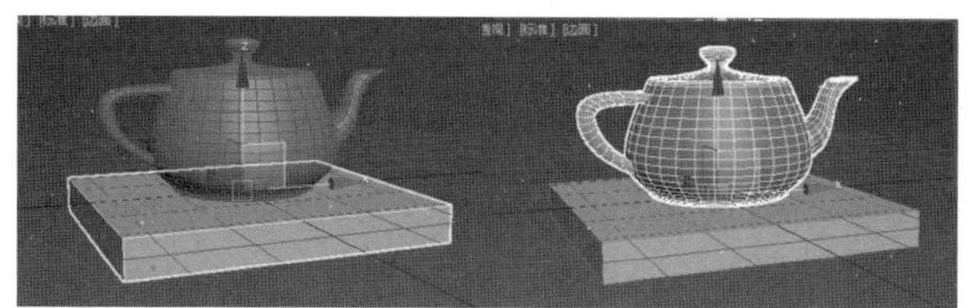

图 3.19　两个物体的质心位置

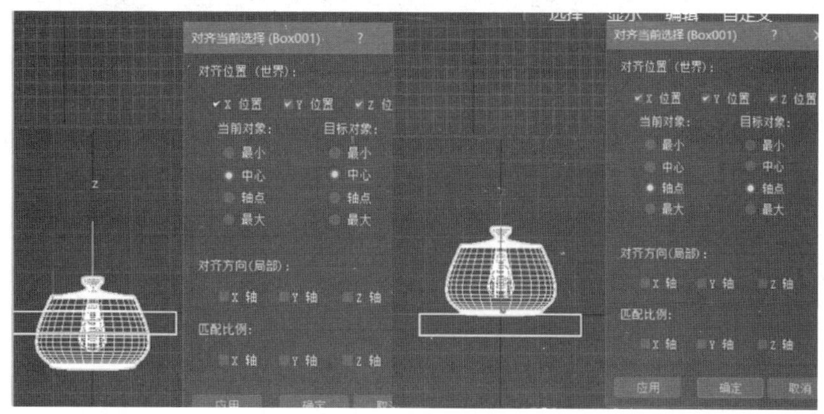

图 3.20　选择中心和轴点的区别

3.2.4　模型复制

仍然使用以上的茶壶和底座说明模型的复制功能，在这里介绍几类复制：普通复制、路径复制、阵列复制、变换轴心点旋转复制。

(1) 普通复制：最为基础的复制类型，框选两个物体，按住 Shift 键移动轴，弹出对话框，单击“确定”按钮进行复制操作，原地复制直接按 Shift＋V 组合键，如图 3.21 所示。

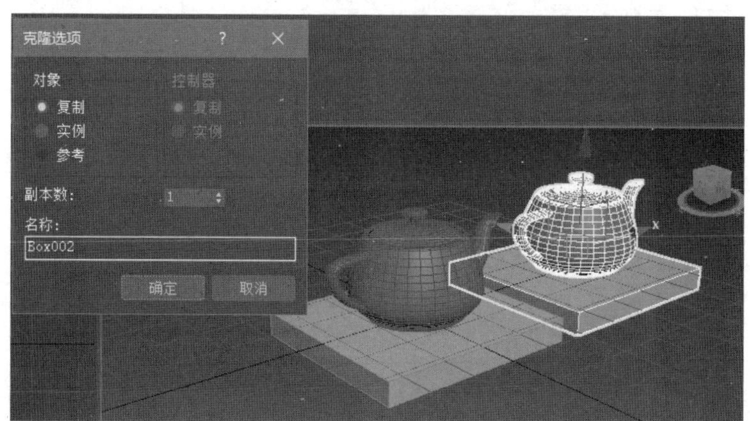

图 3.21　复制选项

图 3.21 中出现三个对象的选择，其中，“复制”表示对象之间毫无关系，单独修改其中任何一个，不会影响其他对象；“实例”表示对象之间相互关联，单独修改其中任何一个，都会影

响其他对象;“参考”表示修改原对象会影响所有复制对象,但是修改参考对象不会影响原对象。“副本数”则是要复制几个目标物体的数量,名称可以更改。

(2) 路径复制:绘制调节路径,把茶壶沿着路径进行复制操作。这里需要创建线段,选择物体,按住 Shift+I 组合键,单击拾取线段调节参数,如图 3.22 所示。

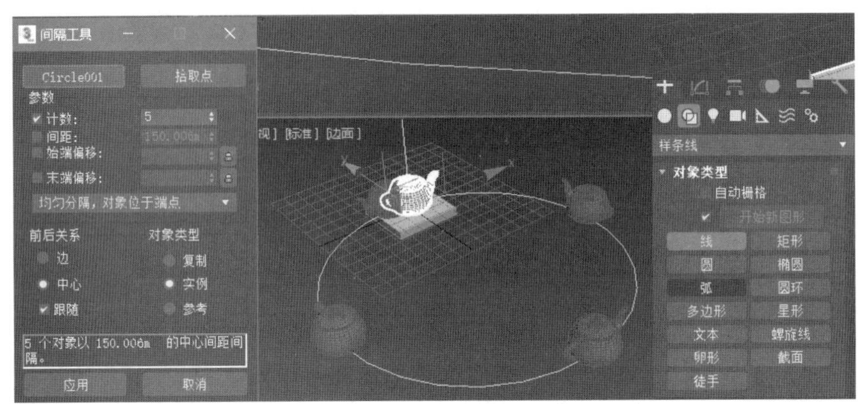

图 3.22 路径复制命令

图 3.22 中要注意的是选择线段,并选择前后关系为“中心”,同时下面有个下拉菜单有很多的类型可以选择,个数 5 可以调节,对象类型刚才讲过,同样的操作,最后单击“应用”按钮。

(3) 阵列复制:阵列指 3ds Max 中有时需要控制一维、二维、三维来复制对象,这时就用到阵列了,如图 3.23 所示。

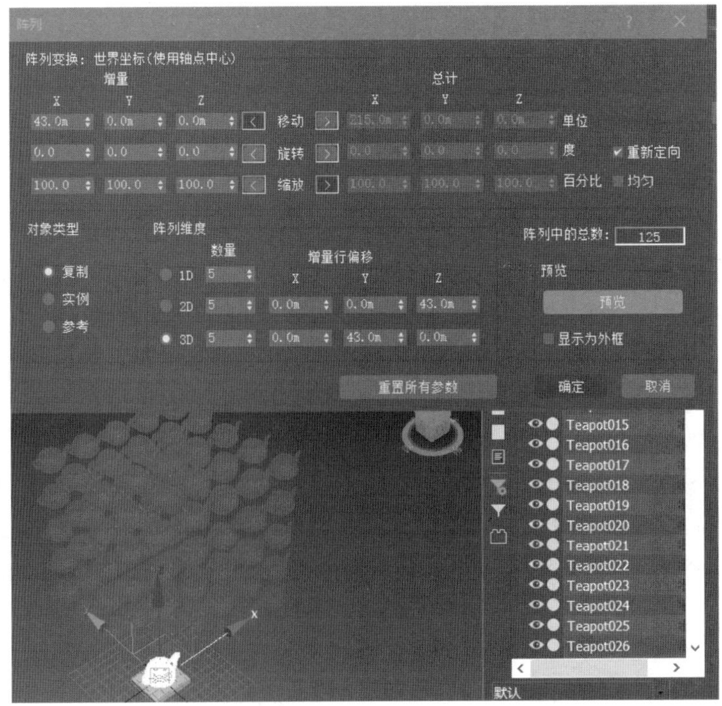

图 3.23 阵列的操作

首先选择茶壶，命令在顶部菜单“工具”下，打开“阵列”项，选择对象类型为“复制”，单击“预览”开关，选择 1D 单选按钮，然后调节数量为 5，X 轴间距为 43，在 X 轴上复制出了 5 个茶壶；然后选择 2D 单选按钮，数量依然是 5，Z 轴间距为 43，在 Z 轴上复制出了 5 排茶壶；最后选择 3D 单选按钮，数量还是 5，Y 轴间距为 43，在 Y 轴上复制出了 5 列茶壶。这样操作就变成了 5×5×5＝125 个茶壶，而且它们间距相同，完成操作后单击“确定”按钮。

（4）变换轴心点旋转复制：变换轴心点需要单击层次，操作下面的按钮调节轴的位置，然后对其进行复制操作，如图 3.24 所示。

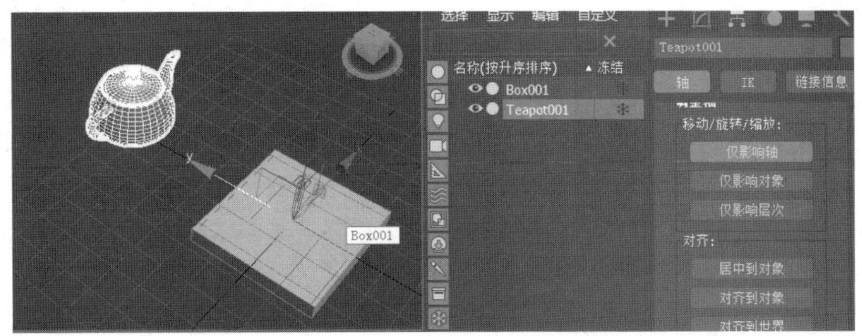

图 3.24 变换轴心

先把茶壶拖到底座的外面，然后使用“层级”→“轴”→“仅影响轴”，选择“对齐”命令，把轴用轴心对齐到底座，这样茶壶的轴心就在中心位置处了，进行下一步复制，如图 3.25 所示。

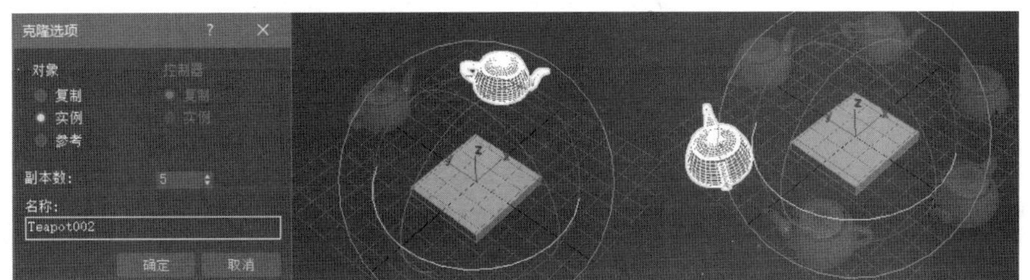

图 3.25 旋转复制

在复制前一定要退出轴选择模式，选择“旋转”操作。打开“角度锁定”按钮，按住 Shift 键拖曳，每 60°复制一次，60°×6＝360°，刚好是一圈，但这里数值要选择 5，因为要去掉本身自己一个物件，确定，最后的效果在最右侧。

3.2.5 模型镜像

模型镜像的目的是完成对称物体的复制，操作和对齐有些类似，具体如图 3.26 所示。

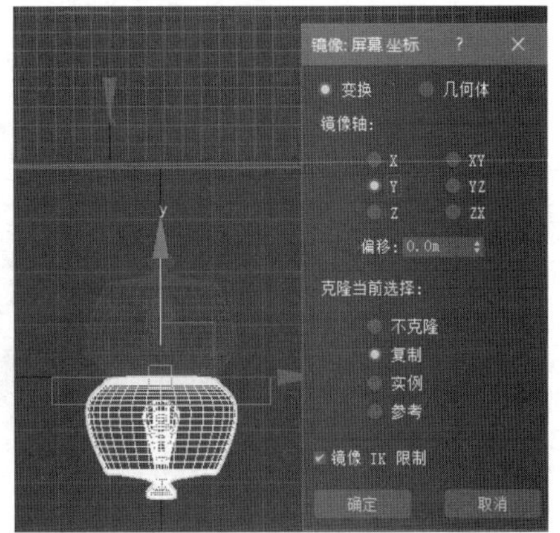

图 3.26 镜像操作

选择茶壶物体，选择工具，单击 Y 轴，选择“复制”，偏移指的是离中心轴的位置调节，单击“确定”按钮即可完成茶壶的上下镜像复制。

3.3 视图基本操作

视图是操作界面和物体的主体,它最大程度地显示着完成作品的效果,它也同样有很多的参数和按钮,对其操作同样需要熟悉并掌握方法,默认视图如图 3.27 所示。

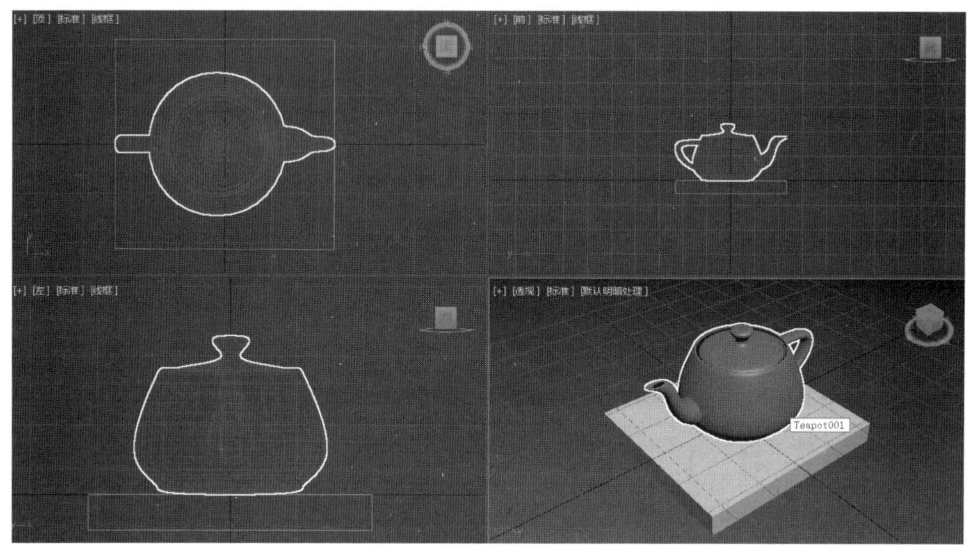

图 3.27 默认四视图展示

3.3.1 视图显示类型设置

在每个视图的左上角单击+,可以进行一些关于视图的基本设置,比较常用的是最大化视口和显示栅格,它们的组合键分别是 Alt+W 和 Alt+G 键,如图 3.28 所示。

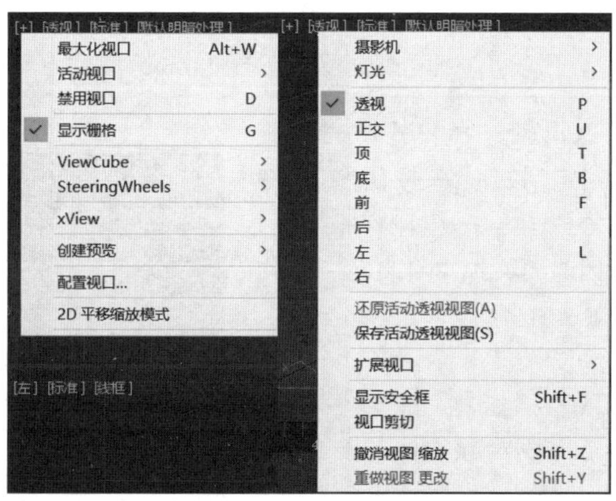

图 3.28 +号和视图参数项

在四个视口中可以随意切换目标视图,可以快速激活视图。默认打开时的四个视图,快捷键都是它们所对应英文的第一个字母。显示安全框对渲染和动画有很重要的作用,视口剪切与摄像机动画调节参数息息相关。

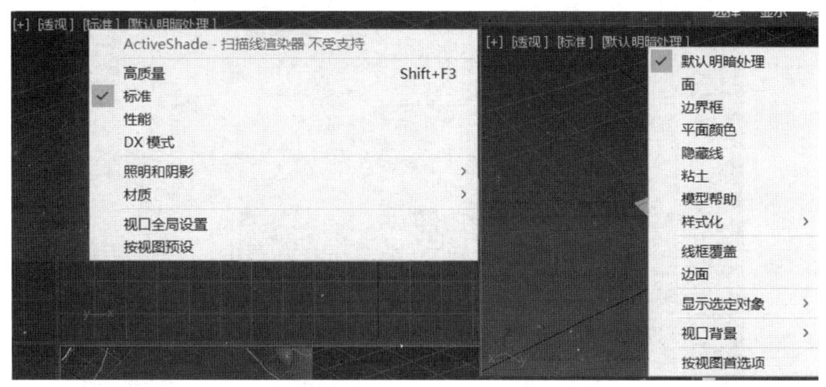

图 3.29 标准视图和默认明暗处理

左侧的菜单栏主要显示的是在视图中的效果,“高质量”可以直接在视图中显示影子;“标准”是默认模式,性能只有模型没有材质;“DX 模式”是关于显卡加速显示效果的选项。右侧的菜单则主要是设置场景中物体明暗、边框显示,代替了 F3、F4 键的功能,以及背景的图像显示成灰色背景还是可以拾取计算机中的图片作为背景。

3.3.2 视图的切换

在 3ds Max 视口中使用对应快捷键,即可完成视图的切换。

左视图快捷键:L。

右视图快捷键:R。

底视图快捷键:B。

前视图快捷键:F。

顶视图快捷键:T。

相机视图快捷键:C。

正交视图快捷键:U。

也可以单击视图上的+号,通过配置视口来完成每个视图的布局,上面还提供了很多布局可选择。在任意视图上左击也可以对视图名称进行切换,如图 3.30 所示。

3.3.3 透视图的基本操作

在制作过程中,创建基本几何体和样条图形的时候,很多都是用二维的视图来进行操作,那是因为在屏幕上能够横平竖直地去规范它们的形态,不会受到三维空间限制进行跳转,但当跳出初始设置的时候,调节时用得最多的是透视图,因为空间中的点线面用透视图调节起来能够更加顺手。

对透视图的缩放操作是滚动鼠标中键滚轮,按住鼠标中键挪动是平移,按住 Alt+鼠标中键是摇移。在制作中,场景中的物件经常找不到或者是被缩放得很大或很小,可以按住 H 键找到物体名称,再按下 Z 键,快速地最大化显示所选择的物体。在右侧还有一个可以操作的方体虚拟显示,单击它可以全局缩放,可以直接切换到某一个面,可以旋转视图,都是

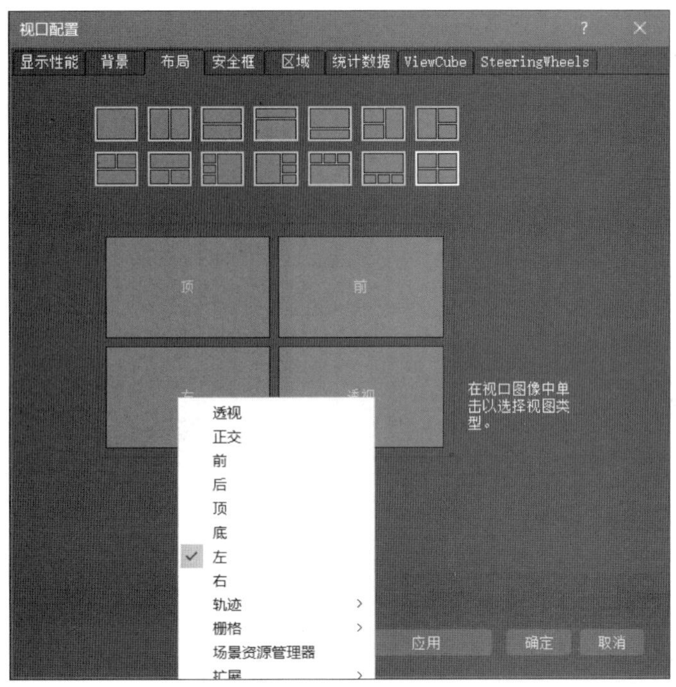

图 3.30　视口配置

为了能够更方便快速地操作物体,如图 3.31 所示。

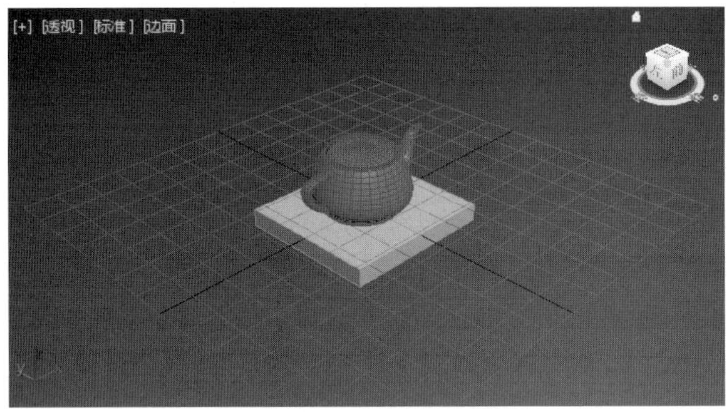

图 3.31　透视图显示

小结

本章为读者讲解有关 3ds Max 的文件操作、对象操作、视图区及视图的操作知识,通过本章的学习,读者会掌握文件的存储与搜集、对象的复制及视图的操作,为项目制作奠定基础。

Chapter 4

第 4 章

几何体建模

本章内容简介

本章将为读者讲解有关 3ds Max 的标准基本体建模及扩展基本体建模的知识，通过本章的学习，读者会应用几何体进行简单模型的建模，为后期的复杂建模奠定基础。

本章学习要点

- 3ds Max 几何体的创建方法。
- 3ds Max 几何体的修改方法。
- 3ds Max 几何体的建模技术。

能力拓展

通过本章的学习，读者可以应用几何体进行模型的创建，完成简单模型的搭建，为后续复杂模型的创建奠定基础。

优秀作品

本章优秀作品如图 4.0 所示。

图 4.0　优秀作品

4.1 标准基本体

4.1.1 标准基本体的类型

在 3ds Max 软件中,标准基本体的创建面板包括长方体、球体、圆柱体、圆环、茶壶、圆锥体、几何球体、管状体、四棱锥、平面等,如图 4.1 所示。

4.1.2 创建标准基本体

在开始创建时,应该知道创建标准基本体的过程有两种方法,一种是单击按钮设置参数,再在视图中创建,也可以创建完成再修改设置参数。例如,想创建立方体就需要先按下"长方体"按钮后再进行设置,如图 4.2 所示。

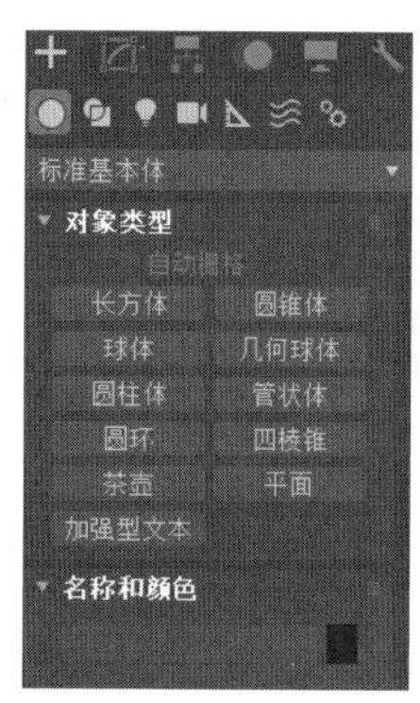

图 4.1 标准基本体

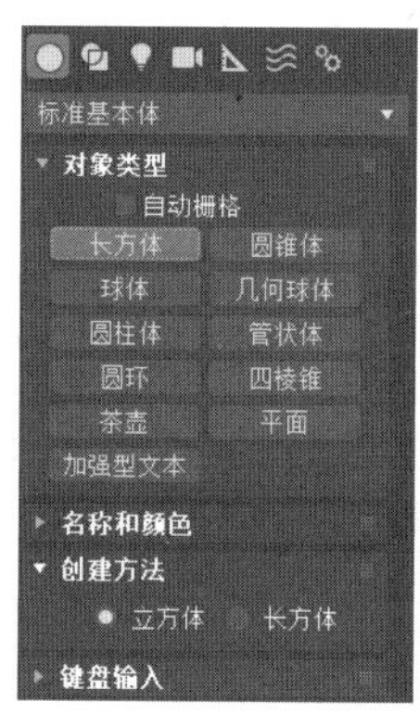

图 4.2 创建立方体

长方体的创建:用鼠标左键单击长方体,在透视图中按住鼠标的左键拖动,用来确定长方体的长和宽,然后放开鼠标的左键并上下拖动用来确定长方体的高度,最后单击左键,长方体绘制完成,如图 4.3 所示。

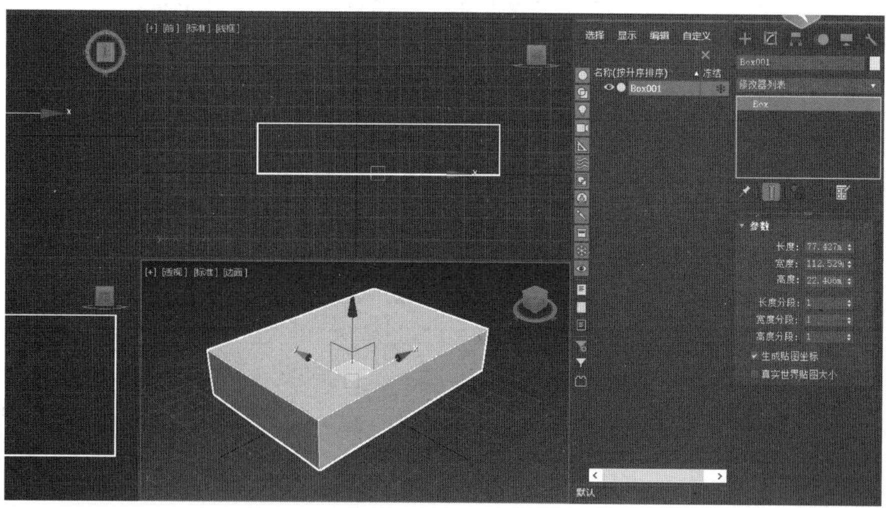

图 4.3 创建名为 Box001 的长方体

球体的创建：用鼠标左键单击球体，在透视图的任意一个地方拖动以确定其大小，松开鼠标左键结束，如图 4.4 所示。

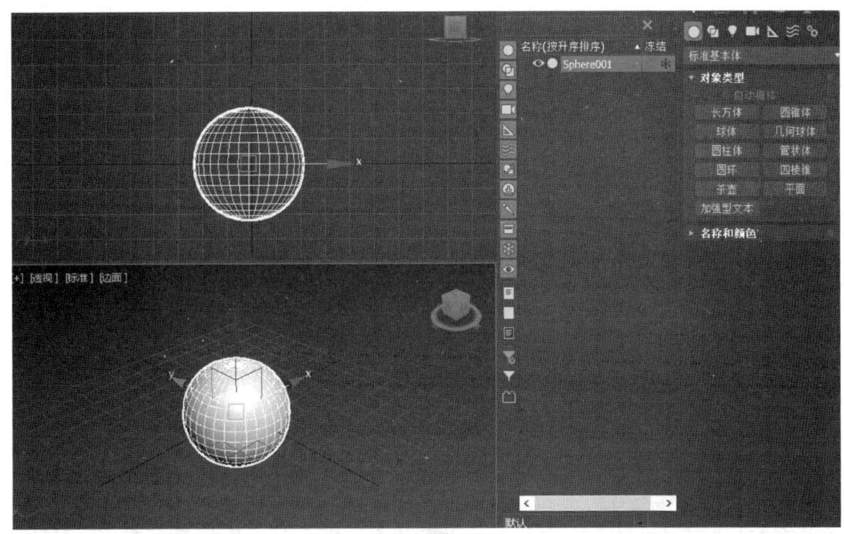

图 4.4　创建球体基本体

在创建过程中，有些物体是一次成形，有些需要多次单击鼠标才能完成创建，如图 4.5 所示。

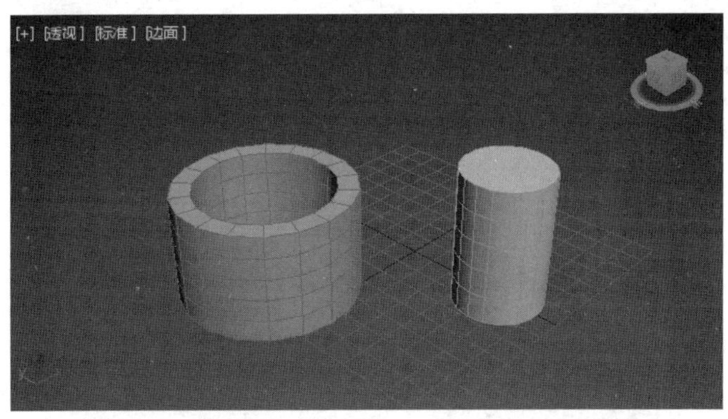

图 4.5　创建圆柱体和管状体

圆柱体需要确定底部大小要先单击一次鼠标，再拖起来计算高度时再单击一次鼠标，最后右击结束创建，一共单击三次鼠标。

管状体创建：第一次单击鼠标左键是确定外径，再次单击是确定内径，然后再一次单击是确定高度，最后右击结束创建，一共是单击了四次鼠标。

在此不一一举例了，这里想说明的是，在基本几何体的创建过程中多尝试单击鼠标的左右键就能够发现规律并掌握。

4.1.3　如何修改标准基本体模型

如果要对创建的标准基本体进行参数调节，在创建完成以后，需要进入“修改”面板，以长方体为例，如图 4.6 所示。

长方体的参数包括物件的长宽高数值、长宽高上面的段数值等信息，一般制作中，具有固定数据的物件都需要设置长宽高具体数值，段数则是根据实际的需求和想要完成的形态来进行最初始的设置。

4.1.4 案例：运用标准基本体创建书架

下面通过一个实例——制作一个书架来学习创建标准基本体、选择位移、选择缩放工具，以及对齐镜像等功能。

步骤 1 使用长方体创建一块板，把坐标定位在 X、Y、Z 都是 0、0、0 的位置上，如图 4.7 所示。

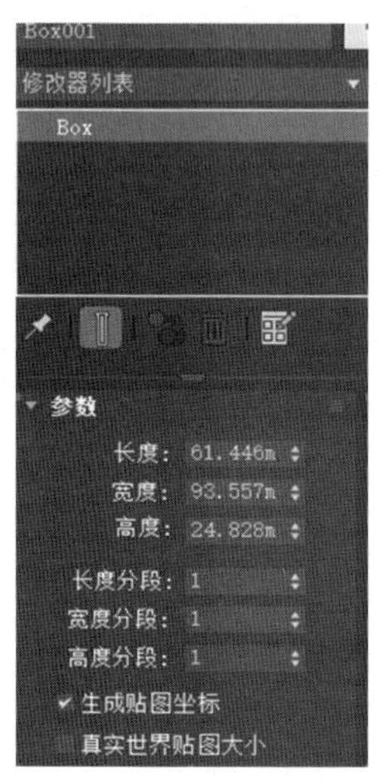

图 4.6 修改长方体的参数

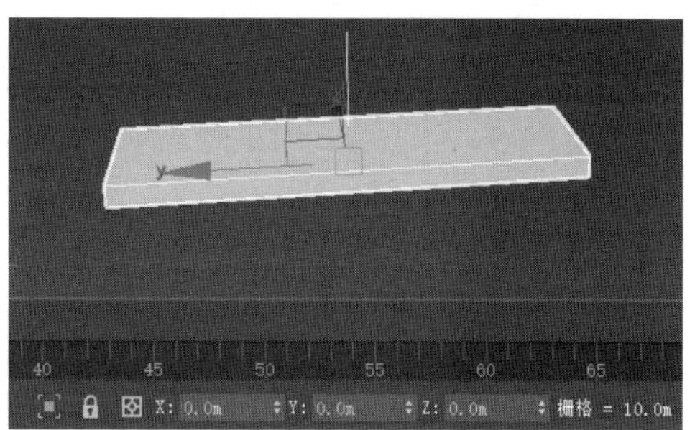

图 4.7 创建书架板

步骤 2 在前视图拖曳创建直立的板材，要比之前的横向板材更大些，如图 4.8 所示。

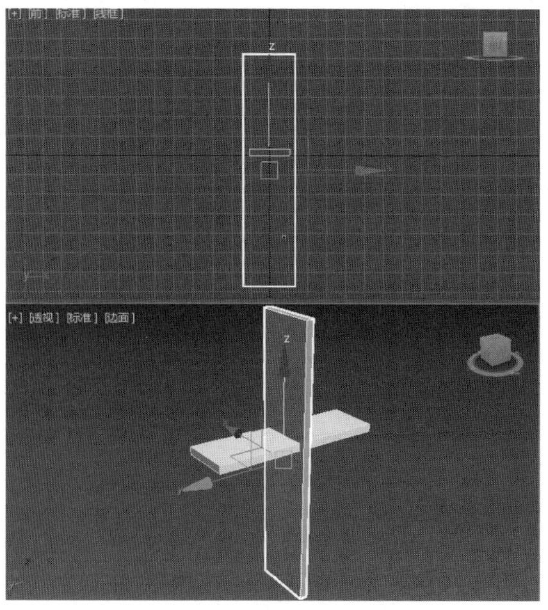

图 4.8 创建侧面挡板

步骤3　使用对齐工具对齐物体。选择侧挡板单击对齐工具，当前对象和目标对象都选择“最大”选项，让它们之间对齐重合，如图4.9所示。

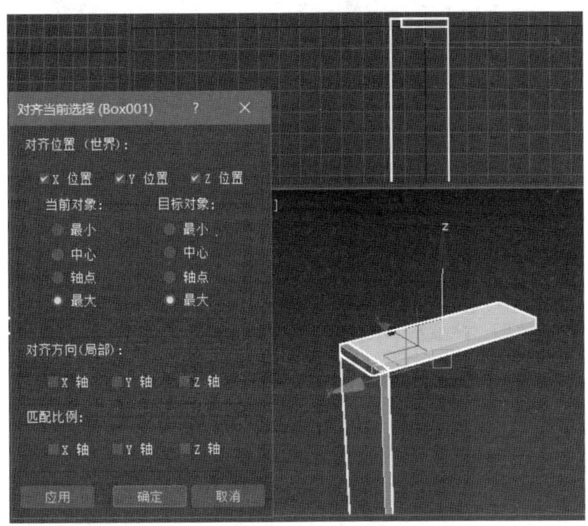

图4.9　对齐工具

步骤4　复制另外一侧的挡板，选择挡板需要把中心轴移动并对齐到横板的中心位置，如图4.10所示。

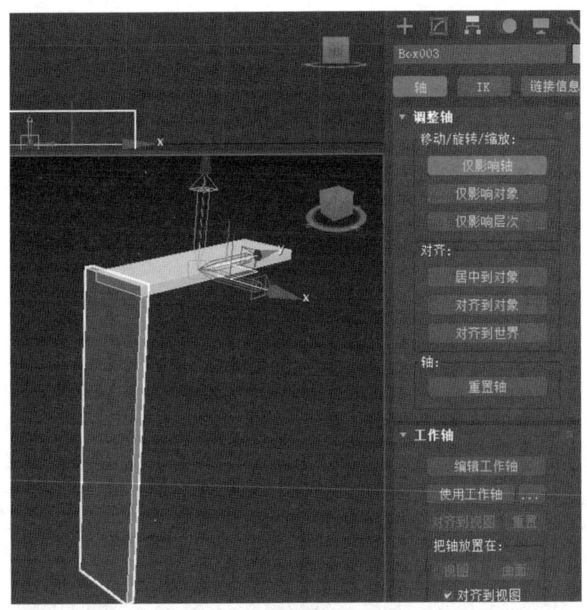

图4.10　对齐到横板中心位置

步骤5　退出层级模式，进行镜像，选择镜像轴，完成镜像操作，如图4.11所示。

步骤6　制作多层书架，需要复制多个横板，选择轴按住Shift键进行复制，按照合适的间距进行操作，复制出三块横板，如图4.12所示。

步骤7　由于横板与侧板线条相交，后期材质和渲染都会出现黑面，需要对中间所有的

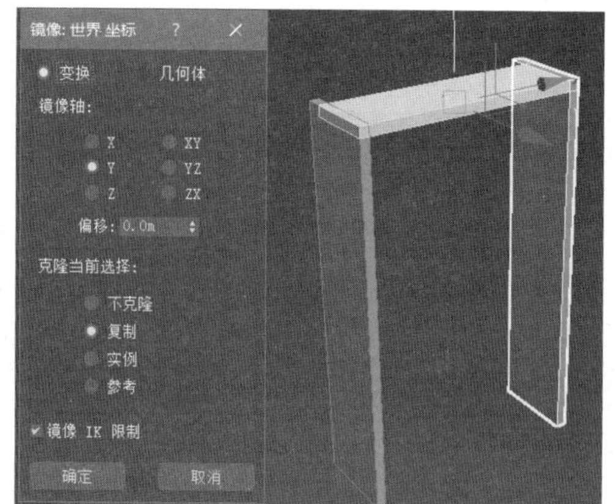

图 4.11 Y 轴的镜像

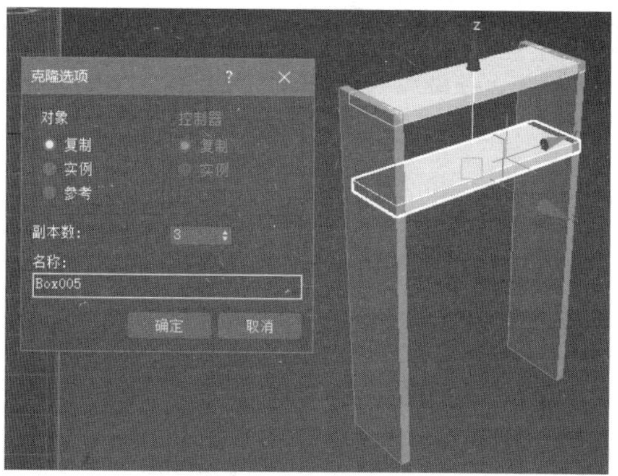

图 4.12 复制横板

横板进行群组,并进行非等比缩放的操作,如图 4.13 所示。

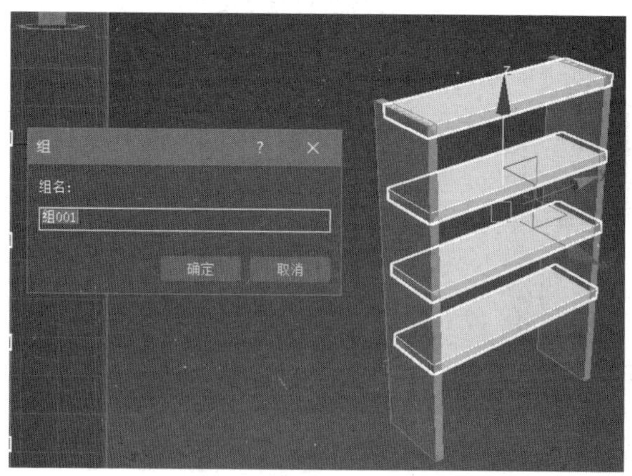

图 4.13 群组所有横板

步骤 8 为了横版和侧板的位置,需要对群组的物体进行非等比缩放,缩放 Y 轴,让它们不要看出破绽即可，最后的效果如图 4.14 所示。

图 4.14 最后的书架效果

4.2 扩展基本体

4.2.1 扩展基本体的类型

扩展基本体包括异面体、切角长方体、油罐、纺锤、油桶、球棱柱、环形波、软管、环形结、切角圆柱体、胶囊、L-Ext、C-Ext、棱柱等物体，如图 4.15 所示。

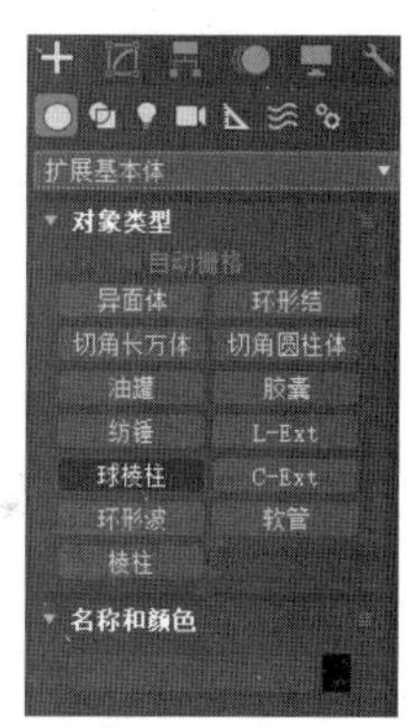

图 4.15 扩展基本体

扩展基本体比标准基本体更为复杂，里面包含的物体除了本身类别和形态区别以外，最为重要的是精度的区别，实际项目工作中需要按照需求来选择标准和扩展基本体的创建。

4.2.2 创建扩展基本体

创建扩展基本体一般都是多段操作的，因为多段操作才能制作出圆角、边角、结构变化等，在此就来创建切角长方体和切角圆柱体，如图 4.16 所示。

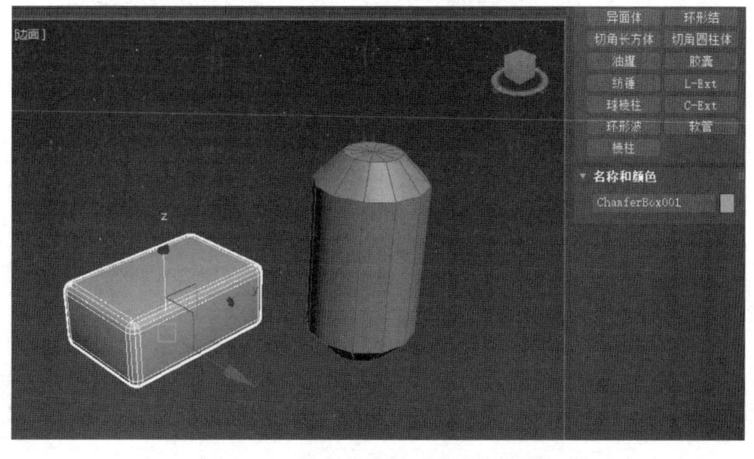

图 4.16 切角长方体和切角圆柱体

这两个物体相对来说比较常用,直接单击图标在视图中创建即可。切角长方体需要单击三次鼠标左键一次右键,切角圆柱体也需要单击三次鼠标左键一次右键。

4.2.3 修改扩展基本体模型

切角长方体和切角圆柱体的"修改"面板,如图 4.17 所示。

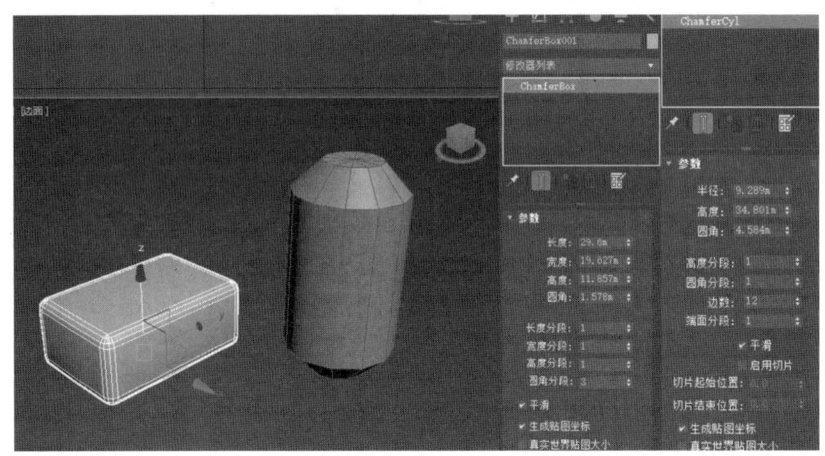

图 4.17 切角长方体和切角圆柱体的"修改"面板

切角长方体比标准的长方体参数多了圆角的参数调节项和圆角分段参数项,其他都相同,切角圆柱体比标准圆柱体参数也只是多了圆角参数和圆角分段参数,从某种意义来说,切角比标准的物体多了个倒角调节而已。

4.2.4 案例:运用扩展基本体创建沙发

下面通过制作简单的沙发案例,学习和运用扩展基本体。

步骤 1 创建一个切角长方体,需要注意的是按照比例去创建,因为存在倒角,如果对其进行等比缩放还好,不等比缩放的时候倒角会出现问题。这里直接一次成型才可以。后期可以通过参数调节,不能用缩放来调节,如图 4.18 所示。

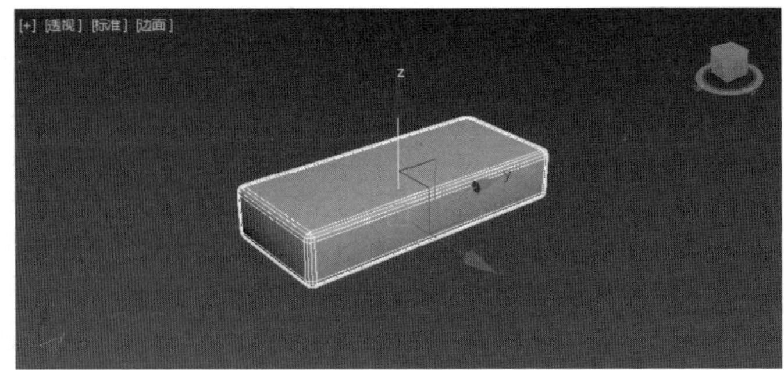

图 4.18 创建沙发座

步骤 2 接下来创建沙发靠背,继续沿用这个物体没有问题,需要复制如图 4.19 所示坐垫到靠背。

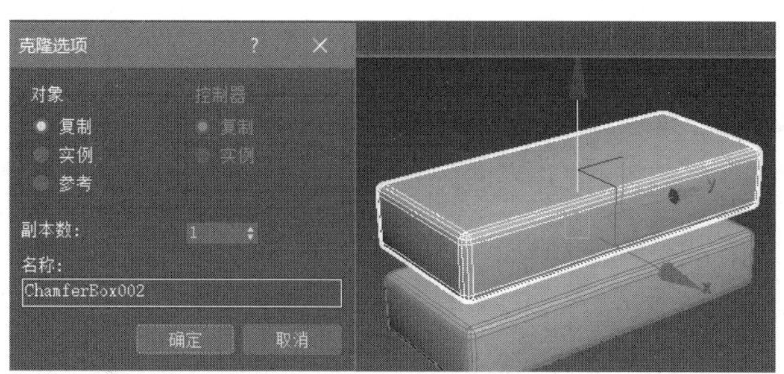

图 4.19　复制坐垫到靠背

步骤 3　调节一下厚度，旋转到合适的角度，如果还想调节厚度，可使用局部坐标系进行缩放，将其调节到合适的厚度，如图 4.20 所示。

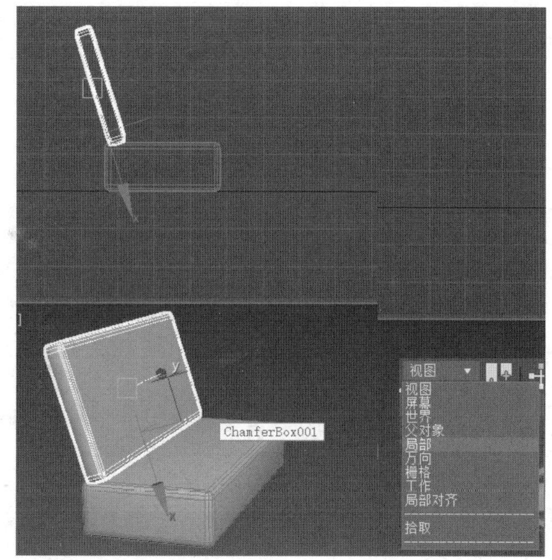

图 4.20　选择局部缩放

步骤 4　继续创建沙发扶手，在顶视图创建比较容易观察，具体大小和形态参考图 4.21。

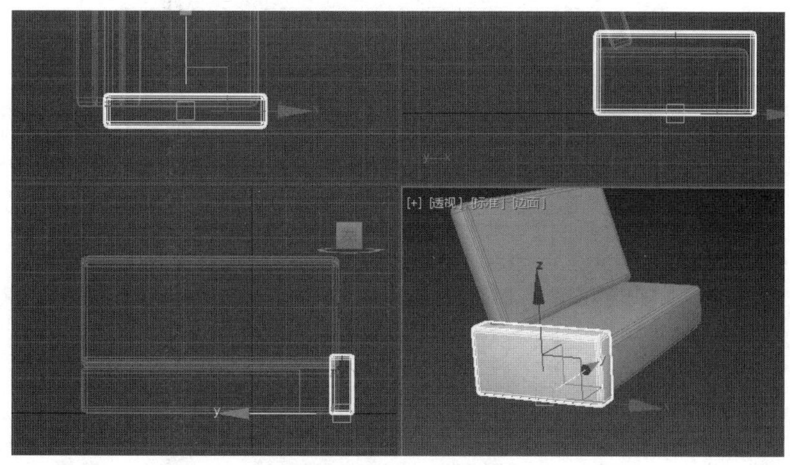

图 4.21　创建沙发扶手

步骤 5 进入层级选择影响中心轴,调整位置,使用拾取坐垫的坐标,操作如图 4.22 所示。

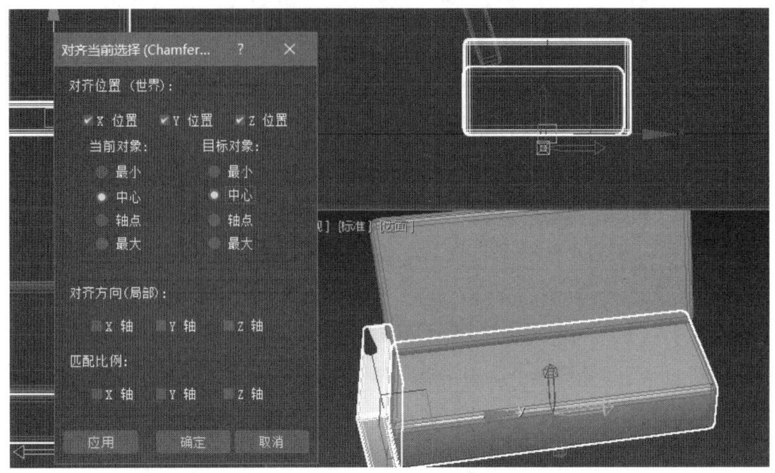

图 4.22 对称轴的偏移

步骤 6 退出层级,使用镜像复制,把另外一侧的扶手作出来,如图 4.23 所示。

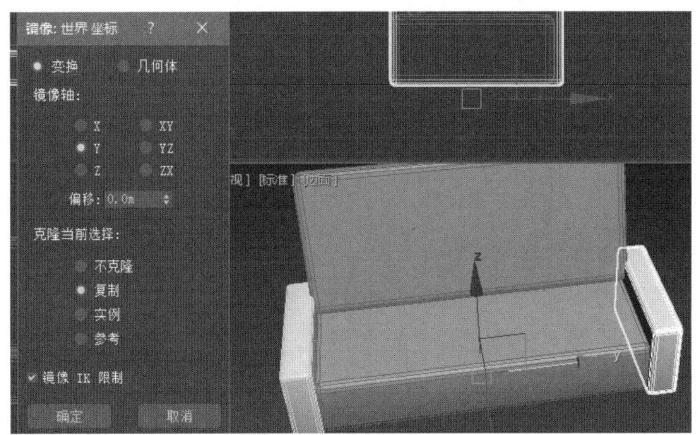

图 4.23 镜像复制

步骤 7 制作沙发脚。使用"软管"命令,调节参数,如图 4.24 所示。

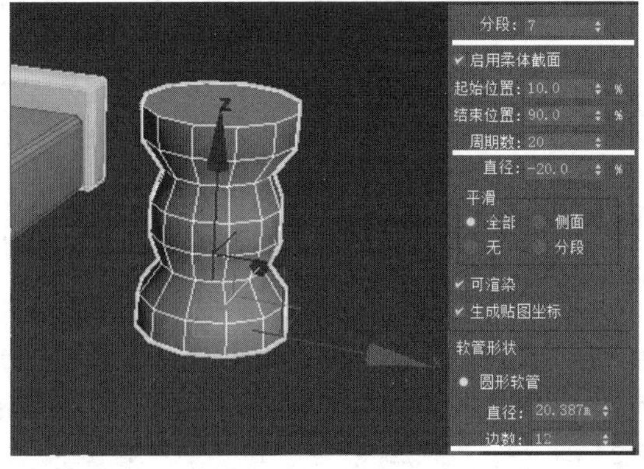

图 4.24 软管参数项

步骤 8 接下来对它进行等比缩放，选择多个物体的时候，可以框选，也可以按住 Ctrl 键进行多选，根据顶视图进行单轴的复制，将四个沙发脚摆在相应的位置，最后效果如图 4.25 所示。

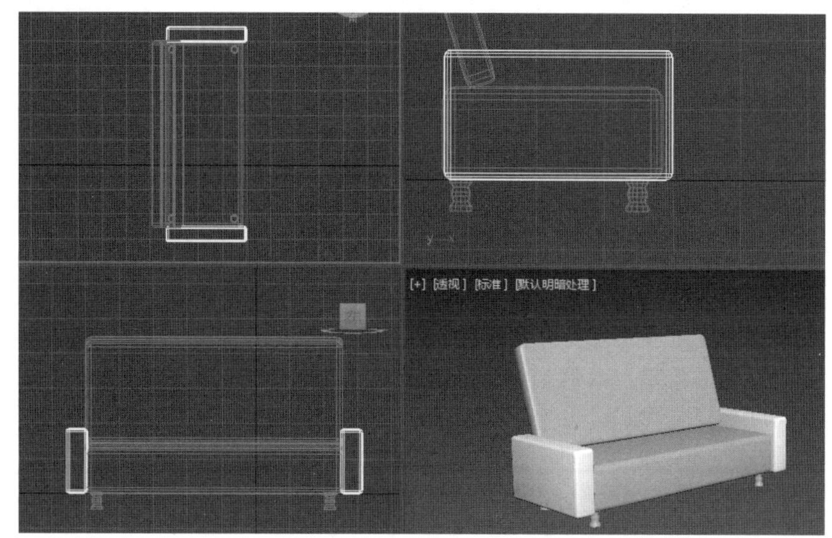

图 4.25 复制沙发脚完成操作

小结

本章讲解了有关 3ds Max 的几何体建模技术。通过本章的学习，读者能够进行几何体模型的创建及修改，并能够对几何体模型进行修改，从而能够进行简单模型的搭建。

Chapter 5

样条线建模

本章内容简介

本章学习样条线建模，通过对样条线的类型及应用、样条线的转换方法及各个功能的学习，掌握样条线制作二维图形的效果；还可以通过样条线配合车削、样条线配合挤出等建模方法，制作三维模型的效果。最后通过综合案例——别墅建模，整合所学样条线的知识，进行拓展练习与应用。

本章学习要点

- 熟练掌握样条线的创建方法。
- 熟练掌握样条线的转换方法。
- 熟练掌握样条线子集的各个功能。
- 熟练掌握车削建模的原理及应用。
- 熟练掌握挤出建模的原理及应用。

能力拓展

通过本章的学习，可以运用样条线建模、挤出建模、车削建模制作出日常生活中的模型，如吊灯模型、铁艺茶几、花窗、花盆、沙漏、别墅等模型。发挥观察力与想象力，还可以制作出更多不同类型的模型。

优秀作品

本章优秀作品如图 5.0 所示。

图 5.0 优秀作品

5.1 认识样条线

5.1.1 什么是样条线

样条线是二维图形，默认状态下是一条没有厚度的线，由若干个顶点和线段组成。可以是开放的，也可以是闭合的。创建样条线可以通过其他命令及修改器转成三维模型。所以说，样条线在建模过程中是非常重要的。

5.1.2 样条线的类型

在 3ds Max 软件中，二维图形分为 5 种类型，分别是样条线、NURBS 曲线、扩展样条线、CFD、Max Creation Graph。在命令面板中单击“创建”→“图形”命令，可以看到 5 种图形。

样条线是默认的图形类型，包含 12 种样条线类型，最常用的类型有线、矩形、圆、多线形、文本、螺旋线等。通过这些类型的样条线，可以创建生活中弯曲的线、笔直的线、平滑的线、拐角的线、文本等图形。

线：可以创建闭合的、开放的样条线模型。在创建过程中，按 Esc 键，完成线的创建操作，此时创建的线就是开放的模型；在创建过程中，单击第一个点，会弹出提示面板，选择“闭合样条线”选项，此时创建的线就是闭合的模型。创建线的过程：多次单击鼠标左键创建新的点，依次操作，这样就创建出一条线的模型。

矩形：创建矩形或者方形图案模型。创建矩形的过程：按住鼠标左键，移动鼠标到满意的矩形大小，松开左键，这样就创建出一个矩形的模型。

圆：创建圆形图案模型。创建圆形的过程：按住鼠标左键，移动鼠标到满意的圆形大小，松开左键，这样就创建出一个圆形的模型。

椭圆：创建椭圆图案模型。创建椭圆形的过程：按住鼠标左键，移动鼠标到满意的椭圆形大小，松开左键，这样就创建出一个椭圆的模型。

弧：创建弧形图案模型。创建弧形的过程：按住鼠标左键、移动鼠标创建一条直线，松开左键，移动鼠标，直到满意弧的程度为止，单击鼠标左键结束，这样就创建出一个弧形的模型。

圆环：创建两个同心圆嵌套到一起的图案模型。创建圆环的过程：按住鼠标左键，移动鼠标创建一个圆形，松开左键，移动鼠标，出现一个新的圆形，直到新圆大小满意为止，单击鼠标左键，这样就创建出一个圆环的模型。

多边形：创建多边形图案模型。创建多边形的过程：按住鼠标左键，移动鼠标到多边形大小满意后，松开左键，这样就创建出一个多边形的模型。

星形：创建星形图案模型。创建星形的过程：按住鼠标左键，移动鼠标创建一个星形，松开左键，移动鼠标，出现一个新的星形，直到新星形大小满意为止，单击鼠标左键，这样就创建出一个星形的模型。

文本：创建文本图案模型。创建文本的过程：在视图中单击，这样就创建出一个文本的模型。

螺旋线：创建螺旋线图案模型。创建螺旋线的过程：按住鼠标左键，创建底圆半径；松开左键，移动鼠标，单击左键创建螺旋线的高度；移动鼠标，单击左键，这样就创建出一个螺旋线的模型。

卵形：创建类似于鸡蛋的图案模型。创建卵形的过程：按住鼠标左键，移动鼠标创建一个卵形，松开左键，移动鼠标，出现一个新的卵形，直到新的卵形大小满意为止，单击鼠标左键，这样就创建出一个卵形的模型。

截面：它是一种特殊的样条线模型。通过三维物体的横切面生成轮廓线图案模型。创建截面的过程：创建三维物体，例如茶壶，单击“截面”，在视图中按住鼠标左键，移动鼠标到截面矩形大小满意后，松开左键，进入“修改”面板，单击“创建图形”，在弹出的面板中修改截面图形的名称，确定，创建出截面图形模型。

在创建完样条线模型后，可以进入“修改”面板中，修改二维图形参数，以此来更改二维图形的形状。

5.1.3 样条线的特点

样条线默认状态下是不可能渲染的，但勾选“在视口中启用”“在渲染中启用”，就能生成立体模型，在视图中、渲染后都可见立体模型，还可以通过参数修改样条线的尺寸。

样条线都是可以转成含有子集的对象，它们的子集包含：顶点、线段、样条线。

样条线的平滑程度是可以更改的，通过调整顶点的类型可以实现，平滑、Bezier 两种点的类型能让样条线变光滑；角点、Bezier 角点能让样条线变不光滑、出现尖锐的拐角。

样条线在绘制的时候，如果超出视图区域，可以配合快捷键 I，将鼠标位置放到画面的中间，以便继续绘制。

样条线在绘制的时候，如果想绘制直线，可以配合快捷键 Shift，绘制水平、垂直、斜向45°的直线。

5.1.4 样条线的应用

应用样条线建模可以制作文字 Logo 模型、吊灯、布料的轮廓、墙体与窗框的框架结构模型、乐器等模型。

5.2 可编辑样条线

5.2.1 转换可编辑样条线的方法

在创建完所有样条线，进入“修改”面板中更改参数时，会发现有些样条线模型没有子集，例如圆、椭圆等；有些样条线模型含有子集(顶点、线段、样条线)，例如线。如果想进入二维图形的局部区域去更改它们的形状，那么，如何将样条线转成含有子集的对象？

方法一：选择视图中的样条线，在“修改”面板中，添加“编辑样条线”修改器。

方法二：选择视图中的样条线，右击选择“转换为”→“转换为可编辑样条线”。

上述两种方法的区别：①方法一中保留原有的样条线信息，制作错误时，可以用“编辑样条线”修改器删除，回到原有样条线级别，此方法适用于初学者。②方法二中原有的样条线信息被删除，一旦做错，无法返回。但方法二中，出现“渲染”“插值”等卷展栏，便于修改样条线的形态与功能。

方法一、方法二转换后的样条线都含有三个子集：顶点、线段、样条线。

5.2.2　顶点级别下的功能

单击“编辑样条线”修改器，进入“顶点”级别，打开“几何体”卷展栏，可以看到顶点级别下的各个命令，读者可以有所侧重地进行学习。

1. 将若干个二维图形合并到一起的功能

附加：将另外一个二维图形合并到当前样条线中，形成一个样条线模型。附加的操作过程：单击“附加”按钮，在视图中单击要合并进来的二维图形，单击鼠标右键结束附加操作。

附加多个：将另外多个二维图形合并到当前样条线中，形成一个样条线模型。附加多个的操作过程：单击“附加多个”按钮，弹出“按名称选择”窗口，单击要合并进来二维图形的名称，完成附加多个的操作。

提示：*配合 Ctrl 键，可以加选附加物体；配合 Shift 键，可以通过单击首末两个物体名称，选择要附加的所有物体。*

2. 将点打散与焊接到一起的功能

断开：将点一分为二，断成两个顶点。断开的操作过程：选择样条线的顶点，在“几何体”卷展栏中，单击“断开”命令，将点彻底断开。

焊接：将断开的点合成一个顶点。焊接的操作过程：选择样条线断开的两个顶点，在“几何体”卷展栏中，将“焊接”的阈值调大，单击“焊接”命令，将两个点转成一个顶点。

自动焊接：将若干组点分别焊接成一个点。自动焊接的操作过程：勾选“自动焊接”，将阈值距离调大，在视图中将要焊接的点移动到目标点上，完成焊接。

检查是否焊接到一起的方法：框选焊接后的顶点，进入“选择”卷展览，看顶点显示的信息，如果显示且选择了样条线 X/顶点 X，表示焊接正确；如果显示且选择了 X 个顶点，表示焊接错误。

3. 样条线中删除点、增加点的功能

删除：将点从样条线中移除。删除的操作过程：选择要删除的顶点，单击“删除”按钮，就可以删除点。也可以按快捷键 Delete。

优化：在样条线上增加点或者边。增加点的操作过程：单击“优化”，将鼠标移动到线段上，单击左键，增加一个点，右击结束加点操作。增加边的操作过程：勾选“优化”右侧的连接，单击“优化”按钮，在视图样条线中单击左键确定加边的第一个点，单击左键确定加边的第二个点，单击右键完成加边操作。

相交：在同一个样条线对象的两个子集样条线处增加一个顶点。

4. 样条线变平滑的功能

圆角：可以将选择的点变成具有圆滑过渡的两个顶点，样条线产生圆角的效果。圆角的操作过程：选择样条线中的顶点，单击“圆角”命令，按住鼠标左键，调整“圆角”右侧的阈值，直到满意为止，松开左键。

平滑：点的类型之一，可以将选择的点两侧线段变平滑，不增加新的点。平滑的操作过程：选择样条线中的顶点，单击鼠标右键，在弹出的快捷菜单中选择“平滑”命令，使点两侧的线段变圆滑。

Bezier：点的类型之一，通过调整点两侧的控制手柄，可以将点两侧线段变平滑，不增加新的点。Bezier 的操作过程：选择样条线中的顶点，单击鼠标右键，在弹出的快捷菜单中选择 Bezier 命令，调整控制手柄（两侧的控制手柄不独立，互相影响），使点两侧的线段变圆滑。

5. 样条线变尖锐的功能

切角：可以将选择的点变成具有尖锐过渡的两个顶点，样条线产生切角的效果。切角的操作过程：选择样条线中的顶点，单击“切角”命令，按住鼠标左键，调整“切角”右侧的阈值，直到满意为止，再松开左键。

角点：点的类型之一，可以将选择的点两侧线段变尖角，不增加新的点。角点的操作过程：选择样条线中的顶点，单击鼠标右键，在弹出的快捷菜单中选择“角点”命令，使点两侧线段变为尖锐的夹角。

Bezier 角点：点的类型之一，通过调整点两侧的控制手柄，可以将点两侧线段变为尖角，不增加新的点。Bezier 角点的操作过程：选择样条线中的顶点，单击鼠标右键，在弹出的快捷菜单中选择“Bezier 角点”命令，调整控制手柄（两侧的控制手柄独立，不互相影响），使点两侧的线段变圆滑。

5.2.3 线段级别下的功能

单击“编辑样条线”修改器，进入“线段”级别，打开“几何体”卷展栏，可以看到线段级别下的各个命令，读者可以有所侧重地进行学习。

拆分：可以将选择的线段拆分成若干条线段。拆分的操作过程：选择样条线中的线段，设置“拆分”右侧的阈值 4，单击“拆分”命令，选择的线段就被拆成阈值数目为 4 的线段。

分离：可以将选择的线段分离成新的二维图形。分离的操作过程：选择样条线中的线段，单击“分离”命令，将选择的线段分离成新的二维图形。

5.2.4 样条线级别下的功能

单击“编辑样条线”修改器，进入“样条线”级别，打开“样条线”卷展栏，可以看到样条线级别下的各个命令，读者可以有所侧重地进行学习。

轮廓：可以将选择的样条线进行变大、变小、等同的复制，从而产生一个新的样条线子集。轮廓的操作过程：选择样条线中的某一个样条线子集，单击“轮廓”命令，按住鼠标左键，调整“轮廓”右侧的阈值，直到新的样条线满意的时候，再松开左键，完成轮廓复制的操作。

布尔：可以将选择的两个样条线子集进行并集、差集、交集操作，从而产生一个新的样条线子集。布尔的操作过程：选择样条线中的一个样条线子集，单击“布尔”右侧的差集，单击“布尔”命令，在视图中单击参与运算的另一个样条线子集，完成布尔运算的操作。

镜像：可以沿水平镜像、垂直镜像或者双向镜像方向镜像样条线，实质就是改变样条线的方向，并不产生新的样条线。

5.3 车削建模

5.3.1 车削的原理

Lath 车削原理：将物体的轮廓线绕着某一个坐标轴旋转一定的角度从而生成三维模型。

注意事项：

(1) 物体的轮廓线是不闭合的二维图形，生成的三维模型是薄片的闭合物体，例如，苹果。

(2) 物体的轮廓线是闭合的，则生成的三维模型是有厚度的开放的物体，例如，高脚杯。

5.3.2 车削参数的含义

度数：轮廓线绕轴旋转的角度值。360°意味轮廓线旋转一周，形成封闭模型。

焊接内核：将轮廓线在旋转轴上方的点焊接到一起，形成一个顶点，简化车削模型的面数，去除车削产生的黑面。

翻转法线：对车削模型的外表面进行法线翻转，面的法线朝向用户，用户就能够看到这个面；面的法线背离用户，用户就看不到这个面。在车削过程中，可以通过 F9 键渲染测试后，再决定是否勾选该项功能。

分段：决定车削模型的光滑程度。数值越大，圆周上的面越多，模型就越光滑。

方向：决定车削旋转轴的轴向。选择哪个轴，轮廓线就绕着哪个轴旋转。

对齐：决定车削旋转轴的位置。"最小"意味旋转轴在轮廓线的左侧；"中心"意味旋转轴在轮廓线的中间；"最大"意味旋转轴在轮廓线的右侧。

5.3.3 车削制作高脚杯模型

通过对样条线功能及车削原理的学习，制作中间镂空、边缘有厚度的高脚杯模型。

步骤 1 使用"线"工具，在前视图中绘制高脚杯的轮廓线。

步骤 2 通过点的四种类型——角点、平滑、Bezier、Bezier 角点调整轮廓线的形状。

步骤 3 在样条线子集，通过"轮廓"命令，复制出新的样条线，两个样条线之间的距离就是高脚杯的厚度。

步骤 4 在线段子集，选择轮廓线左侧的线段，按 Delete 键删除。

步骤 5 通过捕捉工具，将轮廓线左侧的顶点对齐到一条垂直线上。

步骤 6 选择线，单击"修改"面板，添加"车削"修改器。

步骤 7 勾选"焊接内核"，分段数设置为 32，方向选择 Y 轴，对齐选择"最小"。此时高脚杯的模型就制作完成了。

5.3.4 车削制作苹果模型

通过对样条线功能及车削原理的学习，制作完全实心的苹果模型。

步骤 1 使用"线"工具，在前视图中绘制苹果的轮廓线，如图 5.1 所示。

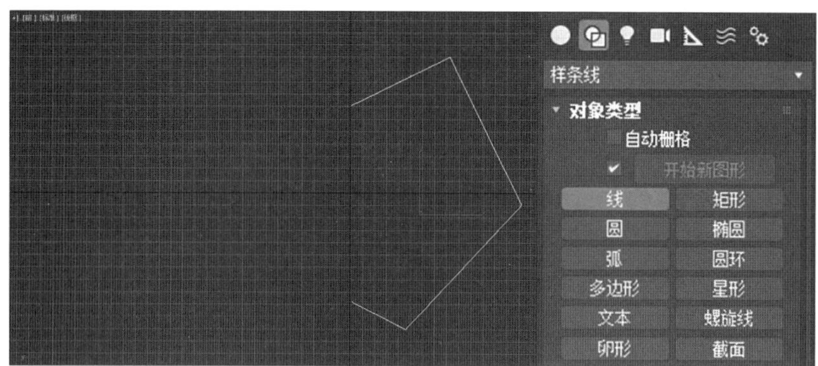

图 5.1 绘制轮廓线

步骤 2 在点子集,通过点的四种类型——角点、平滑、Bezier、Bezier 角点调整轮廓线的形状及平滑程度,可以先将点的类型转成平滑,再转成 Bezier 点进行调整,能够获取两个长度相等的控制手柄,如图 5.2 所示。

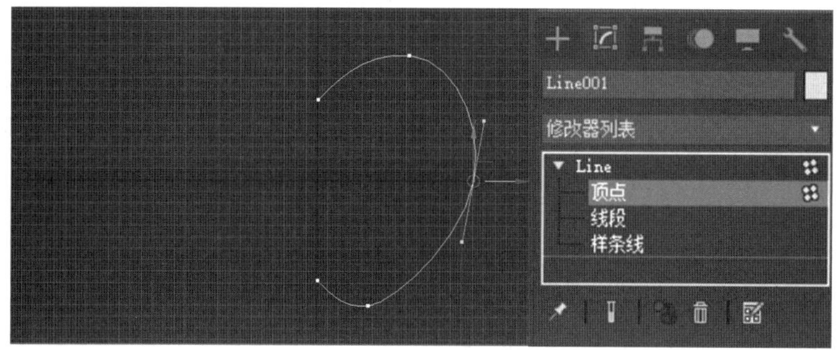

图 5.2 调整轮廓线

步骤 3 在点子集,通过捕捉工具,将轮廓线左侧的顶点对齐到一条垂直线上。

步骤 4 选择线,单击“修改”面板,添加“车削”修改器。

步骤 5 勾选“焊接内核”,如图 5.3 所示。分段数设置 32,方向选择 Y 轴,对齐选择“最小”。此时苹果模型就制作完成了,如图 5.4 所示。

5.3.5 苹果材质简单调节

经过上面的操作,能够制作出一个苹果的模型,此时的苹果是一个裸模,因为模型外面没有外衣的遮挡,即材质贴图的元素。下面调节基本材质及贴图,让模型更加真实一些。

步骤 1 打开材质编辑器,可以用快捷键 M 或者单击工具栏上的“材质编辑器”按钮,如图 5.5 所示。

步骤 2 选择一个样例球,在下方“基本参数”卷展栏中找到漫反射贴图通道,它右面的颜色是调整模型颜色的,颜色的右侧方块是添加贴图的,单击这个按钮,在弹出的“贴图与浏览器”窗口中,找到位图,位图是将外界素材贴图导入到材质中的唯一通道。双击位图,在外界找到苹果的贴图,确定。此时苹果贴图就贴到样例球上了。

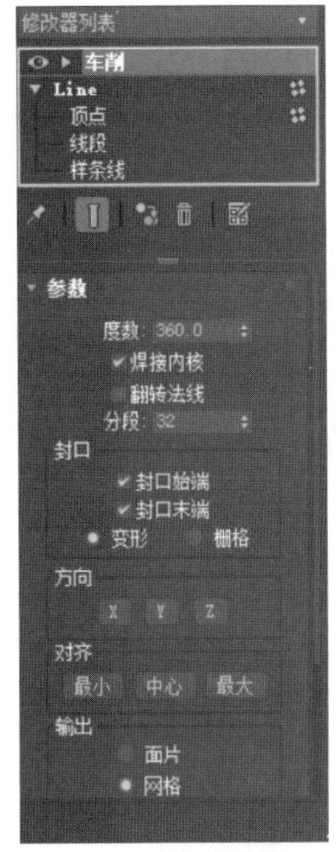

图 5.3　车削

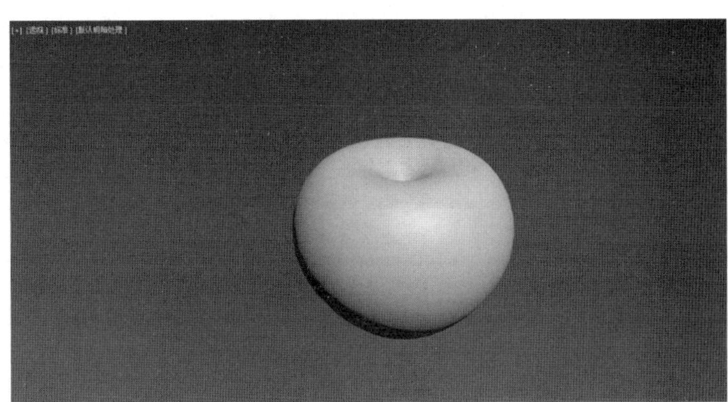

图 5.4　车削模型

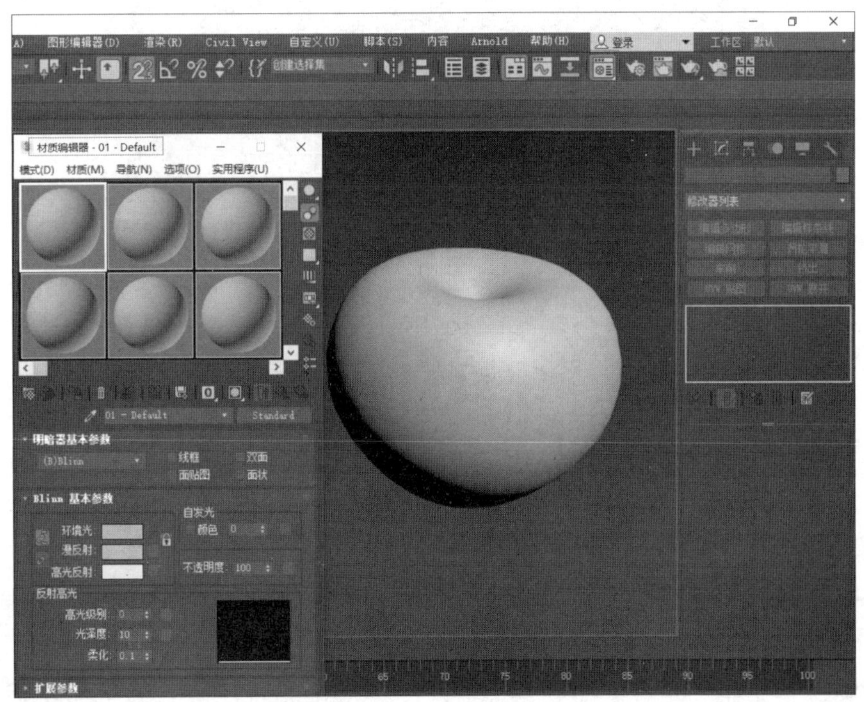

图 5.5　材质通道

步骤 3 将材质赋予场景中的模型。第一种方法：将样例球拖曳到模型上。第二种方法：选择模型,再选择样例球,最后单击材质编辑器水平栏上的第三个按钮“将材质指定给选定的对象”。两者相比较,第二种方法更安全一些。

步骤 4 将贴图在视图中显示。单击材质编辑器水平栏上的倒数第四个按钮“视口中显示明暗处理材质”,贴图在视图中就显示出来了,如图 5.6 所示。

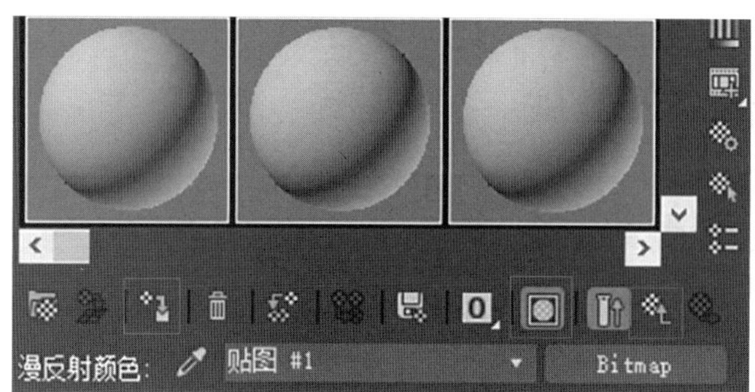

图 5.6 材质编辑器功能按钮

步骤 5 纠正材质贴图。选择模型,在“修改”面板中添加“UVW 贴图”修改器,将贴图坐标的类型切换成“球形”,如图 5.7 所示。

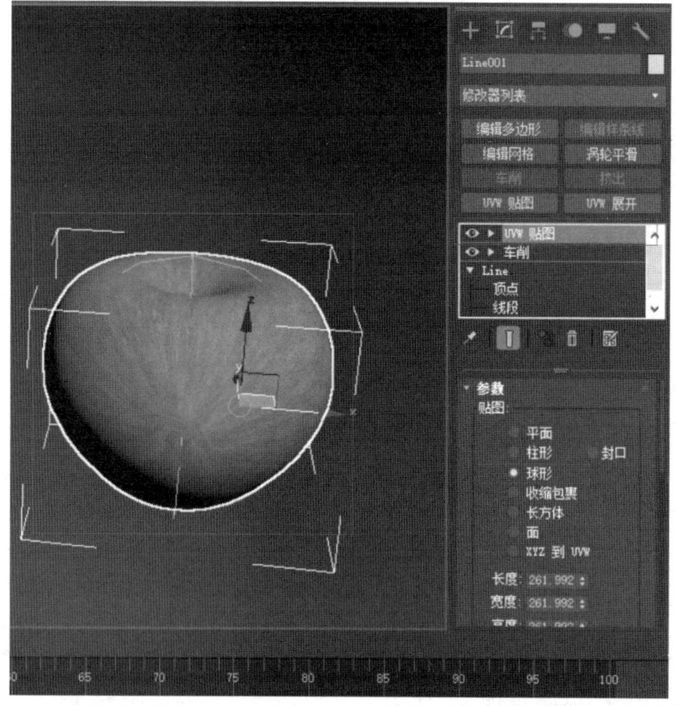

图 5.7 UVW 贴图

步骤 6 进入“UVW 贴图”修改器的子集 Gizmo 中,通过旋转,调整 Gizmo 的方向,直到贴图方向满意为止,如图 5.8 所示。

通过上面的步骤,读者对材质调节及赋予有了一定的了解,会发现材质制作的流程都

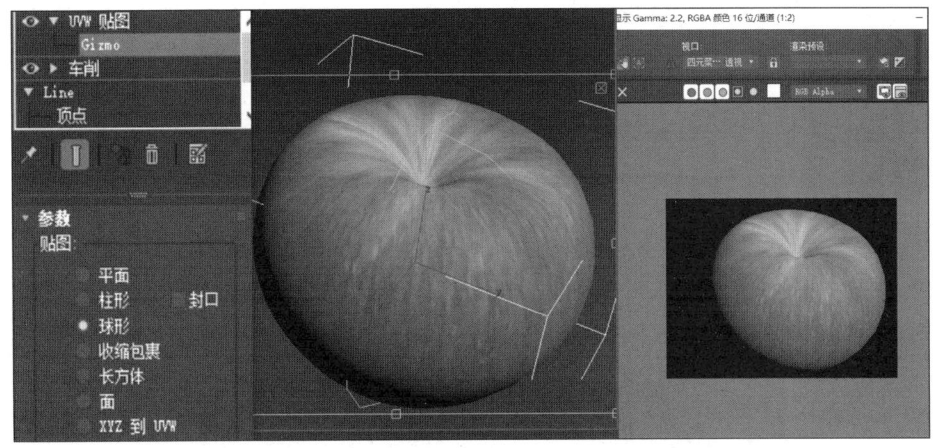

图 5.8 Gizmo

是：先调节材质，再进行材质赋予，最后进行材质贴图纠正。

提示：

（1）材质中，贴图的优先级高于颜色，比如漫反射通道上，如果出现贴图，漫反射的颜色就不起作用了。

（2）如果单击“视口中显示明暗处理材质”，视图中的贴图还是无法显示，可能跟显卡有关，不妨按 F9 键渲染测试一下，一般贴图都会出现。

5.3.6 创建沙漏模型

经过上面两个案例的学习，读者对生活中的酒杯、苹果、盘子、碟子等规则物体，能够运用车削进行模型创建了。但有些复杂的模型，在运用车削建模的时候，比例关系不准，怎样让制作的模型跟参考图片比例关系一致呢？通过下面沙漏模型建模的学习，就会得到相应的答案了。

步骤 1 打开软件，在菜单栏中，选择“自定义”→“单位设置”，将显示单位比例设置为“公制”→“毫米”，单击“系统单位设置”按钮，将“系统单位比例”设置成 1 单位等于 1 毫米，如图 5.9 和图 5.10 所示。

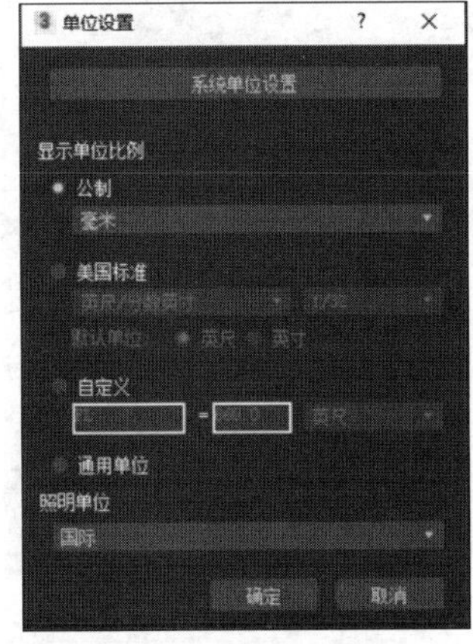

图 5.9 显示单位

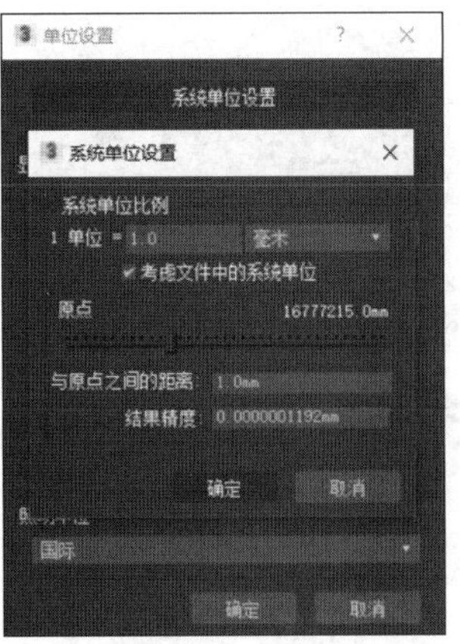

图 5.10 系统单位

步骤 2 选择前视图,单击"创建"面板→"标准基本体",单击"平面",在前视图中拖曳创建出一个平面,命名为"参考面"。

步骤 3 选择参考面,单击"修改"面板,修改平面的长、宽属性值,让它们与参考图的尺寸保持一致。并将参考面的段数降为 1,如图 5.11 所示。

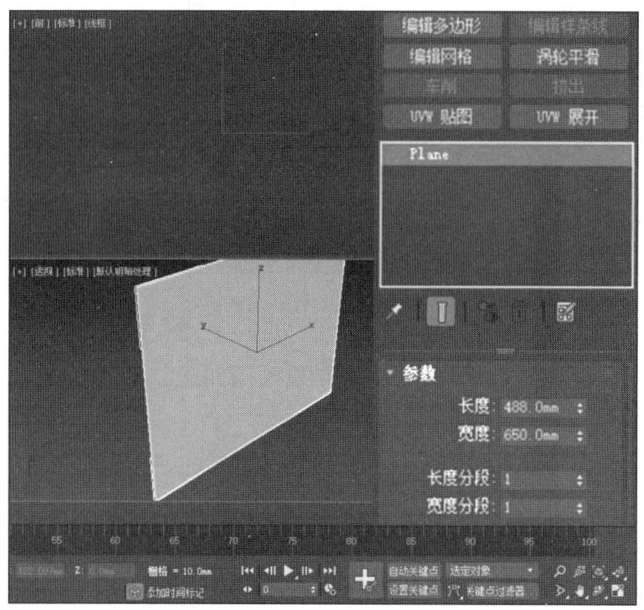

图 5.11 平面参数

步骤 4 打开材质编辑器,可以用快捷键 M 或者单击工具栏上"材质编辑器"按钮。

步骤 5 选择一个样例球,在下方"基本参数"卷展栏中找到漫反射贴图通道,单击颜色右侧的方块按钮,如图 5.12 所示。在弹出的"贴图与浏览器"窗口中,找到位图,双击位图,在外界找到沙漏的贴图,确定。此时沙漏贴图就贴到样例球上了,如图 5.13 所示。

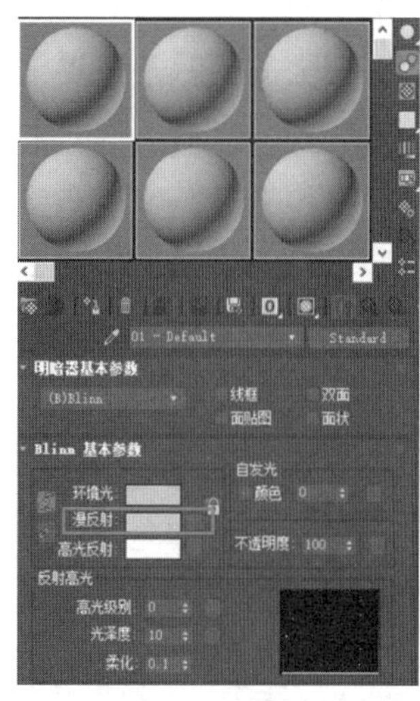

图 5.12 漫反射

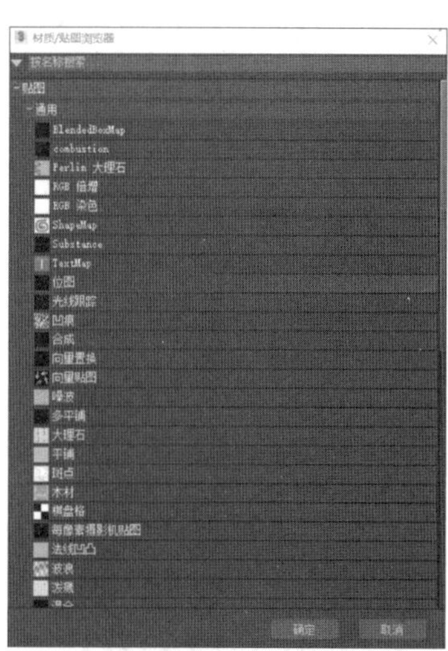

图 5.13 位图

步骤 6 将材质赋予场景中的模型，将样例球拖曳到参考面模型上。

步骤 7 将贴图在视图中显示。单击材质编辑器水平栏上的倒数第四个按钮“视口中显示明暗处理材质”，贴图在视图中就显示出来了，如图 5.14 所示。

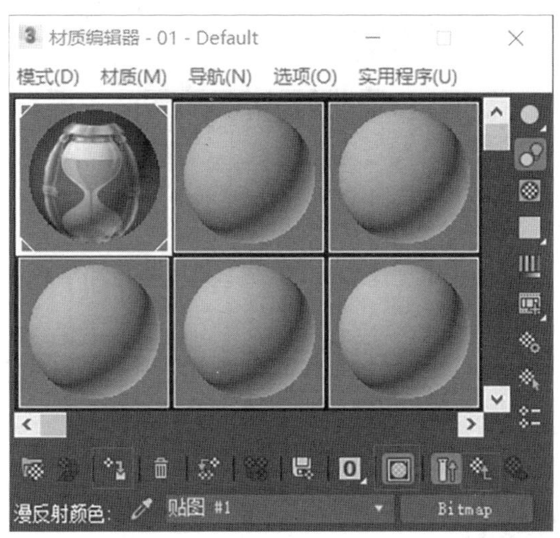

图 5.14 显示材质按钮

步骤 8 选择参考面模型，单击鼠标右键，选择“对象属性”→“显示属性”，取消勾选“以灰色显示冻结对象”，这样被冻结物体的贴图就依然保留了，如图 5.15 所示。单击“确定”按钮完成设置。选择参考面物体，单击右键，选择“冻结当前选择”，完成物体的冻结操作。冻结后的物体就不会被随意地更改了。如果想把冻结的物体解冻出来，可以单击右键，选择“全部解冻”，物体解冻后就可以再次被更改了，如图 5.16 所示。

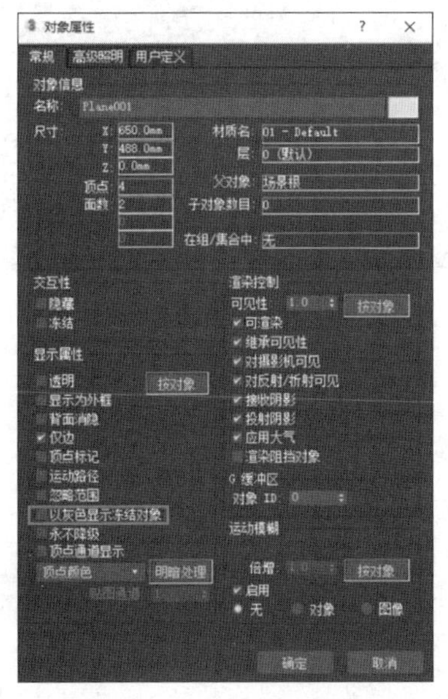

图 5.15 显示属性面板

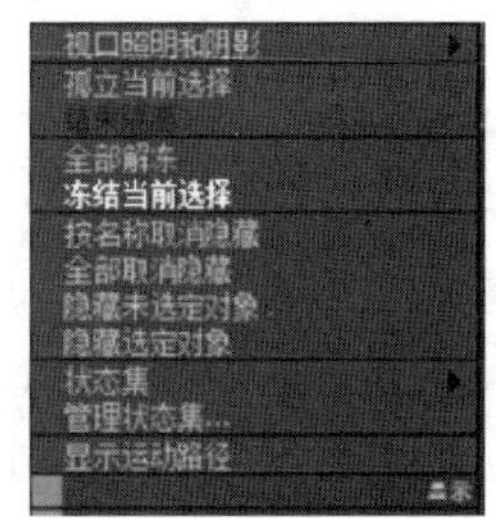

图 5.16 冻结当前选择

步骤 9 单击“创建”面板→“图形”，单击“线”，在视图中绘制沙漏底座截面曲线，对拐角处点进行切角处理,如图 5.17 所示。

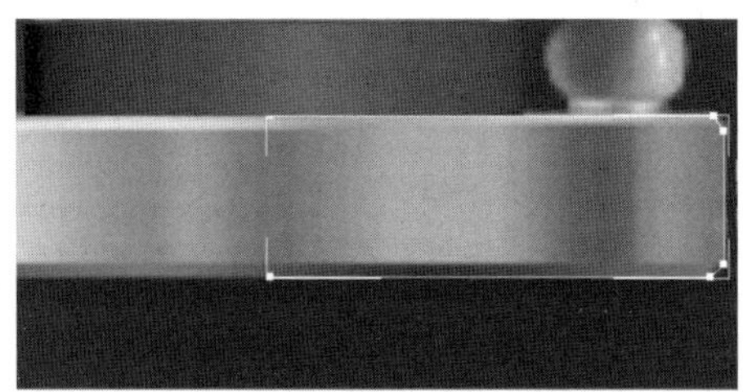

图 5.17　绘制轮廓线

步骤 10　添加 Lath 修改器,设置参数,生成模型,并运用“镜像对称”命令,向上镜像复制一个相同的模型,如图 5.18 所示。

步骤 11　制作沙漏玻璃部分模型,首先在前视图绘制玻璃区域的轮廓线,在“修改”面板添加车削修改器,调整车削参数生成模型,如图 5.19 所示。

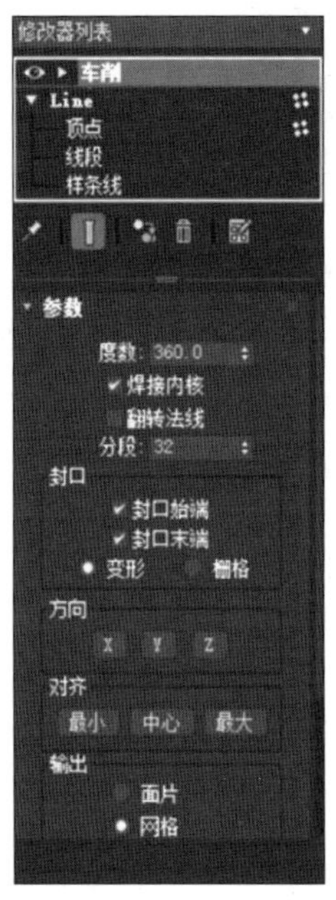

图 5.18　车削修改器

图 5.19　点子集

提示:

(1) 在创建线过程中,如果二维图形过大,超出视图区域,可以按快捷键 I,能够让鼠标单击的位置始终都在视图的正中间,避免二维图形绘制不上。

(2) 在端面的拐角处,除了用 Bezier 曲线调整二维图形的形状外,还可以用圆角、切角功能做处理,使用它们的时候,需要进入点级别,单击 Fillet、Charmfer 功能按钮,调整后方的数据,即可完成。

(3) 绘制二维图形时,当样条线的点子集的类型为 Bezier 点时,要查看控制手柄的长度,避免 Bezier 点两侧的线段出现自交叉的情况。

(4) 二维图形绘制断开的时候,在挤出、车削建模时会出现薄片的三维物体。

步骤 12 同理，创建内部细沙、角柱模型。

步骤 13 单击主工具栏上的“角度捕捉”按钮，设定角度值，勾选“角度捕捉”，对角柱进行复制，如图 5.20 所示。

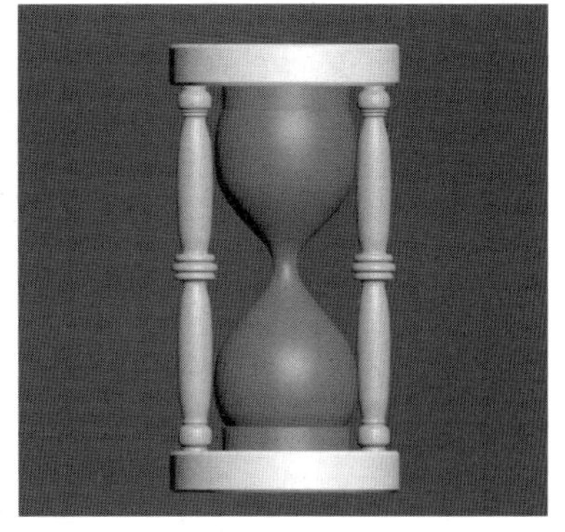

图 5.20 生成模型

提示：角柱在某一圆周上复制的时候，角柱物体的轴心点要放到圆周的中心点上，在角度捕捉上设定旋转的最小角度值，旋转复制生成其他角柱模型。

5.3.7 车削制作餐桌场景模型

FFD 修改器分为：FFD 2×2×2、FFD 3×3×3、FFD 4×4×4、FFD(圆柱体)、FFD(长方体)。FFD 修改器的作用：可以通过控制点调节模型局部区域的形状。在图 5.21 中的白色碟子，可以通过切角长方体创建基础模型，通过 FFD 4×4×4 修改器的控制点子集，进行变形处理。

根据所学的几何体、样条线、车削等建模方法，完成下面模型的制作，如图 5.21 所示。

图 5.21 参考图

5.4 挤出建模

5.4.1 挤出的原理

沿着二维图形的法线方向(即垂直于二维图形平面)可生成三维模型、如课桌模型、建筑墙体、建筑地板、建筑窗框等模型。

挤压建模注意事项如下。

(1) 断点、断线，生成模型错误。

解决：焊接点，连接线。

(2) 重点、重线。

解决：删除多余的点或者线。

(3) 二维图形自交叉。

解决：调整点的控制手柄，把交叉的部分调整回正确的形态。

(4) 二维图形上的点不共面。

解决：进入样条线的点子集，选择非等比例缩放，单击“公用中心点”按钮，沿 Y 轴缩放让所有的点共面。

5.4.2 挤出参数的含义

数量：挤出模型的厚度。

分段：决定挤出模型的厚度方向的段数。数值越大，厚度方向段数越多，模型就可以被弯曲；否则，模型无法弯曲处理。

封口：决定挤出模型上、下端面是否存在。勾选就存在，不勾选就不存在，模型上下端面区域就镂空。

5.4.3 挤出制作窗帘

步骤 1 使用“线”工具，在前视图中配合 Shift 键绘制一条直线，如图 5.22 所示。

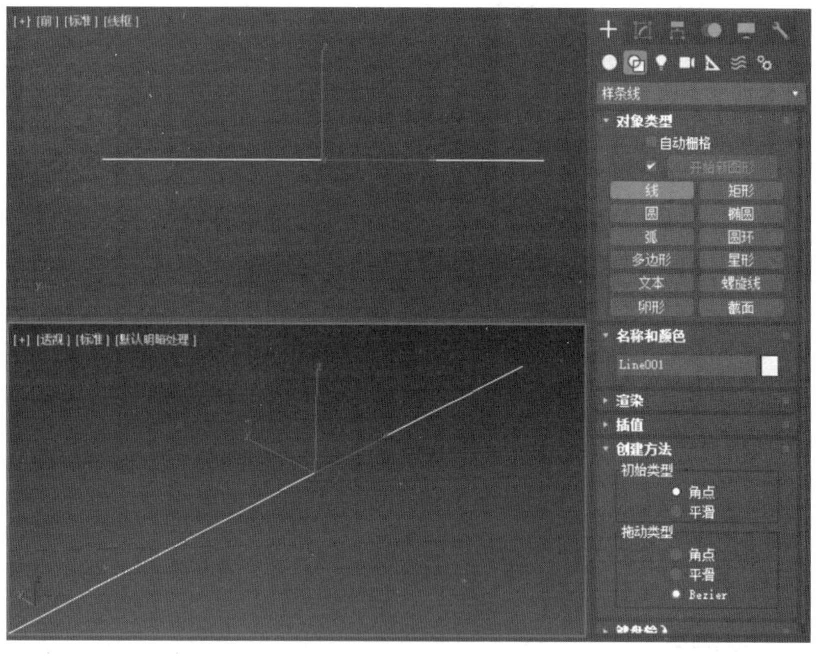

图 5.22 绘制直线

步骤 2 进入“修改”面板，在线段子集，运用“拆分”，在线段上添加点，将线段划分成若干个相等的线段，如图 5.23 所示。

步骤 3 在点子集，隔一个顶点选择一个顶点，用移动工具调节选择顶点的位置，让所有的点形成曲线，如图 5.24 所示。

步骤 4 在点子集，通过点的四种类型——角点、平滑、Bezier、Bezier 角点调整线的形状及平滑程度，形成窗帘的波浪形态，如图 5.25 所示。

步骤 5 选择线的模型，在“修改”面板添加“挤出”修改器，调节挤出的数量及分段数，

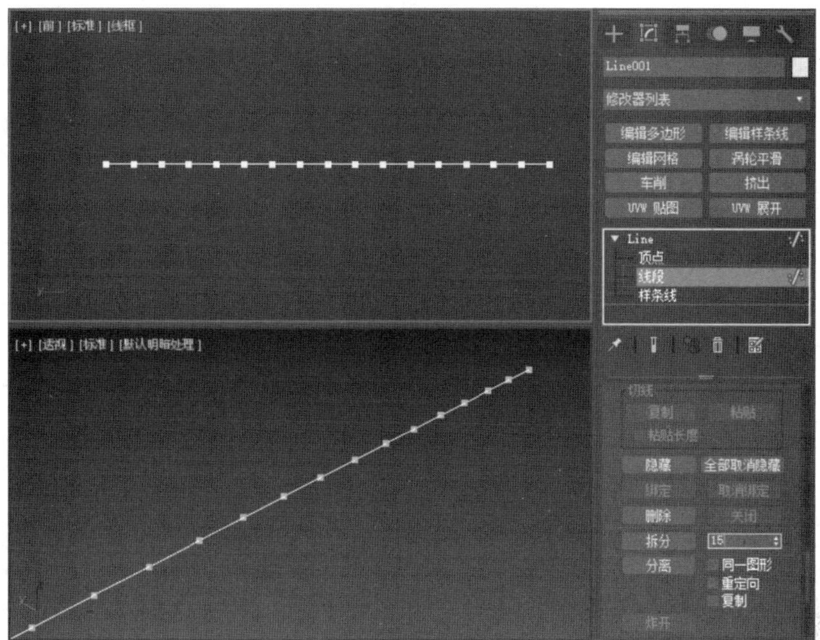

图 5.23　添加顶点

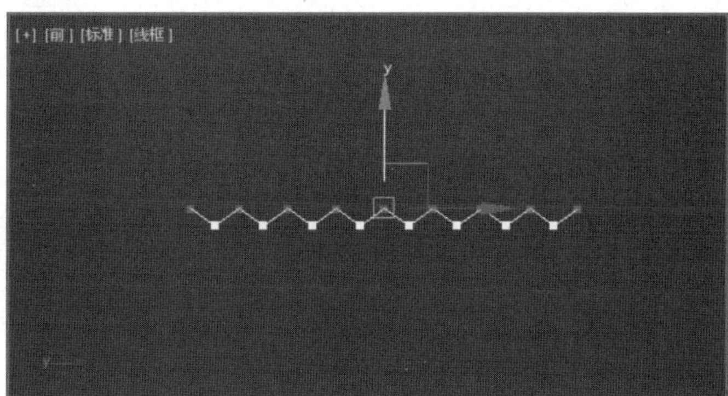

图 5.24　移动顶点

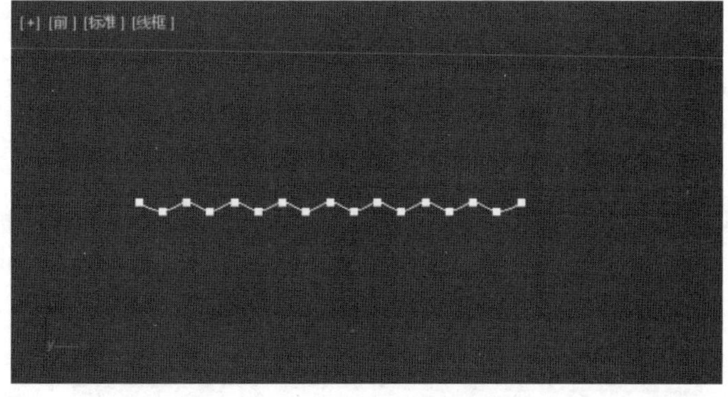

图 5.25　波浪线

如图 5.26 所示。

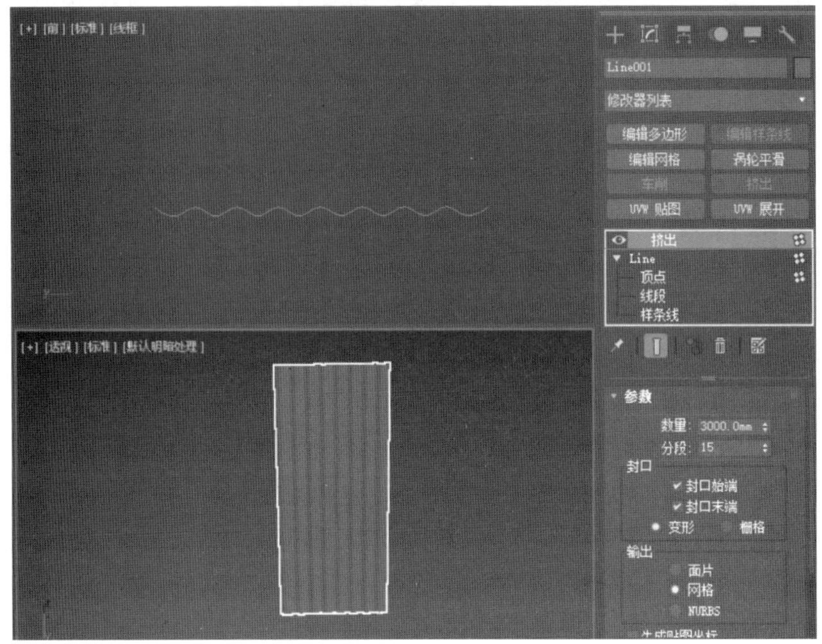

图 5.26　挤出

步骤 6　在“修改”面板中添加 FFD 3×3×3、FFD 4×4×4 修改器，进入控制点子集，调整控制点位置，形成窗帘的形状，如图 5.27 和图 5.28 所示。

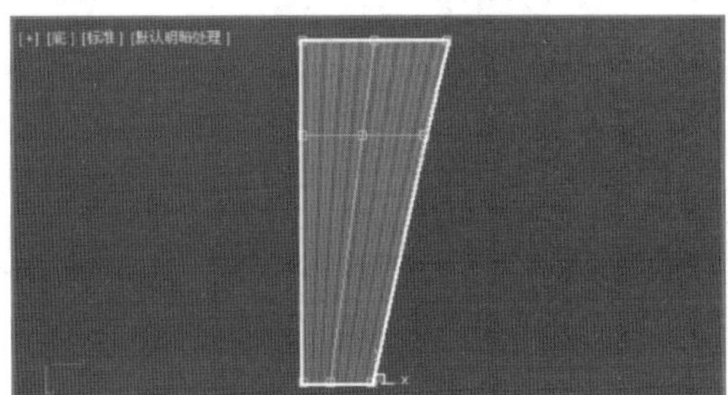

图 5.27　FFD 调整 1

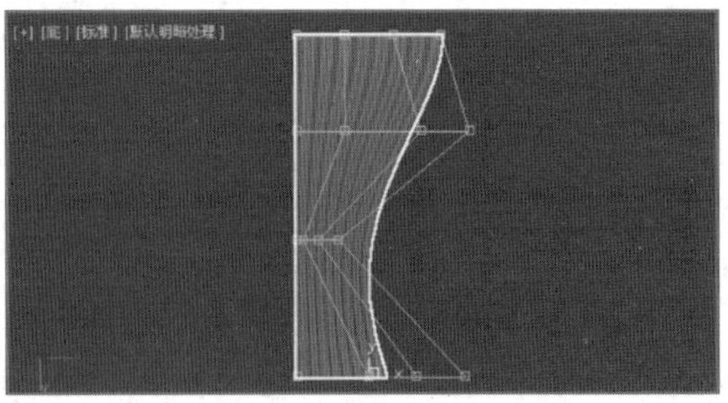

图 5.28　FFD 调整 2

步骤 7　在“修改”面板中，添加“噪波”修改器，调整噪波的参数，控制窗帘表面的形态。完成窗帘模型的建模，如图 5.29 所示。

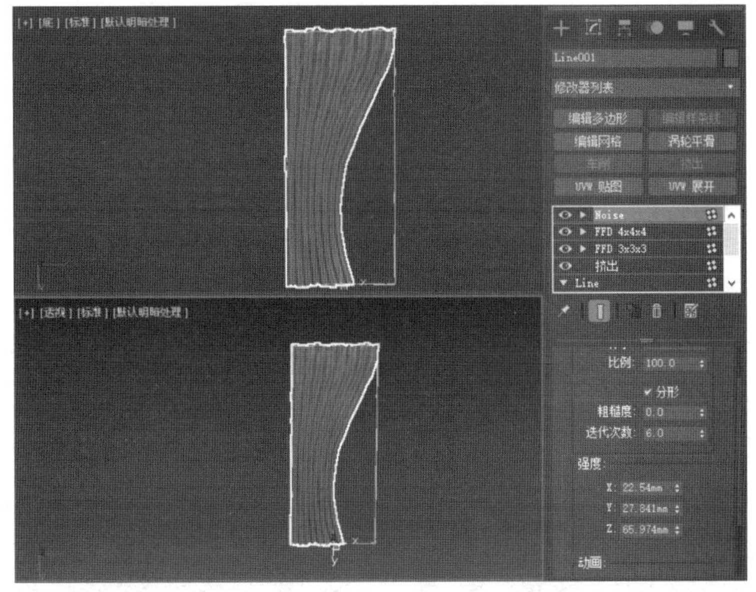

图 5.29　噪波修改器

步骤 8　在工具栏中，单击“镜像”工具，调整镜像的参数，镜像复制窗帘模型。完成窗帘模型的建模，如图 5.30 所示。

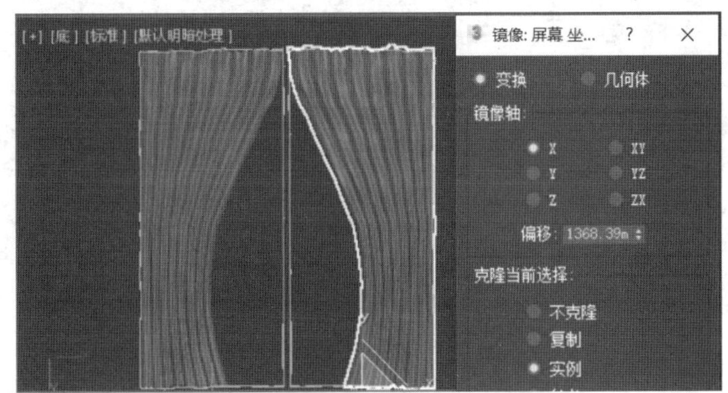

图 5.30　镜像

5.4.4　窗帘材质简单调节

步骤 1　打开材质编辑器，可以按快捷键 M 或者单击工具栏上的“材质编辑器”按钮。

步骤 2　选择一个样例球，在下方基本参数卷展栏中找到漫反射贴图通道，单击漫反射贴图通道，在弹出的“贴图与浏览器”窗口中，找到“位图”，位图是将外界素材贴图导入到材质中的唯一通道。双击位图，在外界找到窗帘的贴图，确定。此时窗帘贴图就贴到样例球上了。

步骤 3　将材质赋予给场景中的模型，将样例球拖曳到窗帘模型上。

步骤 4 将贴图在视图中显示。单击材质编辑器水平栏上的倒数第四个按钮“视口中显示明暗处理材质”,贴图在视图中就显示出来了,如图 5.31 所示。

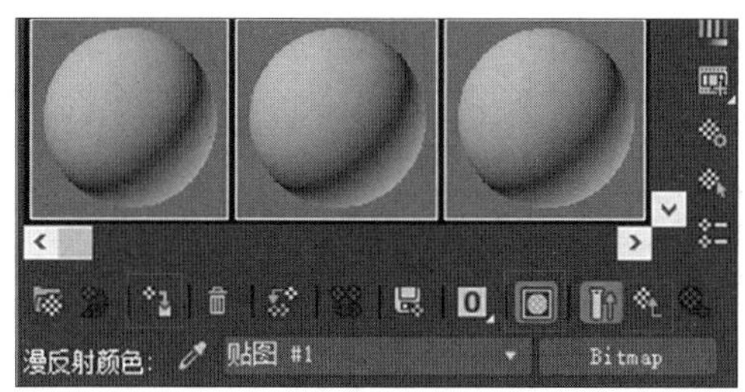

图 5.31 视图显示材质贴图

步骤 5 单击菜单栏“渲染”→“环境”,在弹出的窗口中,设置背景色为浅白色,这样渲染之后的图片背景就是浅白色了,如图 5.32 所示。单击主工具栏中的“渲染”按钮,或者按 F9 键进行渲染测试,效果如图 5.33 所示。

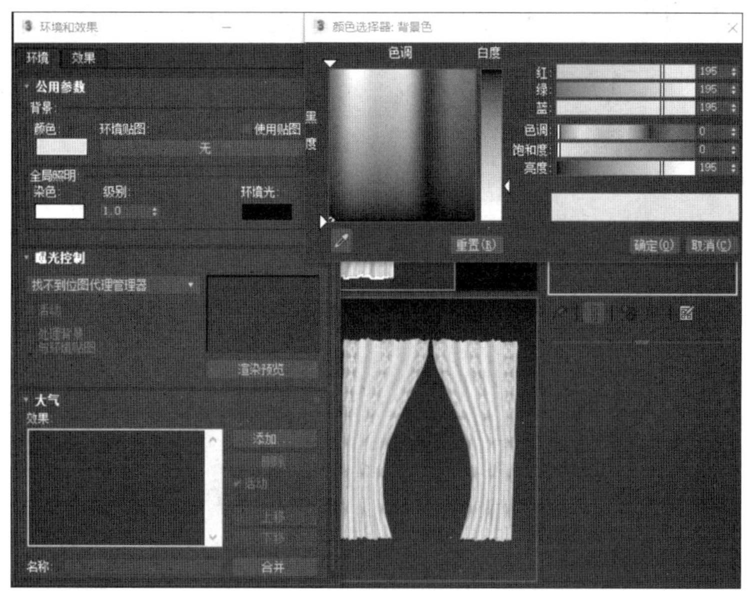

图 5.32 添加贴图

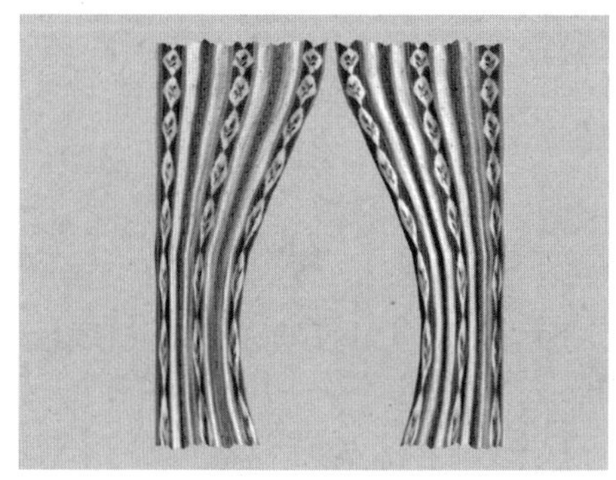

图 5.33 渲染

5.5　综合案例：创建别墅模型

根据所学的几何体、样条线、车削、挤出等建模方法，完成别墅模型的制作。别墅建模的制作流程：摄影机对位，创建模型，整理模型，渲染模型。

5.5.1　摄影机反求

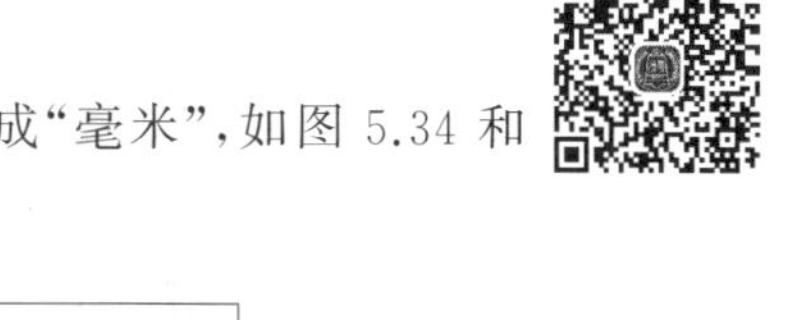

步骤 1　打开软件，将 3ds Max 的显示单位及系统单位都设置成“毫米”，如图 5.34 和图 5.35 所示。

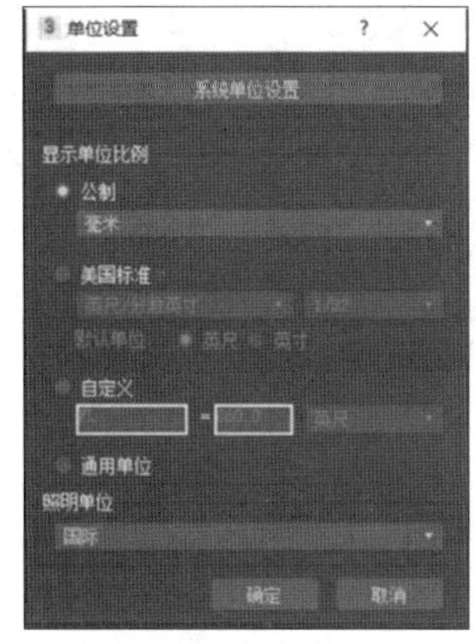

图 5.34　显示单位

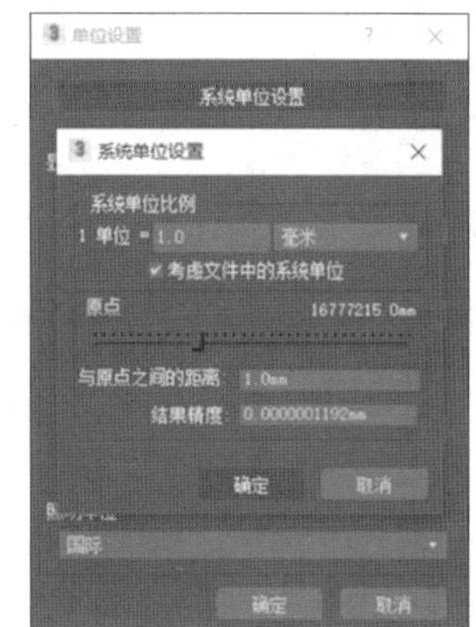

图 5.35　系统单位

步骤 2　选择透视图，选择“视图”→“视口背景”下方的“配置视口背景”，在弹出面板的“背景”选项卡中选择“使用文件”，勾选“动画背景”，在纵横比中勾选“匹配位图”，单击“文件”按钮，在外界找到别墅的参考图片，确定，透视图的背景上就出现了别墅的参考图片了，如图 5.36 所示。

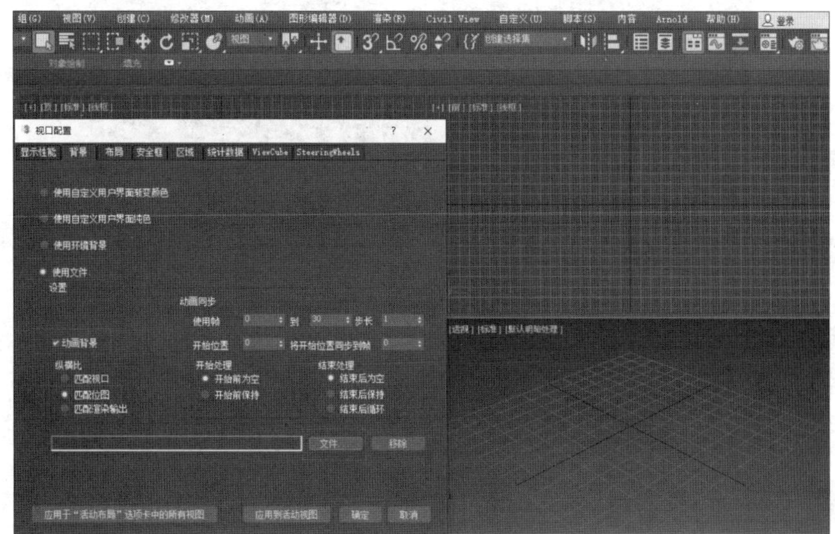

图 5.36　导入贴图

步骤3 选择“命令”面板→“透视匹配”,在“透视匹配控制”卷展栏中,单击“显示投影直线”,如图5.37所示。

图5.37 显示投影线

步骤4 在透视图中,会看到红、绿、蓝三组颜色的线,可以通过线两侧的端点调整线的形态,也可以通过线中间的区域调节线的位置。

步骤5 按照别墅参考图的轮廓线,将三组投影线对齐到别墅的轮廓线上,其中,蓝色的投影线对应别墅的垂直方向的轮廓线上、红色线对应到右侧墙面的水平线上、绿色线对应到左侧墙面的水平线上,如图5.38所示。

图5.38 调整投影线

步骤6 将上述几组线对齐后,在透视图中,按Ctrl+C组合键,求解出摄像机对象,如图5.39所示。

5.5.2 创建参考物体模型

步骤1 单击“创建面板”→“基本几何体”,在顶视图中创建一个长方体,如图5.40所示。

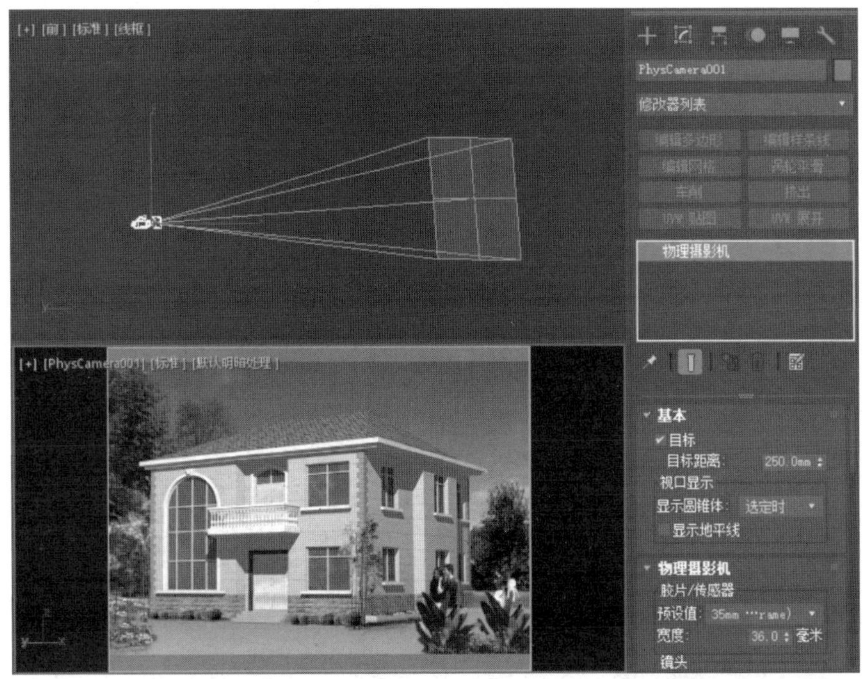

图 5.39　反求摄影机

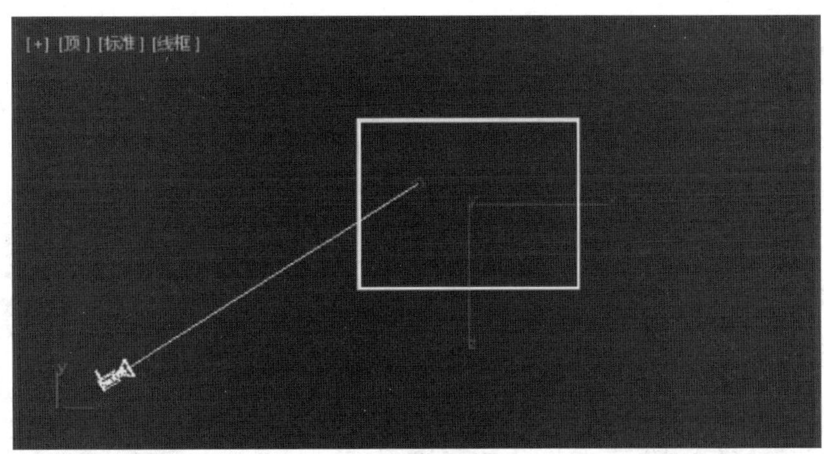

图 5.40　创建长方体

步骤 2　进入“修改”面板，调整长方体的高度为 8000 毫米，长度为 12000 毫米，宽度为 1000 毫米，如图 5.41 所示。

步骤 3　选择长方体，按快捷键 Alt＋X，使物体半透明。在顶视图中，运用移动工具，将长方体向远离摄影机的方向移动；在前视图中，沿 Y 轴上下移动长方体；通过在顶视图、前视图不断地移动调节，直到长方体与参考图中别墅的轮廓重合为止，此时参考的长方体就制作完成了，如图 5.42 所示。

步骤 4　选择长方体，命名为“参考物体”，单击鼠标右键，选择“冻结当前物体”选项，将该物体冻结起来，避免误操作破坏该物体的对应关系，如图 5.43 所示。

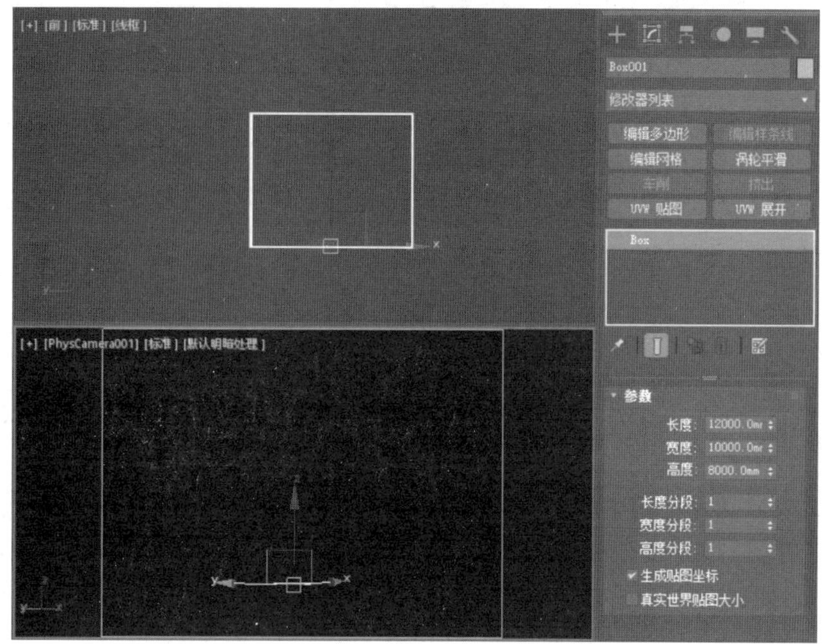

图 5.41 调整长方体尺寸

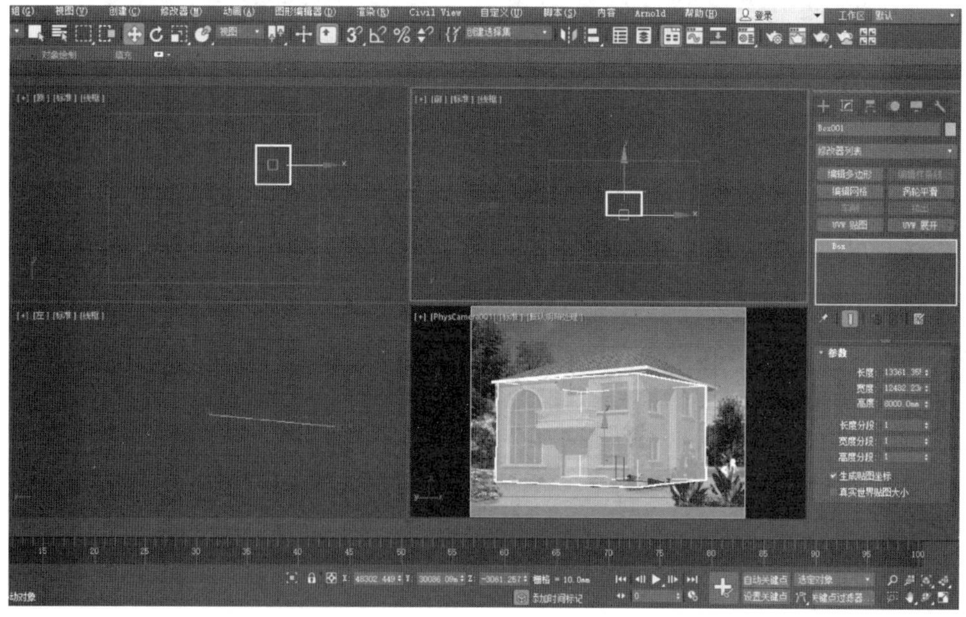

图 5.42 移动长方体

图 5.43　匹配参考物体

5.5.3　创建别墅墙体模型

步骤 1　以参考物体的尺寸作为参考，在参考物体的各个面上进行模型的制作。为了在制作过程中能够快速地对齐物体，就要提前把捕捉工具设置好，建筑模型一般都用 2.5 维捕捉进行对象对齐，2.5 维捕捉参数设置如图 5.44 和图 5.45 所示。

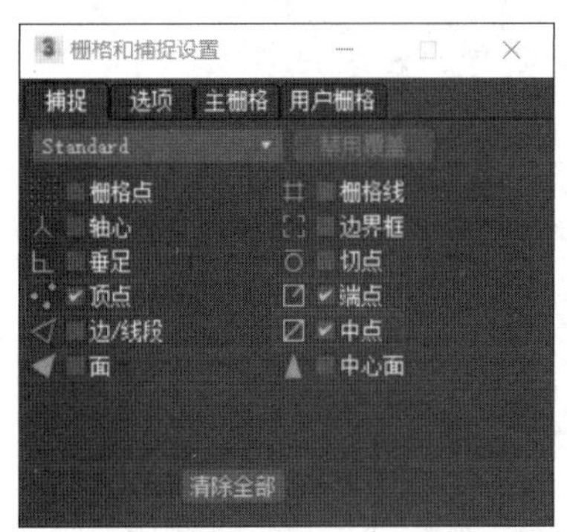

图 5.44　捕捉对象设置

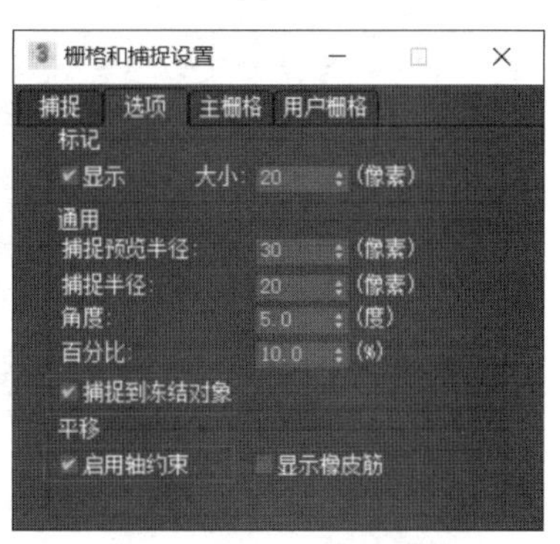

图 5.45　选项设置

步骤 2　创建离摄影机最近的墙体。设置 2.5 维捕捉参数，便于后期进行模型对齐。选择左视图，打开"创建"面板，创建一个二维图形"矩形"，效果如图 5.46 所示。

步骤 3　将矩形在顶视图移动并对齐到参考物体左侧表面。进入"修改"面板，为该矩形添加"编辑样条线"修改器命令，进入"点"子集，框选二维图形所有的点，单击鼠标右键，设置点的类型为"角点"。在左视图调整点的位置，在摄影机视图中查看移动后点的位置，直到矩形与背景参考图中的墙体轮廓一致为止。墙体的外围轮廓就制作好了，效果如图 5.47 所示。

步骤 4　选择上面调整后的矩形图形，进入"样条线子集"，选择视图中的矩形样条线，在"修改"面板中单击"轮廓"命令，调整"轮廓"右侧的值，将矩形样条线进行缩小复制(注：调值时，一定要按住鼠标左键再移动鼠标，直到复制新的样条线大小满意时再松开左键；轮廓的值调整后会自动归零)。效果如图 5.48 所示。

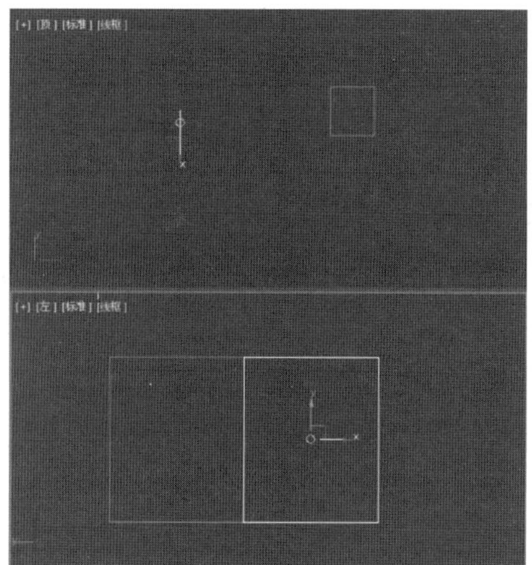

图 5.46 创建矩形

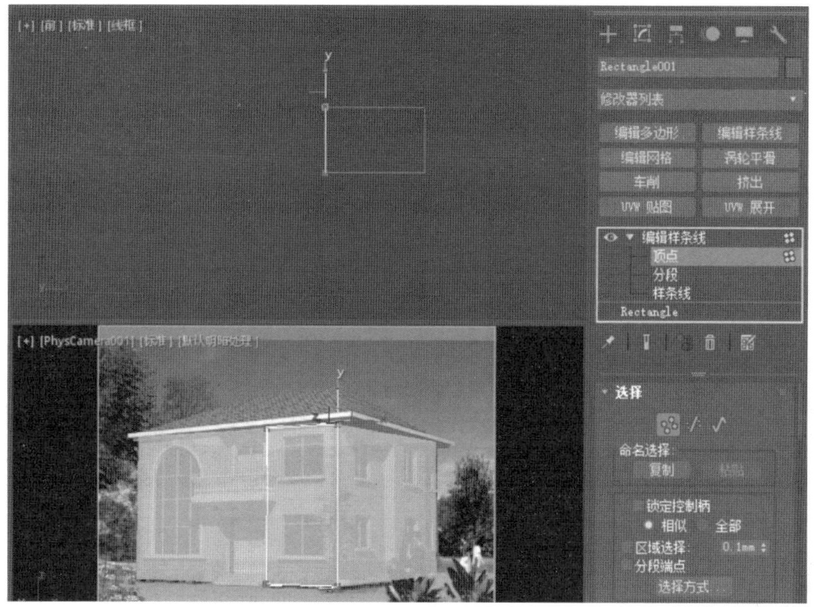

图 5.47 调整矩形尺寸

步骤 5 进入“编辑样条线”的“点”子集，根据摄影机视图中的参考图，在左视图中调整小样条线点的位置，让它的点与窗框对齐，效果如图 5.49 所示。

步骤 6 进入“编辑样条线”的“样条线”子集，在左视图中选择小的样条线，用移动工具配合 Shift 键，对其进行向下复制，得到下方窗框区域的样条线，效果如图 5.50 所示。

步骤 7 选择上面调整后的矩形图形，进入“修改”面板，添加“挤出”修改器，将挤出的高度设置成 200 毫米，并且在顶视图中查看挤出模型的厚度是否在参考物体的表面上，如果不是，将挤出的高度设置成－200 毫米。效果如图 5.51 所示。

步骤 8 按 M 键，打开材质编辑器，选择一个材质球，命名为“墙体”，并将该材质的漫反射颜色调节成浅黄色。其他参数暂时不调节，将材质赋予场景的墙体模型。并将该墙体

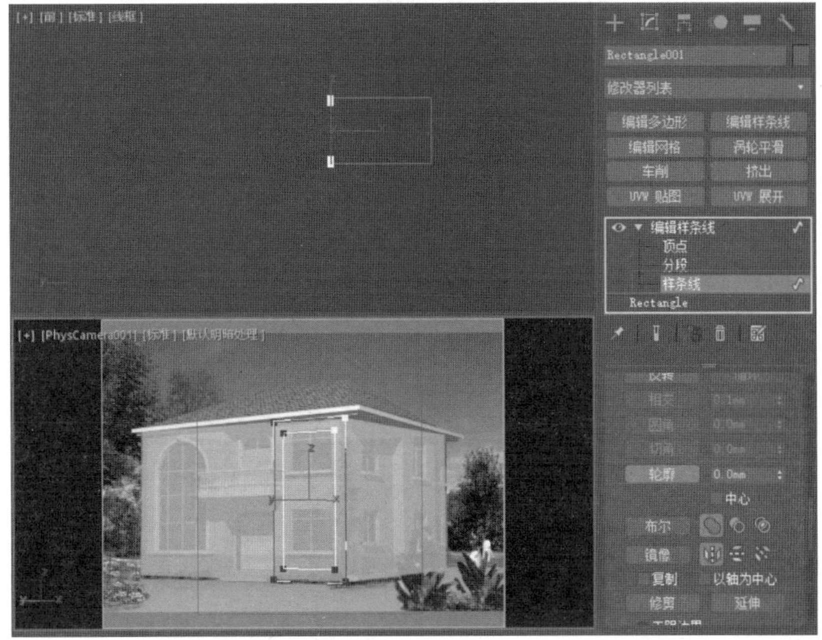

图 5.48　样条线位置匹配

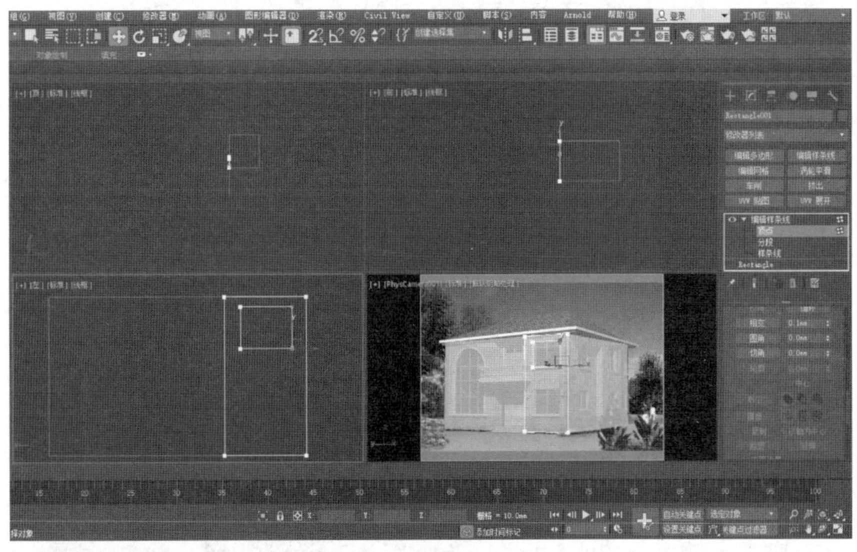

图 5.49　样条线轮廓线复制

模型命名为“墙体 1”。

步骤 9　选择“墙体 1”模型，单击移动工具，按住 Shift 键，对它向左侧进行复制。将新复制出来的物体命名为“墙体 2”。进入“修改”面板→“编辑样条线”的样条线子集，按 Delete 键删除内部的一条样条线。进入“点”子集调整点的位置，让它们跟参考图的轮廓线一致。效果如图 5.52 所示。

步骤 10　单击“优化”命令，将捕捉工具打开，在小样条线的上边线段中间添加一个点。

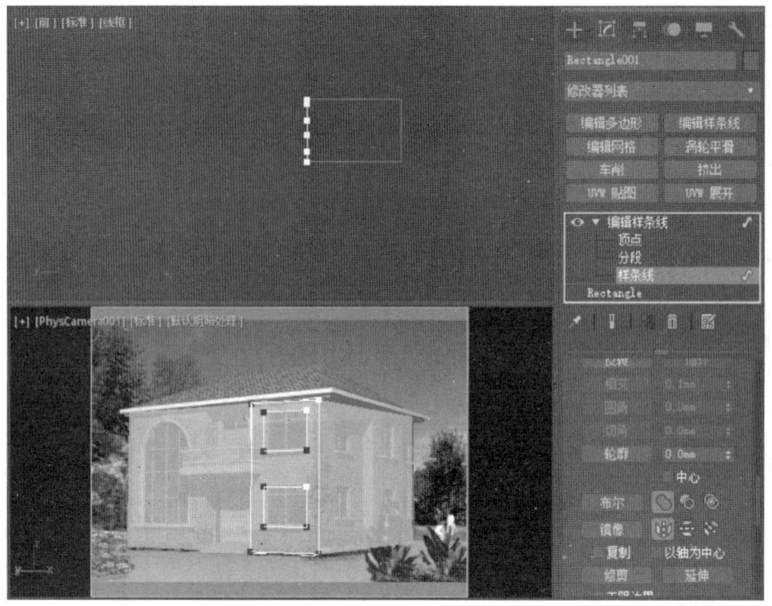

图 5.50 样条线复制

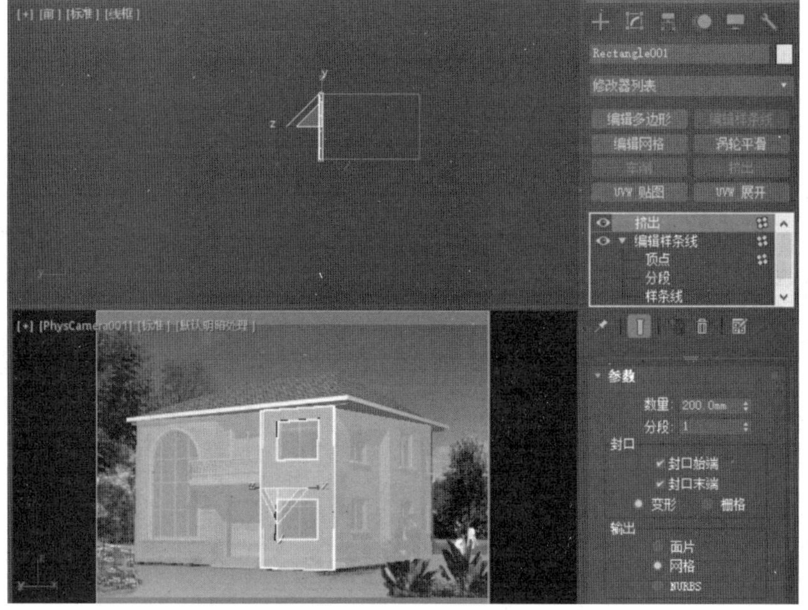

图 5.51 挤出

关闭捕捉工具,用移动工具向上移动这个点,移动到圆形窗户上边界为止。并将这个点的类型改成平滑,紧接着改成 Bezier 点,调节控制手柄,让它跟圆形窗户边界重合。效果如图 5.53 所示。

步骤 11 在"修改"面板的堆栈列表中,单击"挤出",就可以看到挤出后的效果。为该模型命名为"墙体 2"。

步骤 12 选择"墙体 1"模型,单击主工具栏的旋转工具,并将角度捕捉打开,设置最小旋转角度为 90°,对墙体旋转 90°复制,产生一个新的墙体模型。命名为"墙体 3",效果如

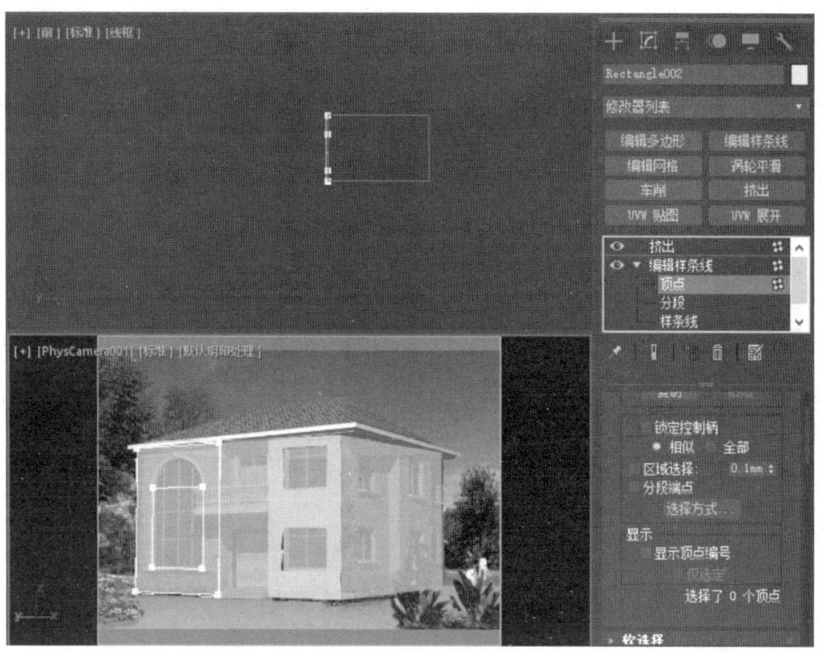

图 5.52 墙体复制

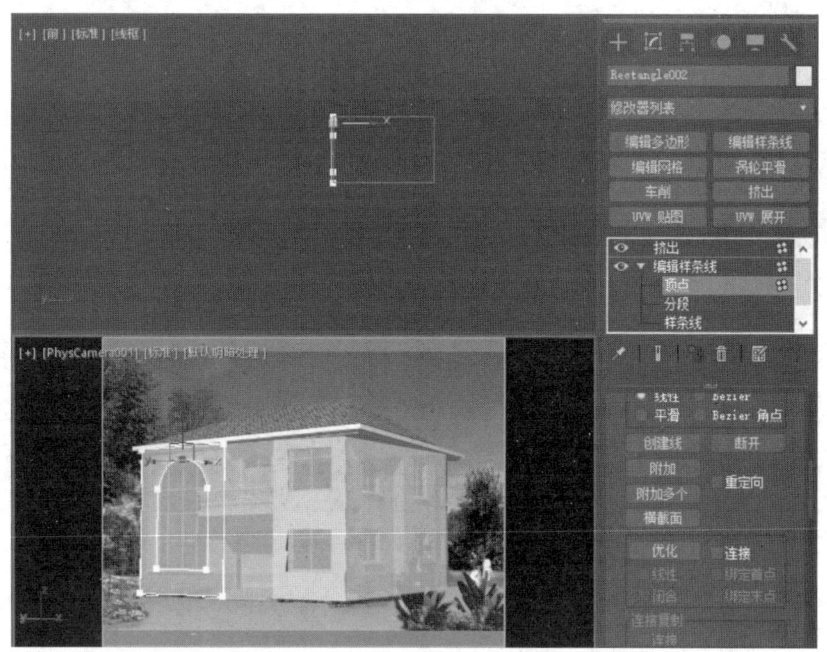

图 5.53 调整样条线形状

图 5.54 所示。

步骤 13 选择模型“墙体 3”，进入“修改”面板→“编辑样条线”的样条线子集，在前视图，按 Delete 键删除内部的两条样条线。进入“点”子集调整点的位置，让它们跟参考图的轮廓线一致。返回“挤出”修改器层级，对该墙体移动复制一个新的模型，命名为“墙体 4”，

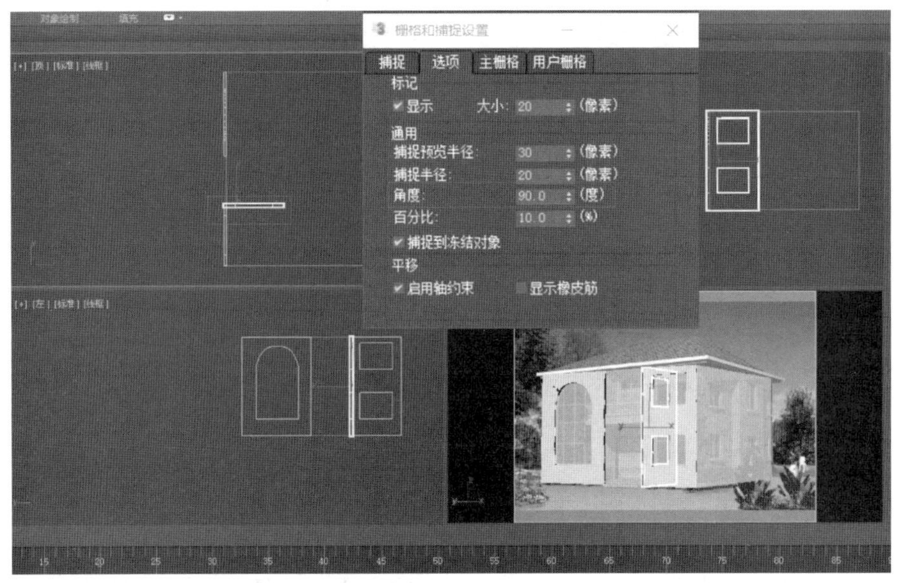

图 5.54 挤出生成墙体

放到门的另一侧,进行位置对齐。效果如图 5.55 所示。

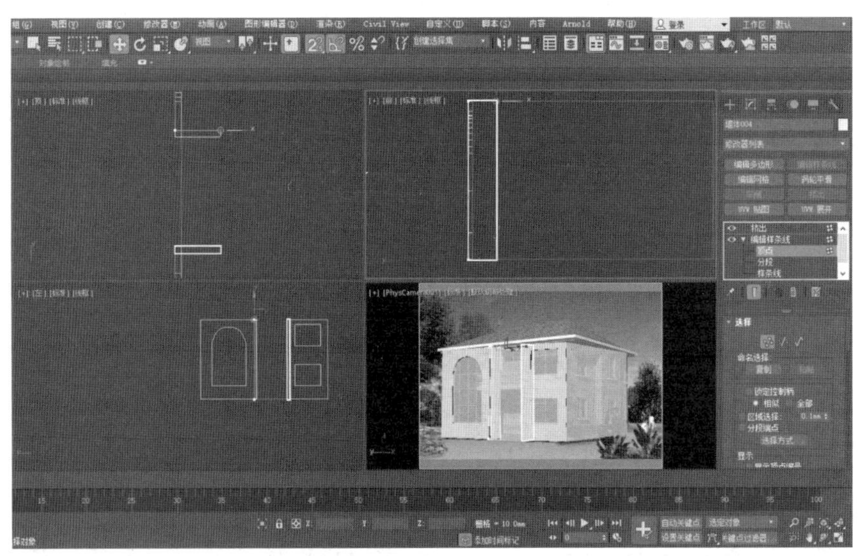

图 5.55 旋转复制墙体

步骤 14 选择“墙体 1”模型,单击主工具栏中的移动工具,配合 Shift 键,向别墅门口方向复制,命名为“墙体 5”。进入“修改”面板→“编辑样条线”的“点”子集,调整点的位置,让它们跟门墙体的轮廓线一致。其中,二楼圆弧的镂空墙体制作方法等同于“墙体 2”的建模方法。至此,别墅正面墙体制作完成。效果如图 5.56 所示。

步骤 15 制作别墅侧面墙体。选择“墙体 1”模型,单击主工具栏中的旋转工具,并将角度捕捉打开,设置最小旋转角度为 90°,对墙体旋转 90°复制,产生一个新的墙体模型。命名为“墙体 6”,依照参考图,调整“墙体 6”→“编辑样条线”的点,让该模型跟参考图墙体尺

图 5.56 调整墙体形状

寸、位置一致。调整效果如图 5.57 所示。

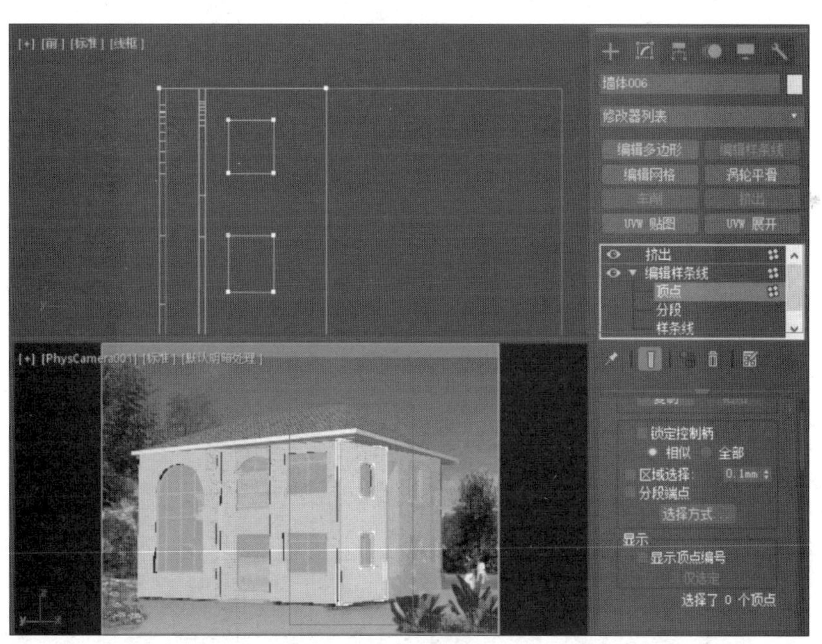

图 5.57 对齐侧面墙体

步骤 16 在前视图中，选择“墙体 6”模型，单击移动工具，按住 Shift 键，对它向右侧进行复制，将新复制出来的物体命名为“墙体 7”。进入“修改”面板→“编辑样条线”的“点”子集，调整点的位置，让它们跟参考图的轮廓线一致。注意：在顶视图中，“墙体 7”左侧的一列点要和“墙体 6”右侧的点垂直共线。效果如图 5.58 所示。

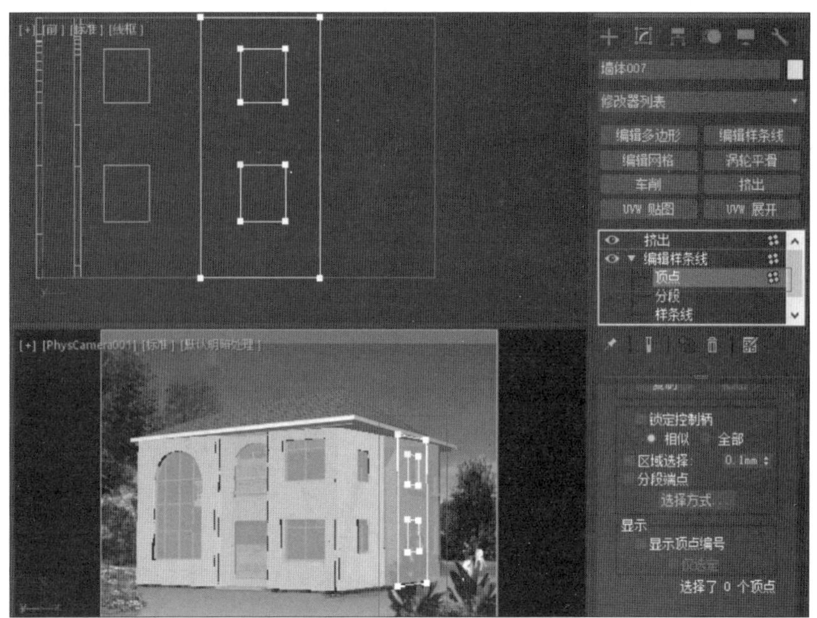

图 5.58　调节侧面凸出墙体

步骤 17　在前视图中，选择“墙体 6”模型，单击移动工具，按住 Shift 键，对它向右侧进行复制，将新复制出来的物体命名为“墙体 8”。进入“修改”面板→“编辑样条线”的点子集，调整点的位置，让它们跟参考图的轮廓线一致。注意：在顶视图中，“墙体 8”左侧的一列点要和“墙体 7”右侧的点垂直共线。效果如图 5.59 所示。

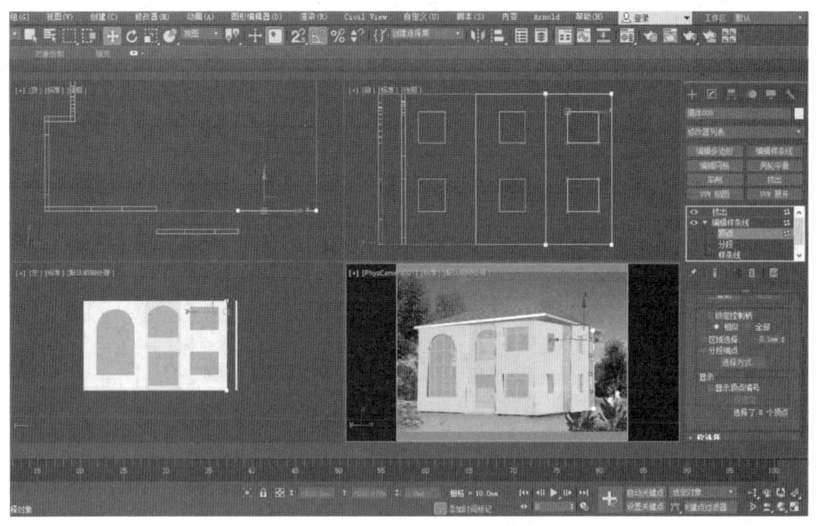

图 5.59　调节右侧侧面墙体

步骤 18　选择“墙体 3”模型，单击主工具栏中的旋转工具，并将角度捕捉打开，设置最小旋转角度为 90°，对墙体旋转 90°复制，产生一个新的墙体模型。命名为“墙体 9”，依照参考图，调整“墙体 9”→“编辑样条线”的点，让该模型跟参考图墙体尺寸、位置一致。并对“墙体 9”进行移动复制，命名为“墙体 10”，调整其位置，效果如图 5.60 所示。至此，别墅侧面墙体制作完毕。

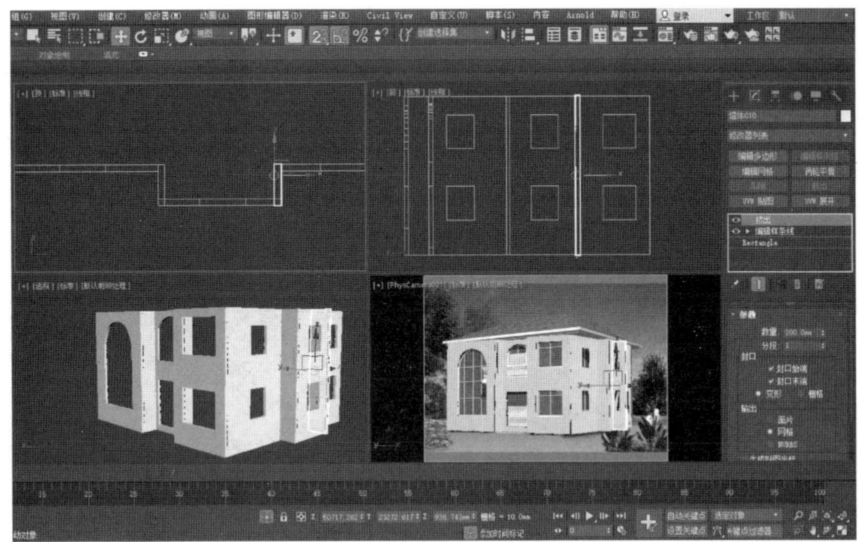

图 5.60　制作侧面实体墙体

5.5.4　创建别墅窗框模型

接下来学习如何制作窗框，为了能够清晰地看到窗框的结构，可以把参考物体隐藏或者删除，单击鼠标右键，选择“全部解冻”。在视图中选择参考物体，右击选择“隐藏选定对象”，将其隐藏。参考物体对墙体的位置能够起到参考定位的作用，但对窗框建模作用就可有可无了，因为窗框的位置有墙体作为参考，能更加清晰。

步骤 1　选择“墙体 1”模型，进入“修改面板”→“编辑样条线”的“样条线”子集，在左视图中，选择墙体内部的一条样条线，在“修改”面板中，勾选“分离”右侧的“复制”选项，单击“分离”，在弹出的“分离”面板中，输入分离之后物体的名称“窗框 1”，确定，就将选择的物体进行了复制分离，原有的样条线不受影响。效果如图 5.61 所示。

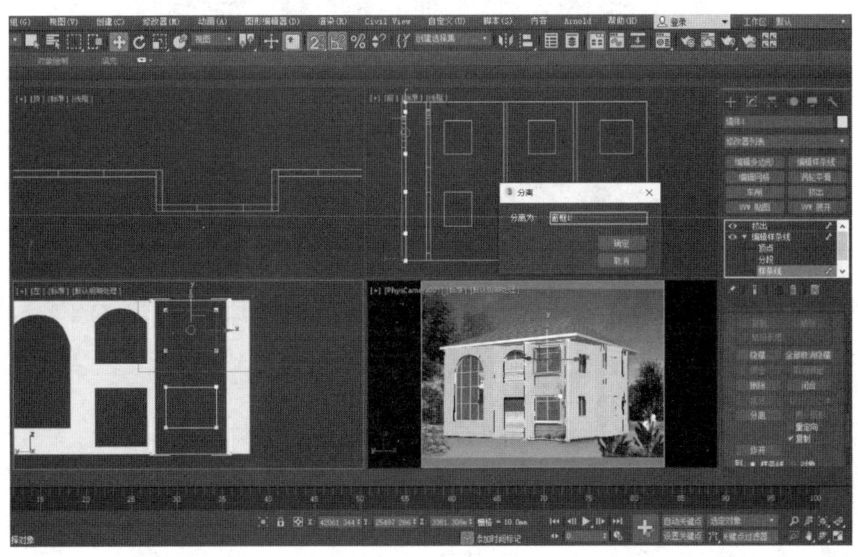

图 5.61　分离样条线

步骤 2 单击“修改”面板堆栈列表上方的挤出修改器,退出样条线的子集。在左视图中,选择“窗框 1”模型,进入“样条线子集”,选择视图中的矩形样条线,在“修改”面板中单击“轮廓”命令,将“轮廓”右侧的值调整为 80 毫米,将矩形样条线进行缩小复制。效果如图 5.62 所示。

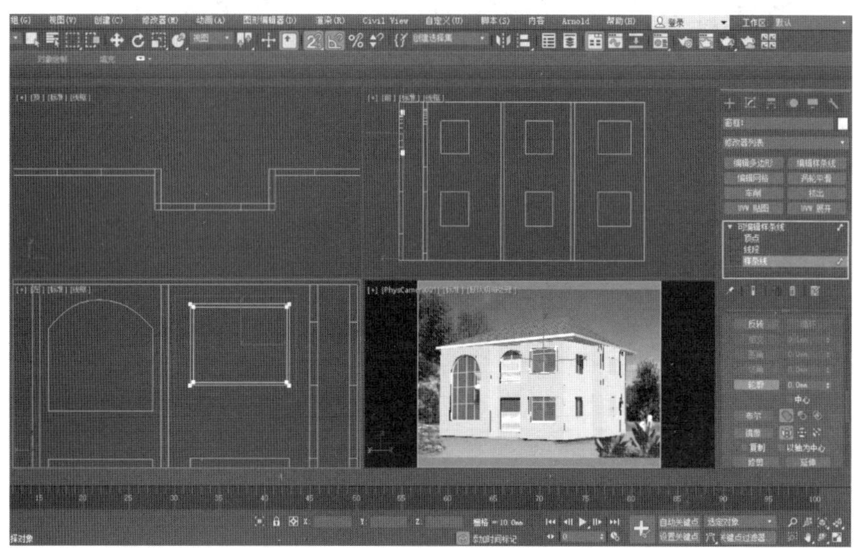

图 5.62 轮廓复制样条线

步骤 3 进入“修改”面板,添加“挤出”修改器,将挤出的高度设置成 80 毫米。打开 2.5 维捕捉工具,选择并移动工具。在顶视图中,从窗框的中点沿 X 轴方向窗框对齐到墙体模型的正中间位置,如图 5.63 所示。

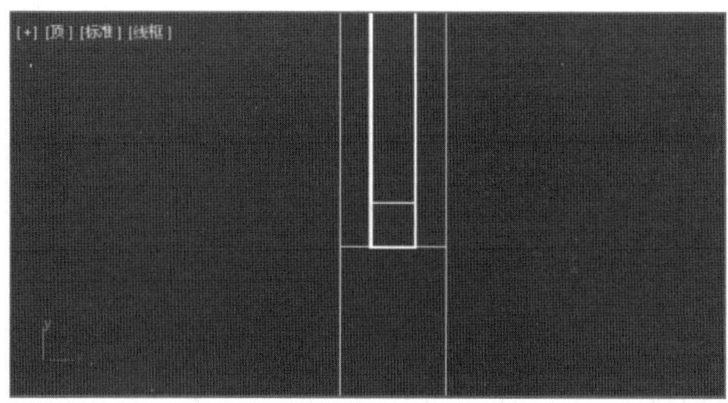

图 5.63 挤出生成窗框模型

步骤 4 制作窗框的立柱:继续为“窗框 1”模型,添加“编辑网格”修改器,进入“面子集”。在左视图中,框选左侧窗框的面,按住 Shift 键,向右移动复制该组面,将复制出来的这组面对到窗框的中心位置,从而形成窗框垂直的支柱。

步骤 5 制作窗框横向的支柱。在“面子集”,框选上方窗框的一组面,按住 Shift 键,向下移动复制该组面,调整所复制这组面的位置,从而形成窗框横向支柱,效果如图 5.64 所示。

步骤 6 按 M 键,打开材质编辑器,选择一个材质球,命名为“窗框”,并将该材质的漫

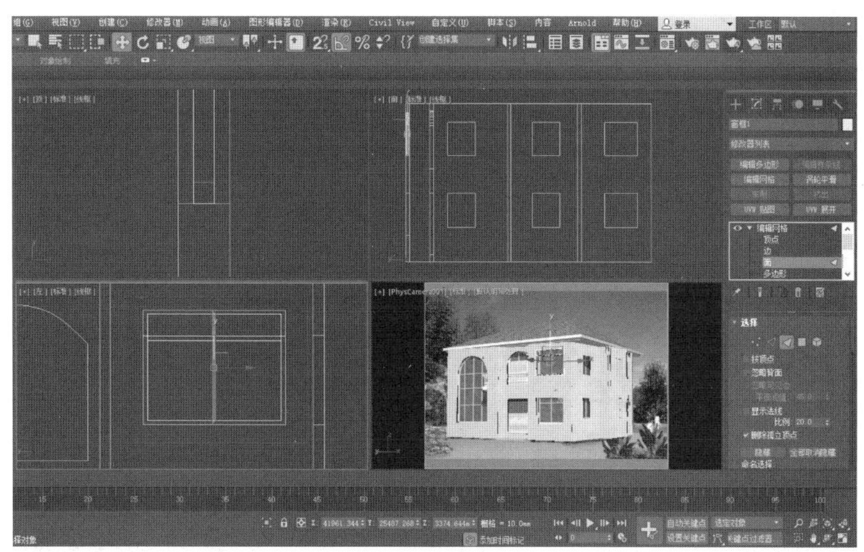

图 5.64　制作窗框内部结构

反射颜色调节成浅白色。其他参数暂时不调节，将材质赋予场景的窗框模型。

步骤 7　制作其他的窗框。方法一：可以分别对墙体的样条线进行分离复制，调整轮廓制作。方法二：对“窗框 1”进行复制，在“编辑网格”修改器的“点”子集中，调整点的位置，形成不同类型窗框的模型。这两种方法都可以制作本案例中的窗框模型，在这里就不赘述了，制作完窗框的模型，如图 5.65 所示。

图 5.65　复制制作窗框

5.5.5　创建别墅玻璃模型

步骤 1　制作玻璃模型。打开 2.5 维捕捉，切换到左视图，单击“创建”面板，创建与窗框一样大小的平面，在“修改”面板中，分别将平面的长度分段、宽度分段降为 1 段，将平面命名为“玻璃 1”。如果所创建的平面尺寸不合适，可以进入“修改”面板，调整平面的尺寸，使

其大小和窗框一致。

步骤 2 在顶视图中移动该平面的位置,让其对齐到窗框的正中间,效果如图 5.66 所示。

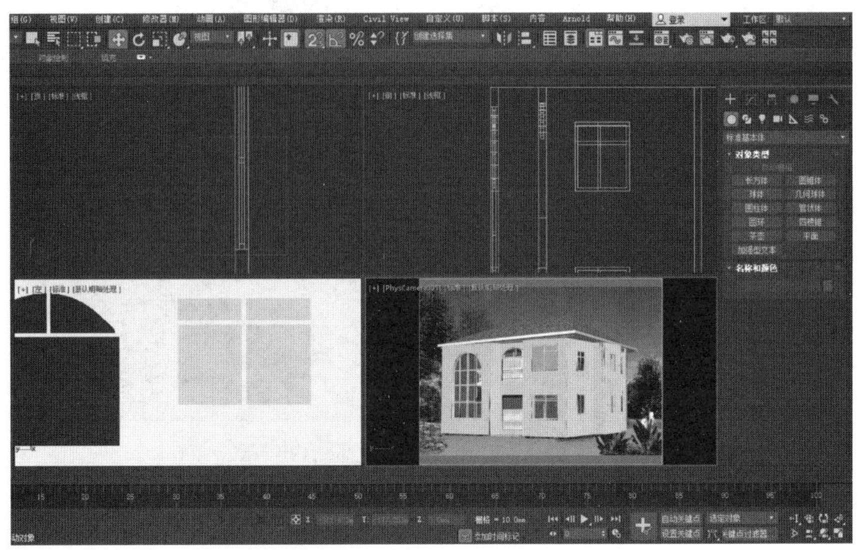

图 5.66 制作玻璃模型

步骤 3 按 M 键,打开材质编辑器,选择一个材质球,命名为"玻璃",并将该材质的漫反射颜色调节成深绿色。将不透明度的数值设置成 50,让玻璃模型半透明。将材质赋予场景的窗框模型,如图 5.67 所示。

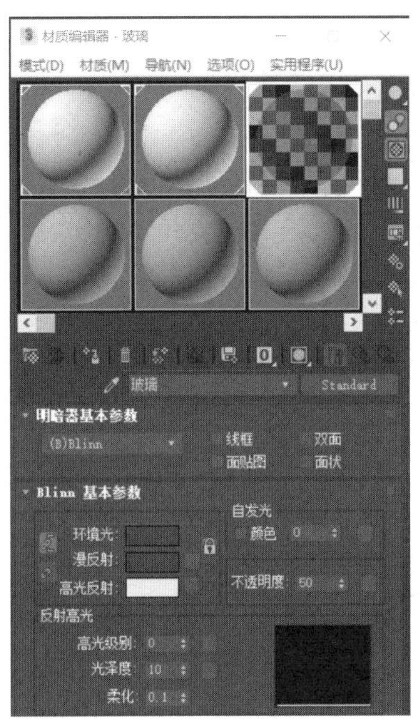

图 5.67 调整材质

步骤 4　制作其他的玻璃。方法一：可以分别创建平面，调整平面的尺寸和位置，使其跟参考图玻璃区域一致。方法二：对玻璃 1 模型进行复制，在“编辑网格”修改器的“点”子集中，调整点的位置，形成不同类型玻璃的模型。这两种方法都可以制作本案例中的玻璃模型，在这里就不赘述了。但要注意：玻璃是个平面物体，在旋转复制的时候，要注意平面的法线方向，如果法线指向错误，玻璃渲染后就看不见了，如图 5.68 所示。

图 5.68　复制玻璃

步骤 5　制作另一面的侧面墙体。选择别墅侧面的所有墙体、窗框、玻璃模型，单击“组”菜单下方的“组”命令，对这些模型进行成组操作，命名为“侧面墙体 1”，如图 5.69 所示。

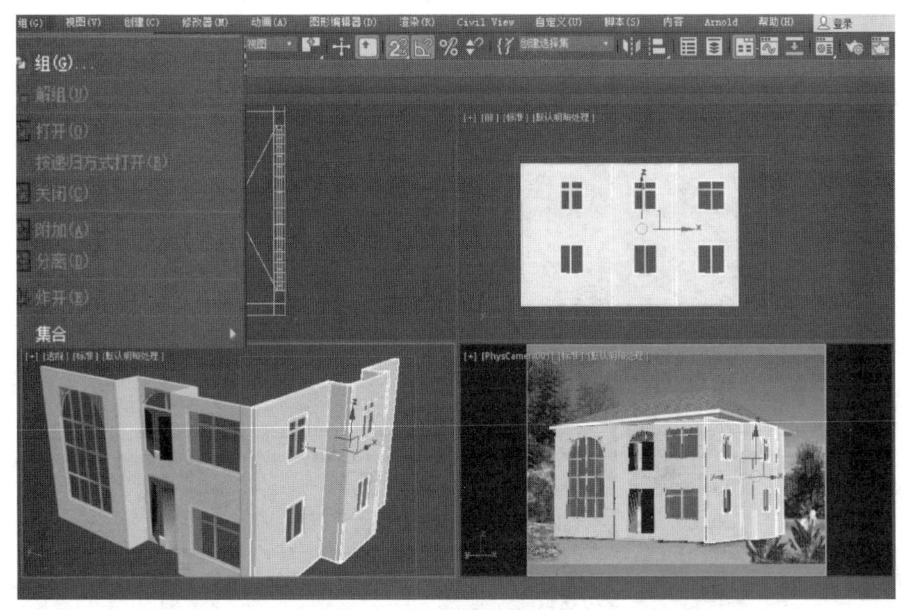

图 5.69　选择侧面所有模型

步骤 6　选择“侧面墙体 1”，对其进行镜像复制，生成新的一个成组物体，命名为“侧面墙体 2”，调整其位置，放到别墅的另外一侧，如图 5.70 所示。

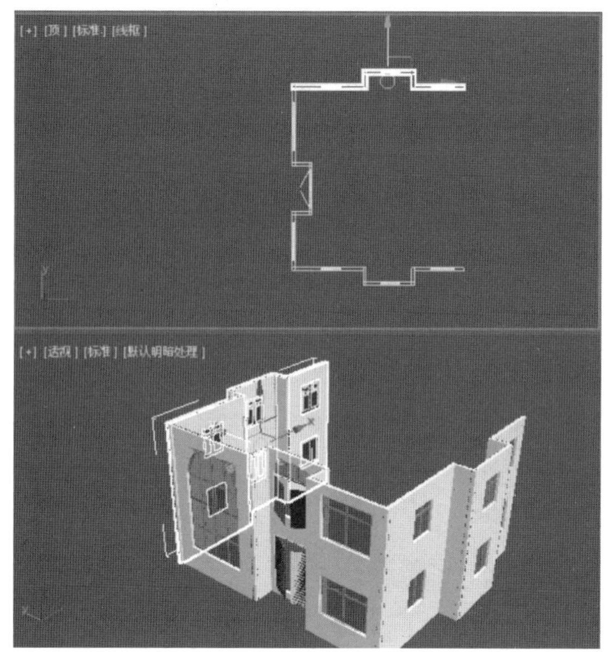

图 5.70 镜像复制

步骤 7 别墅背面的结构模型,可以根据建筑的特点,进行想象制作,因为没有参考图依据,但也不能偏差太大。在这里,可以选择“墙体 1”所在区域的所有模型,在顶视图向右侧复制,并调整其位置,对齐到侧面墙的端点处。将这个墙体命名为“墙体 16”,如图 5.71 所示。

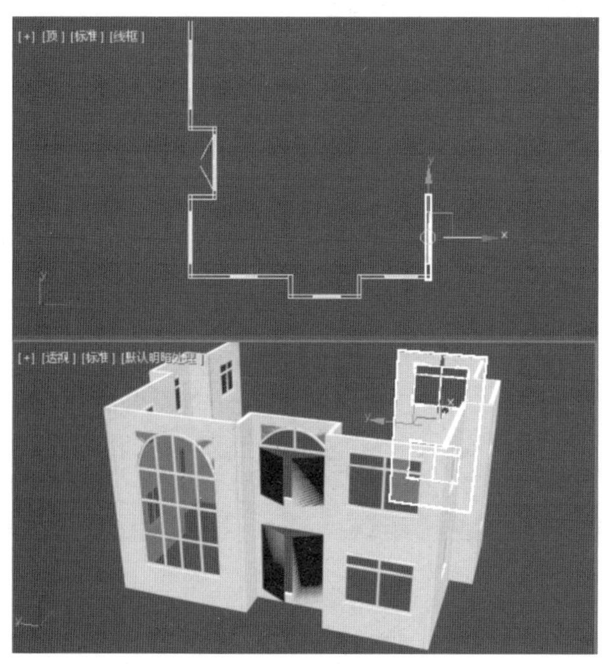

图 5.71 制作后面墙体

步骤 8 选择“墙体 16”模型，进入“修改”面板→“可编辑样条线”的点子集，调整点的位置，让其封堵主别墅的后面区域。进入样条线子集，对镂空区域的样条线进行移动复制，形成三组镂空的窗户区域。效果如图 5.72 所示。

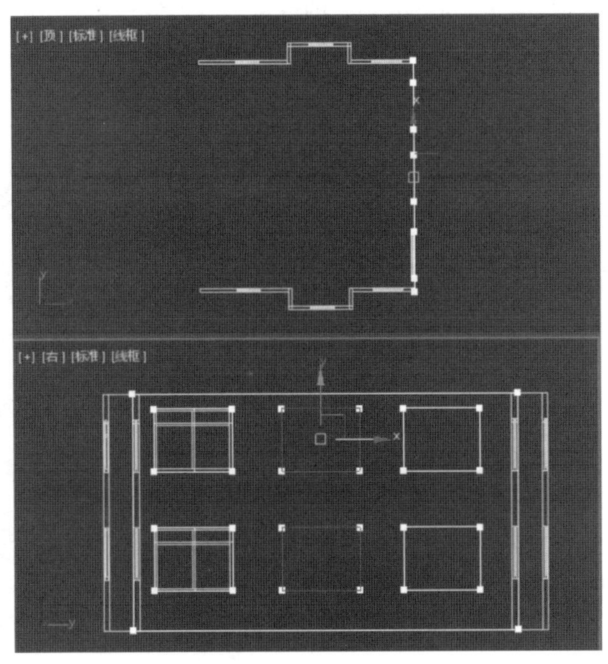

图 5.72　制作镂空区域

步骤 9 选择上面左侧的窗框及玻璃模型移动复制两次，将窗框、玻璃对齐到墙体的镂空区域上。至此，别墅的四面墙体结构制作完成，如图 5.73 所示。

5.5.6　创建别墅门模型

步骤 1 单击“创建”面板→“几何体”→“门”，选择“枢轴门”，如图 5.74 所示。

图 5.73　别墅立面渲染

图 5.74　创建门

步骤 2 在顶视图中按住鼠标左键,拖曳出枢轴门的宽度,松开鼠标左键,移动鼠标调整枢轴门的厚度,满意后单击左键确认,松开鼠标左键,继续移动鼠标,创建枢轴门的高度。此时视图中就出现枢轴门的模型了。

步骤 3 进入"修改"面板,调整枢轴门的深度、高度、宽度数值,使它与门的空间大小一致,勾选"双门"、调整打开度数,可以设定枢轴门的开关角度,如图 5.75 所示。

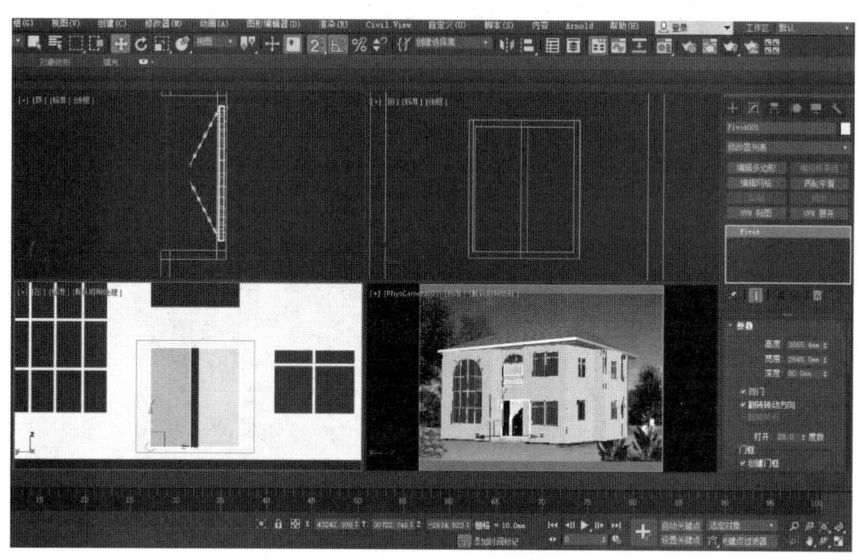

图 5.75 调整门参数

步骤 4 在左视图中选择枢轴门,运用移动向上复制该门,调整枢轴门的深度、高度、宽度数值,使它与别墅上方门的空间大小一致,如图 5.76 所示。

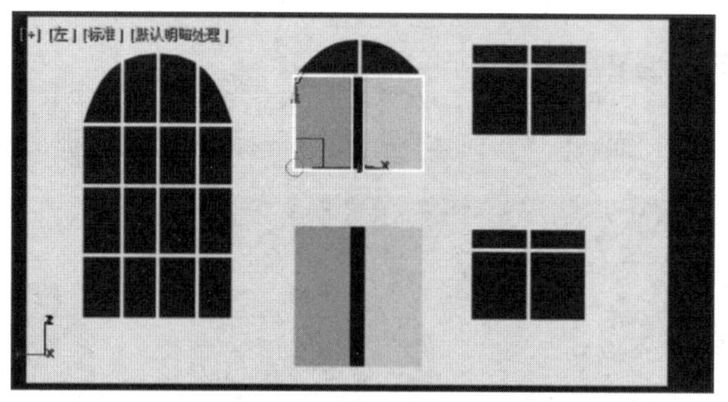

图 5.76 复制门

5.5.7 创建别墅阳台模型

步骤 1 制作别墅的楼板。在顶视图中,沿着别墅四面墙体的内侧,绘制"线",命名为"楼板 1",并用捕捉调整线上点的位置,让线的每一段区域跟墙体内侧边重合,如图 5.77 所示。

步骤 2 进入"修改"面板,为"楼板 1"添加"挤出"修改器,调整挤出数量值为 150 毫米。对"楼板 1"模型向上移动复制模型,形成二楼的楼板,命名为"楼板 2"。

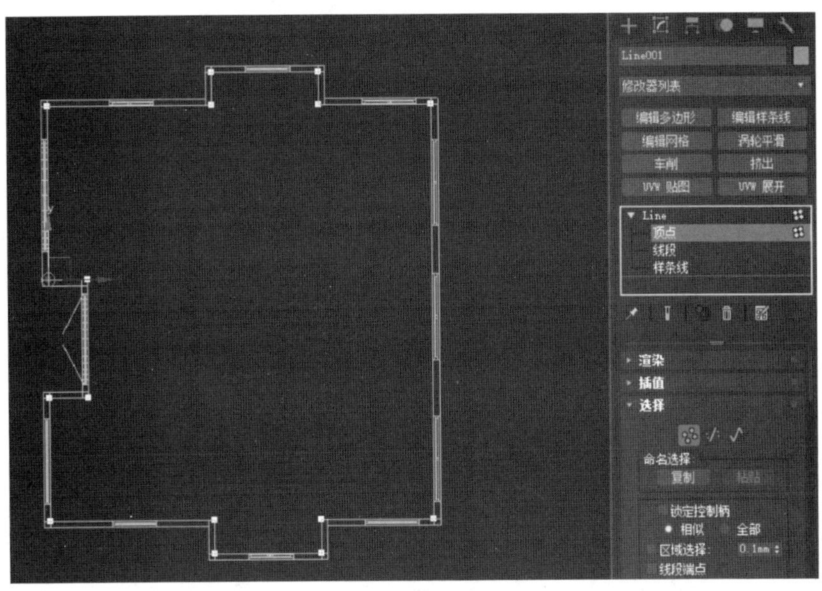

图 5.77 绘制楼板二维线

步骤 3 按 M 键，打开材质编辑器，选择一个材质球，命名为“楼板”，并将该材质的漫反射颜色调节成纯白色，赋予楼板模型，如图 5.78 所示。

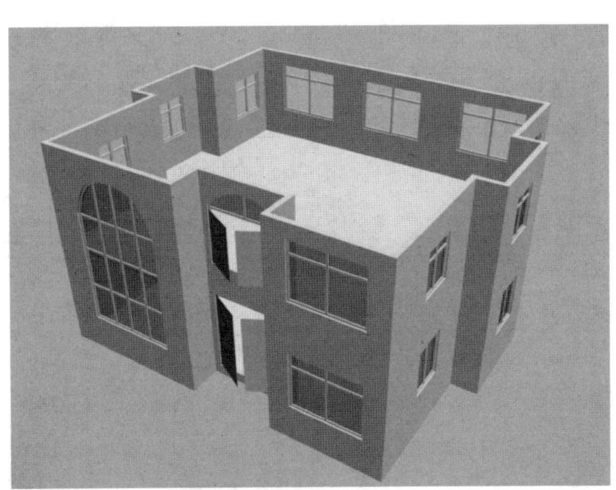

图 5.78 挤出、复制楼板

步骤 4 制作阳台地面。在顶视图中，创建一个矩形，在“修改”面板中，为矩形添加“编辑样条线”修改器，调整点的位置，使矩形跟参考图中的阳台大小一致。为矩形添加“挤出”修改器，挤出的数量值设置为 300 毫米。

步骤 5 按 M 键，打开材质编辑器，选择一个材质球，命名为“阳台”，并将该材质的漫反射颜色调节成纯白色，赋予阳台模型，如图 5.79 所示。

步骤 6 制作阳台的扶手模型。沿着阳台地面绘制二维图形“线”，进入“修改”面板，选择样条线子集，对样条线进行轮廓复制，形成阳台扶手的宽度，为其添加“挤出”修改器，调整挤出的数量值为 80 毫米。效果如图 5.80 所示。

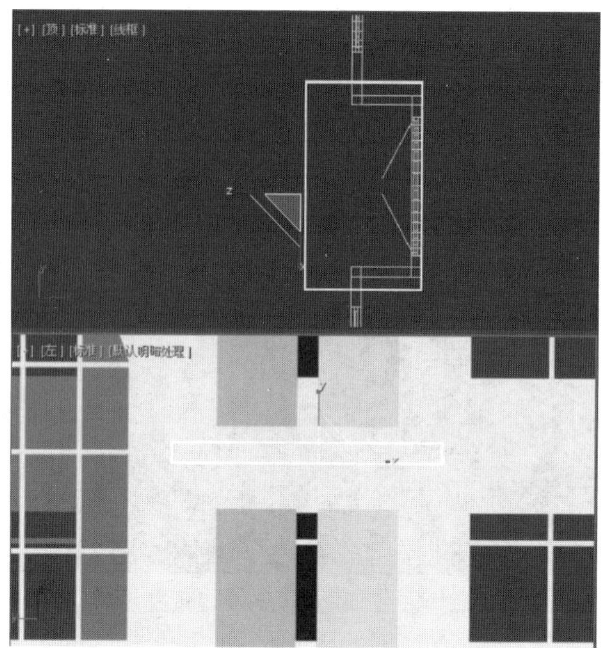

图 5.79 制作阳台

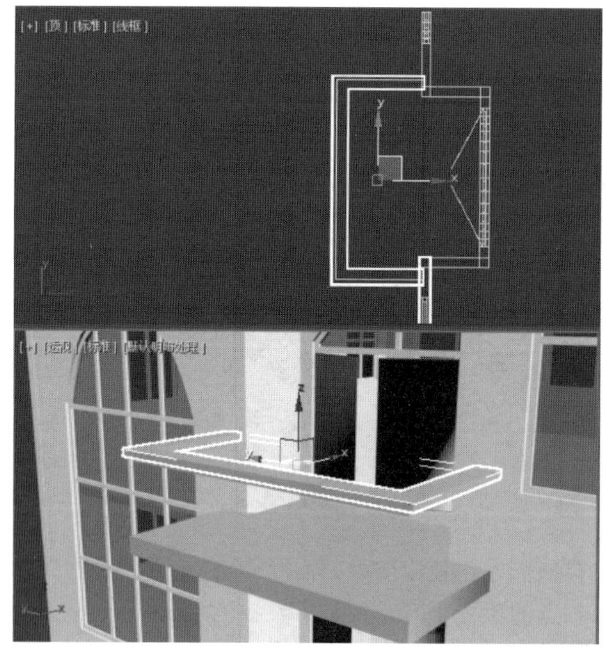

图 5.80 制作阳台扶手

步骤 7 制作楼体的防护栏。在左视图中,创建“线”,制作护栏外轮廓线,进入样条线的点子集,调整点两侧线段的平滑程度,让其跟参考图一致,命名为“护栏立柱”,效果如图 5.81 所示。

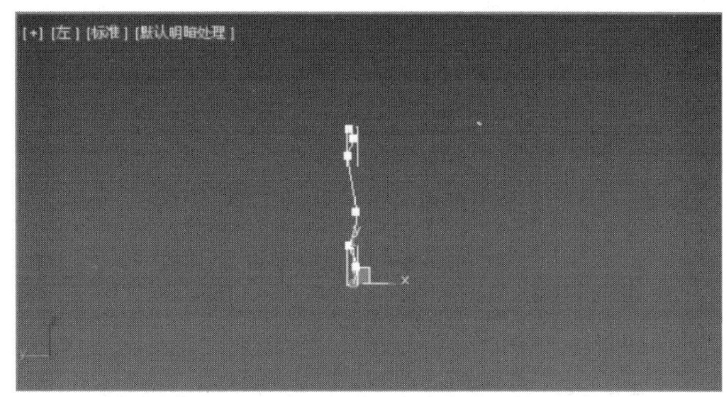

图 5.81 制作阳台立柱轮廓线

步骤 8 对护栏立柱添加"车削"修改器,调整车削的方向、对齐、边数,制作出"护栏立柱"的立体模型。打开材质编辑器,选择一个空的样例球,将材质命名为"立柱",将标准材质下方的"漫反射"的颜色,调节成浅白色,赋给场景中的模型,如图 5.82 所示。

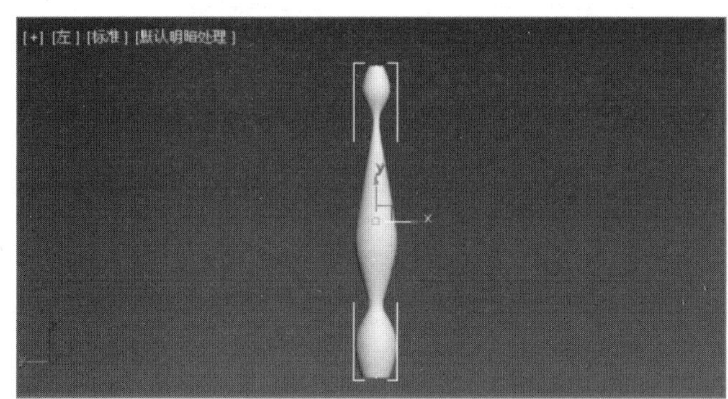

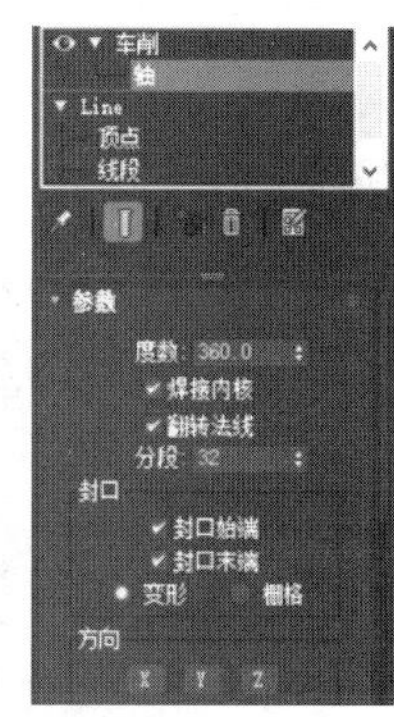

图 5.82 车削生成立柱

步骤 9 单击"创建"面板→"线"按钮,在阳台模型上创建间隔复制的路径线。选择护栏立柱模型,在菜单栏中,选择"工具"→"对齐"→"间隔工具",在弹出的"间隔工具"面板中,单击"拾取路径"按钮,在视图中拾取上面绘制的路径线。设置复制的个数为 30 个,应用,完成间隔路径复制操作,如图 5.83 和图 5.84 所示。

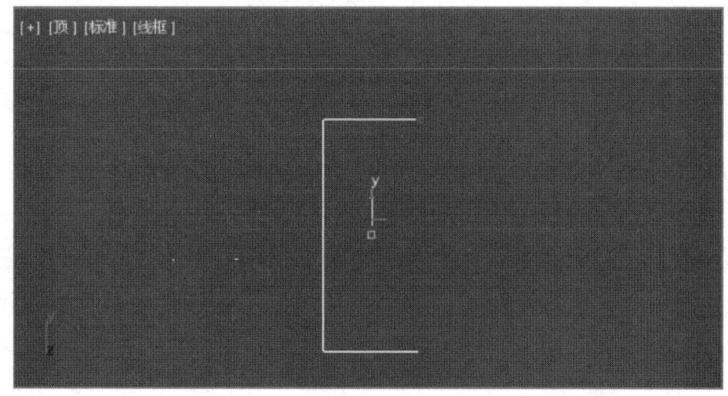

图 5.83 制作路径

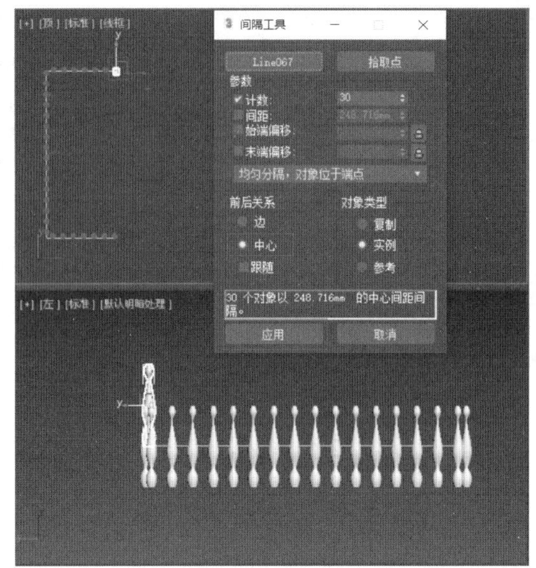

图 5.84 间隔复制

步骤 10 运用移动工具,调整好立柱模型的位置,完成后的阳台模型如图 5.85 所示。

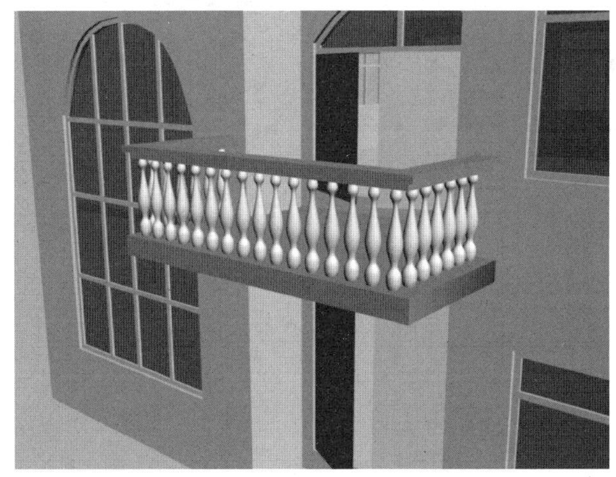

图 5.85 调整阳台模型

5.5.8 创建别墅房顶瓦模型

步骤 1 制作屋顶平面结构。单击"创建"面板→"图形"→"矩形",在顶视图中绘制矩形,命名为"顶 1"。为其添加"修改"面板→"编辑样条线"修改器,进入"编辑样条线"的点子集,调整点的位置,让其比建筑物的四个立面结构大一些,如图 5.86 所示。

步骤 2 退出物体子集,选择"顶 1"矩形,为其添加"修改面板"→"挤出"修改器,将挤出的数量制设置为 200 毫米。运用移动工具将其移动到别墅的顶棚位置。将"楼板"材质赋给该模型。效果如图 5.87 所示。

步骤 3 选择"顶 1"模型,沿 Z 轴向上移动复制,将新生成的模型命名为"顶 2",进入

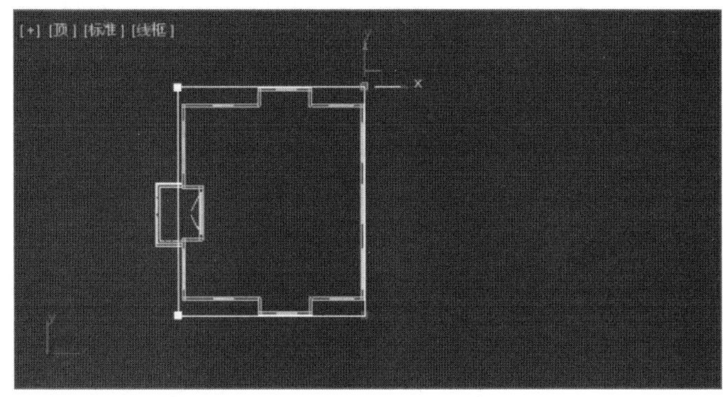

图 5.86 绘制矩形

图 5.87 挤出楼顶

“顶 2”模型的“编辑样条线”点的子集，将其向四周调大；将“挤出”的数量值设置为 200 毫米，如图 5.88 所示。

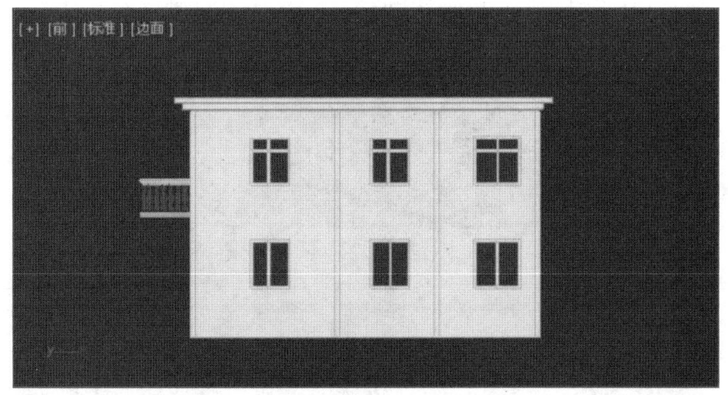

图 5.88 复制楼顶模型

步骤 4 切换到左视图，单击“创建”面板→“平面”，打开捕捉开关，沿着参考图绘制屋顶瓦片的平面，命名为“瓦片 1”。并在“修改”面板中将平面的长度分段、宽度分段都设置为 1。效果如图 5.89 所示。

步骤 5 对上面的模型，添加“编辑网格”修改器，进入“编辑网格”修改器的“点”子集，

图 5.89　制作斜坡模型

依照参考图,调整点的位置,让其形成斜坡瓦片的结构,如图 5.90 所示。

图 5.90　修正平面角度

步骤 6　制作对称面的瓦片模型。选择“瓦片 1”,单击主工具栏中的“镜像”工具,依照参考图,调整点的位置,让其形成斜坡瓦片的结构,如图 5.91 所示。

图 5.91　镜像

步骤 7　切换到前视图,单击“创建”面板→“平面”,打开捕捉开关,沿着参考图绘制屋顶瓦片的平面,命名为“瓦片 3”。并在“修改”面板中,将平面的长度分段、宽度分段都设置为 1。效果如图 5.92 所示。

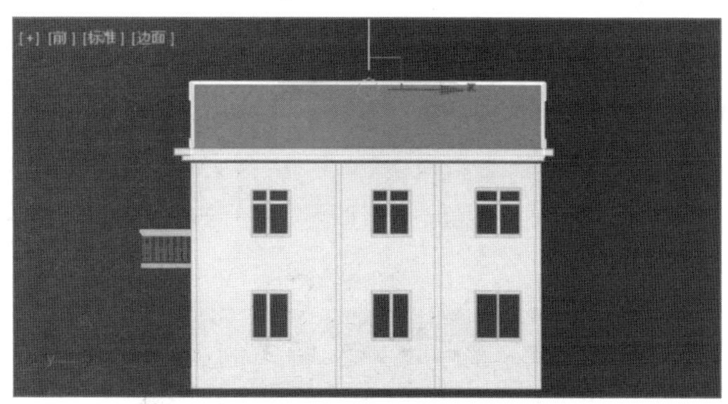

图 5.92 调整模型位置

步骤 8 对“瓦片 3”模型，添加“编辑网格”修改器，进入“编辑网格”修改器的“点”子集，框选上方边的两个顶点，运用“塌陷”命令，将两个顶点转换成一个顶点。切换到左视图，打开捕捉工具，运用移动工具，将其对齐到正面外片的顶点上，如图 5.93 所示。

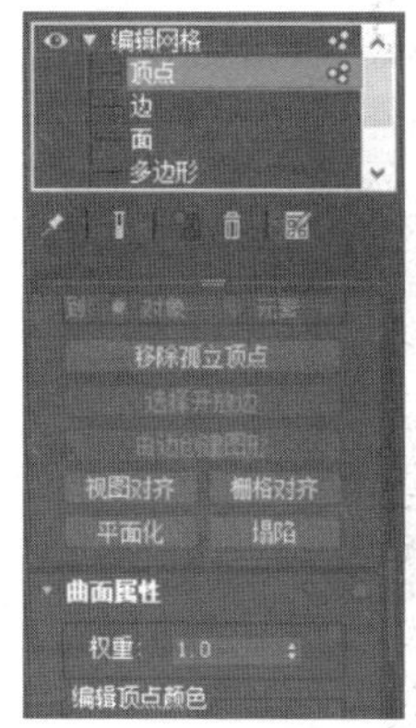

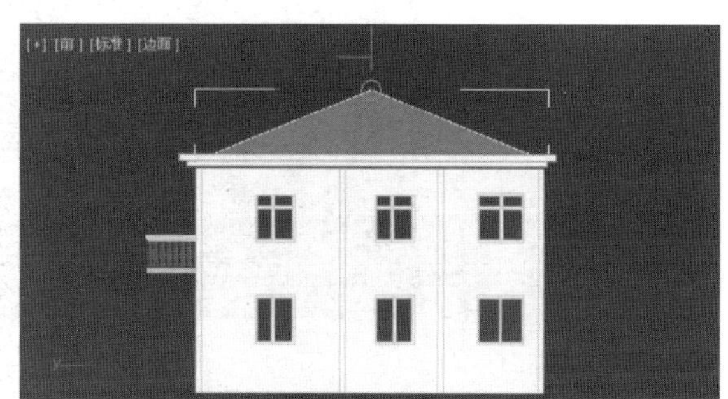

图 5.93 捕捉对齐

步骤 9 制作对称面的瓦片模型。选择“瓦片 3”模型，单击主工具栏中的“镜像”工具，依照参考图，调整点的位置，让其形成斜坡瓦片的结构，如图 5.94 所示。

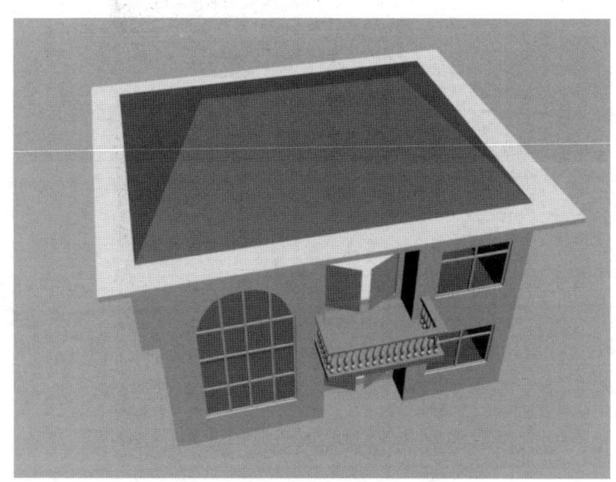

图 5.94 渲染

5.5.9 整合及处理别墅整体模型

步骤1 墙体拐角处重合面模型处理。将模型的组进行解组处理。选择有交集的两个墙体,分别为这两个墙体模型添加"编辑网格"修改器,进入点子集,运用主工具栏中的移动工具调整点的位置,将它们的端面设置成斜切面,调整前如图 5.95 所示,调整后如图 5.96 所示。

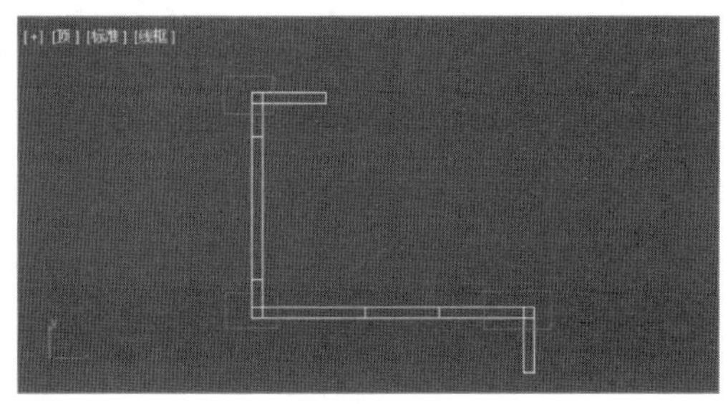

图 5.95 处理前

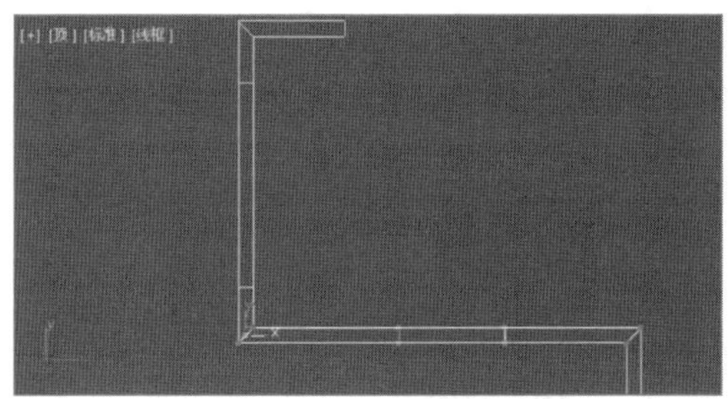

图 5.96 处理后

步骤2 按照上面的方法,对各个有接触重叠面的墙体进行处理,在渲染静帧或动画的时候就不会出现闪烁的情况了。至此就制作完别墅的模型了,效果如图 5.97 所示。

图 5.97 整体模型渲染

小结

本章主要讲解样条线的基本功能、样条线与修改器搭配建模的技术及流程，主要讲解编辑样条线、挤出、车削、FFD等修改器的功能。并结合案例的讲解，让读者能够深入地理解样条线建模的原理及流程，便于应用该技术进行相关模型的建模。

收集资料：制作模型前需要收集资料，通过资料对模型制作有一定的了解，这样模型制作才能事半功倍。读者不仅要跟着教学步骤来一步步地学习，还要自己主动地去搜索相关资料，充分掌握所要制作模型的各个结构构造。

技巧：制作模型需要技巧，而这能使模型制作简单和美观。模型的墙与墙的接口处都是45°角拼接的，能使墙体比较美观。墙与地面的正确拼接，能让墙体结实。需要的墙体、地面的图案需要同一比例才能美观，这些都需要根据实际情况来决定。

注意事项：

(1) 制作建筑模型时，一面墙体一面墙体地制作，通过捕捉工具对齐模型。

(2) 制作完一个物体模型要立即赋予相应的材质，便于后期根据物体类别调整材质。

(3) 对各个命令、建模原理学习透彻后，才能更快速地制作出相应的模型。

第 6 章

Chapter 6

复合对象建模

本章内容简介

本章学习复合对象建模，通过对复合对象的类型、功能原理、使用方法和各个功能的学习，掌握使用复合对象创建三维模型的方法；还可以通过样条线配合车削、样条线配合挤出等建模方法，制作更多样和复杂的模型效果。

本章学习要点

- 熟练掌握布尔建模的方法。
- 熟练掌握放样建模方法。
- 熟练掌握图形合并建模方法。
- 熟练掌握散布建模方法。
- 熟练掌握复合对象组合建模方法。

能力拓展

通过本章的学习，可以运用布尔和超级布尔、图形合并、放样建模制作出日常生活中的模型，如多个骰子模型、象棋、罗马柱等模型。发挥观察力与想象力，还可以制作出更多不同类型的模型。

优秀作品

本章优秀作品如图 6.0 所示。

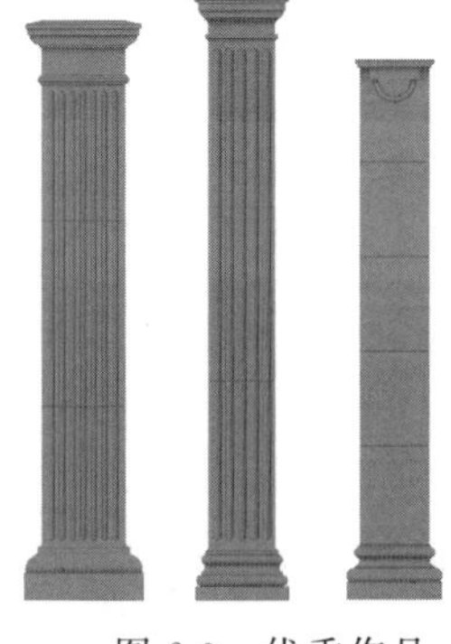

图 6.0　优秀作品

6.1 认识复合对象

6.1.1 什么是复合对象建模

复合对象，顾名思义，就是将两个及以上的单体对象进行组合，进而形成具有特殊形体特点的单体模型。复合对象建模是一种比较特殊的建模方式，适用于物体与另一个物体产生关联形成特殊形态的建模情况。

6.1.2 复合对象建模的类型

在 3d Max 软件中，复合对象命令面板共有 12 个命令，分别为：变形、一致、水滴网格、图形合并、放样、ProBoolean、散布、连接、布尔、地形、网格化、ProCutter。在命令面板中单击“创建”→“几何体”→“复合对象”命令，可以看到以上命令。

变形：是一种动画技术，与二维动画常用的中间动画效果类似，可以将一个模型变形为另一种模型。

散布：是将一个模型分布于另一个模型表面的工具，如在汉堡表面散布芝麻。

一致：通过将某对象的顶点投影至另一个对象的表面而创建新的图形关系，如在山体上创建盘山公路。

连接：使用连接复合对象时，通过多个模型对象的洞，将两个及以上模型连接到一起。

水滴网格：利用几何体或粒子工具创建一组模型，模型具有水一般柔软的质地所形成的模型效果。

图形合并：常用来制作表面具有图案装饰的模型，通过网格对象在一个或多个模型上复合图形样式。

布尔：用于两个及以上模型的合并、减除、相交等效果，通过模型间的增减关系实现特殊模型的创建。

地形：通过多条等高线数据创建曲面模型。

放样：使用两种样条线创建三维模型的方法，以路径和截面为基本建模依据，如制作罗马柱、相框等。

网格化：以每帧为基准将对象转换为具有可编辑性和修改性的网格对象，进行更为复杂的变形或细化。

ProBoolean：是布尔功能的升级版，具有与布尔相同的功能，更为稳定安全。

ProCutter：用于断开、分离、爆炸、创建截面或对象拟合的工具。

6.1.3 复合对象建模的应用领域

复合对象包含 12 种类型，既有针对二维图形的复合工具，也有针对三维模型的复合对象。在制作模型时适用于具有特殊效果或形态的模型需求，如模型之间具有相加减关系、带有特殊纹理或图案效果、特殊造型等。石膏线条、刻字戒指等模型均可采用复合对象制作方法。

6.2 布尔、超级布尔建模

6.2.1 布尔、超级布尔建模的原理

布尔和超级布尔(ProBoolean)使用方法相似,在此处一起进行说明。布尔和超级布尔建模是通过两个及以上模型之间相加、相减等方式实现特殊模型的制作。主要运算功能包括:并集、交集、差集、合集、附加(无交集)、插入、盖印、切面8种运算模式。

6.2.2 布尔、超级布尔创建凳子模型

通过以上介绍,读者对布尔和超级布尔有了一定的了解,下面运用布尔或超级布尔工具创建凳子模型,具体演示布尔工具的用法。

步骤1 使用“创建”→“几何体”→“标准基本体”→“长方体”工具,创建一个正方体,长宽高均设置为400mm,如图6.1所示。

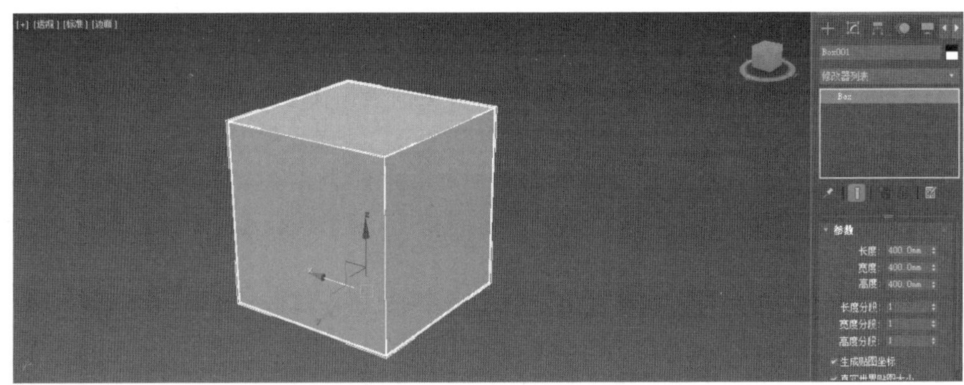

图6.1 绘制正方体

步骤2 为了使凳子有较好的细节,使用鼠标右击→“转换为”→“转换为可编辑多边形”,以便后续对正方形进行调整,如图6.2所示。

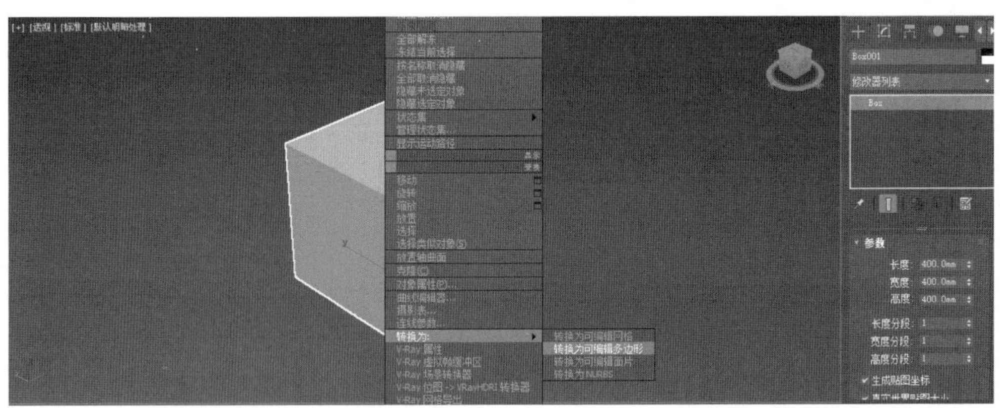

图6.2 转换为可编辑多边形

步骤3 在“可编辑多边形”→“线”命令下，选择除底面外的所有线条，鼠标右击→“切角”命令，在弹出的设置对话框中，将“切角量”设置为15mm，“切角分段数”设置为5，单击对号完成设置，如图6.3所示。

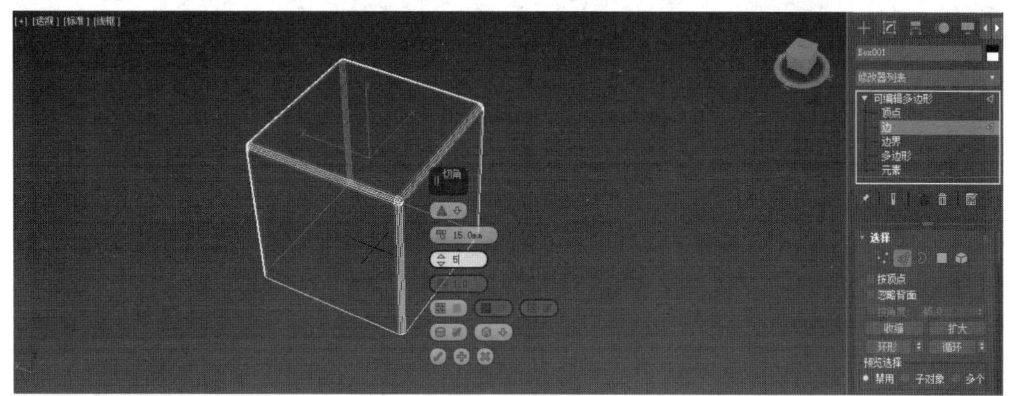

图6.3 切角细化

步骤4 对正方体进行缩放，在“可编辑多边形”→“点”命令下，选中底边的所有点，在功能菜单中选择“选择并均匀缩放”命令，回到俯视图，在二维缩放区域使用鼠标进行点的放大，使矩形底面面积大于顶面面积，如图6.4所示。

图6.4 底边缩放

步骤5 在移动命令下，在左视图中按住Shift键沿着Y轴复制一个矩形，通过“选择并均匀缩放”命令缩小矩形，居中于原模型后向下移动底边超出原模型便于后期使用布尔工具，如图6.5所示。

步骤6 在“创建”→“几何体”→“扩展基本体”→“切角长方体”命令下创建两个切角长方体，长度为300mm，宽度为500mm，高度为300mm，圆角为10mm。穿插到矩形模型中，如图6.6所示。

步骤7 接下来进行超级布尔运算，选中凳子主体矩形，在“创建”→“几何体”→“复合对象”→ProBoolean命令下，将“运算”设置为“差集”，然后单击“开始拾取”按钮，如图6.7所示。

步骤8 单击“开始拾取”按钮后，依次单击创建的圆角矩形和复制并缩小的矩形，完成相减运算，如图6.8所示。

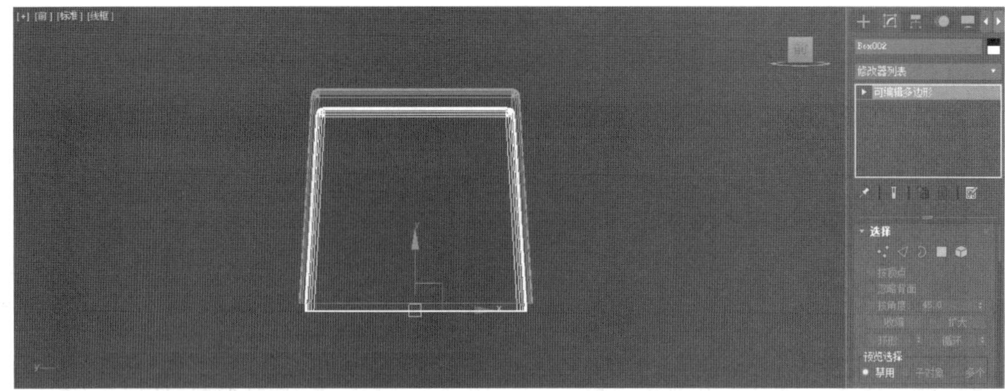

图 6.5　复制模型

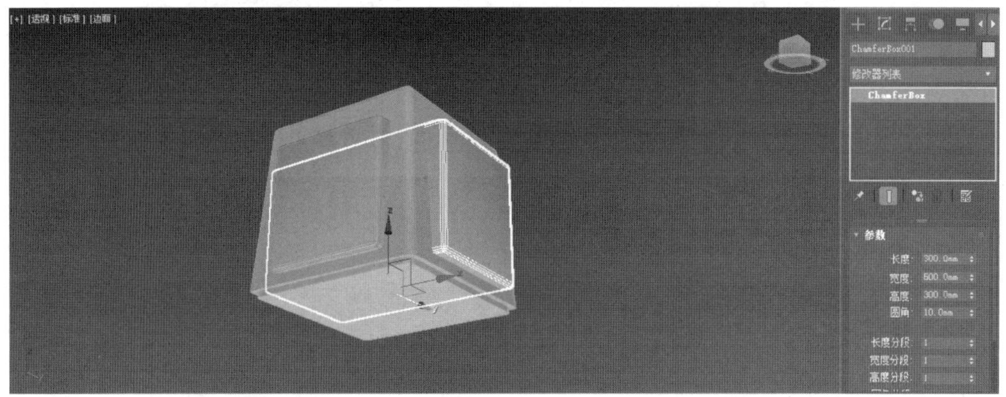

图 6.6　插入切角长方体

图 6.7　超级布尔

步骤 9　通过"复制"命令,复制多个凳子,并更改颜色,实现多个凳子叠加的效果,如图 6.9 所示。

通过制作凳子的案例,可以掌握布尔和超级布尔的基本使用方法。

提示: 在进行布尔或超级布尔运算前,要确保模型不会再进行其他操作或变形。在布尔运算后进行复杂操作,容易产生模型错误。

图 6.8 凳子效果

图 6.9 多个凳子效果

6.2.3 布尔、超级布尔创建海绵模型

运用布尔和超级布尔工具制作相对复杂的模型也是在 3d Max 软件中经常遇到的需求，下面就使用布尔和超级布尔命令制作海绵，通过布尔运算制作海绵的多孔结构。

步骤 1 在“创建”→“几何体”→“扩展基本体”→“切角长方体”命令下，创建切角长方体，对长宽高、分段等参数进行设置，如图 6.10 所示。

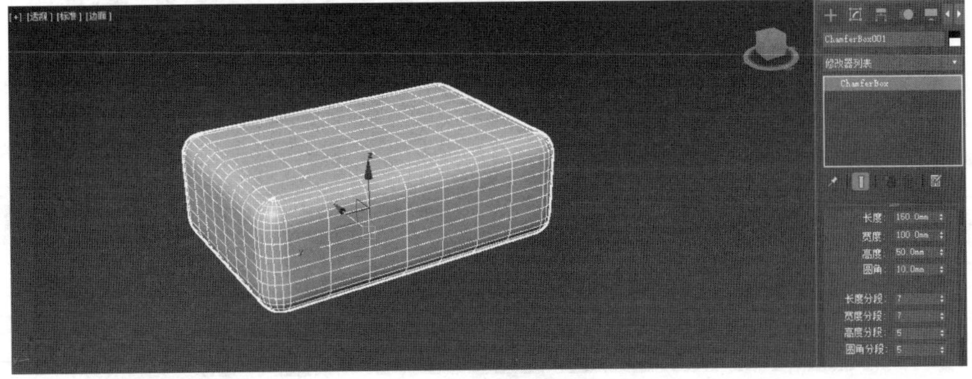

图 6.10 创建切角长方体

步骤 2 对切角长方体进行变形,通过“修改器列表”→FFD 4×4×4 添加晶格命令,如图 6.11 所示。

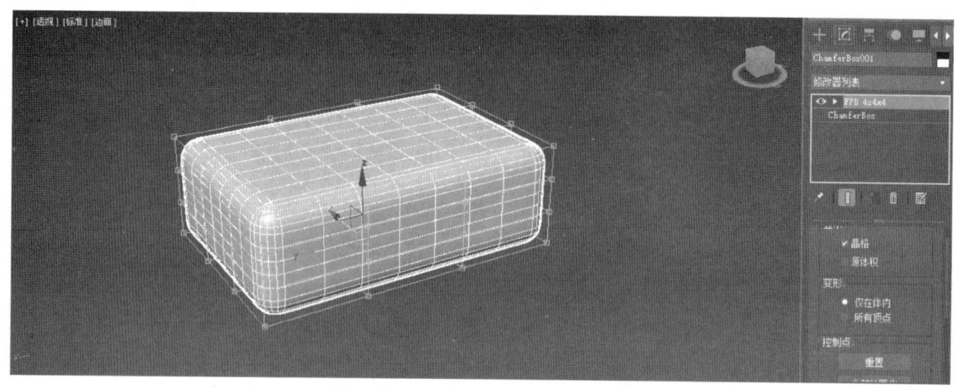

图 6.11 创建切角长方体

步骤 3 通过“修改”面板→“控制点”命令选择各面的控制点进行形态调整,使矩形边缘更柔和,如图 6.12 所示。

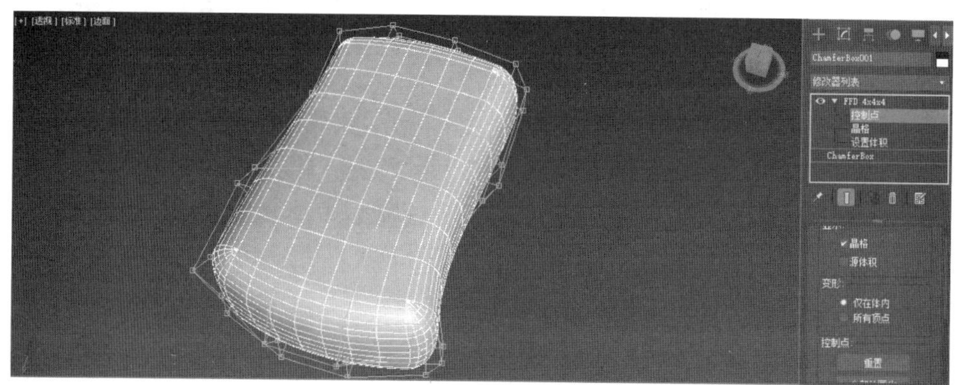

图 6.12 调整切角长方体

步骤 4 通过“创建”→“几何体”→“扩展基本体”→“切角圆柱体”命令,创建多个不同直径的圆柱体,如图 6.13 所示。

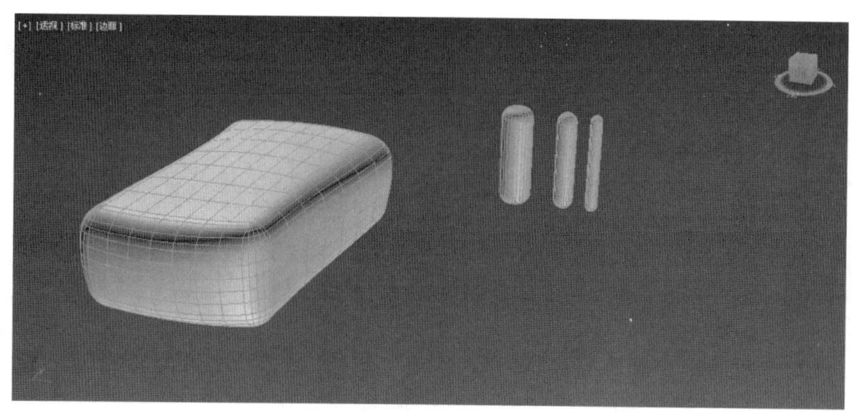

图 6.13 创建切角圆柱体

步骤 5 将切角圆柱体复制多个，随机排布到几何体表面，切角圆柱体要嵌入几何体内部，深度可根据效果把握，如图 6.14 所示。

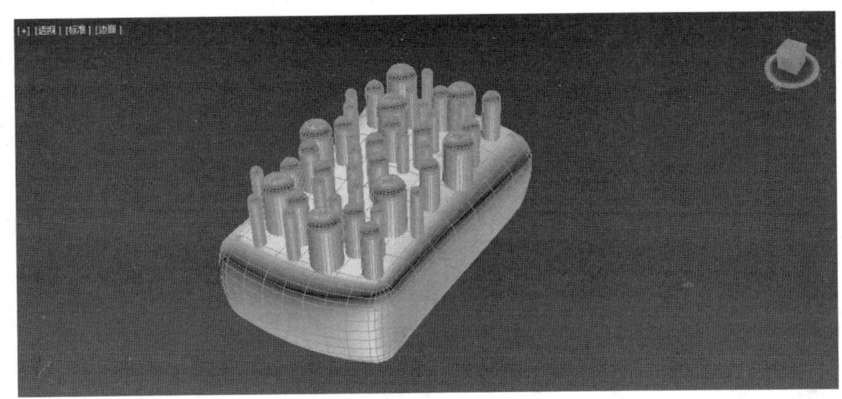

图 6.14 随机排布圆柱体

步骤 6 将随机排布的圆柱体复制，通过移动工具分布到其他面，侧面部分需删减部分圆柱体，如图 6.15 所示。

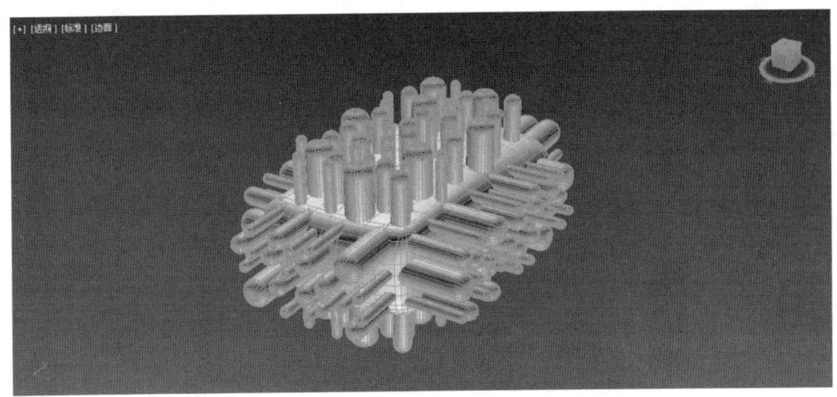

图 6.15 每个面随机排布圆柱体

步骤 7 选中矩形模型，用"创建"→"几何体"→"复合对象"→ProBoolean 命令下，将"运算"设置为"差集"，然后单击"开始拾取"按钮，如图 6.16 所示。

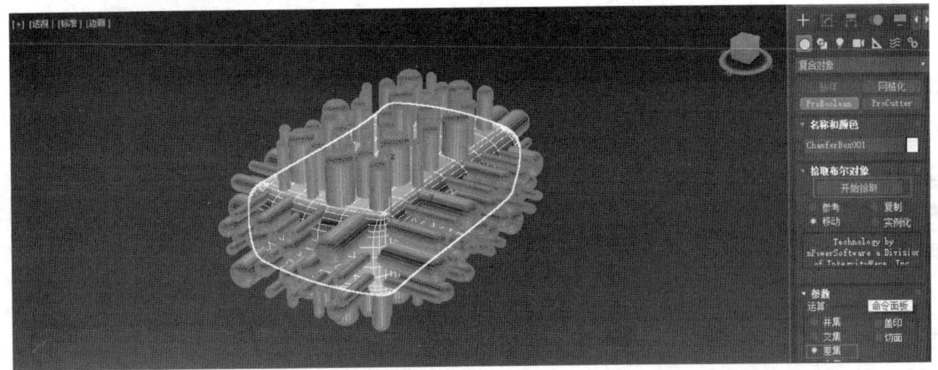

图 6.16 超级布尔

步骤 8 单击“开始拾取”按钮后,依次拾取每个面的切角圆柱体,更改颜色为黄色,海绵制作完成,如图 6.17 所示。

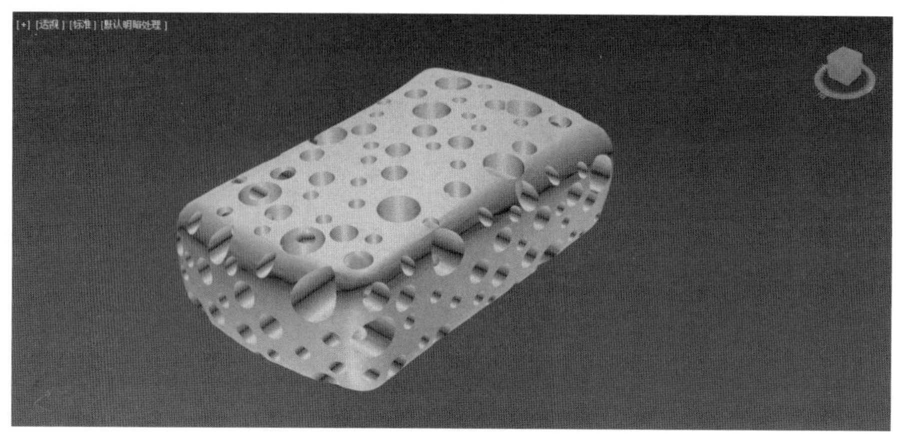

图 6.17 海绵效果

提示:在布尔运算前由于圆柱体数量较多,为减少单击次数,可以通过“实用程序”→“塌陷”→“塌陷选定对象”命令,将每个面的圆柱体塌陷为一个模型,再通过超级布尔命令进行相减操作。

6.3 放样建模

6.3.1 放样建模的原理

放样是通过两条及以上二维线条制作三维效果的方法。一般地,一个二维图形作为图形,另一个二维图形作为路径;图形也可以由多个二维图形构成,路径由一个二维图形构成。当图形沿着路径分布时,就构成了立体模型效果。

6.3.2 放样建模的参数功能

放样建模主要参数包括“创建方法”“曲面参数”“路径参数”“蒙皮参数”“变形”五部分,如图 6.18 所示。

6.3.3 放样创建香蕉模型

步骤 1 在顶视图中,使用“创建”→“图形”→“样条线”→“多边形”命令创建一个五边形,并进行圆角设置,如图 6.19 所示。

步骤 2 使用“创建”→“图形”→“样条线”→“线”命令创建一条直线,在“顶点”命令下将两个顶点转换为“Bezier 角点”,通过调整控制手柄,将直线转换为曲线,如图 6.20 所示。

步骤 3 选中曲线后,单击“创建”→“几何体”→“复合对象”→“放样”命令,然后单击“拾取图形”按钮后单击五边形,获得香蕉基本形。然后在右侧“修改命令”面板下的“蒙皮参数”中,将“图形步数”和“路径步数”增加,细化模型效果,如图 6.21 所示。

步骤 4 选中香蕉基本形,单击“修改”→“变形”→“缩放”按钮,弹出“缩放变形”命令功

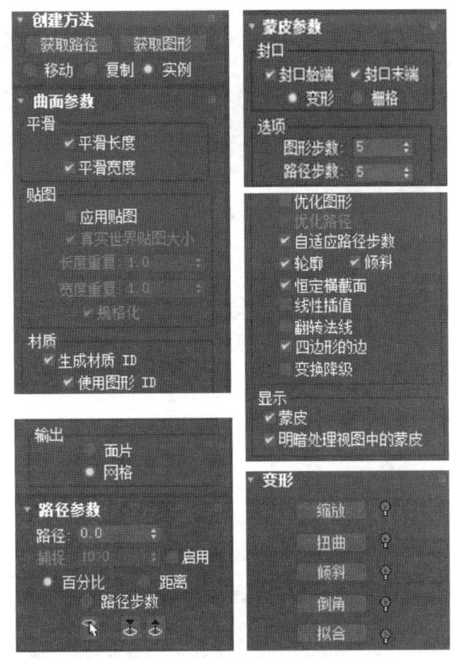

图 6.18　放样参数

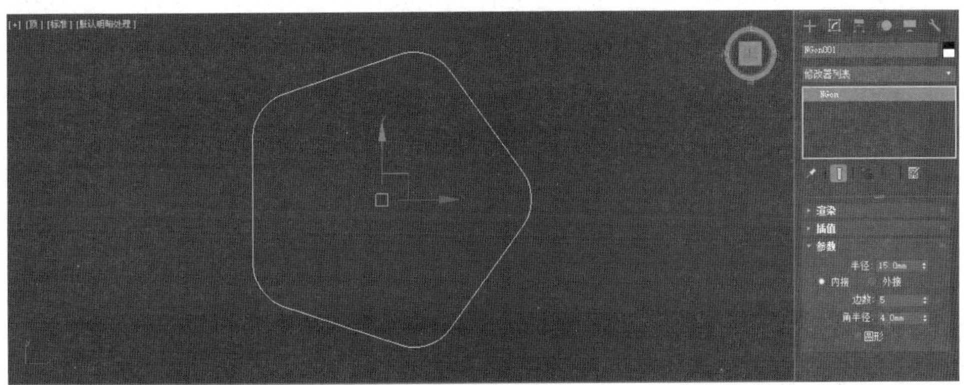

图 6.19　圆角五边形

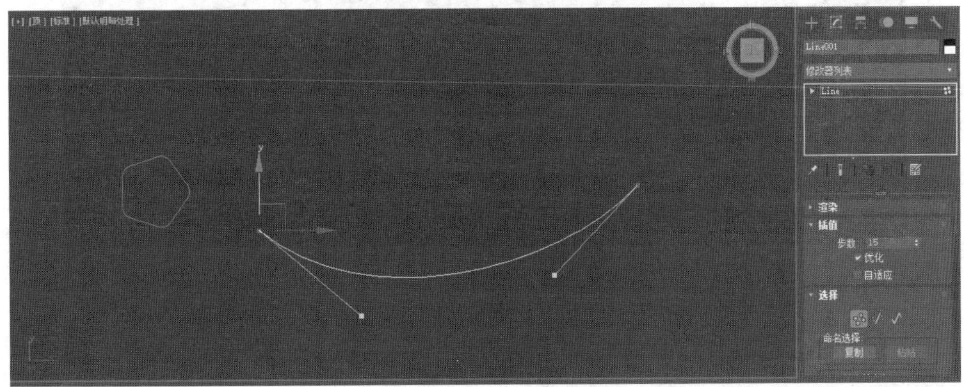

图 6.20　创建弧线

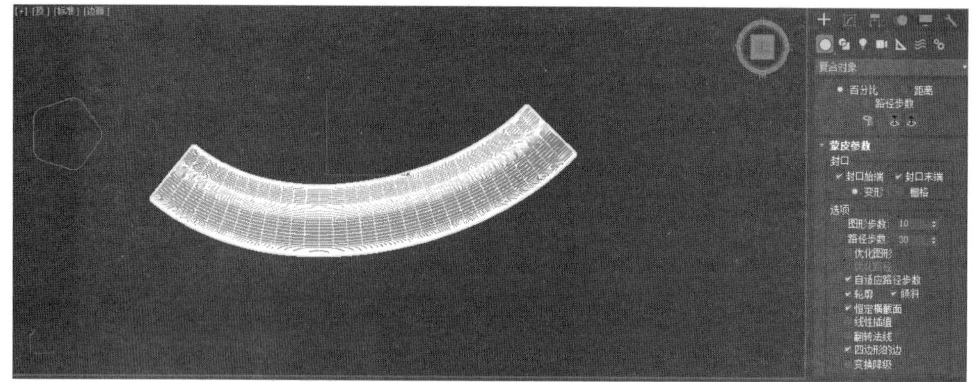

图 6.21 放样

能框,如图 6.22 所示。

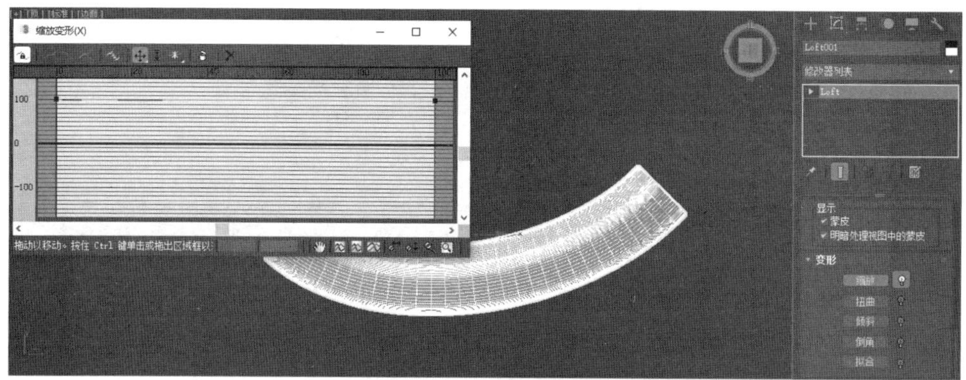

图 6.22 缩放变形

步骤 5 通过"缩放变形"功能调整香蕉的形体和细节。单击"插入角点"按钮,在变形线上增加两个节点,将香蕉尖部、主体、尾部进行划分,再使用"移动控制点"命令进行大形体调整,如图 6.23 所示。

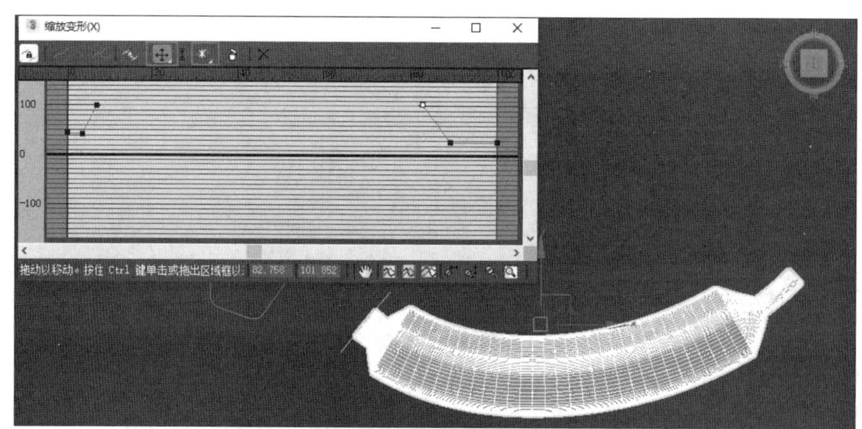

图 6.23 缩放变形设置

步骤 6　继续“插入角点”，将香蕉的结构细化，如图 6.24 所示。

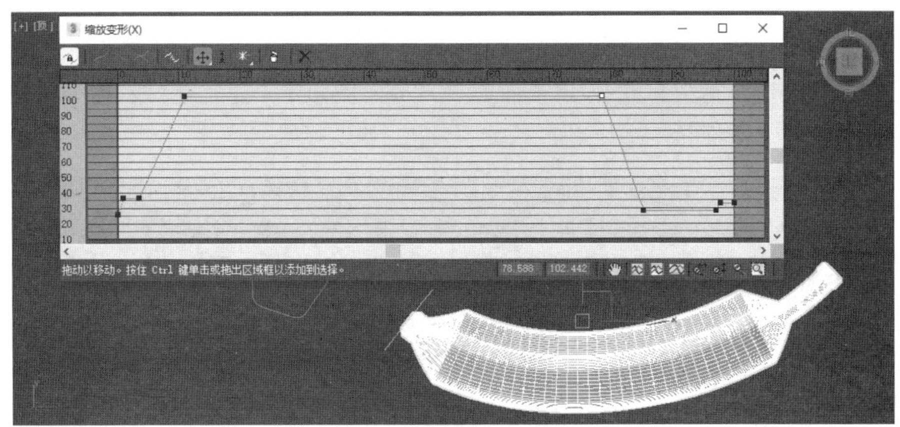

图 6.24　缩放变形优化

步骤 7　在各节点用鼠标右击“Bezier 角点”转换为 Bezier 角点，通过调整控制手柄细化香蕉形体，如图 6.25 所示。

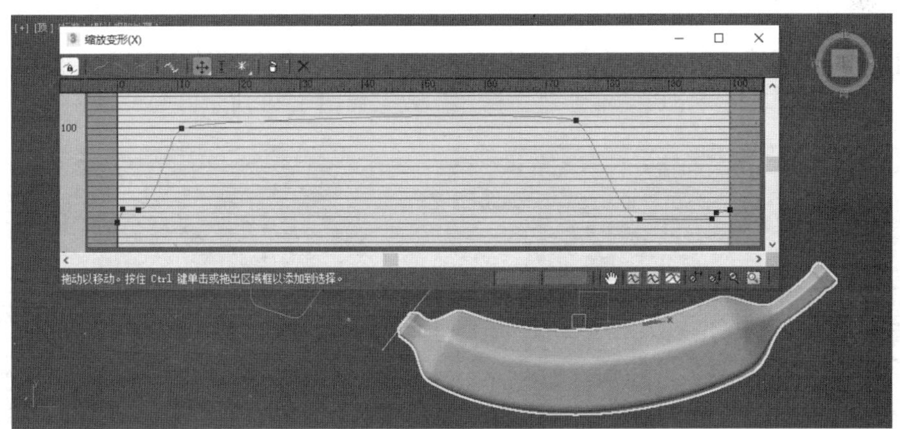

图 6.25　角点细化

步骤 8　更改香蕉颜色为黄色，复制几个香蕉摆放到一起，完成香蕉模型制作，如图 6.26 所示。

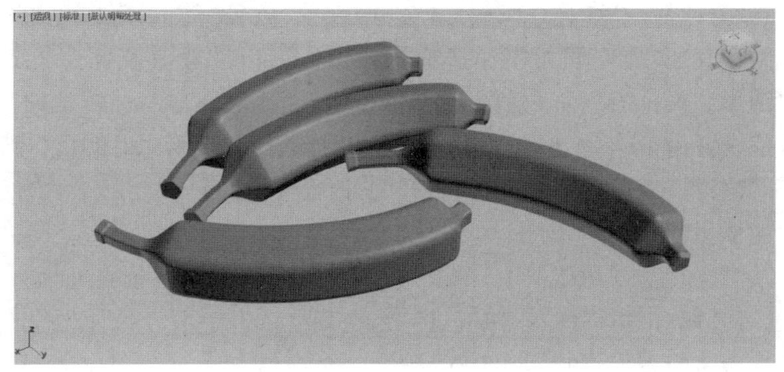

图 6.26　香蕉完成效果

6.3.4 放样创建冰红茶模型

步骤 1 在顶视图中,选择"创建"→"图形"→"样条线"→"圆",创建半径为 50mm 的圆,使用"矩形"创建长宽为 90mm,角半径为 20mm 的圆角矩形。通过"线"命令创建一条长度合适的线,如图 6.27 所示。

图 6.27 创建图形

步骤 2 选择直线,单击"创建"→"几何体"→"复合对象"→"放样"按钮,在单击"拾取图形"按钮后,选择圆形,完成基本形放样操作。效果如图 6.28 所示。

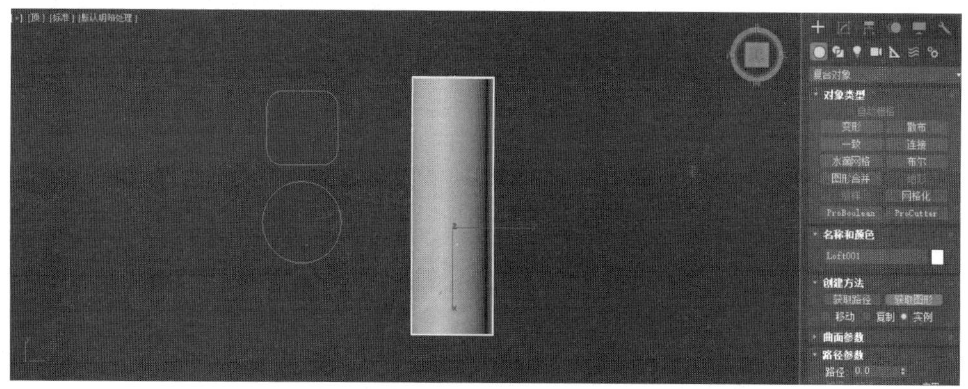

图 6.28 基本形放样

步骤 3 在"修改命令"面板→"路径参数"中设置"路径"数值,可以在放样模型的不同位置插入多种图形,以实现不同的模型造型。首先将"路径"数值设置为 30,单击"拾取图形"按钮,拾取圆形。再将"路径"数值设置为 35,单击"拾取图形"按钮,拾取圆角矩形。最后将"路径"数值设置为 100,单击"拾取图形"按钮,拾取圆角矩形,如图 6.29 所示。

步骤 4 对放样模型进行细化处理,打开"修改命令"面板→"变形"→"缩放"命令,弹出"缩放变形"功能框,如图 6.30 所示。

步骤 5 在"缩放变形"功能框中,单击"插入角点"按钮,在关键点处插入角点,将冰红茶瓶子的瓶盖、过渡瓶身、矩形瓶身、瓶底进行结构划分。再单击"移动控制点"按钮,将瓶身各结构进行基本形体的表现,如图 6.31 所示。

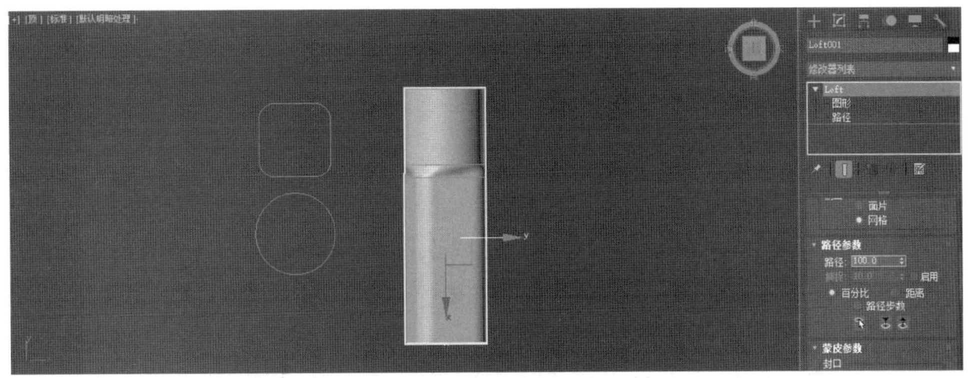

图 6.29　放样效果

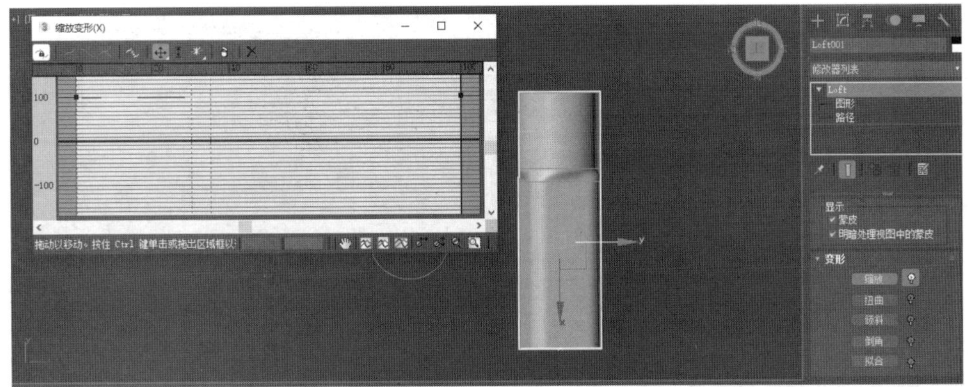

图 6.30　缩放变形

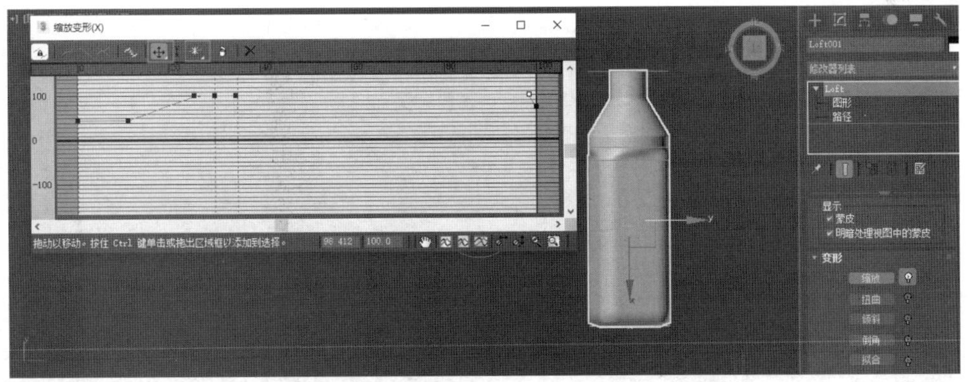

图 6.31　冰红茶瓶子基本形

步骤 6　使用“插入角点”和“移动控制点”命令，细化瓶盖部分结构，瓶颈和瓶底部分通过调整节点位置细化完善，如图 6.32 所示。

步骤 7　按快捷键 M 打开材质编辑器，选择一个材质球，在“位图”命令下添加一张冰红茶贴图，如图 6.33 所示。

步骤 8　调整“UVW 贴图”模式为“柱形”，调整长宽高为合适的数值，冰红茶瓶子模型制作完成，如图 6.34 所示。

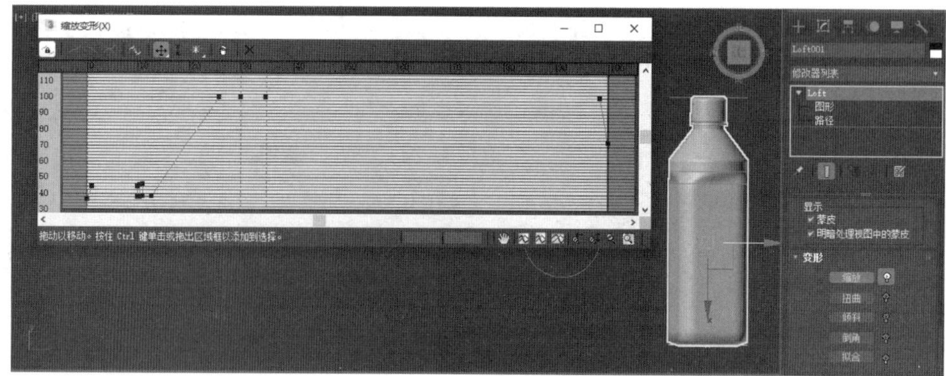

图 6.32 冰红茶瓶子细化效果

图 6.33 冰红茶贴图

图 6.34 冰红茶瓶子效果

6.3.5 放样创建鼠标模型

鼠标模型的创建将采用与前面几种模型不同的方法，鼠标的造型从三个视图中看均不同且造型多变化，所以在制作鼠标模型时将在“放样”的基础上采用“拟合”工具进行模型制作。

步骤 1 在顶视图中创建鼠标的平面轮廓，使用“创建”→“样条线”→“线”命令，创建鼠标轮廓部分,如图 6.35 所示。

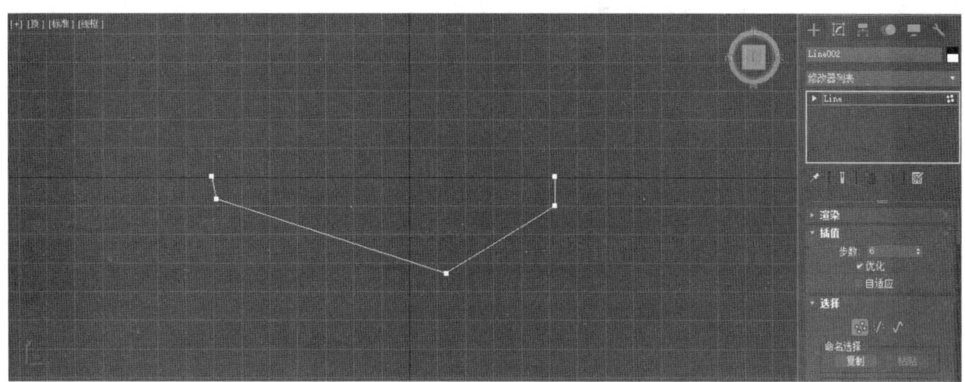

图 6.35　平面轮廓线

步骤 2　在“修改命令”面板中点层级状态下,将所有的点选中,鼠标右击选择“Bezier 角点”更改点的属性,如图 6.36 所示。

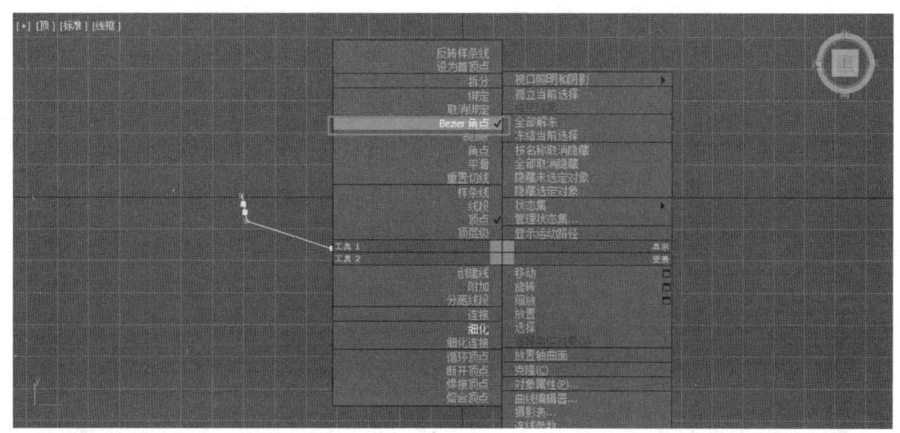

图 6.36　Bezier 角点

步骤 3　通过鼠标左键调整每个点的控制手柄,将轮廓线调整圆滑且符合鼠标形态,如图 6.37 所示。

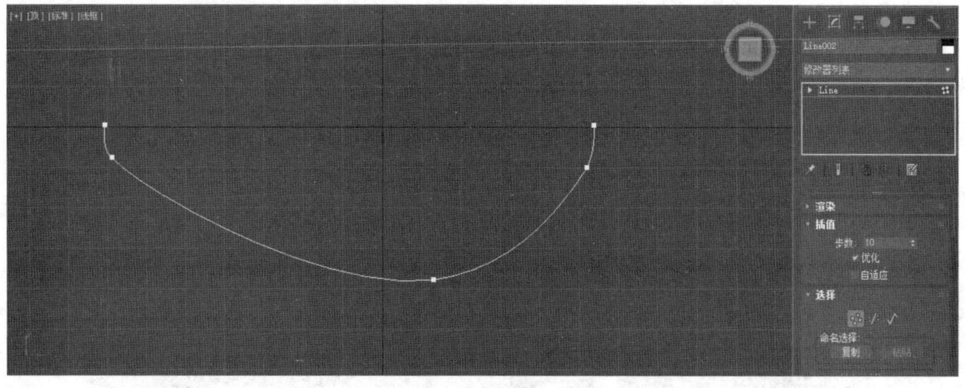

图 6.37　平面轮廓圆滑

步骤 4 为了确保鼠标的平面轮廓绝对对称,使用“对称”命令,沿着 Y 轴复制一个轮廓,使用移动工具将两个轮廓拼合到一起,如图 6.38 所示。

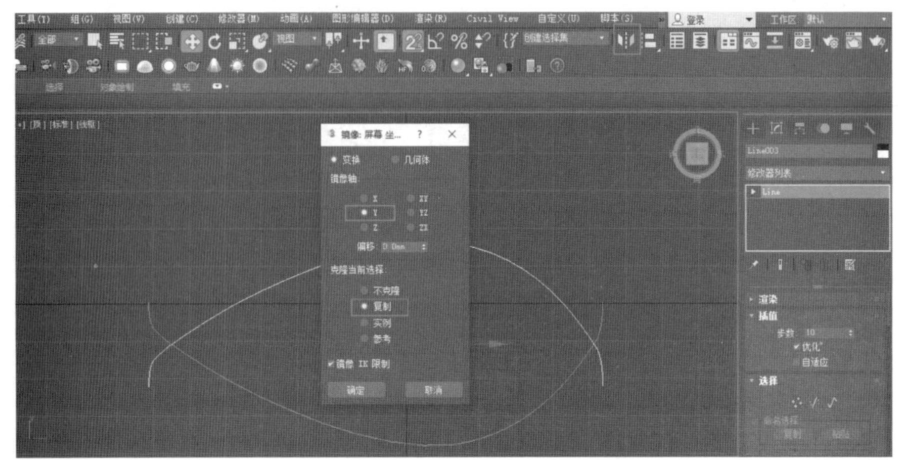

图 6.38 对称轮廓线

步骤 5 ,使用“移动”工具,将两条线拼合到一起。单击“修改命令”面板→“几何体”→“附加”,再单击复制的线条,将两个线条合并为一条。在点层级状态下,将交点焊接,完成平面轮廓,如图 6.39 和图 6.40 所示。

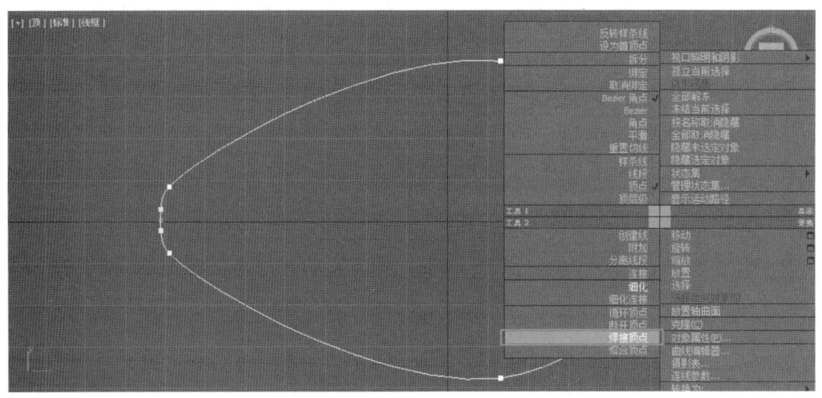

图 6.39 焊接轮廓线

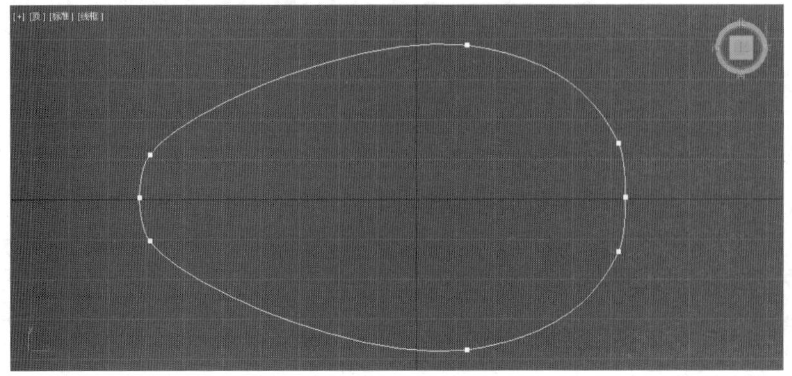

图 6.40 鼠标平面轮廓线

步骤 6 在侧视图中，创建鼠标的侧面轮廓。使用“创建”→“样条线”→“线”命令，创建鼠标轮廓部分，侧面轮廓长度一定要和平面轮廓相同，如图 6.41 所示。

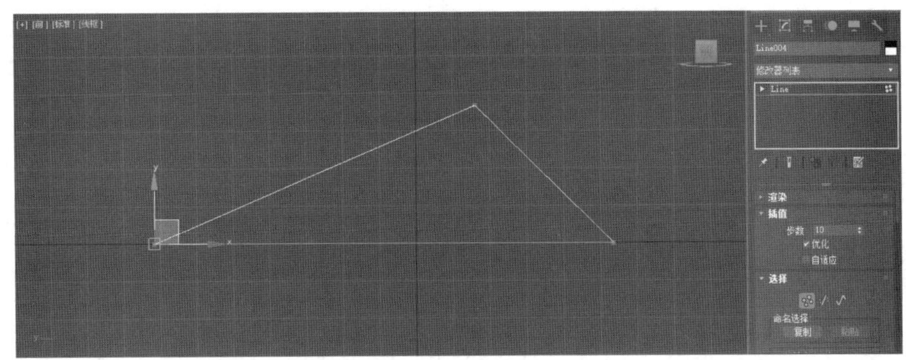

图 6.41 鼠标侧面轮廓线

步骤 7 按照前面的步骤将点属性更改为“Bezier 角点”，并调整手柄将鼠标轮廓形态调整圆滑，如图 6.42 所示。

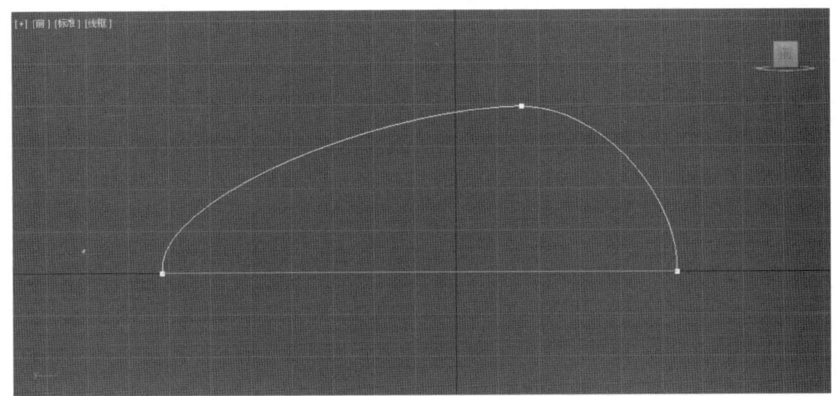

图 6.42 侧面轮廓圆滑

步骤 8 在前视图中，创建鼠标前视图的轮廓形状。使用“创建”→“样条线”→“线”命令，创建鼠标轮廓部分，前视图轮廓宽度一定要和平面轮廓宽度相同，前视图轮廓高度要和侧视图轮廓高度相同，如图 6.43 所示。

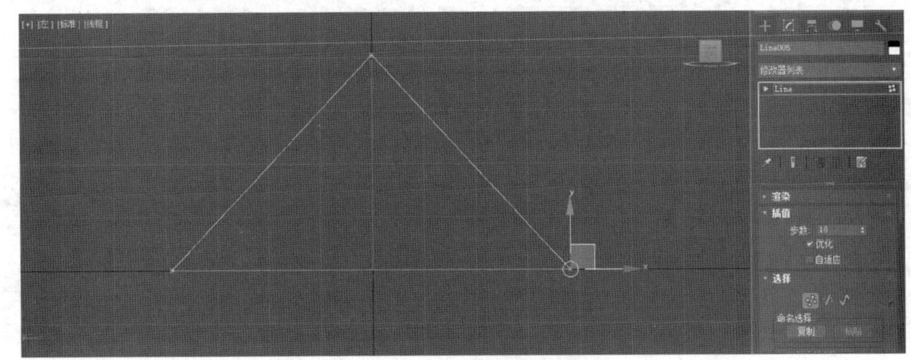

图 6.43 鼠标前视图轮廓线

步骤 9 按照前面的步骤将点属性更改为"Bezier 角点",并调整手柄将鼠标轮廓形态调整圆滑,如图 6.44 所示。

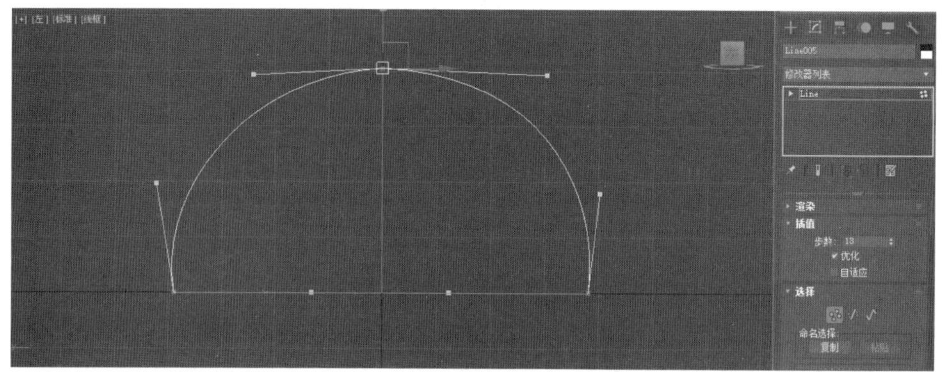

图 6.44 鼠标前视图轮廓圆滑

步骤 10 使用"创建"→"样条线"→"线"命令创建一条直线,长度和鼠标平面轮廓一致,将所有图形整合到一起,便于放样建模,如图 6.45 所示。

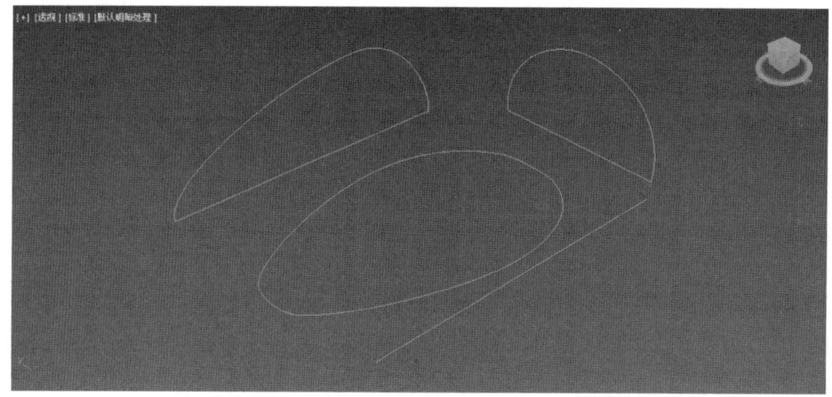

图 6.45 图形形态

步骤 11 选中直线,使用"创建"→"几何体"→"复合对象"→"放样"→"获取图形",拾取前视图形,如图 6.46 所示。

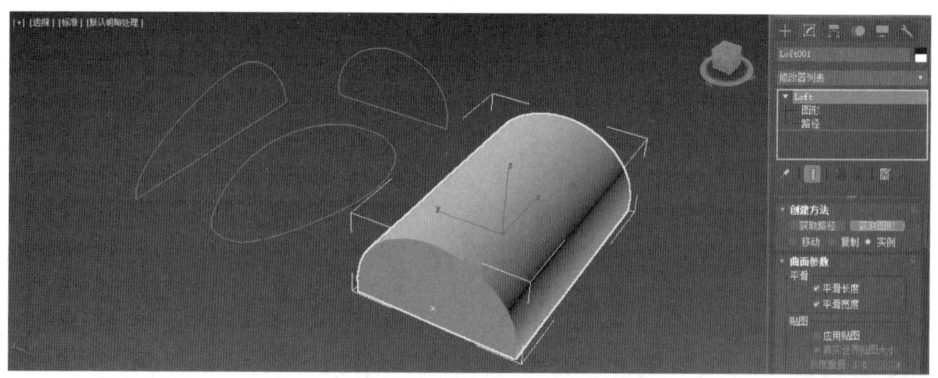

图 6.46 放样图形

步骤 12　选中放样模型，使用“修改命令”面板→“变形”→“拟合”，在弹出的“拟合变形”中，进行模型细化，如图 6.47 所示。

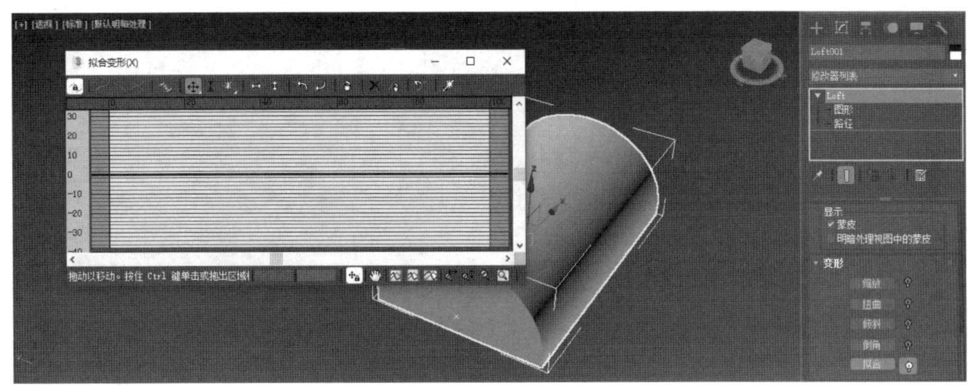

图 6.47　拟合变形

步骤 13　在“拟合变形”对话框中，关闭左上角“均衡”按钮，打开“显示 X 轴”按钮，如图 6.48 所示。

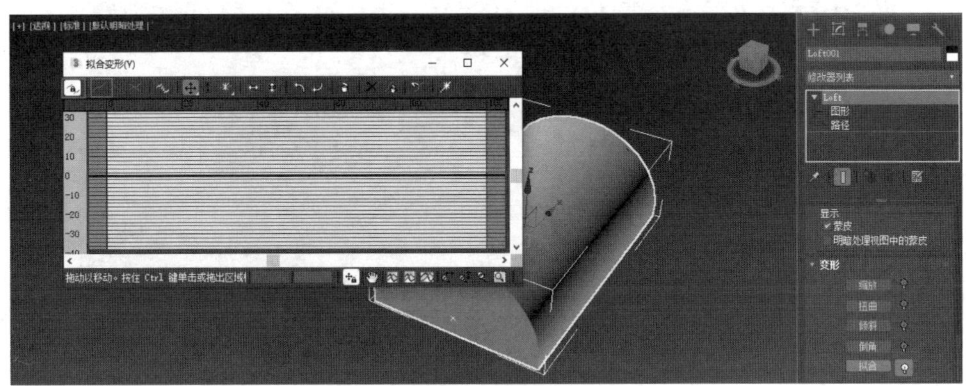

图 6.48　设置拟合变形

步骤 14　在“拟合变形”对话框中单击右侧“获取图形”按钮，然后单击鼠标平面轮廓图，如图 6.49 所示。

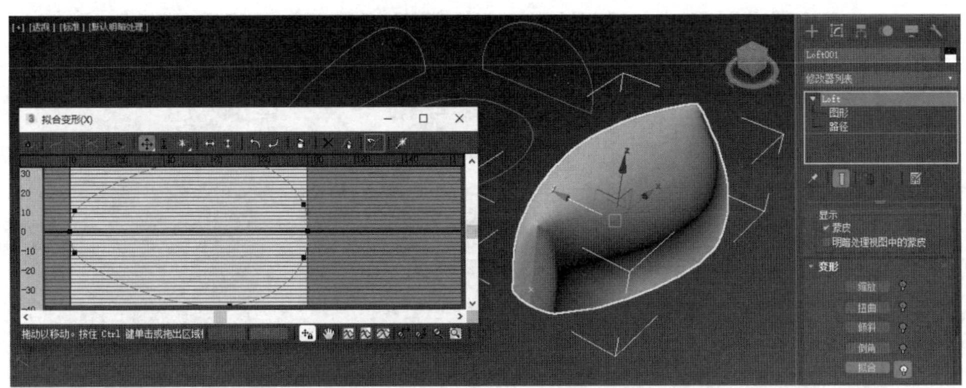

图 6.49　拟合拾取平面轮廓

步骤 15 在“拟合变形”对话框中,打开“显示 Y 轴”按钮,单击右侧“获取图形”按钮,然后单击鼠标侧面轮廓图,完成鼠标基本形体,如图 6.50 所示。

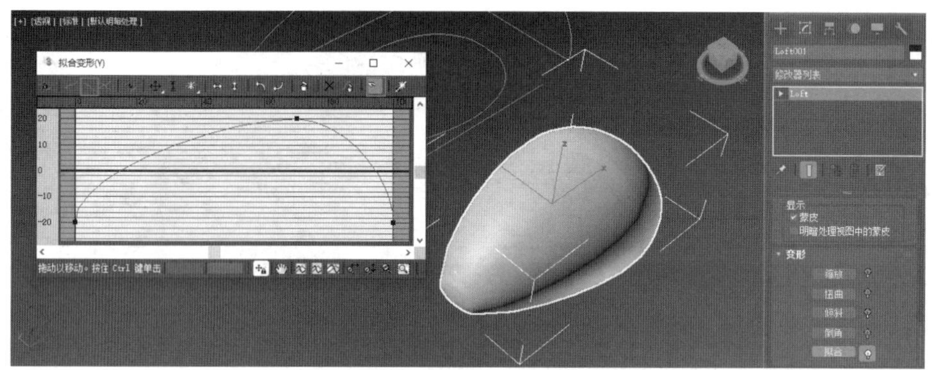

图 6.50 鼠标基本形体

步骤 16 使用“线”创建多个形体,然后“挤出”厚度,放置到鼠标模型上位于按键接缝等结构处,对应鼠标滚轴和按键位置,如图 6.51 所示。

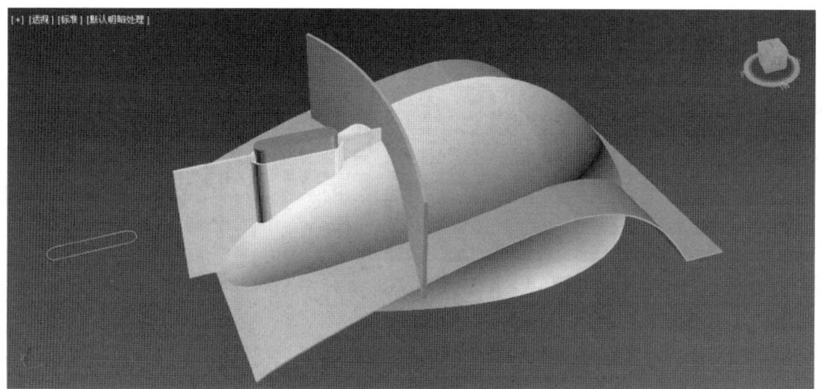

图 6.51 创建辅助模型

步骤 17 在鼠标模型上单击鼠标右键→“转换为可编辑多边形”,使用“复合对象”→ProBoolean→“差集”命令,进行布尔操作,如图 6.52 所示。

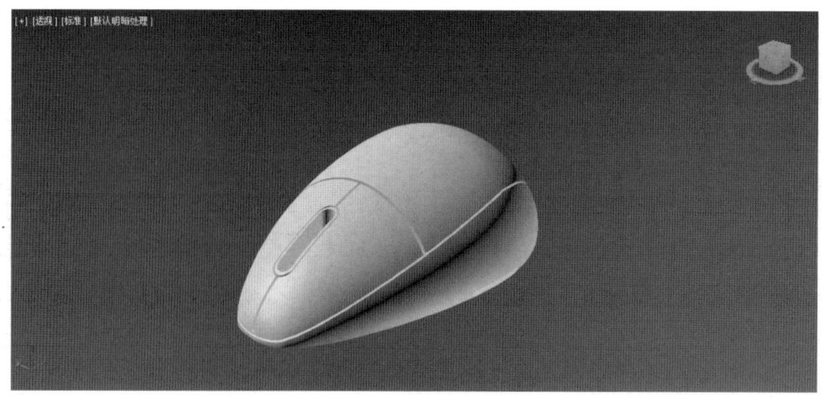

图 6.52 超级布尔后的鼠标

步骤 18　使用“扩展基本体”→“切角圆柱体”创建鼠标滚轮，放置到滚轴所在位置，如图 6.53 所示。

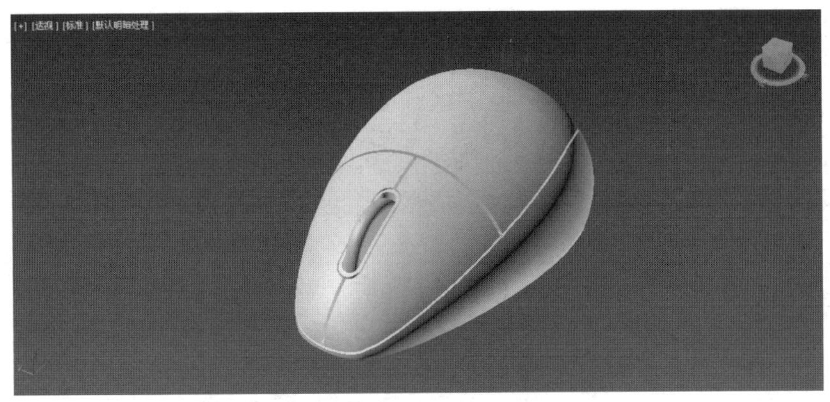

图 6.53　制作鼠标滚轴

步骤 19　使用“图形”→“样条线”→“线”创建电线，将线的所有点转换为“Bezier 角点”使电线自然圆滑，如图 6.54 所示。

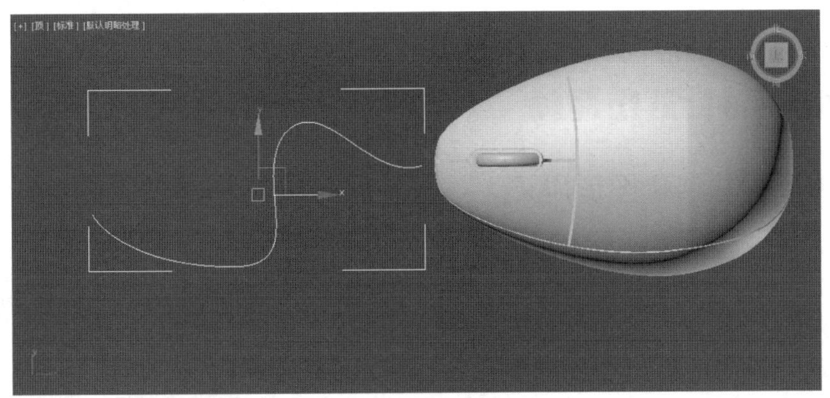

图 6.54　圆滑电线

步骤 20　选中电线，在“修改命令”面板中选择“渲染”，勾选“在渲染中启用”和“在视口中启用”，“径向”→“厚度”设置为 2mm，如图 6.55 所示。

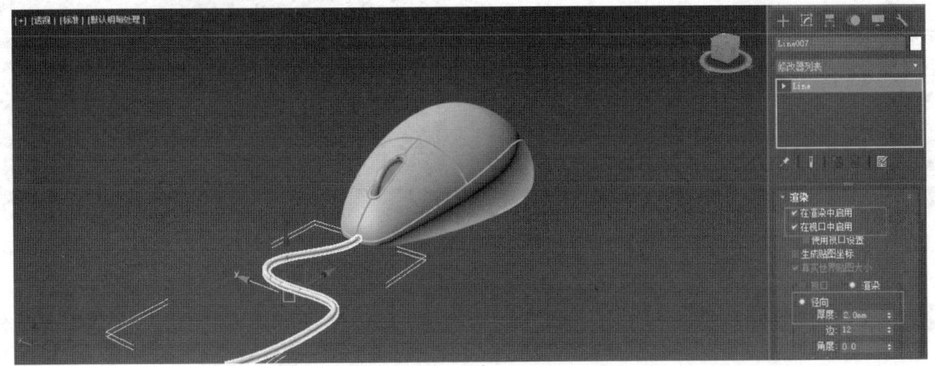

图 6.55　电线设置

步骤 21 将电线插入鼠标模型,适当更改电线的颜色,鼠标模型制作完成,如图 6.56 所示。

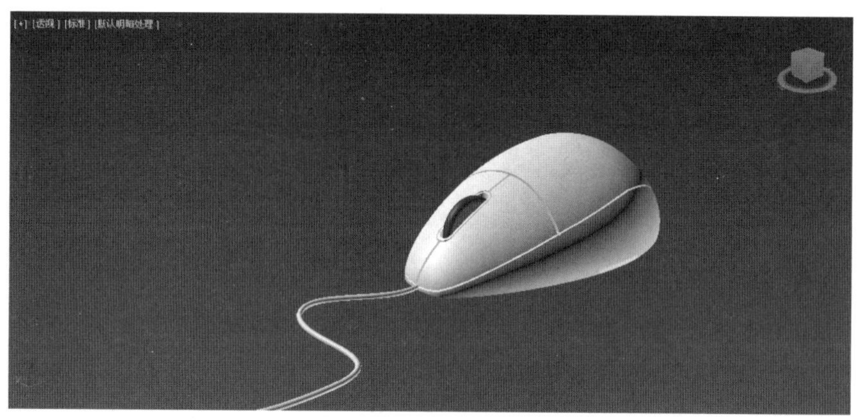

图 6.56 鼠标完成效果

提示:鼠标制作过程中要注意三维视图的轮廓线尺寸要一一对应,侧视图要和俯视图长度相同。前视图宽度要和俯视图相同,高度要和侧视图相同。创建的放样直线要和俯视图长度相同。

6.4 图形合并、散布建模

6.4.1 图形合并创建图形印记

在建模时常遇到需要在三维模型上增加装饰图形或纹理的情况,图形合并工具可以将二维图形合并到三维模型,可以通过这种方式创建多样的模型效果。具体运用方法如下。

步骤 1 单击“创建”→“几何体”→“扩展基本体”→“切角圆柱体”创建圆柱体,半径 30mm,高度 10mm,圆角 5mm,高度和圆角分段适当增加,如图 6.57 所示。

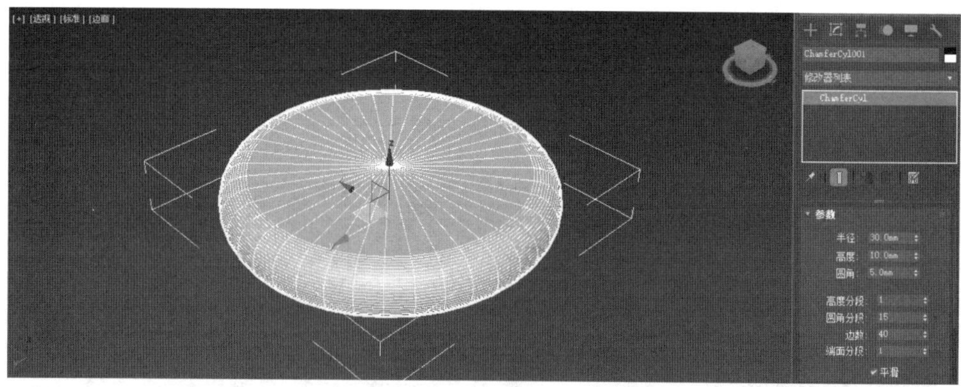

图 6.57 切角圆柱体

步骤 2 使用“样条线”→“星形”创建一个六边形,对半径和圆角半径进行调整,如图 6.58 所示。

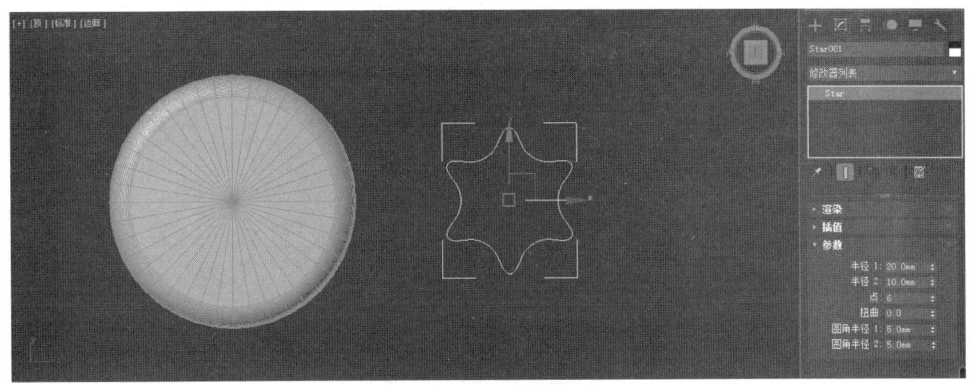

图 6.58　创建星形

步骤 3　将星形与切角圆柱体进行中心对齐，选中星形后单击“对齐”按钮，再单击切角圆柱体，在弹出的“对齐”对话框中“对齐位置”勾选“X 轴”和“Y 轴”，“当前对象”和“目标对象”勾选“中心”对齐模式，最后单击“确定”按钮，如图 6.59 所示。

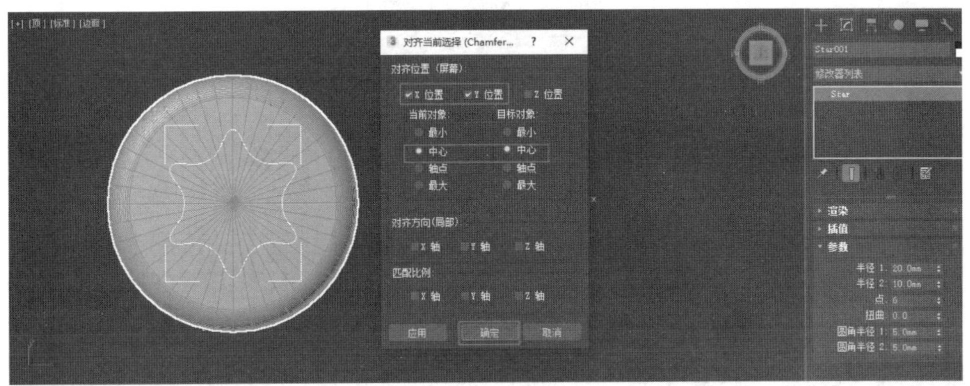

图 6.59　对齐图形

步骤 4　选中切角圆柱体，选择“创建”→“几何体”→“复合对象”→“图形合并”命令，单击“拾取图形”按钮后选择星形二维图形，星形就合并到切角圆柱体中，如图 6.60 所示。

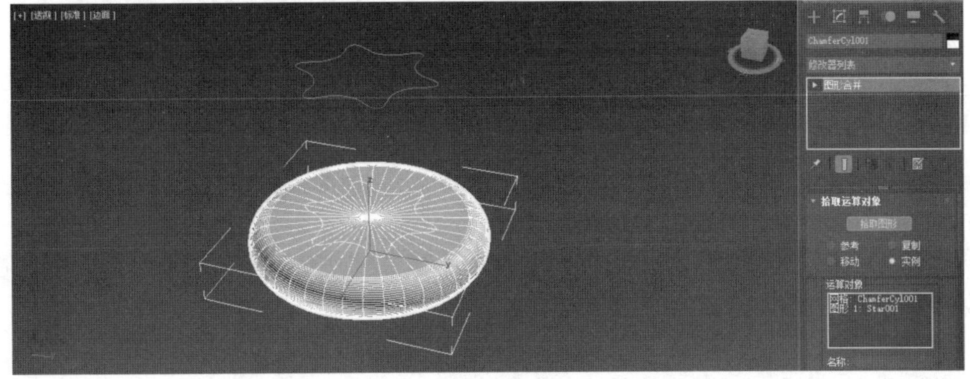

图 6.60　图形合并

步骤 5 在“修改器”列表中选择“面挤出”命令，如图 6.61 所示。

图 6.61 面挤出

步骤 6 在“面挤出”命令下，通过调整“参数”→“数量”数值，可以调控合并图形的凸出或凹陷效果，如图 6.62 所示。

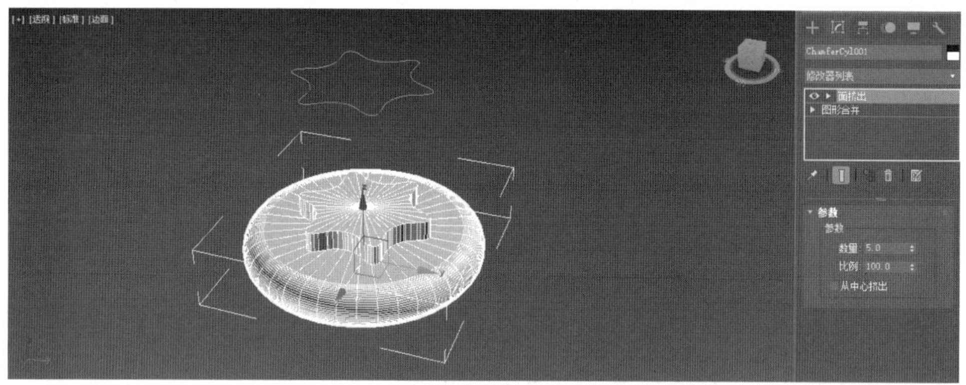

图 6.62 图形挤出效果

“复合对象”→“图形合并”功能的基本用法如上。下面通过制作刻字戒指案例说明图形合并在制作模型中的具体方法。

步骤 1 使用“创建”→“几何体”→“扩展基本体”→“切角圆柱体”创建基本模型，进行参数设置，如图 6.63 所示。

步骤 2 创建一个圆柱体，高度要大于切角圆柱体，半径可灵活把握，大于手指的基本指围即可，使用“对齐”命令将圆柱体置于切角圆柱体中间，如图 6.64 所示。

步骤 3 选择切角圆柱体后使用“超级布尔”命令，在“差集”状态下单击“拾取对象”按

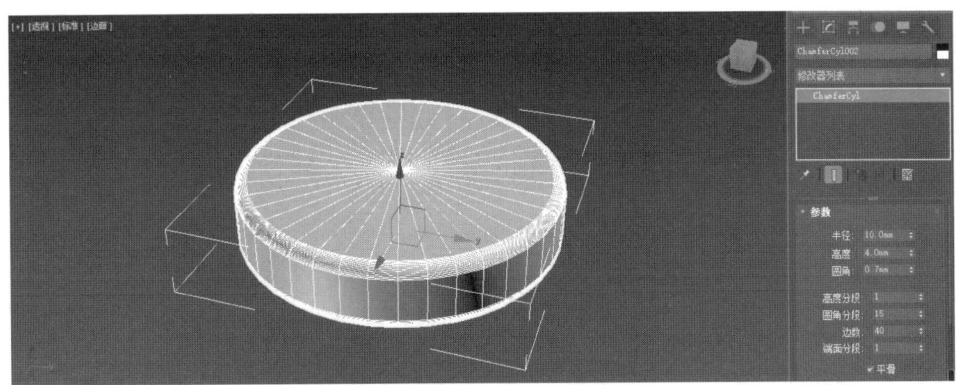

图 6.63 创建切角圆柱体

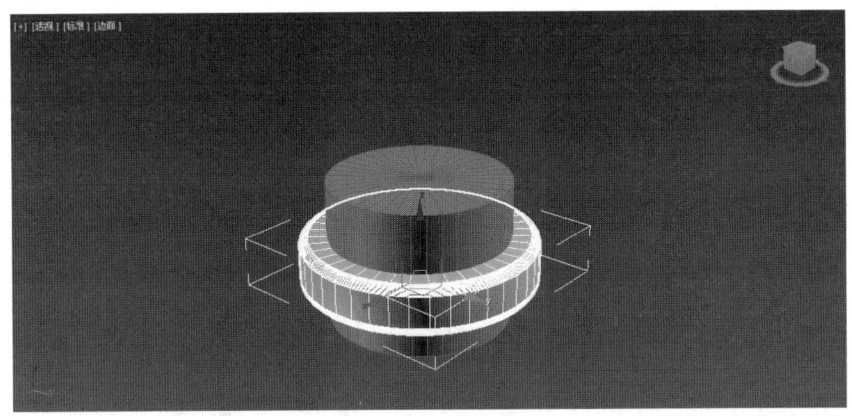

图 6.64 模型位置

钮制作戒指基本模型，如图 6.65 所示。

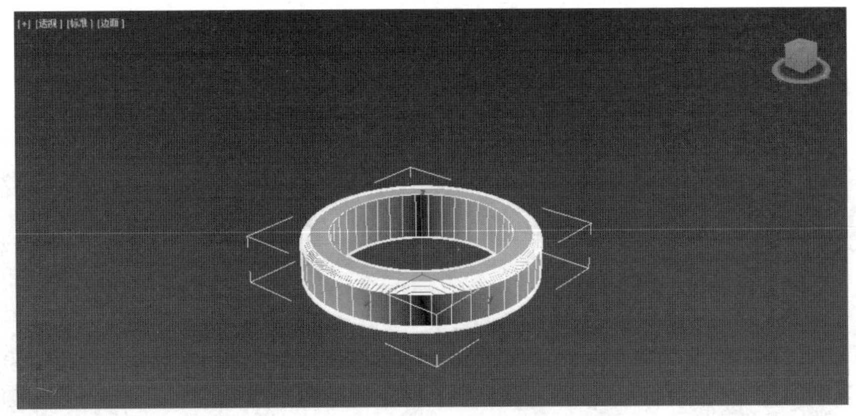

图 6.65 戒指基本模型

步骤 4 使用“样条线”→“文本”命令创建文字“设计价值”，并使用“对齐”命令，对齐于戒指模型，如图 6.66 所示。

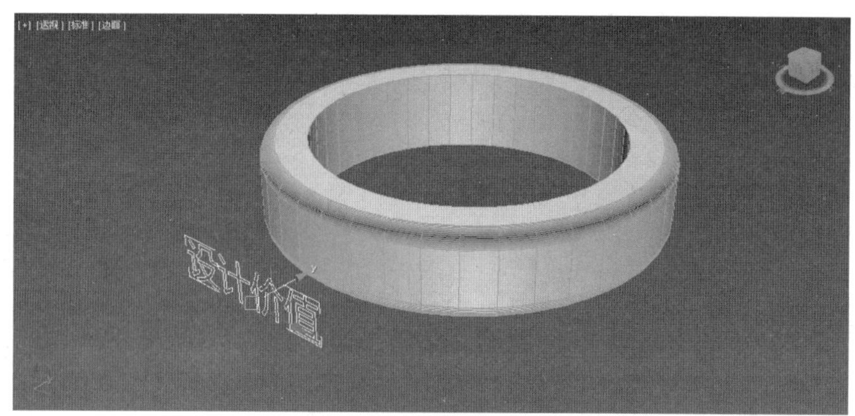

图 6.66　文本对齐戒指

步骤 5 选中戒指模型，通过“创建”→“几何体”→“复合对象”→“图形合并”→“获取图形”单击文字，完成图形合并，如图 6.67 所示。

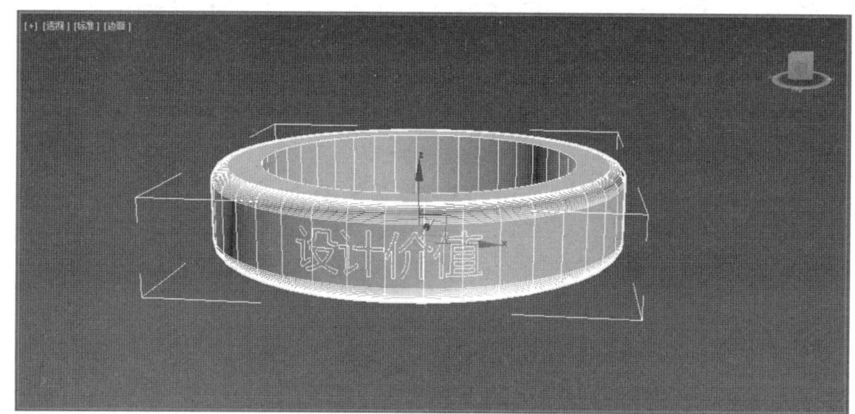

图 6.67　文字图形合并戒指

步骤 6 在“修改器”列表中选择“面挤出”命令，通过调整“参数”→“数量”数值，可以调控合并图形的凸出或凹陷效果，完成戒指制作，如图 6.68 所示。

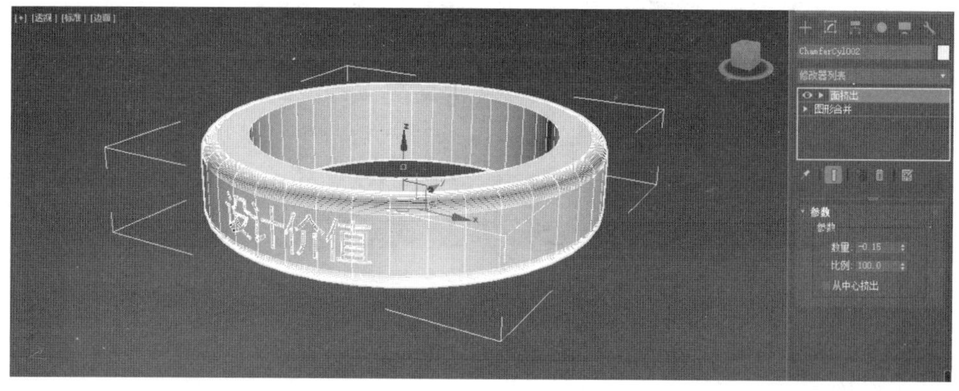

图 6.68　刻字戒指效果

提示：在制作刻字戒指过程中，文字要对齐于戒指的外侧面。文字的高度一定要小于戒指面的宽度，避免在面挤出时出现错误。

6.4.2 散布创建吊灯

在 3d Max 软件中，散布工具可以创建规则排布和随机排布多种模型组合形态，在模拟自然环境、创意性设计方面运用较多。下面通过吊灯案例的制作演示散布工具的具体使用方法。

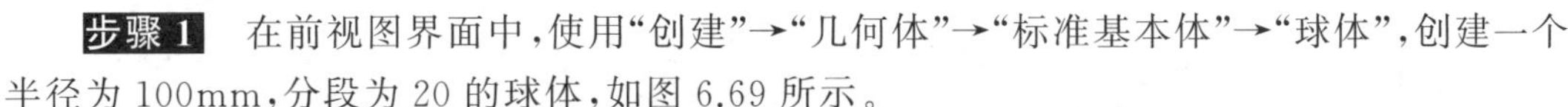

步骤 1 在前视图界面中，使用“创建”→“几何体”→“标准基本体”→“球体”，创建一个半径为 100mm，分段为 20 的球体，如图 6.69 所示。

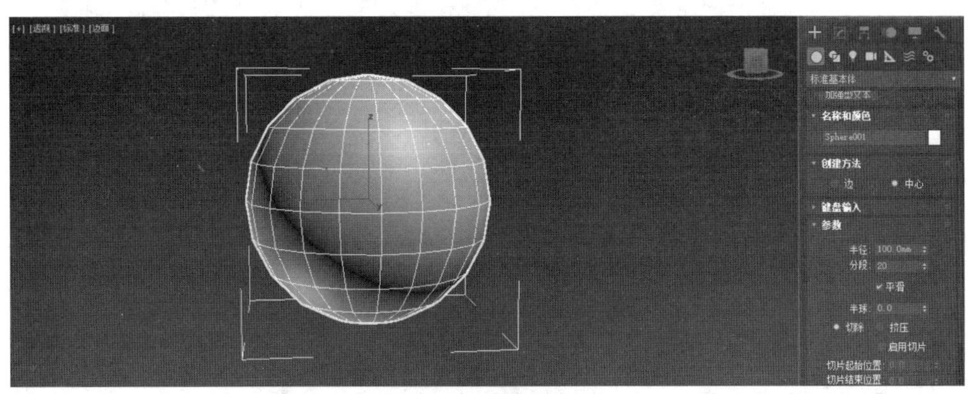

图 6.69 创建球体

步骤 2 使用同样的方法创建一个半径为 10mm 的球体，再使用“圆柱体”命令创建一个半径为 3mm，高度为 200mm 的圆柱体，如图 6.70 所示。

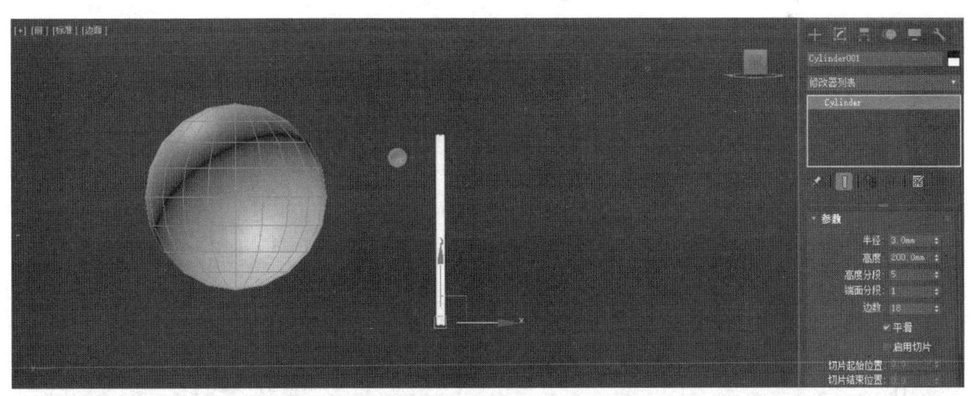

图 6.70 创建球体和圆柱体

步骤 3 将小球体置于圆柱体顶端，两个模型拼接到一起后全部选中，单击“实用程序”→“塌陷”→“塌陷选定对象”按钮，两个模型合并为一个模型，如图 6.71 所示。

步骤 4 选中圆柱体后，使用“创建”→“几何体”→“复合对象”→“散布”命令，然后单击“拾取分布对象”按钮后选择球体完成操作，如图 6.72 所示。

步骤 5 在“修改命令”面板→“源对象参数”→“重复数”中设置散布模型的数量，如图 6.73 所示。

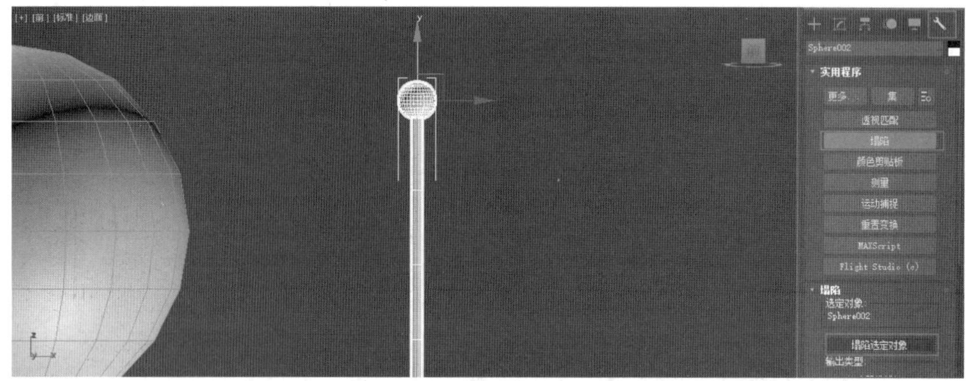

图 6.71　塌陷模型

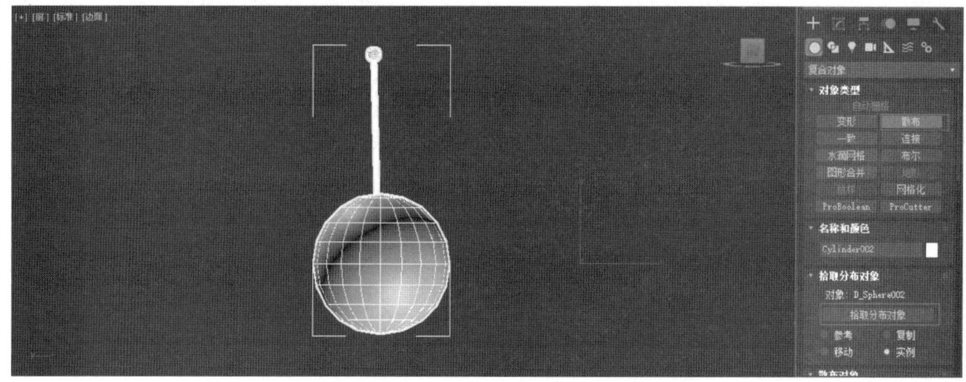

图 6.72　散布操作

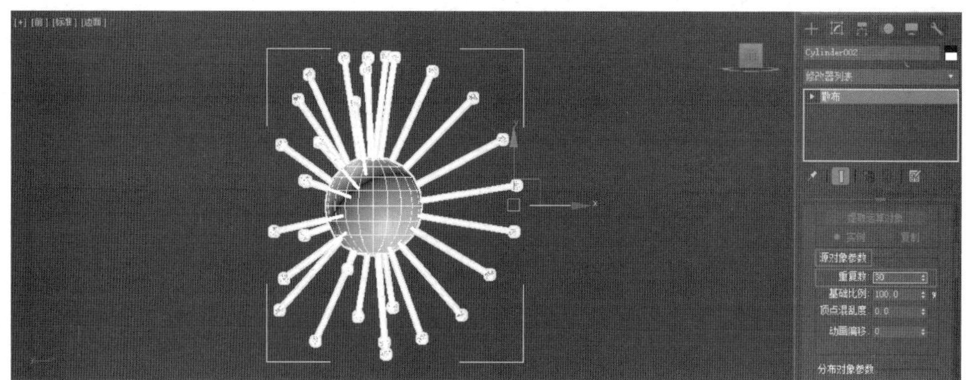

图 6.73　重复数设置

步骤 6　在"分布对象参数"中可以设置不同的分布模式,先勾选"垂直"功能,对象均匀分布可以勾选"所有顶点""所有边的中点""所有面的中点",如图 6.74 所示。

步骤 7　完成灯头模型后,使用"创建"→"几何体"→"标准基本体"→"圆柱体",创建半径为 5mm,长度为 600mm 的圆柱体作为吊灯吊杆。再使用"创建"→"图形"→"样条线"→"线"命令绘制灯座轮廓,如图 6.75 所示。

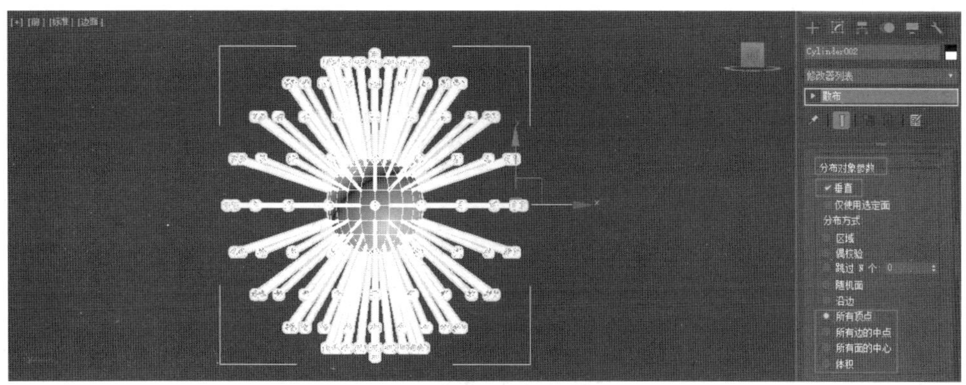

图 6.74　灯头建模

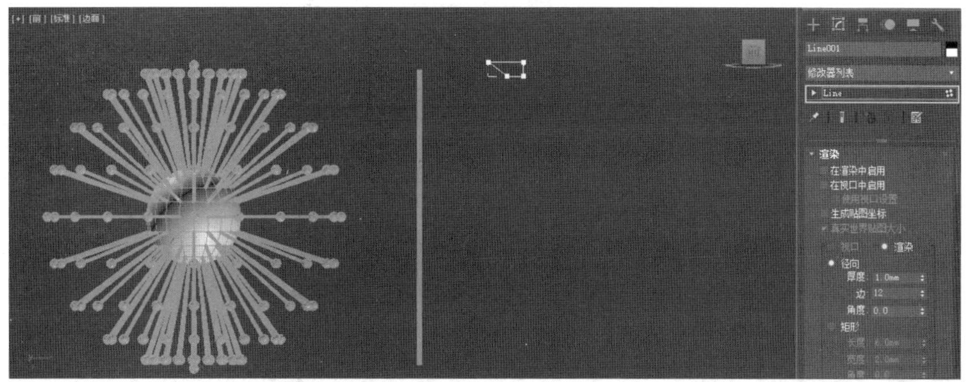

图 6.75　灯座基本轮廓

步骤 8　将灯座所有点转换为“Bezier 角点”，圆滑灯座轮廓后删除轮廓中线，轮廓效果如图 6.76 所示。

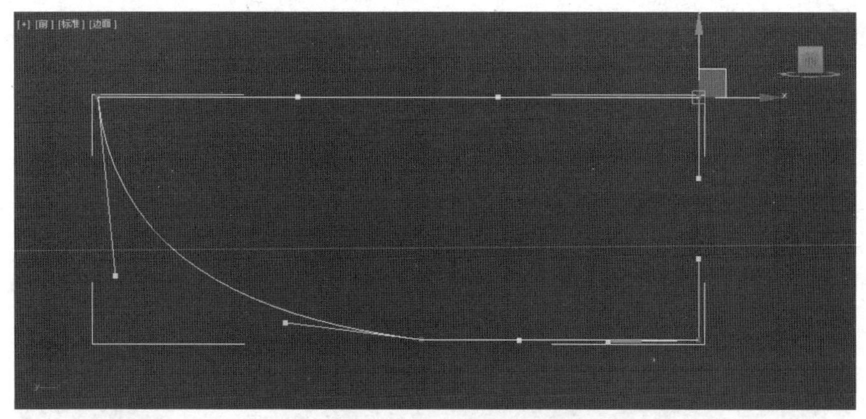

图 6.76　灯座轮廓细化

步骤 9　选中灯座轮廓线，使用“修改器”列表→“车削”命令，如图 6.77 所示。

步骤 10　在“车削修改”卷展栏中，勾选“参数”→“焊接内核”选项和“对齐”→“最大”选项，完成灯座模型制作，如图 6.78 所示。

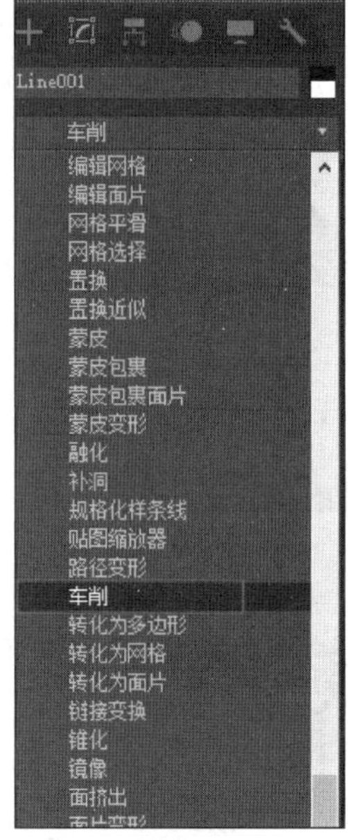

图 6.77 车削

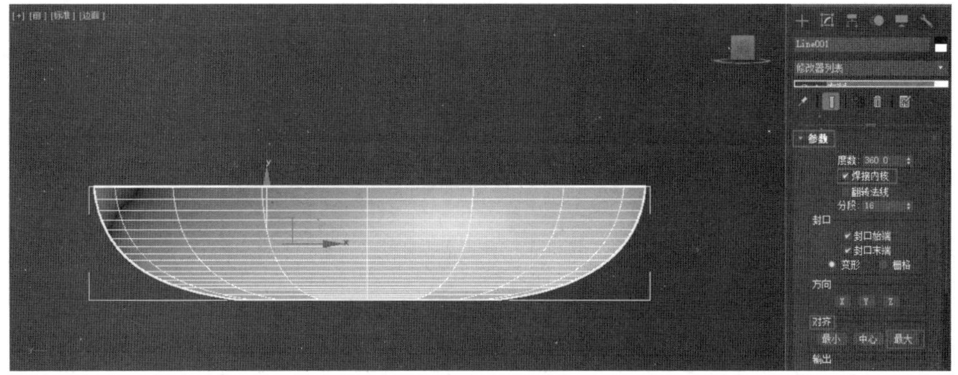

图 6.78 车削灯座

步骤 11 将吊灯、吊杆和灯座进行组合，完成吊灯模型制作，如图 6.79 所示。

图 6.79 吊灯完成效果

提示：

(1) 在制作吊灯时，为避免灯头枝杈太密集影响效果，在主灯球体创建时分段数可适当调小，这样球体的点和面数都会减少，单个面的面积会增大，散布时就不会太密集。

(2) 创建散布模型时，如果是由多个模型组合而成的，则一定要使用“使用程序”→“塌陷”命令，将多个模型塌陷为一个整体，这样才能进行散布建模。

小结

本章主要讲解复合对象建模的原理及命令功能，并结合案例讲解了各个复合建模的建模流程，帮助读者深入理解复合对象的建模技术，在建模的过程中能够快速地运用复合对象建模技术创建出目标物体模型。

第 7 章

Chapter 7

多边形介绍

本章内容简介

本章学习多边形建模。多边形建模是 3ds Max 软件中最复杂的建模方法，它可以将三维模型转变成为含有顶点、边、边界、多边形、元素的对象，从而进入到多边形的子级修改模型，将基础的模型一点一点地调节成为复杂的目标物体，从而完成复杂模型的建模。

本章学习要点

- 熟练掌握多边形各个子级下命令的功能及应用。
- 熟练掌握多边形的建模流程。

能力拓展

通过本章的学习，读者可以运用多边形的命令完成基本模型形体结构的改变与调整，并且熟练掌握多边形的建模流程。由于多边形建模的流程不可还原，并不是所有的模型都采用多边形的建模方法，建模之前都要对模型进行分析，采用合理的建模技术才能更快地建造出目标模型。

优秀作品

本章优秀作品如图 7.0 所示。

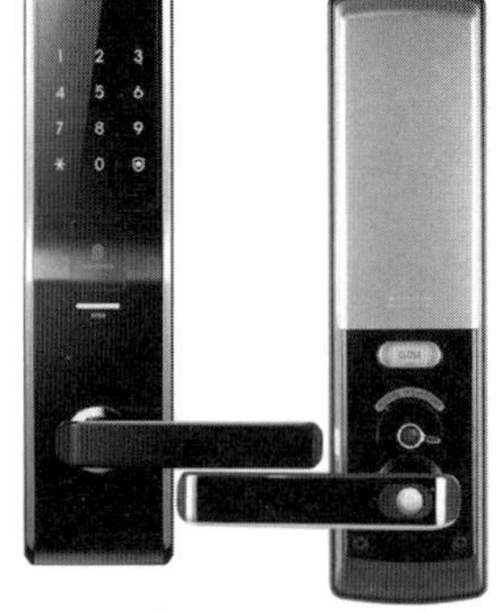

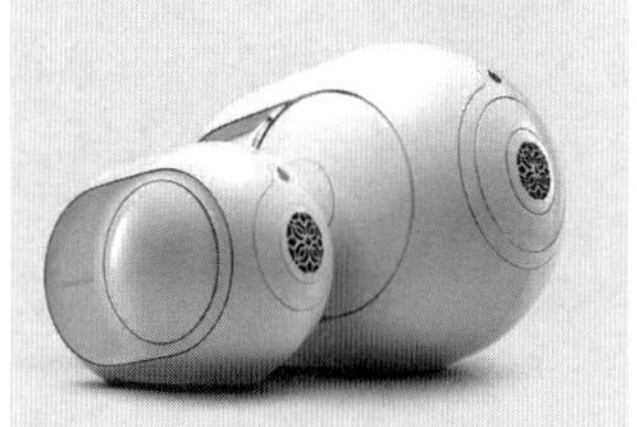

图 7.0　优秀作品

7.1　认知多边形建模

7.1.1　什么是多边形建模

多边形建模是 3ds Max 软件中最复杂的建模方法，它可以将三维模型转变成为含有顶点、边、边界、多边形、元素的对象，从而进入到多边形的子级修改模型，将基础的模型一点一点地调节成为复杂的目标物体，从而完成复杂模型的建模。因此，多边形建模都是从最简单、最基础的基本物体出发，进行局部细节的调节，形成复杂模型。

7.1.2　将模型转换为多边形建模的方法

在 3ds Max 软件中，单击“创建”面板→“几何体”→“标准基本体”→“球体”，在前视图创建球体。在“修改”面板中，“堆栈”列表中模型没有子级，只有半径、分段、半球等参数信息，如图 7.1 所示。

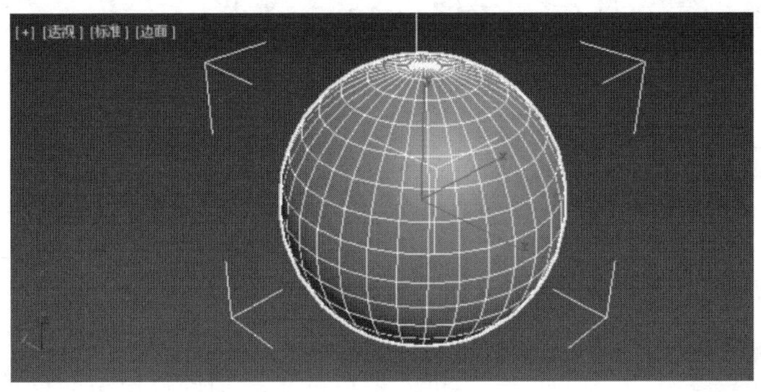

图 7.1　球体

可以将球体模型转换成多边形对象，转换的方法有以下两种。

方法 1：选择模型单击鼠标右键，单击“转换为”→“转换为可编辑多边形”命令，将球体模型转成含有子级的多边形物体。这种转换方法，球体模型的原始参数消失，在“修改”面板的堆栈中只有可编辑多边形修改器，如图 7.2 所示。

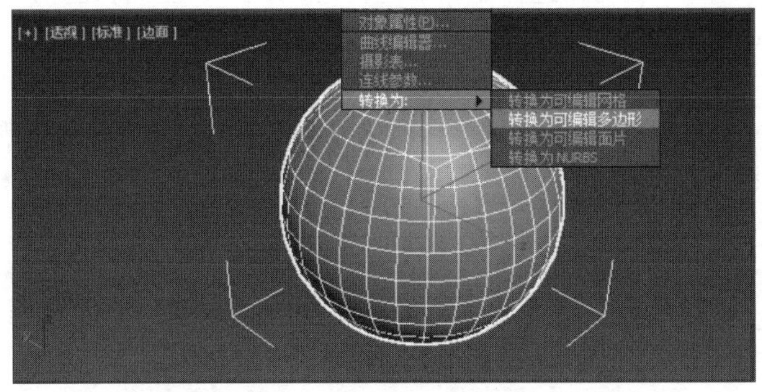

图 7.2　转换多边形方法 1

方法 2：选择模型，单击“修改”面板下方的“修改器”列表，在“修改器”列表中选择编辑多边形，将球体模型转成含有子级的多边形物体。这种转换方法，球体模型的原始参数依然存在，在“修改”面板的堆栈中增加的编辑多边形修改器，如图 7.3 所示。

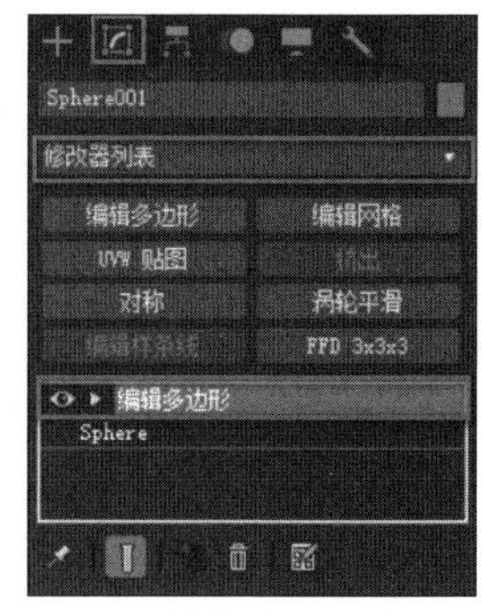

图 7.3 转换多边形方法 2

7.1.3 多边形建模的流程

多边形的建模大体上分为以下几个流程：①创建基础的几何体模型；②将基础模型转换成多边形物体；③运用多边形的各个命令进行模型的细化调整；④对模型的面进行平滑组或者平滑系统设置，达到均匀细化模型的目的，如图 7.4 所示。

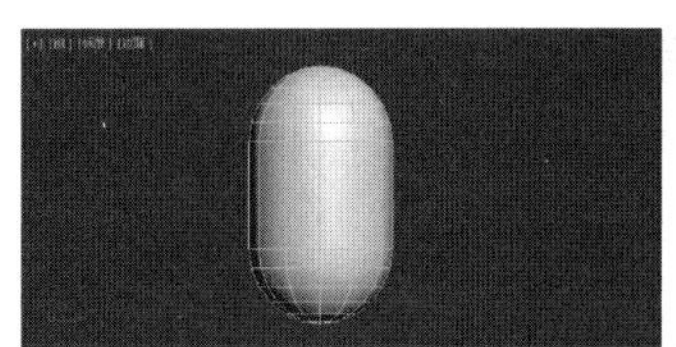
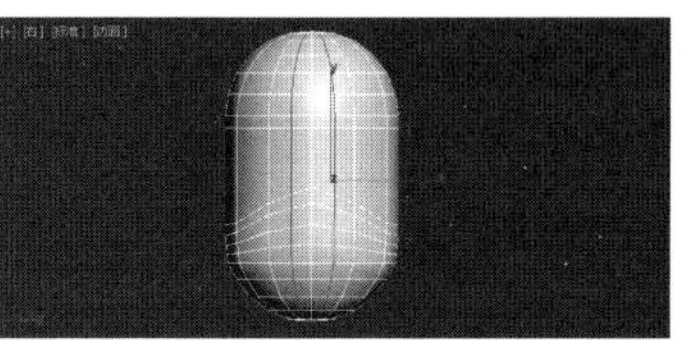

图 7.4 多边形建模过程

7.2 “选择”卷展栏

将模型转换成多边形物体后，单击编辑多边形左侧的箭头，就可以进入多边形的子级别，可以单击任意子级进入其中，进行模型的更改；也可以单击“选择”卷展栏，进入相应的子级别进行模型的调整，如图 7.5 所示。

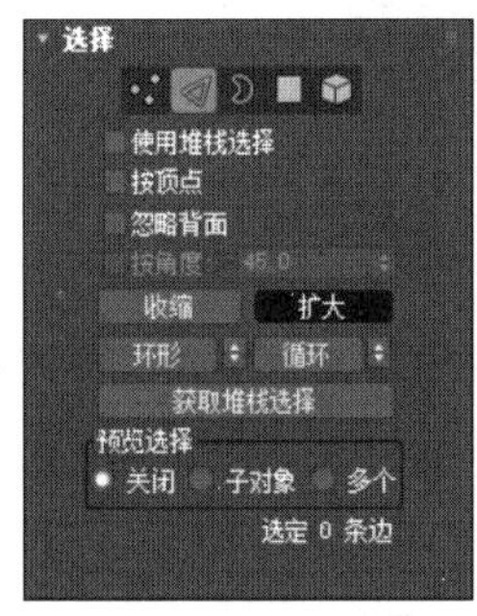

图 7.5 “选择”卷展栏

子级别类型：顶点、边、边界、多边形、元素五个子级。顶点子级可以选择光标下的顶点，区域选择将选择区域内所有的顶点。边子级可以选择光标下的边，区域选择将选择区域内所有的边。边界子级可以选择模型中孔洞边框上所有的边，能够运用边界选择边的前提条件是模型有缺失的多边形。多边形子级可以选择光标下的多边形，区域选择将选择区域内所有的多边形。元素子级可以选择模型中所有相邻的多边形，区域选择可以选择多个元素。

使用堆栈选择：启用时，编辑多边形自动使用堆栈中向上传递的任何现有对象选择，并禁止手动更改选择。

按顶点：启用时，选择某一顶点，将选择该顶点所在的所有子对象。该功能在顶点级别不可用。

忽略背面：启用时，选择子对象将只选择法线朝向屏幕的对象，法线背离屏幕方向的子对象是不被选择的。

按角度：启用时，将按照一定的角度值选择邻近的多边形，该角度值设置选择邻近多边形之间的最大角度，仅在多边形子对象层级可用。

收缩：缩小子对象的选择区域，以此来减少选择子对象的数量。

扩大：扩大子对象的选择区域，以此来增加选择子对象的数量。

环形：选择所有与选中边平行的所有边来扩大边选择。环形只应用于边和边界选择。过程是选择一条边，单击“环形”按钮，与这条边相平行的所有边都被选择了。

循环：选择所有与选择子对象方向一致、相邻的循环一周的子对象。只应用于边和边界选择。过程是选择一条边，单击“循环”按钮，与这条边相连接的方向一致的所有边都被选择了。

加选：按住 Ctrl 键的同时，可以增加子对象的选择。

减选：按住 Alt 键的同时，可以减少子对象的选择。

7.3 “软选择”卷展栏

“软选择”卷展栏控件允许部分地显式选择邻接处的子对象，在对子对象选择进行变换时，在场景中被部分选定的子对象就会平滑地进行绘制，这种效果随着距离或部分选择的“强度”而衰减，如图 7.6 所示。

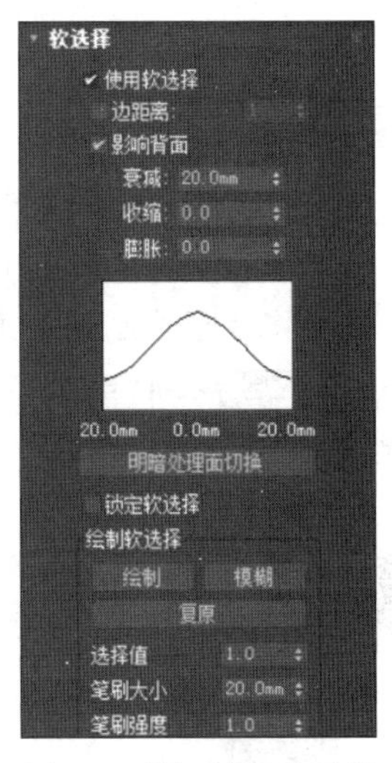

图 7.6 “软选择”卷展栏

软选择卷展栏的命令功能如下。

软选择开关：勾选该选项，在可编辑对象或“编辑”修改器的子对象层级上影响“移动”“旋转”和“缩放”功能的操作，如果在子对象选择上操作变形修改器，那么也会影响应用到对象上的变形修改器的操作。

衰减：用以定义影响区域的距离，它是用当前单位表示的从中心到球体的边的距离。使用越高的衰减设置，就可以渐变地选择大范围的子对象。

收缩：为正值时，缩小软选择范围；为负值时，增加软选择范围。

膨胀：为正值时，扩大软选择范围；为负值时，减小软选择范围。

绘制：在使用当前设置的活动对象上绘制软选择。在对象曲面上拖动鼠标光标以绘制选择。

模糊：绘制以软化现有绘制的软选择的轮廓。

复原：使用当前设置还原对活动对象的软选择。在对象曲面上拖动鼠标光标以还原选择。

7.4 “绘制变形”卷展栏

“绘制变形”可以推、拉或者在对象表面上拖动鼠标光标来影响顶点。在对象层级上，“绘制变形”可以影响选定对象中的所有顶点。在子对象层级上，它仅会影响选定顶点，如图 7.7 所示。

“绘制变形”卷展栏的命令功能如下。

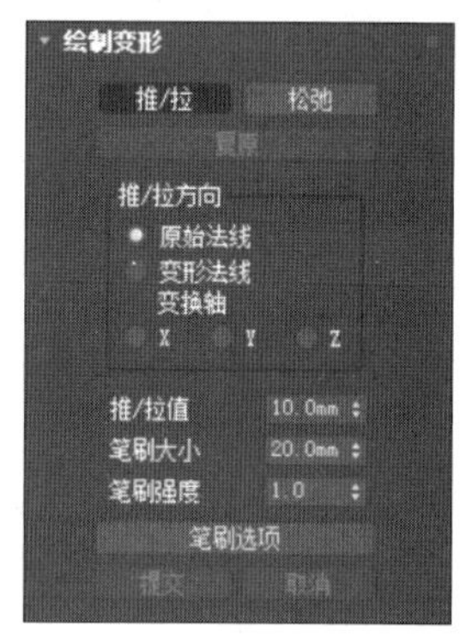

图 7.7 “绘制变形”卷展栏

推/拉：将顶点移入对象曲面内(推)或移出曲面外(拉)。推拉的方向和范围由“推/拉”值设置所确定。

松弛：将每个顶点移到由它的邻近顶点平均位置所计算出来的位置上，来规格化顶点之间的距离。

复原：通过绘制可以逐渐“擦除”或反转“推/拉”或“松弛”的效果。回复到没操作之前的状态。

原始法线：选择此项后，对顶点的推或拉会使顶点以它变形之前的法线方向进行移动。

变形法线：选择此项后，对顶点的推或拉会使顶点以它现在的法线方向进行移动。

变换轴 X/Y/Z：选择此项后，对顶点的推或拉会使顶点沿着指定的轴进行移动。

推/拉值：确定单个推/拉操作应用的方向和最大范围。

笔刷大小：设置圆形笔刷的半径。只有笔刷圆之内的顶点才可以变形。

笔刷强度：设置笔刷应用“推/拉”值的速率。低的“强度”值应用效果的速率要比高的“强度”值来得慢。

提交：使变形的更改永久化，将它们“烘焙”到对象几何体中。

取消：取消自最初应用“绘制变形”以来的所有更改，或取消最近的“提交”操作。

要将变形绘制到多边形对象上，具体操作过程如下。

步骤 1 将“编辑多边形”修改器应用到对象上，或将对象转换为可编辑多边形格式，“绘制变形”才能够被激活。

步骤 2 执行下列任一操作：变形对象上的任何区域，保持在对象层级上，或在没有选择子对象时在子对象层级上进行工作。

步骤 3 在“绘制变形”卷展栏上，单击“推/拉”。将“推/拉”值设置成负值，以将对象曲面向内推，或设成正值以将曲面向外拉。该值的绝对值越大，产生的效果就越大。

步骤 4 设置“笔刷大小”和“笔刷强度”。将鼠标光标移到要变形的曲面上。在移动鼠标时，“笔刷”就会动态地重定向，以显示当前光标下的网格部分的法线方向。选择“变形法线”，可以将变形曲面的法线方向用作推/拉方向。

步骤 5 按住鼠标左键并拖动鼠标来变形曲面。如果在同一个点上重复地进行绘制而没有松开鼠标的按键，那么效果就会累积起来，一直到“推/拉值”的最大设置。

7.5 “编辑几何体”卷展栏

“编辑几何体”卷展栏提供了用于在编辑多边形顶层级或子对象层级时更改多边形对象几何体的全局命令组，如图 7.8 所示。

“编辑几何体”卷展栏的命令功能如下。

重复上一个：重复最近使用的命令。例如，倒角某个多边形，单击该命令，对选择的子对象会再次应用相同的倒角效果。

约束：可以使用现有的几何体约束子对象的变换。选择约束类型：“无”表示没有约束，这是默认选项；“边”表示约束子对象到边界的变换；“面”表示约束子对象到单个面曲面的变换；“法线”表示约束每个子对象到其法线。

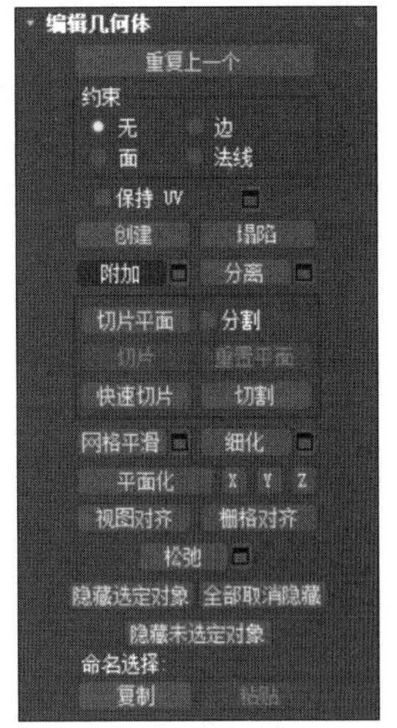

图 7.8 “编辑几何体”卷展栏

保持 UV：启用此选项后，可以编辑子对象，而不影响对象的 UV 贴图。可选择是否保持对象的任意贴图通道。

创建：创建新的几何体。

塌陷：通过将其顶点与选择中心的顶点焊接，使连续选定若干个顶点焊接到一起，形成一个顶点。

附加：将场景中的其他对象合并到当前的模型中，形成一个多边形物体。

分离：将选定的子对象分割为新对象或元素。

切片平面：为切片平面创建坐标，可以移动和旋转切片平面，来指定切片位置。单击“切片”命令按钮，可在切片平面与几何体相交的位置创建新边。

切割：可以在任意边之间创建新的边。单击该命令后，在模型边上不断地单击左键即可创建新的边，单击右键结束创建。缺点是会在模型边面产生错误的顶点。

快速切片：可以将对象快速切片。进行选择，并单击“快速切片”，然后在切片的起点处单击一次，再在其终点处单击一次，就可以创建出边线。

网格平滑：可以对模型增加新的面，进行光滑处理。

细化：根据细化设置细分对象中的所有多边形，可以在选择的多边形子对象中增加新的边线。

平面化：强制所有选定的子对象成为共面。该平面的法线是选择的平均多边形的法线。

视图对齐：使对象中的所有顶点与活动视口所在的平面对齐。在子对象层级，此功能只会影响选定顶点。

栅格对齐：将选定对象中的所有顶点与当前视图的构造平面对齐，并将其移动到该平面上。

松弛：可以规格化网格空间，方法是朝着邻近对象的平均位置移动每个顶点。

隐藏选定对象：隐藏选定的子对象。仅限于顶点、多边形和元素级别。

全部取消隐藏：将隐藏的子对象恢复为可见。仅限于顶点、多边形和元素层级。

隐藏未选定对象：隐藏未选定的子对象。仅限于顶点、多边形和元素级别。

7.6 “编辑顶点”卷展栏

顶点是空间中的点，它们组成多边形对象的其他子对象（边和多边形）的结构。移动或编辑顶点时，也会影响连接的几何体。顶点也可以独立存在，这些孤立顶点可以用来构建其他几何体，但在渲染时，它们是不可见的。

进入顶点子级的方法如下。

选择一个可编辑多边形或“编辑多边形”对象。选择“修改”面板→“选择”卷展栏→“顶点”。

选择一个可编辑多边形或“编辑多边形”对象。选择“修改”面板→“堆栈”列表→展开编辑多边形→“顶点”。

选择一个可编辑多边形或“编辑多边形”对象。选择“四元”菜单→“工具 1”象限→“顶点”,如图 7.9 所示。

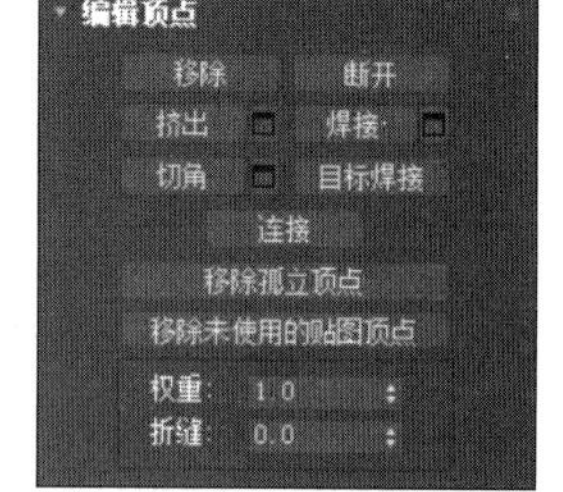

图 7.9 “编辑顶点”卷展栏

选择顶点后,就可以对顶点进行相关的操作。具体的命令功能如下。

移除:删除选中的顶点,顶点所在的多边形依然存在。键盘快捷键是 BackSpace。移除一个或多个顶点将删除这些顶点,然后对网格使用重复三角算法,使表面保持完整。如果使用 Delete 键,那么这些点所在的多边形也会被删除,模型中间会出现一个洞。

断开:在与选定顶点相连接的每个多边形上,都创建一个新的顶点,这可以使它们不再相连于原来的顶点上。如果顶点是孤立的或者只有一个多边形使用,则顶点将不受影响。

焊接:将两个点连接到一起,形成一个顶点,焊接后顶点的位置在原来两个点的中点处。焊接过程:选择要焊接的两个顶点,调整焊接的阈值,单击“焊接”命令按钮,即可完成焊接。

目标焊接:将选择的点焊接到目标点上,两个点形成一个顶点,目标焊接后点的位置在目标点的位置上。目标焊接过程:单击“目标焊接”命令,在视图中按住左键将一个点拖曳到另一个点上,即可完成目标焊接。

挤出:挤出顶点时,它会沿法线方向移动,并且创建新的多边形,形成挤出的面,将顶点与对象相连。挤出对象的面的数目,与原来使用挤出顶点的多边形数目一样。

切角:所有连向原来顶点的边上都会产生一个新顶点,切角生成新的面会连接所有的新顶点。这些新点正好是从原始顶点沿每一个边到新点的“切角量”距离,新切角面是用其中一个邻近面的材质 ID。

连接:将在选择的两个顶点之间生成一条新的边。只有两个顶点间没有任何边的时候,该命令才能生效。

移除孤立顶点:将不属于任何多边形的所有顶点删除。

移除未使用的贴图顶点:某些建模操作会留下未使用的贴图顶点,它们会显示在“展开 UVW”编辑器中,但是不能用于贴图。可以使用这一按钮,来删除这些贴图顶点。

权重:设置选定顶点的权重。供 NURMS 细分选项和网格平滑修改器使用。增加顶点权重,效果是将平滑时的结果向顶点拉。

折缝:设置选定顶点的折缝值。由 OpenSubdiv 和 CreaseSet 修改器使用。增加顶点折缝值将把平滑结果拉向顶点并锐化点。

7.7 “编辑边”卷展栏

边是连接两个顶点的直线,它可以形成多边形的边。边不能由两个以上多边形共享。进入边子级的方法如下。

选择一个可编辑多边形或“编辑多边形”对象。选择“修改”面板→“选择”卷展栏→“边”。

选择一个可编辑多边形或“编辑多边形”对象。选择“修改”面板→“堆栈”列表→展开编辑多边形→“边”。

选择一个可编辑多边形或“编辑多边形”对象。选择“四元”菜单→“工具 1”象限→“边”,如图 7.10 所示。

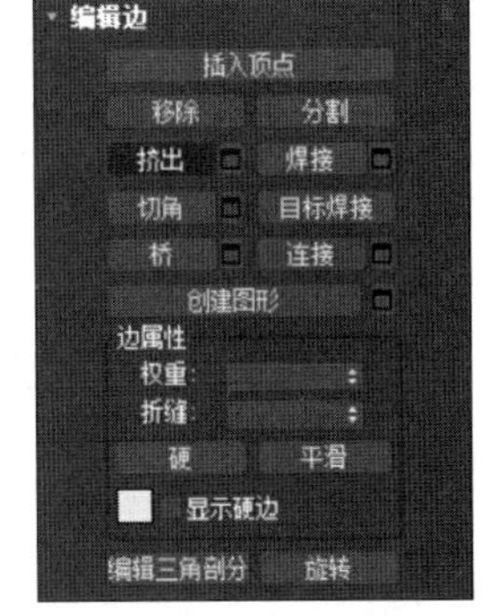

图 7.10 “编辑边”卷展栏

选择边子对象后,就可以对边进行相关的操作。具体的命令功能如下。

插入顶点:用于手动在边上增加顶点。单击某边即可在该位置处添加新的顶点。不想新增加点,就可以关闭该命令。

移除:仅移除选中的边,边上的点依然保留。快捷键为 BackSpace。如果想把边及边上的顶点一并删除,可以应用快捷键 Ctrl+BackSpace。

分割:选择模型边缘处的边,进行分割处理后,模型对象边会被分成断开的两条边。

挤出:挤出边时,该边将会沿着法线方向移动,然后创建形成挤出面的新多边形,从而将该边与对象相连。挤出时涉及三四条边;如果边位于边界上,是三条边;如果边由两个多边形共享,是四条边。

切角:可以“砍掉”选定边,从而为每个切角边创建两个或更多的新边。经常应用切角进行模型拐角增加边,控制模型平滑的程度。

焊接与目标焊接:这两项命令的功能与顶点级别下的命令功能等同。

桥:使用多边形的“桥”连接对象的边。桥只连接边界边,也就是只在一侧有多边形的边才能应用桥。

连接:在选定的若干个边之间创建出新的连接边。如果选定的若干边是平行的,那么新生成的连接边与选定边是垂直的。

创建图形:选择一个或多个边后,单击该按钮,可通过选定的边创建出样条线二维图形。

硬:单击该命令,显示选定边并将其渲染为未平滑的边。模型相邻的多边形平滑组不同,模型会出现明显的边线效果。

平滑:通过在相邻的多边形之间自动共享平滑组,设置选定边以将其显示为平滑边。

7.8 “编辑边界”卷展栏

边界是模型对象表面的孔洞,是由若干条边组成的子对象。

进入边界子级的方法如下。

选择一个可编辑多边形或“编辑多边形”对象。选择“修改”面板→“选择”卷展栏→“边界”。

选择一个可编辑多边形或“编辑多边形”对象。选择“修改”面板→“堆栈”列表→展开编辑多边形→“边界”。

选择一个可编辑多边形或“编辑多边形”对象。选择“四元”菜单→“工具 1”象限→“边界”,如图 7.11 所示。

选择边界子对象后,就可以对边界进行相关的操作。具体的命令功能如下。

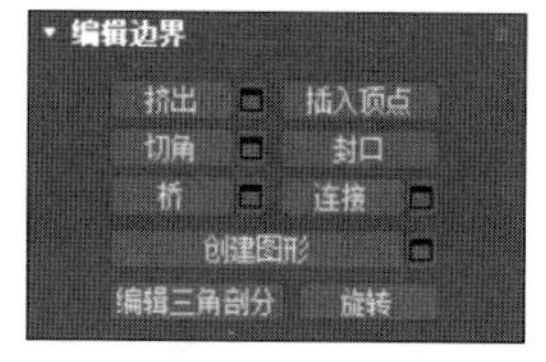

图 7.11 “编辑边界”卷展栏

封口:使用单个多边形封住整个边界。封口过程:选择边界上的某一条边,然后单击“封口”命令,会在边界中间生成新的多边形,多边形的边与边界的边自动焊接到一起。

编辑三角剖分:用于修改绘制内边或对角线时多边形细分为三角形的方式。要手动编辑三角剖分,请启用该按钮,将显示隐藏的边。单击多边形的一个顶点,会出现附着在光标上的橡皮筋线,单击不相邻顶点可为多边形创建新的三角剖分。

7.9 “编辑多边形”卷展栏

多边形是由三个边或多个边组成的封闭区域。

进入多边形子级的方法如下。

选择一个可编辑多边形或“编辑多边形”对象。选择“修改”面板→“选择”卷展栏→“多边形”。

选择一个可编辑多边形或“编辑多边形”对象。选择“修改”面板→“堆栈”列表→展开编辑多边形→“多边形”。

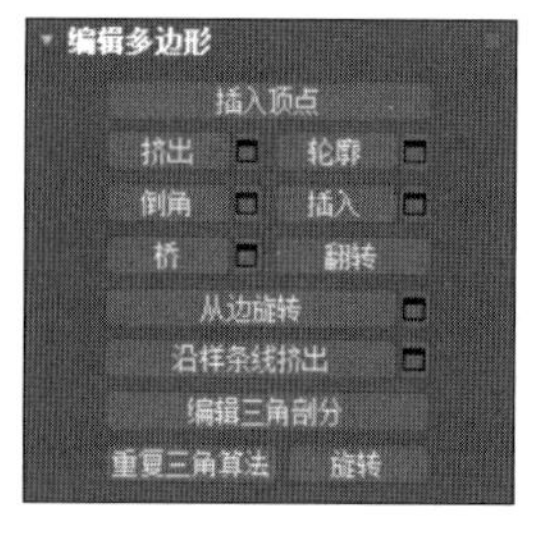

图 7.12 “编辑多边形”卷展栏

选择一个可编辑多边形或“编辑多边形”对象。选择“四元”菜单→“工具 1”象限→“多边形”,如图 7.12 所示。

选择多边形子对象后,就可以对多边形进行相关的操作。具体的命令功能如下。

轮廓:用于增加或减小每组连续的选定多边形的外边。选定多边形的尺寸进行变化,但不增加或减少多边形的面数。

倒角:通过直接在视图中操纵执行手动倒角操作。单击此按钮,然后垂直拖动任何多边形,以便将其挤出。释放鼠标按键,然后垂直移动鼠标光标,以便设置挤出轮廓,单击以完成。倒角能够产生新的多边形,增加多边形的面数。

插入:执行没有高度的倒角操作,在选定的面上缩小创建新的面。单击此按钮,然后垂直拖动任何多边形,以便将其插入。

翻转:将选择多边形子对象的法线进行 180°的改变。渲染后该多边形将不可见。

从边旋转:通过在视图中直接操纵执行手动旋转操作。选择多边形,并单击该按钮,然后沿着垂直方向拖动任何边,以选择边为旋转轴生成新的多边形。如果鼠标光标在某条边上,将会更改为十字形状。

沿样条线挤出:沿样条线挤出当前的选定内容。可以设置挤出新生成面的锥化、扭曲、旋转、方向等属性。

7.10　“编辑元素”卷展栏

元素是由若干个多边形组成的子对象。

进入元素子级的方法如下。

选择一个可编辑多边形或“编辑多边形”对象。选择“修改”面板→“选择”卷展栏→“元素”。

选择一个可编辑多边形或“编辑多边形”对象。选择“修改”面板→“堆栈”列表→展开编辑多边形→“元素”。

选择一个可编辑多边形或“编辑多边形”对象。选择“四元”菜单→“工具 1”象限→“元素”,如图 7.13 所示。

编辑元素

插入顶点	翻转
编辑三角剖分	
重复三角算法	旋转

图 7.13　“编辑元素”卷展栏

选择元素对象后,就可以对元素进行相关的操作。具体的命令功能如下。

翻转:将选择元素子对象的法线进行 180°的改变。渲染后该元素将不可见。

重复三角算法:允许 3ds Max 对当前选定的多边形自动执行最佳的三角剖分操作。

旋转:用于通过单击对角线修改多边形细分为三角形的方式。激活“旋转”时,对角线可以在线框和边面视图中显示为虚线。在“旋转”模式下,单击对角线可更改其位置。要退出“旋转”模式,可在视口中右键单击或再次单击“旋转”按钮。

小结

本章主要讲解编辑多边形的基本功能、多边形建模的技术及流程。只有充分理解及掌握每个命令的原理及功能,才能在建模时采用合理的命令,快速地建造模型。对于多边形的命令,可以归类记忆,如增加边的命令:连接、切角、切割、快速循环、剪切平面、快速切片;将点连接到一起的命令:塌陷、焊接、目标焊接;将多边形生成高度的命令:挤出、切角、桥、从边旋转、沿样条线挤出。分类后,就可以方便地记忆各个命令的功能了。

Chapter 8

多边形建模

本章内容简介

本章将为读者讲解 3ds Max 多边形的建模案例，包括卡通角色、手机、卡宾枪、玩具、智能门锁、化妆品、移动电源、音响等模型的建模流程。通过本章的学习，读者会深入了解多边形建模的技术及原理，为后期建模奠定一定的基础。

本章学习要点

- 卡通类模型建模技术。
- 机械类模型建模技术。
- 产品类模型建模技术。

能力拓展

通过本章的学习，读者可以对相关的模型进行分析，运用多边形的建模方法进行模型的制作，为后期的材质、灯光、动画、渲染提供素材资源。

优秀作品

本章优秀作品如图 8.0 所示。

图 8.0　优秀作品

8.1 多边形制作小黄人模型

8.1.1 创建参考图

步骤 1 打开软件，选择“自定义”菜单→“单位设置”，将 3ds Max 的显示单位及系统单位都设置成毫米，如图 8.1 和图 8.2 所示。

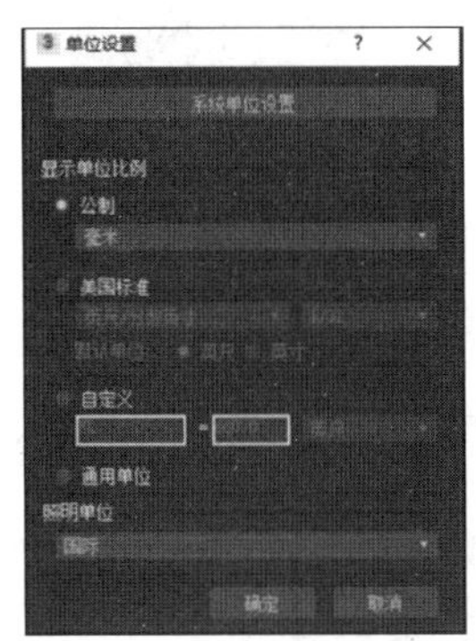

图 8.1 显示单位

图 8.2 系统单位

步骤 2 在前视图中创建一个平面，进入“修改”面板，将平面的尺寸调节成跟参考图一样的数值，宽度为 500mm，长度为 500mm；并将平面的长度分段、宽度分段分别设置成 1，降低面数。选择前视图，按快捷键 F3，将平面由线框显示改成默认明暗处理，前视图中就可以看到平面模型，如图 8.3 所示。

图 8.3 参考面

步骤 3 按快捷键 M 或者单击“材质编辑器”按钮，打开“材质编辑器”窗口。选择一个空的样例球，在 Stand 材质基本参数卷展栏中，单击漫反射右侧的“贴图”按钮，在弹出的“材质/贴图浏览器”窗口中选择位图，在素材中找到“小黄人参考图.jpg”文件，将该材质赋予场景中的平面模型，如图 8.4 所示。

步骤 4 选择平面模型，在视图空白区域单击鼠标右键，在弹出的菜单中选择“对象属性”。在弹出的对象属性面板中，取消勾选“以灰色显示冻结对象”，单击“确定”按钮。这样平面被冻结后就能看到表面的贴图。再次在视图空白区域单击鼠标右键，选择“冻结当前选择”，将平面物体冻结，这样在视图中就无法对平面进行操作了，如图 8.5 所示。

图 8.4 参考面贴图

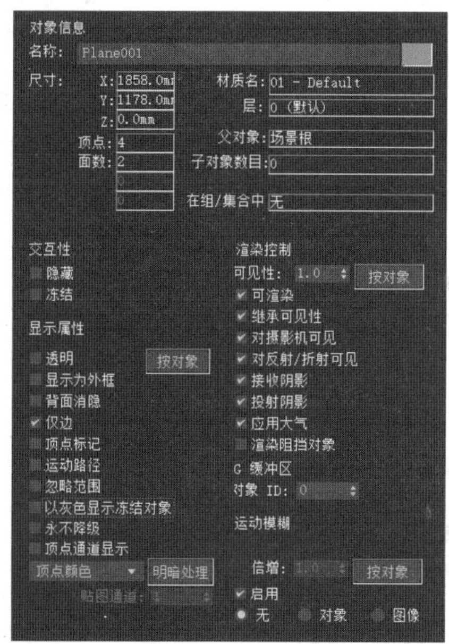

图 8.5 显示面板

8.1.2 制作小黄人身体

步骤 1 制作小黄人身体结构。单击“创建面板”→“几何体”→“扩展几何体”，在顶视图中创建一个胶囊物体。进入“修改”面板，将其命名为“身体”，将胶囊边数设置成 12，调整半径及高度的数值，配合选择并移动工具，使其与参考图中小黄人的身体外轮廓重合，如图 8.6 所示。

步骤 2 在堆栈中为身体模型添加“编辑多边形”修改器。进入顶点层级，运用“选择并移动”工具，调整身体模型点的位置，使身体模型在局部区域能够跟模型的特征线重合，如眼镜带的上端线、衣服的下端线，如图 8.7 所示。

步骤 3 进入边层级，运用“环形”选择命令，选择身体模型中间所有的垂直边，在编辑边的卷展栏中，单击连接右侧的□后，设置连接的边数值为 2，调整收缩的数值，改变增加边之间的距离，单击对号确认，增加两条边线。进入顶点层级，运用选择并移动工具，在前视图

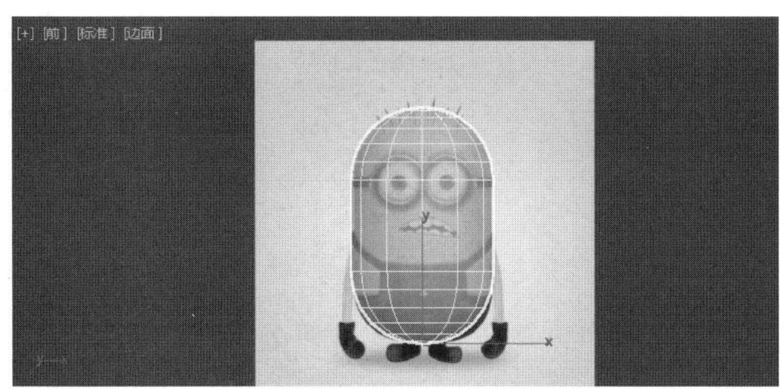

图 8.6 胶囊对象

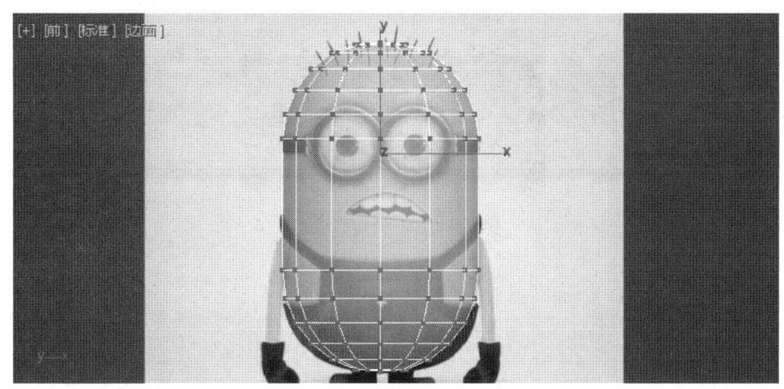

图 8.7 调整点

中框选顶点,调整点的位置,如图 8.8 所示。

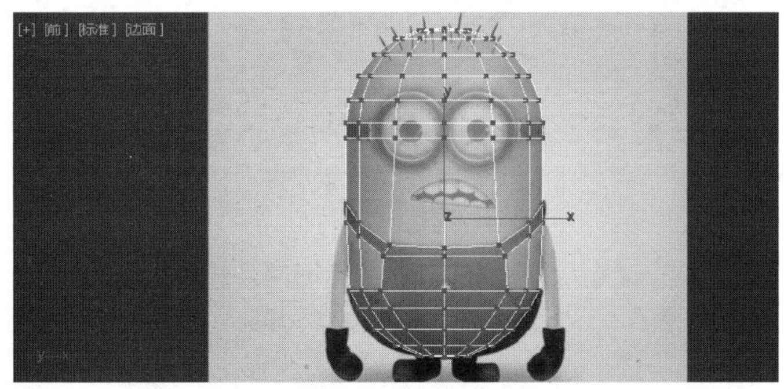

图 8.8 增加边

步骤 4 进入多边形层级,在前视图中,按快捷键 Ctrl,加选衣服区域的多边形,注意模型前后区域的多边形都要选择上。如果出现多选的多边形,可以按快捷键 Alt 减选,如图 8.9 所示。

步骤 5 在编辑几何体的卷展栏中,单击分离右侧的□后,勾选"分离为克隆",将分离后的模型命名为"衣服",单击"确定"按钮,衣服模型就被作为克隆对象分离出来了,如图 8.10 所示。退出身体模型的子层级,在视图中选择衣服模型,如图 8.11 所示。

步骤 6 选择衣服模型,进入顶点层级,在前视图中,运用选择并均匀缩放工具,在前视图中框选水平线上的点,调整点的左右位置,如图 8.12 所示。

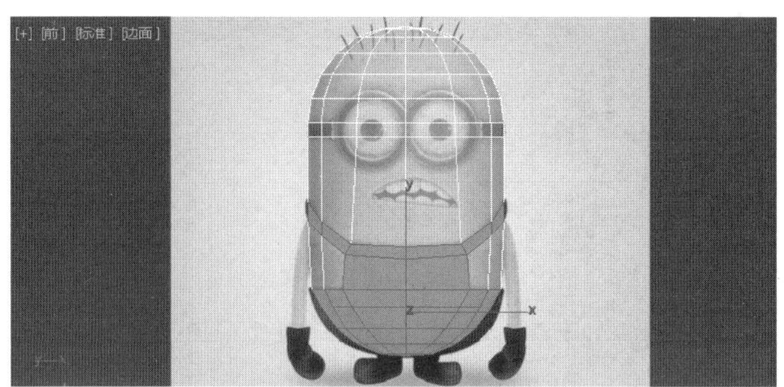

图 8.9 选择衣服多边形

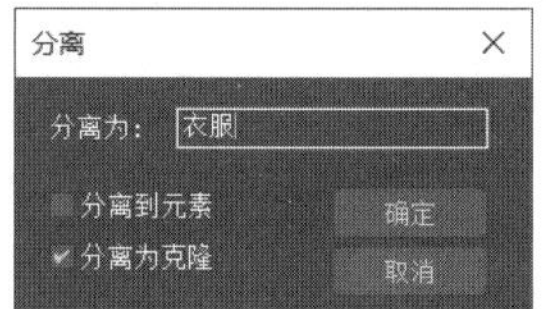

图 8.10 分离窗口

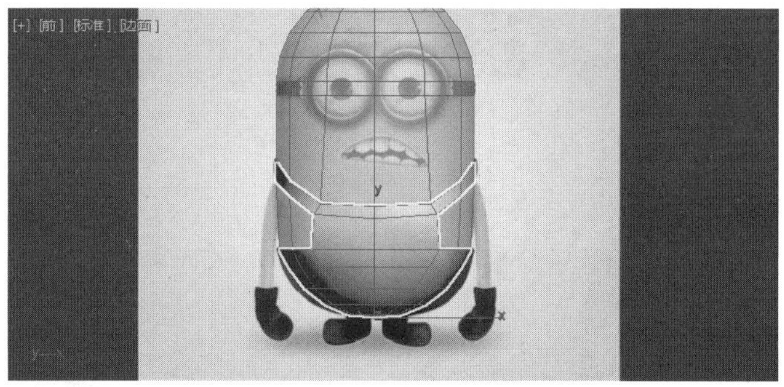

图 8.11 衣服模型

图 8.12 调整衣服模型顶点

步骤 7 退出顶点子层级,单击衣服的可编辑多边形修改器。在“修改”面板中,为衣服模型添加壳修改器,调整壳的外部量为 8mm,衣服就产生 8mm 的厚度,如图 8.13 所示。

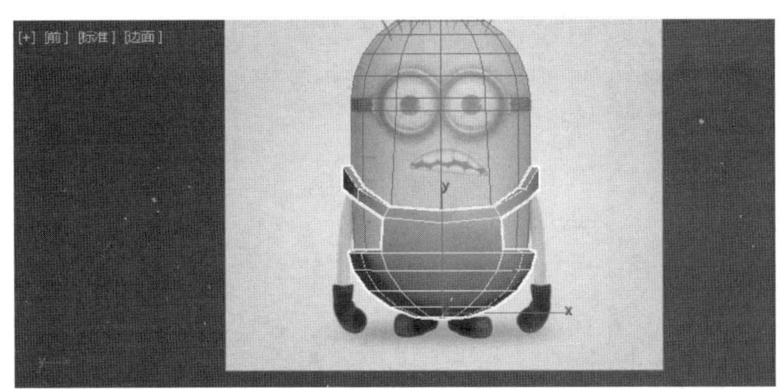

图 8.13 添加壳修改器

步骤 8 为衣服模型添加涡轮平滑修改器，将迭代次数设置成 2，提高模型的平滑程度，如图 8.14 所示。

图 8.14 添加涡轮平滑修改器

步骤 9 依照制作衣服的方法，用同样的方式制作小黄人的眼镜带模型，如图 8.15 所示。

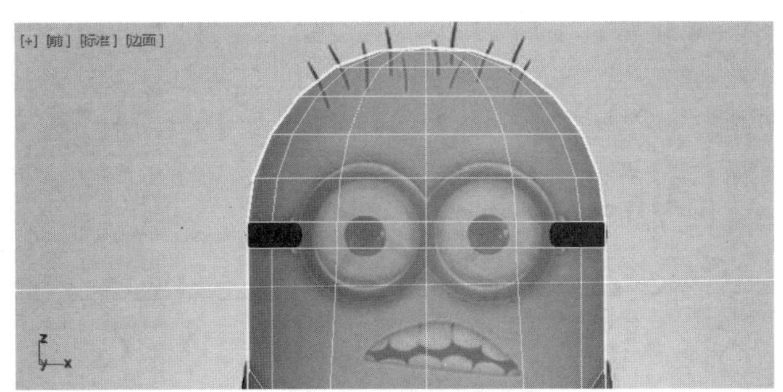

图 8.15 眼镜带模型

8.1.3 制作小黄人的手臂

步骤 1 选择衣服模型、眼镜带模型，右击选择“隐藏选定对象”，将这两个物体隐藏。选择身体模型，进入编辑多边形修改器的顶点层级，在前视图中选择左侧一半的顶点，如

图 8.16 所示。按快捷键 Delete 将其删除,如图 8.17 所示。

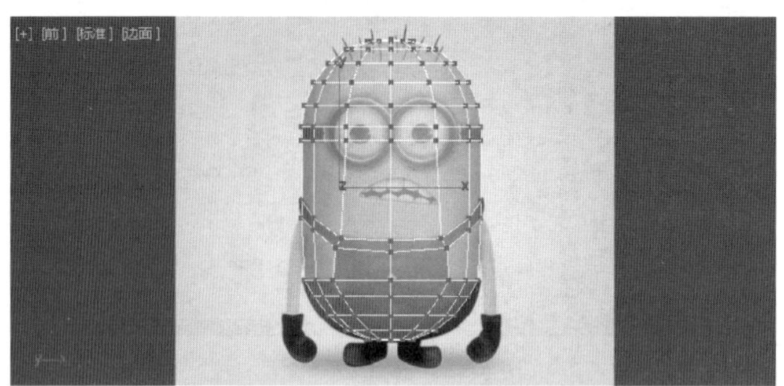

图 8.16　选择左侧模型顶点

图 8.17　删除顶点

步骤 2　在修改器的堆栈列表中,为身体模型添加对称修改器,调整对称的轴向,将身体的另一半与原有模型在中间处自动焊接成为一体。对称的好处是修改原有物体,模型的另外一侧一同发生更改,并且模型中间处的点自动焊接,如图 8.18 所示。

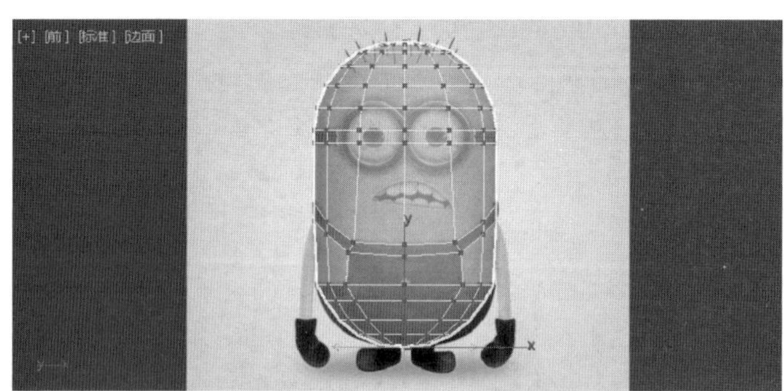

图 8.18　添加对称修改器

步骤 3　进入边层级,选择手臂所在的垂直边,在编辑边的卷展栏中,单击连接右侧的□后,设置连接的边数值为 2,调整收缩的数值,改变增加边之间的距离,单击对号确认,增加两条边线,如图 8.19 所示。进入顶点层级,运用选择并移动工具,在前视图中框选顶点,调整点的位置。单击“显示最终结果”开关▮,即使在下一级的修改器中修改,模型也会显示堆栈列表上级修改器作用后的效果，如图 8.20 所示。

图 8.19　添加边

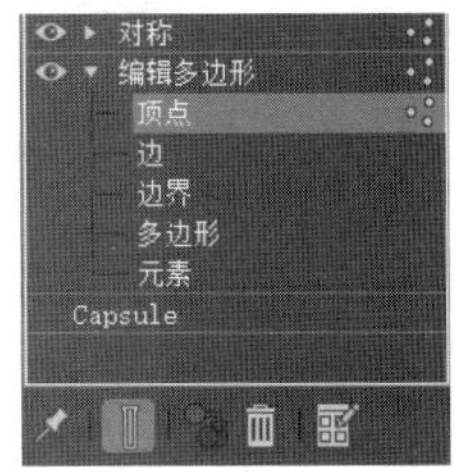

图 8.20　单击“显示最终结果”按钮

步骤 4　在右视图中选择手臂所在的水平边，在编辑边的卷展栏中，单击连接右侧的□后，设置连接的边数值为 2，调整收缩的数值，改变增加边之间的距离，单击对号确认，增加两条边线。进入顶点层级，运用“连接”命令，将新增加边的上下端点与胶囊体的上下端点进行连接，如图 8.21 所示。

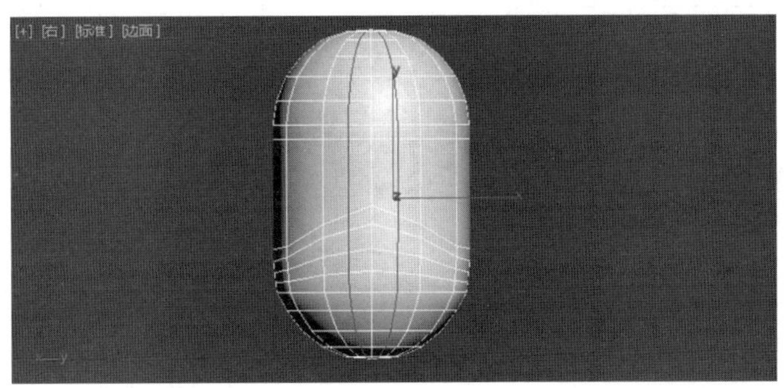
图 8.21　侧面增加边

步骤 5　在顶点层级，选择手臂中间的顶点，在编辑顶点的卷展栏中，单击切角右侧的□后，设置切角的数量值为 20mm，单击对号确认，模型上选择的顶点就变成四个顶点，如图 8.22 所示。

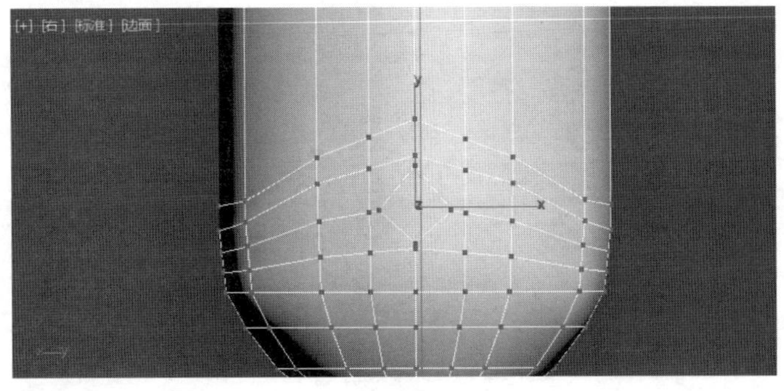
图 8.22　切角顶点

步骤6 进入边层级,在编辑几何体的卷展栏中,单击"切割"命令,由四周顶点向中间菱形的边绘制边线,如图 8.23 所示。

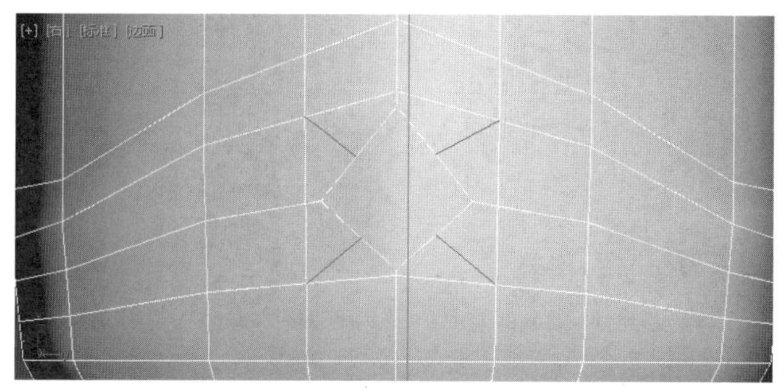

图 8.23 剪切增加边

步骤7 进入多边形层级,选择中间的菱形多边形,在石墨建模工具中的多边形层级,运用"几何多边形",将所选的菱形转换成正多边形。按快捷键 Delete 将正多边形删除,如图 8.24 所示。

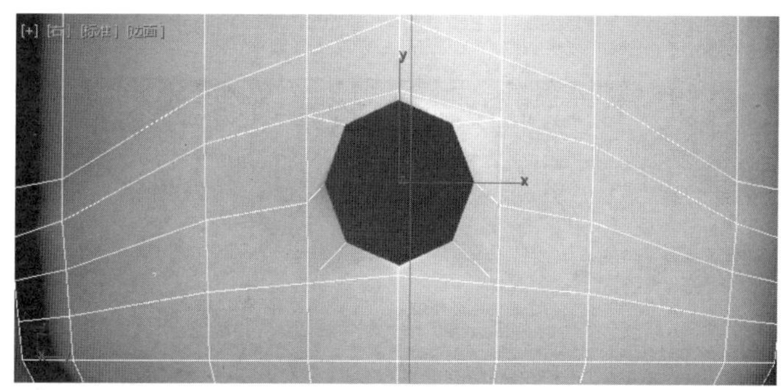

图 8.24 正多边形边界

步骤8 进入边界层级,选择中间的边界,运用选择并移动、选择并均匀缩放工具,配合快捷键 Shift,进行多边形的复制,产生新的多边形。进入顶点中,按照参考图的结构,调整点的位置,如图 8.25 所示。

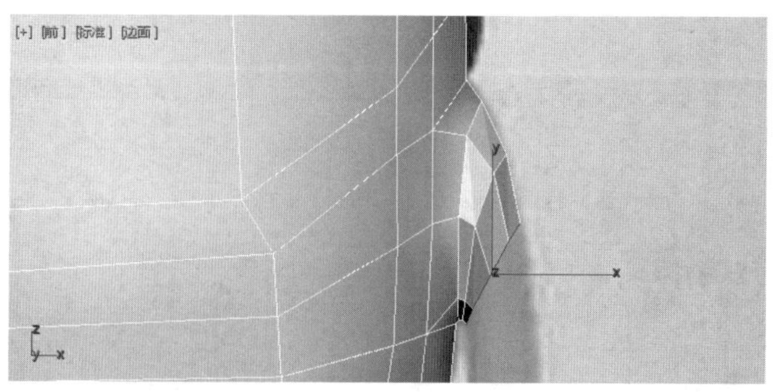

图 8.25 拖边复制

步骤 9 按照上面的操作方式,通过拖边的方式不断地完成手臂模型,如图 8.26 所示。

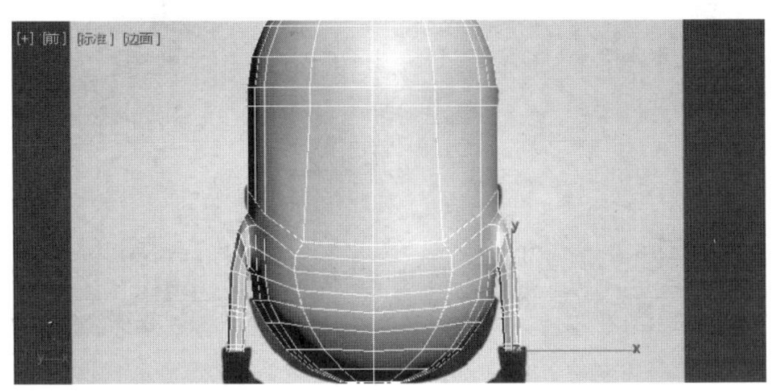

图 8.26 手臂建模

步骤 10 制作手模型。在边界层级,运用选择并移动、选择并均匀缩放工具,配合快捷键 Shift,进行多边形的复制。在编辑边界的卷展栏中,单击“封口”命令将边界封口,如图 8.27 所示。

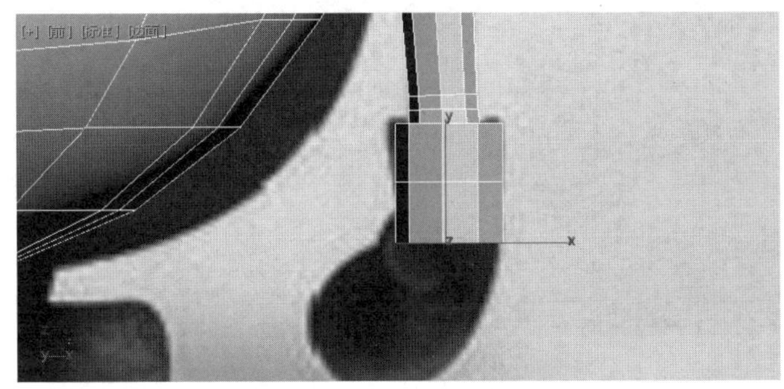

图 8.27 手掌建模

步骤 11 进入边层级,用切割命令在封口的端面中添加边,勾勒出手指的多边形。进入顶点层级,调整顶点的位置,如图 8.28 所示。

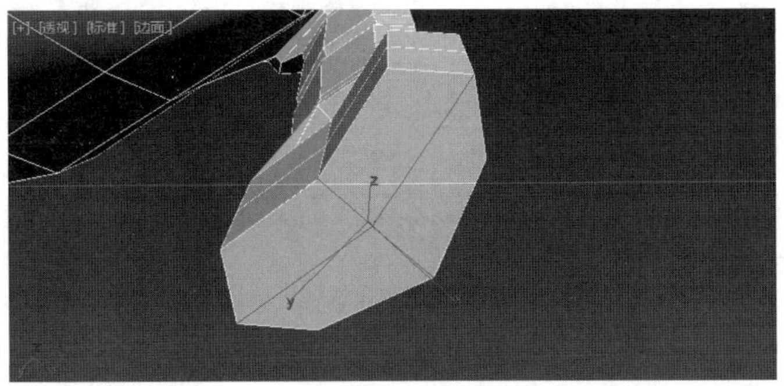

图 8.28 剪切增加边

步骤 12 选择手指的多边形,进入多边形层级,在“编辑多边形”卷展栏中,单击“插入”命令,将选择的多边形缩小。进入顶点层级,调整顶点的位置,如图 8.29 所示。

图 8.29 挤出手指

步骤 13 进入多边形层级,选择手指的多边形,在“编辑多边形”卷展栏中,单击挤出右侧的□按钮后,在弹出的菜单中,设置挤出的法线方向为本地法线,挤出的数量值为 10mm,单击对号确认。进入点层级,调整点的位置,如图 8.30 所示。

图 8.30 挤出拇指

步骤 14 依照上面的方法,再次用“挤出”命令挤出手指的模型结构。为身体模型添加涡轮平滑修改器,将迭代次数设置成 2,提高模型的平滑程度,如图 8.31 所示。

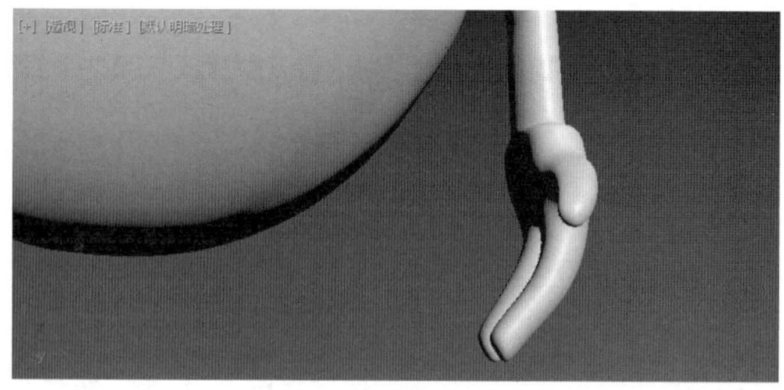

图 8.31 平滑后的效果

8.1.4 制作小黄人的腿

步骤 1 选择身体模型,进入多边形层级,选择身体下方的多边形,如图 8.32 所示。

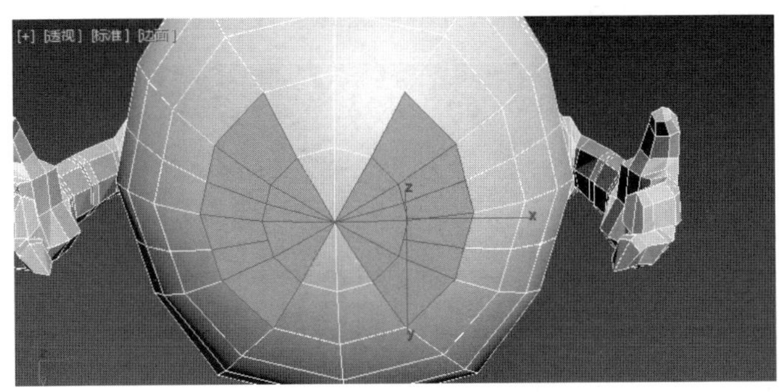

图 8.32 选择腿部的多边形

步骤 2 在"编辑多边形"卷展栏中，单击"插入"命令，将选择的多边形缩小。进入顶点层级，调整顶点的位置，如图 8.33 所示。

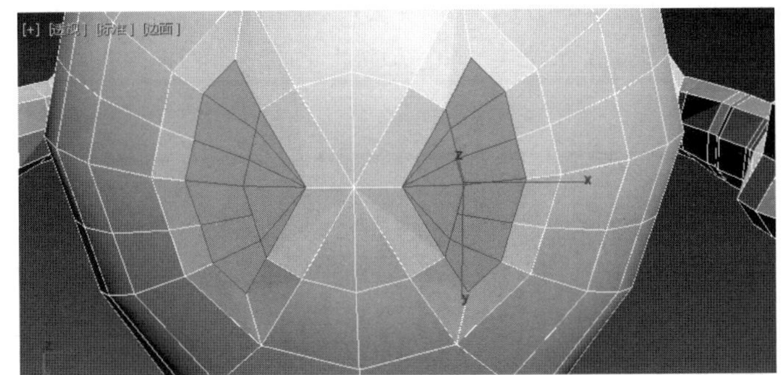

图 8.33 插入收缩多边形

步骤 3 按快捷键 Delete，将选择的多边形删除。进入边界层级，在编辑边界的卷展栏中，单击"封口"命令将其封口产生一个多边形。进入多边形层级，选择封口的多边形，在石墨建模工具中的多边形层级，运用"几何多边形"命令，将选择的多边形转成正多边形。进入顶点层级，调整点的位置，使正多边形的尺寸与腿的尺寸一致，如图 8.34 所示。

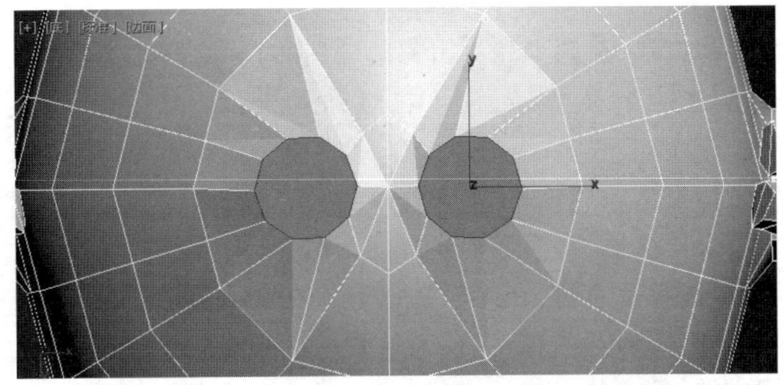

图 8.34 正多边形

步骤 4 进入多边形层级，选择腿的多边形，在"编辑多边形"卷展栏中，单击挤出右侧的□按钮后，在弹出的菜单中，设置挤出的法线方向为本地法线，挤出的数量值为 10mm，单击对号确认,进行两次挤出。进入点层级,调整点的位置,如图 8.35 所示。

图 8.35 挤出腿部模型

步骤 5 选择腿侧面的多边形,在“编辑多边形”卷展栏中,单击挤出右侧的按钮后,在弹出的菜单中,设置挤出的法线方向为本地法线,挤出的数量值为 10mm,单击对号确认,进行两次挤出。进入边层级,在水平与垂直方向上各加一条边。进入点层级,调整点的位置,如图 8.36 所示。

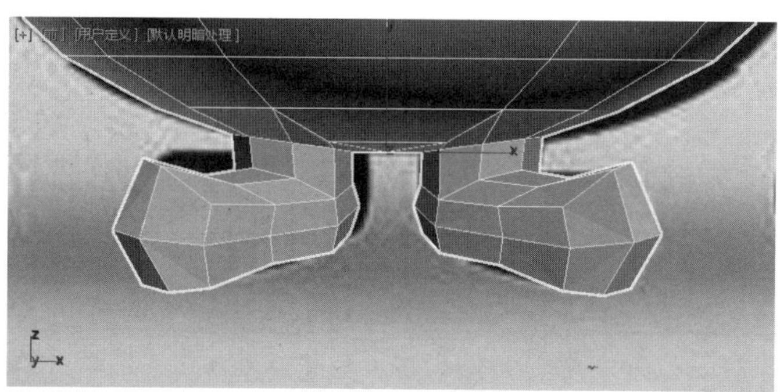

图 8.36 挤出脚部模型

8.1.5 制作小黄人的嘴

步骤 1 选择身体模型,删除涡轮平滑修改器,在对称修改器上方为其添加编辑多边形修改器。将模型转换成一个模型,失去左右对称效果,如图 8.37 所示。

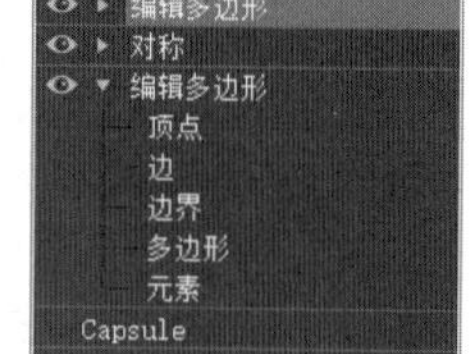

图 8.37 添加“编辑多边形”修改器

步骤 2 选择身体模型,删除涡轮平滑修改器,在对称修改器上方为其添加编辑多边形修改器,将模型转换成一个模型,失去左右对称功能。进入边层级,选择垂直边,在编辑边的卷展栏中,单击连接右侧的按钮后,设置连接的边数值为 3,调整收缩的数值,改变增加边之间的距离,单击对号确认,增加三条边线。进入顶点层级,调整点的位置,如图 8.38 所示。

步骤 3 在边层级,在“编辑几何体”卷展栏中,单击“切割”命令,沿着嘴的轮廓绘制边线,并从四周的角点向嘴的方向绘制边线,如图 8.39 所示。

图 8.38　增加边

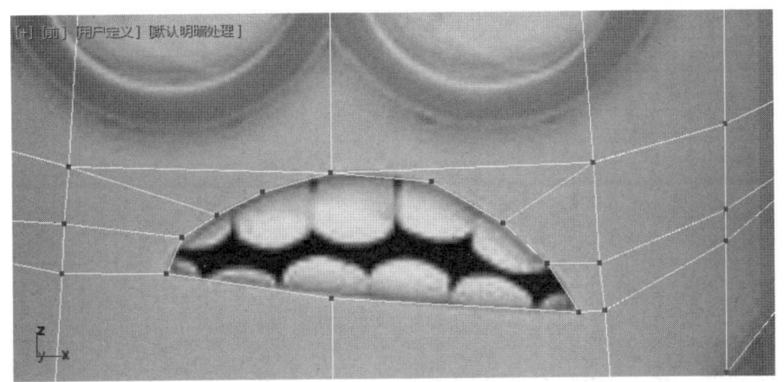

图 8.39　剪切加边

步骤 4　在边界层级,运用选择并移动、选择并均匀缩放工具,配合快捷键 Shift,进行多边形的复制,产生新的多边形。进入顶点中,按照参考图的结构,调整点的位置,如图 8.40 所示。

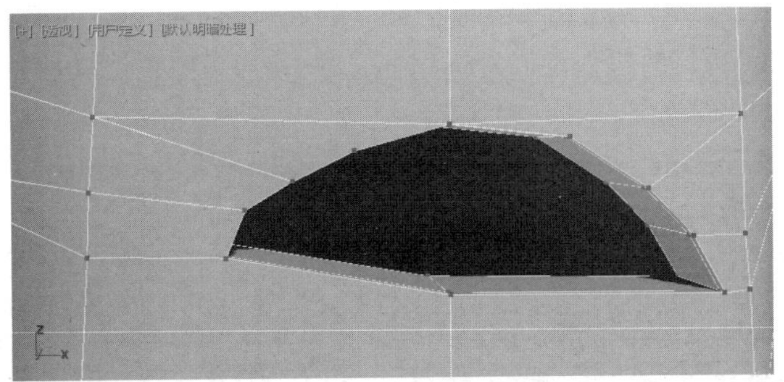

图 8.40　拖边创建嘴内侧模型

8.1.6　制作小黄人的眼镜

步骤 1　制作小黄人眼镜结构。单击"创建"面板→"几何体",在前视图中创建一个管状体。进入"修改"面板,将其命名为"眼镜框",调整半径及高度的数值,配合选择并移动工具,使其与参考图中小黄人的眼镜轮廓重合,如图 8.41 所示。

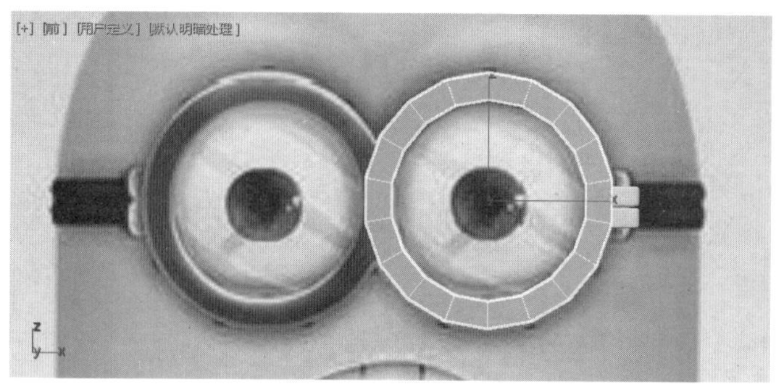

图 8.41 管状物体

步骤 2 在“修改”面板中,为其添加编辑多边形修改器。进入边层级,选择水平边,在编辑边的卷展栏中,单击连接右侧的▣按钮后,设置连接的边数值为 2,调整收缩的数值,改变增加边之间的距离,单击对号确认,增加两条边线,如图 8.42 所示。

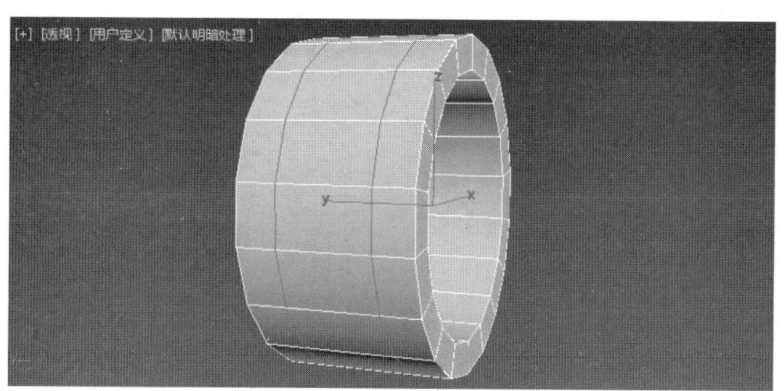

图 8.42 连接增加边

步骤 3 进入多边形层级,选择中间的多边形,在“编辑多边形”卷展栏中,单击挤出右侧的▣按钮后,设置挤出的边数量值为 −6mm,法线方向为本地法线,单击对号确认,如图 8.43 所示。

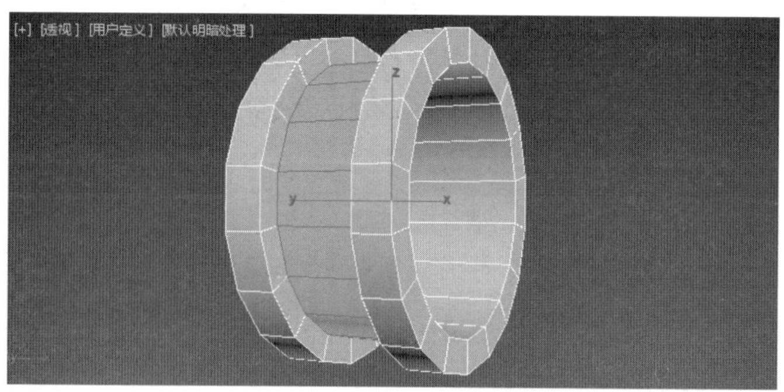

图 8.43 向内挤出

步骤 4 在多边形层级,选择侧面的多边形,在“编辑多边形”卷展栏中,单击倒角右侧的▣按钮后,设置倒角的高度数值为 2mm,轮廓数值为 1mm,单击对号确认。再次单击倒角右侧的▣按钮后，设置倒角的高度数值为 2mm，轮廓的数值为 −2mm，单击对号确认，如图 8.44 所示。

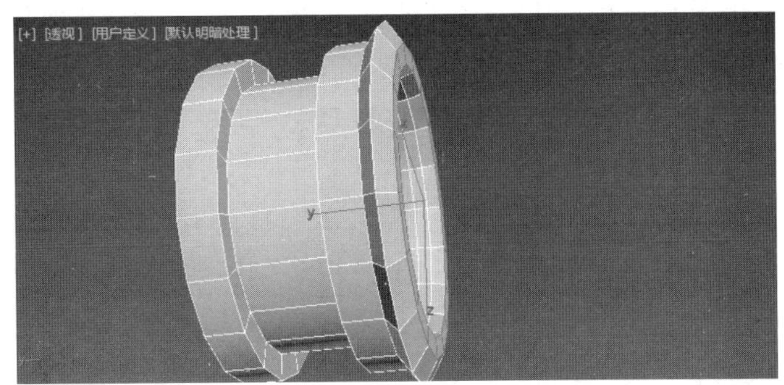

图 8.44 正面挤出

步骤 5 进入边层级，选择模型上的边线，在“编辑边”卷展栏中，运用“切角”命令，在模型的拐角边上进行切角加边处理，控制模型的光滑程度。返回到编辑多边形的顶级，并在“修改”面板中添加涡轮平滑修改器，将涡轮平滑的迭代次数设置成 2，平滑后的效果如图 8.45 所示。

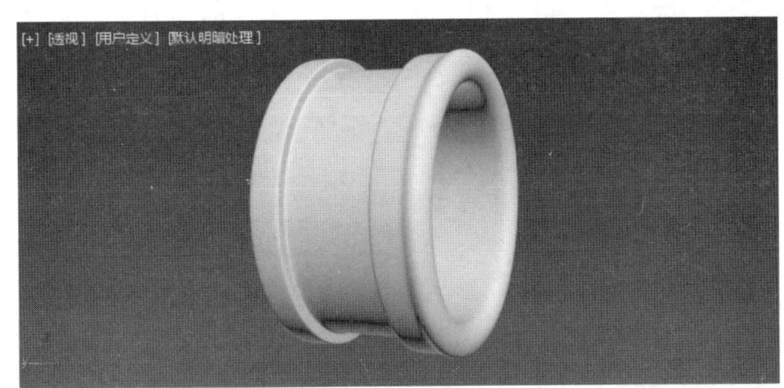

图 8.45 平滑效果

步骤 6 单击“创建面板”→“几何体”，在前视图中创建一个球体，进入“修改”面板，将其命名为“眼睛”，调整半径的数值，配合选择并移动工具，使其与参考图中小黄人的眼镜轮廓重合。将“眼睛”模型复制一个，命名为“眼皮”。对“眼皮”模型添加编辑多边形，选择球体下半部分的点删除，并将剩余的半球放大一些就可以完成眼皮模型。将作好的模型向左侧复制，另一侧的模型就被制作出来了，如图 8.46 所示。

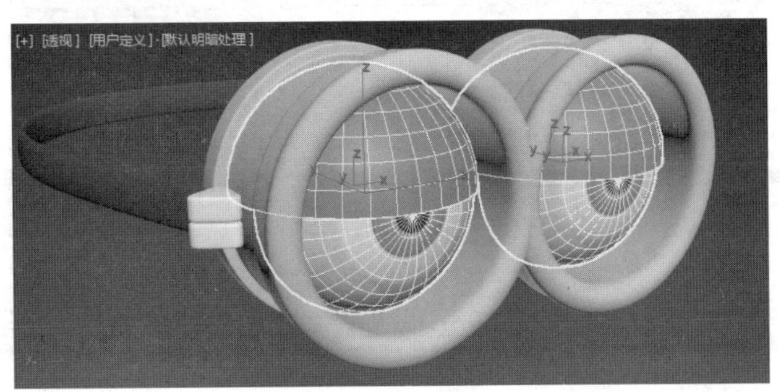

图 8.46 眼球模型

8.1.7 制作小黄人的牙齿

步骤 1 制作小黄人牙齿结构。单击“创建”面板→“几何体”,在前视图中创建一个长方体,如图 8.47 所示。

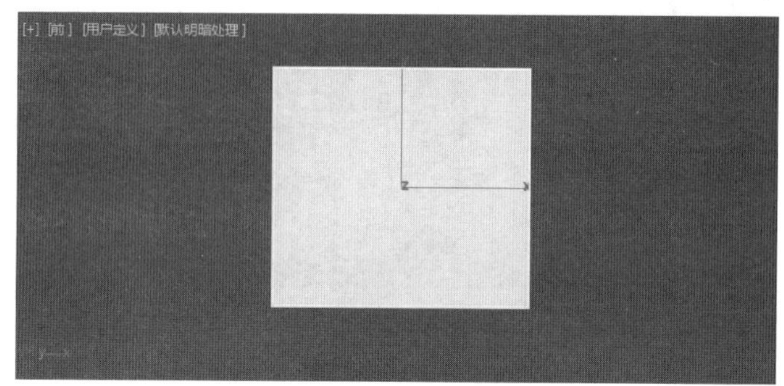

图 8.47 长方体

步骤 2 进入“修改”面板,为其添加编辑多边形修改器。单击编辑多边形修改器左侧的▶按钮,进入边层级,在编辑边的卷展栏中,在模型的正面添加水平边与垂直边。在模型的侧面也添加一条边线。进入顶点级别,调整点的位置,如图 8.48 所示。

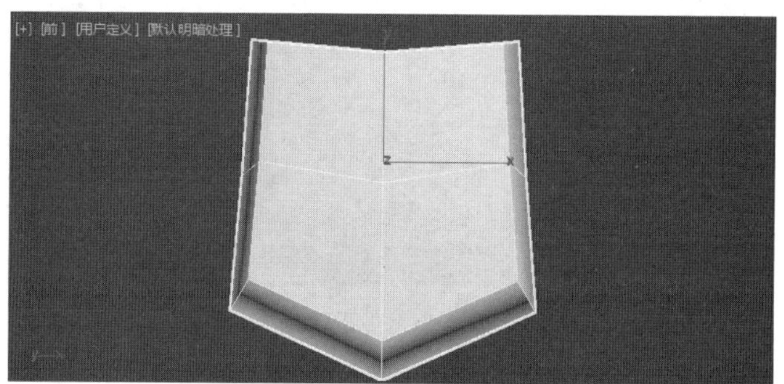

图 8.48 连接增加边

步骤 3 返回到编辑多边形的顶级,并在“修改”面板中添加涡轮平滑修改器,将涡轮平滑的迭代次数设置成 2,平滑后的效果如图 8.49 所示。

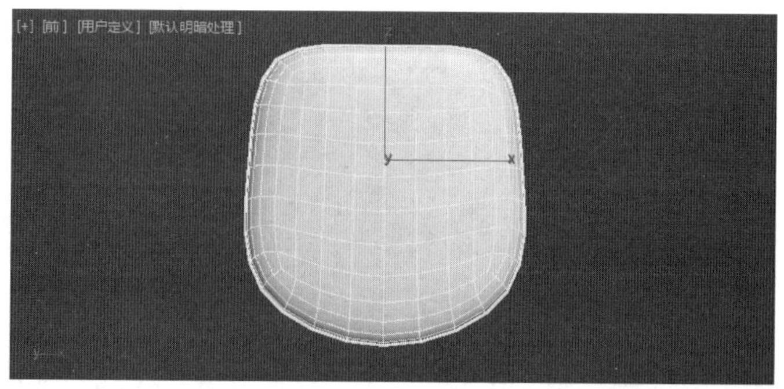

图 8.49 牙齿平滑效果

步骤 4　选择该模型，运用选择并移动工具，配合快捷键 Shift，复制该模型。按照参考图排列牙齿模型的位置。下方牙齿可以通过对上方牙齿模型进行镜像复制制作，再分别调整牙齿的位置，如图 8.50 所示。

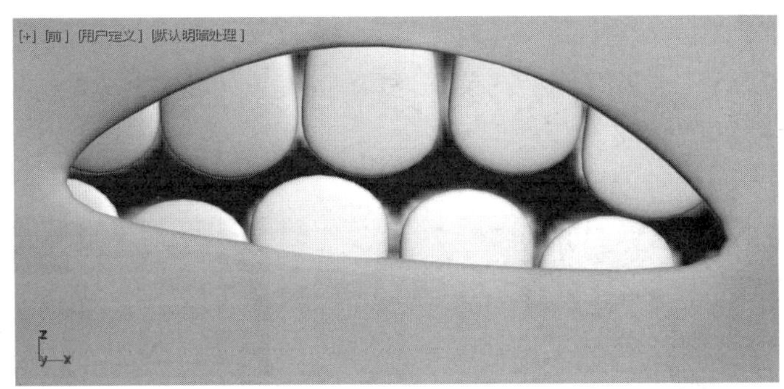

图 8.50　复制牙齿

步骤 5　将所有模型涡轮平滑修改器打开，平滑后的效果如图 8.51 所示。

图 8.51　显示所有模型

步骤 6　将材质赋予模型，渲染测试效果，如图 8.52 所示。

图 8.52　渲染效果

8.2 多边形制作卡宾枪模型

8.2.1 参考图设置

步骤 1 打开软件，选择“自定义”菜单→“单位设置”，将 3ds Max 的显示单位及系统单位都设置成毫米，如图 8.53 和图 8.54 所示。

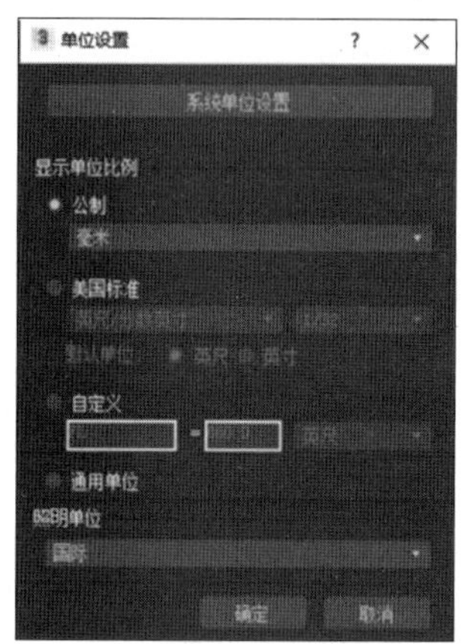

图 8.53 显示单位

图 8.54 系统单位

步骤 2 在前视图中创建一个平面，进入“修改”面板，将平面的尺寸调节成跟枪参考图一样的数值，宽度为 1858mm，长度为 1178mm；并将平面的长度分段、宽度分段分别设置成 1，降低面数。选择前视图，按快捷键 F3，将平面由线框显示改成默认明暗处理，前视图中就可以看到平面模型，如图 8.55 所示。

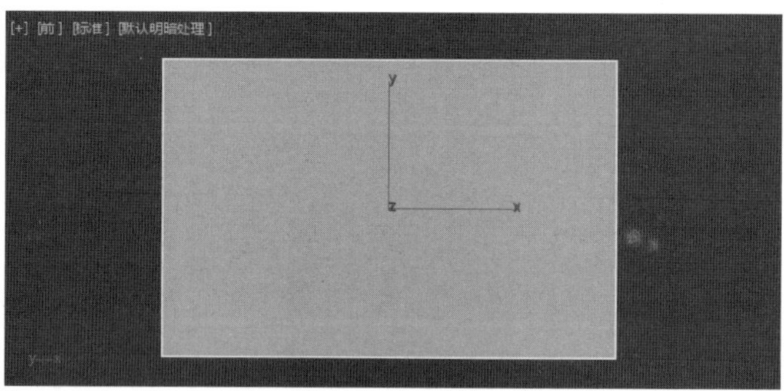

图 8.55 参考面

步骤 3 按快捷键 M 或者单击“材质编辑器”按钮，打开“材质编辑器”窗口。选择一个空的样例球，在 Stand 材质基本参数卷展栏中，单击漫反射右侧的“贴图”按钮，在弹出的“材质/贴图浏览器”窗口中选择位图，在素材中找到“枪参考.jpg”文件，将该材质赋予场景中的平面模型，如图 8.56 所示。

步骤 4 选择平面模型，在视图空白区域单击鼠标右键，在弹出的菜单中选择“对象属性”。在弹出的对象属性面板中，取消勾选“以灰色显示冻结对象”，单击“确定”按钮。这样

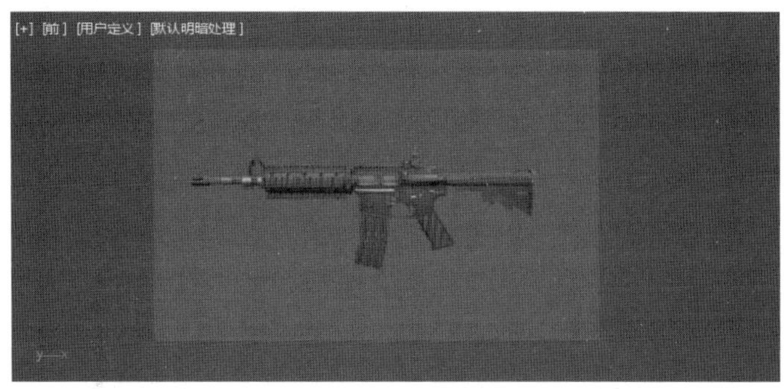

图 8.56　参考面贴图

平面被冻结后就能看到表面的贴图。再次在视图空白区域单击鼠标右键，选择“冻结当前选择”，将平面物体冻结，这样在视图中就无法对平面进行操作，如图 8.57 所示。

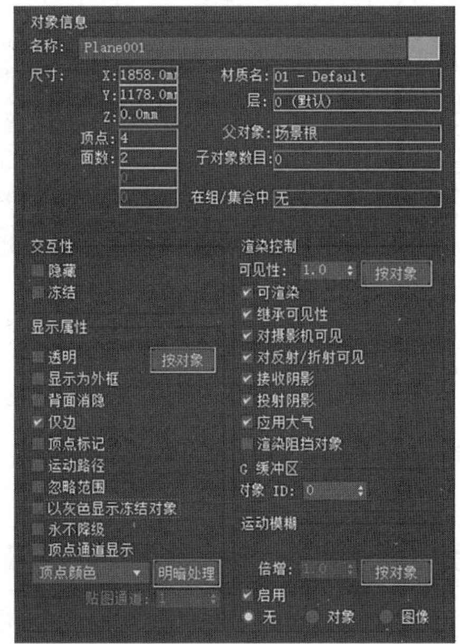

图 8.57　对象属性面板

8.2.2　创建卡宾枪框架模型

步骤 1　制作枪管结构。在左视图中创建一个圆柱体。进入“修改”面板，将高度分段设置成 1，将边数设置成 8，半径及长度与参考图中枪头保持一致。在堆栈中为其添加编辑多边形修改器，进入顶点层级，运用选择并移动工具，调整圆柱中点的位置，调好之后，单击编辑多边形修改器的名称，退出物体的子层级，如图 8.58 所示。

步骤 2　选择上方的圆柱体模型，按快捷键 Shift，运用选择并移动工具，沿 X 轴向右侧复制一个新的圆柱体。进入“修改”面板，进入编辑多边形的顶点层级，运用选择并移动工具，调整圆柱中点的位置，调好之后，单击编辑多边形修改器的名称，退出物体的子层级，如图 8.59 所示。

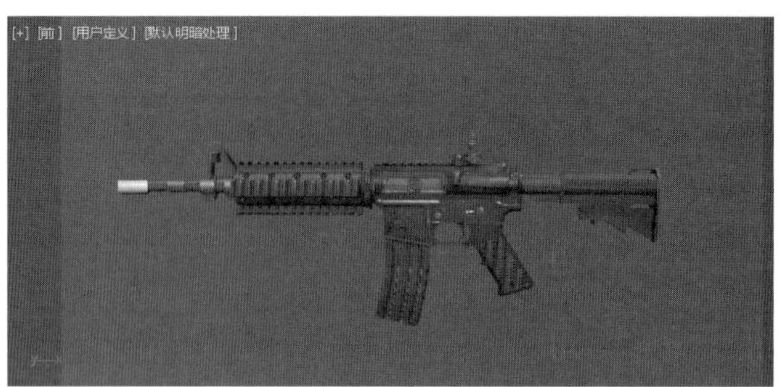

图 8.58　枪头模型

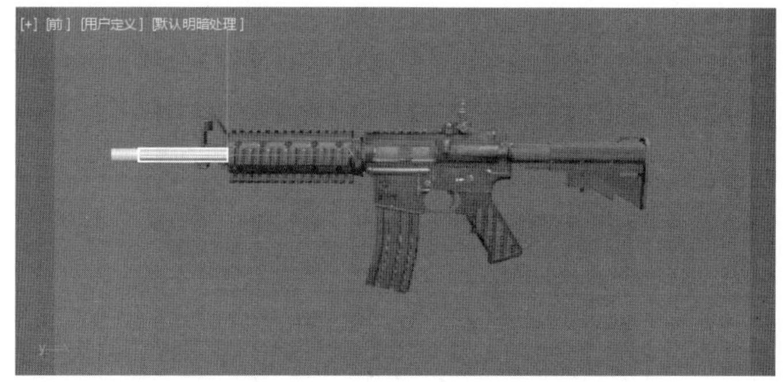

图 8.59　枪管模型

步骤 3　选择上方的圆柱体模型，按快捷键 Shift，运用选择并移动工具，沿 X 轴向右侧复制一个新的圆柱体。进入"修改"面板，进入编辑多边形的顶点层级，运用选择并移动、选择并均匀缩放工具，调整圆柱中点的位置，调好之后，单击编辑多边形修改器的名称，退出物体的子层级，如图 8.60 所示。

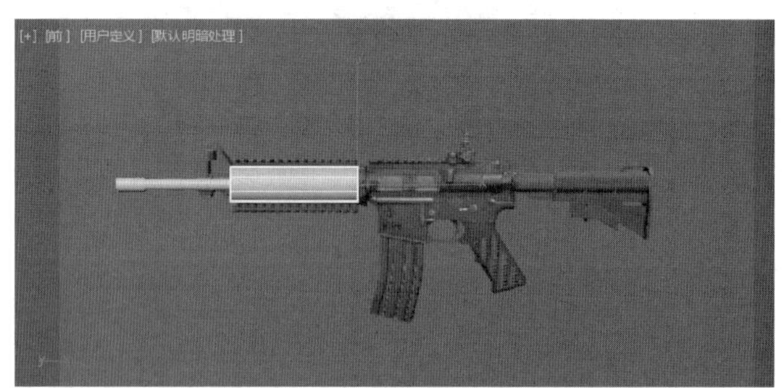

图 8.60　枪管前端扶手模型

步骤 4　用相同的方式制作出枪身管状结构的其他模型，如图 8.61 所示。

步骤 5　制作枪身结构。在前视图中创建一个长方体。进入"修改"面板，将长方体的长度分段、宽度分段、高度分段分别设置成 1。为其添加编辑多边形修改器，进入顶点层级，在左视图中调整长方体的厚度，使其接近枪身管状模型的厚度，如图 8.62 所示。

图 8.61 枪身管状模型

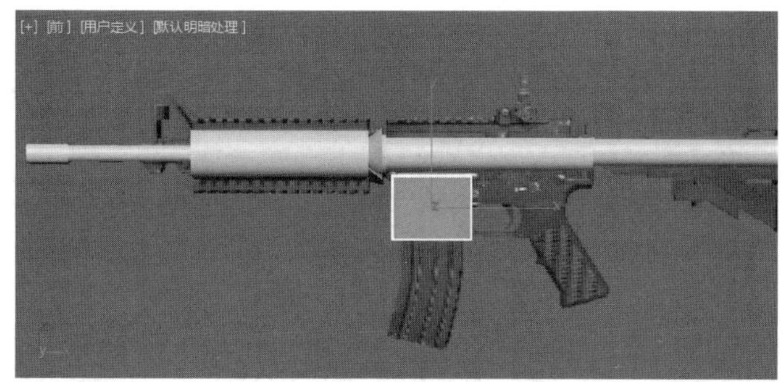

图 8.62 枪身模型

步骤 6 进入边层级，在“编辑边”卷展栏中，运用“连接”命令增加模型的水平边。进入多边形层级，运用“挤出”命令挤出模型的面。进入顶点层级，按照参考图的结构，调整点的位置，形成枪的枪身结构，如图 8.63 所示。

图 8.63 调节枪身模型

步骤 7 创建弹夹结构。在前视图中创建一个长方体模型。进入“修改”面板，将长方体的长度分段、宽度分段、高度分段分别设置成 1。为其添加编辑多边形修改器，进入顶点层级，进入边层级，在“编辑边”卷展栏中，运用“连接”命令，添加两条边线。进入顶点层级，调整点的位置，形成枪的弹夹结构，如图 8.64 所示。

步骤 8 依照上面的操作，用相同的方式制作出枪身、枪托等部件，并在其他的视图中调整模型的大小，保证整体的比例协调，和参考图的枪形保持一致，如图 8.65 所示。

图 8.64 弹夹模型

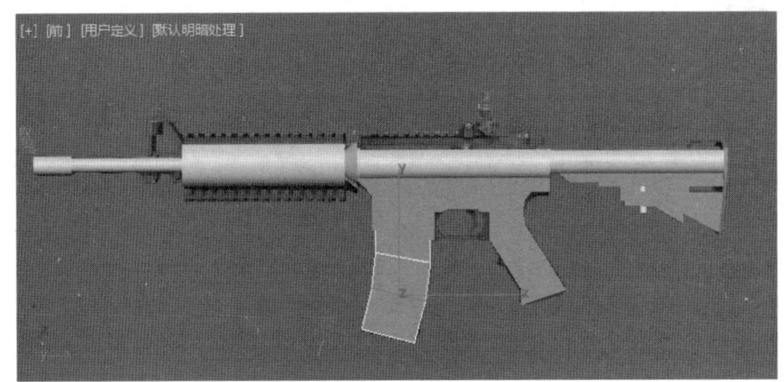

图 8.65 其他模型

8.2.3 创建卡宾枪枪管模型

1. 制作枪头的细节结构

步骤 1 制作枪头细节结构。选择枪头模型,进入"修改"面板,单击编辑多边形修改器左侧的▶按钮,进入多边形层级,在透视图中删除枪头模型的两个端面,如图 8.66 所示。

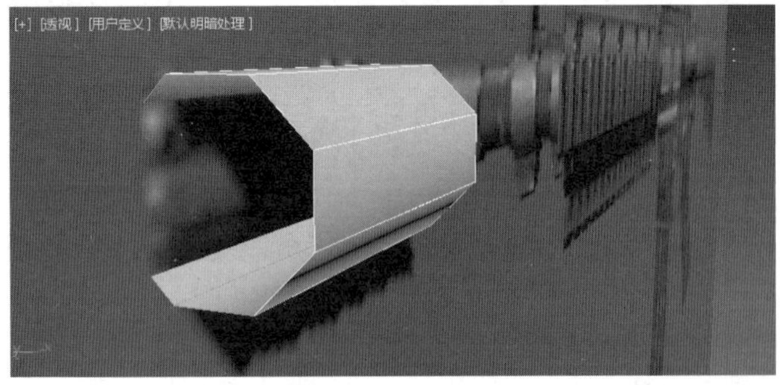

图 8.66 枪头端面

步骤 2 进入边层级,选择水平边线,运用"连接"命令,增加 6 条垂直边线。进入顶点层级,运用选择并均匀缩放工具,框选垂直边上的全部顶点,向内沿 X、Y、Z 三个轴向同时缩放,如图 8.67 所示。

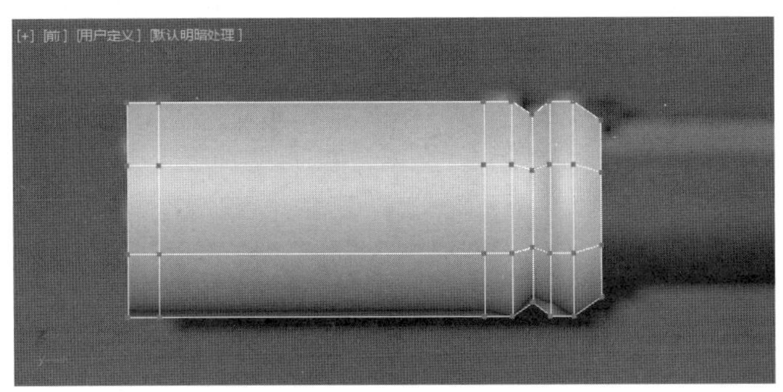

图 8.67　增加边

步骤 3　进入多边形层级，选择 45°角对应的多边形。在“编辑边”卷展栏中，单击插入按钮的右侧□按钮后，弹出菜单，在插入的数量中输入“2mm”，单击对号确认。进入边层级，选择“石墨”菜单中的“快速循环”命令，在模型的垂直方向添加 1 条垂直边。按快捷键 Shift 配合快速循环，在端面的 8 个边中间添加 8 条水平边，如图 8.68 所示。

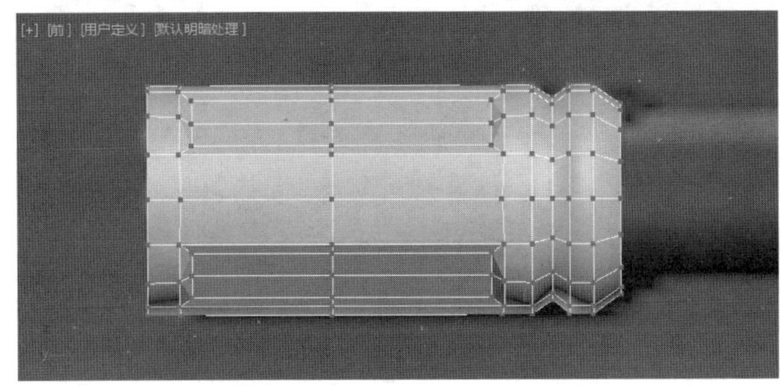

图 8.68　构建镂空区域

步骤 4　进入多边形层级，选择 45°角的多边形，按快捷键 Delete，删除所选择的多边形。进入顶点层级，将缺口的边界四个角的点向边界中心方向移动，如图 8.69 所示。

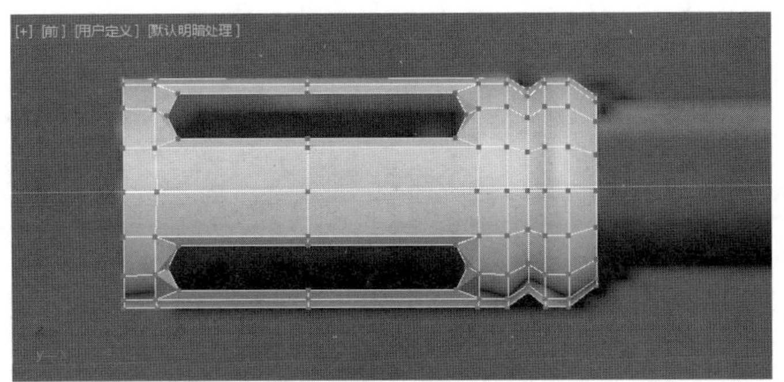

图 8.69　边界

步骤 5　进入边界层级，选择缺口的边界，按快捷键 Shift，运用选择并移动工具，将边界向枪头内部拖动两次，创建两个新的多边形，如图 8.70 所示。

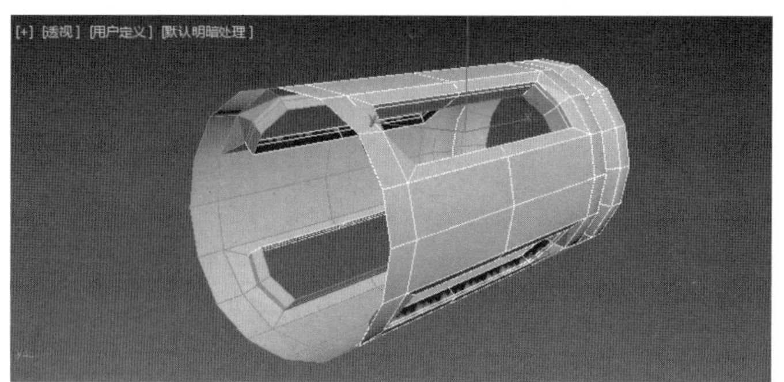

图 8.70　边界内表面

步骤 6　在边界层级，选择端面的边界，按快捷键 Shift，运用选择并缩放工具，向内缩放复制出向内缩小的多边形。按快捷键 Shift，运用选择并移动工具，向内移动复制出向内凹陷的多边形。用相同的方式制作出另外一个端面的结构，如图 8.71 所示。

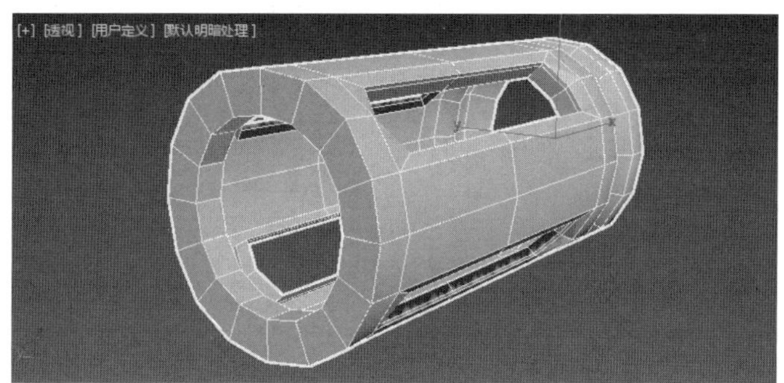

图 8.71　端面封口

步骤 7　进入边层级，选择端面的两条边，运用“循环”命令，选择端面的一圈边。在“编辑边”卷展栏中，单击切角右侧的□按钮后，在弹出的菜单中设置切角的数量值为 0.5mm，单击对号确认。用同样的方式制作枪头另一个端面边的切角效果，如图 8.72 所示。

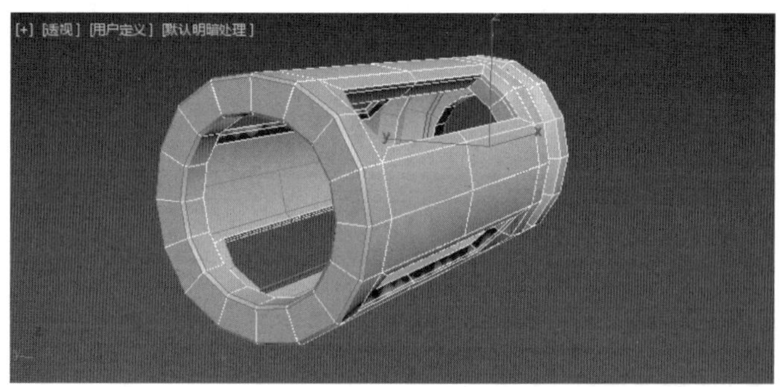

图 8.72　端面切角

步骤 8　在边级别中，运用石墨建模工具中的“快速循环”命令，在所有的拐角处添加边线，控制模型的光滑程度，如图 8.73 所示。

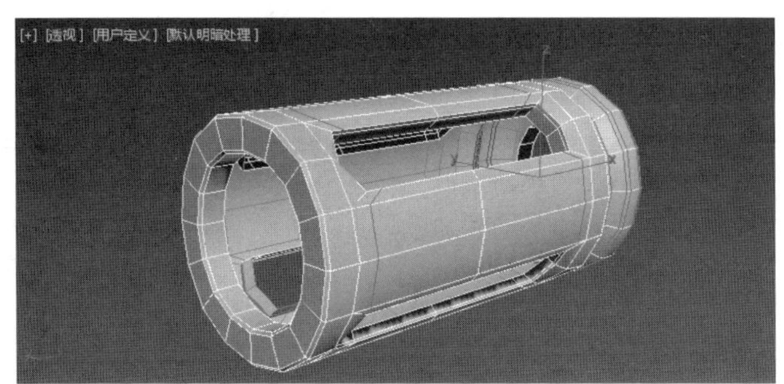

图 8.73　侧面加边

步骤 9　返回到编辑多边形的顶级，并在修改面板中添加涡轮平滑修改器，将涡轮平滑的迭代次数设置成 2，平滑后的效果如图 8.74 所示。

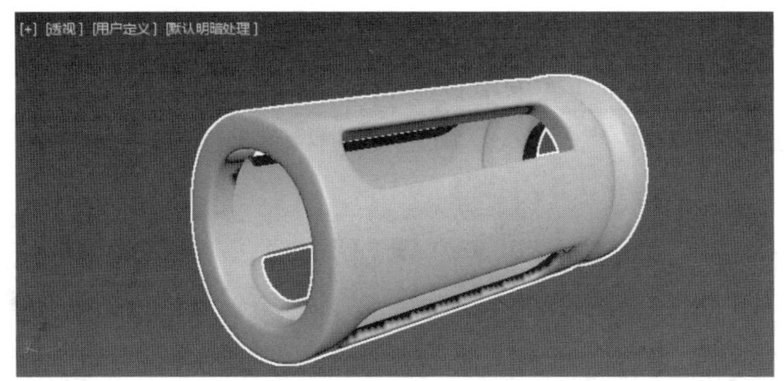

图 8.74　模型平滑效果图

2. 制作枪管的细节结构

步骤 1　选择枪管模型，进入“修改”面板，单击编辑多边形修改器左侧的▶按钮，进入多边形层级，在透视图中删除枪头模型的两个端面。在前视图中，进入边层级，选择所有水平边线，在“编辑边”卷展栏中，单击“连接”命令，增加 5 条连接的边线。进入顶点层级，运用选择并移动工具，调整点的位置，如图 8.75 所示。

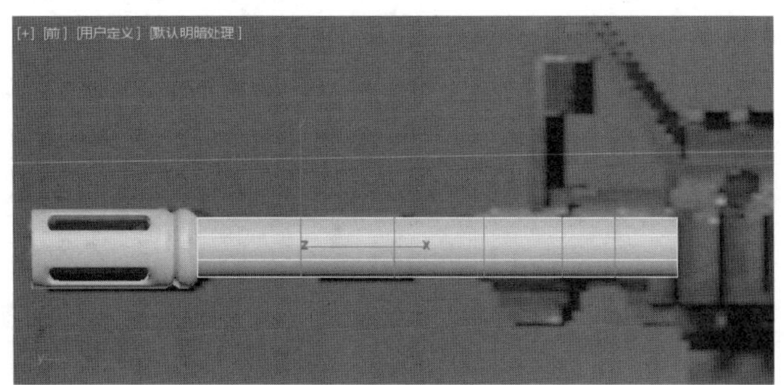

图 8.75　侧面加边

步骤 2　进入边层级，在“编辑边”卷展栏中，单击“连接”命令，增加 1 条边。进入顶点层级，运用选择并均匀缩放工具将模型右侧的点放大。进入多边形层级，选择模型中间的三组多边形,在"编辑多边形"卷展栏中,单击挤出右侧的□按钮后,在弹出的菜单中设置挤出的法线方向为本地法线,挤出的数量值为 2mm,单击对号确认,如图 8.76 所示。

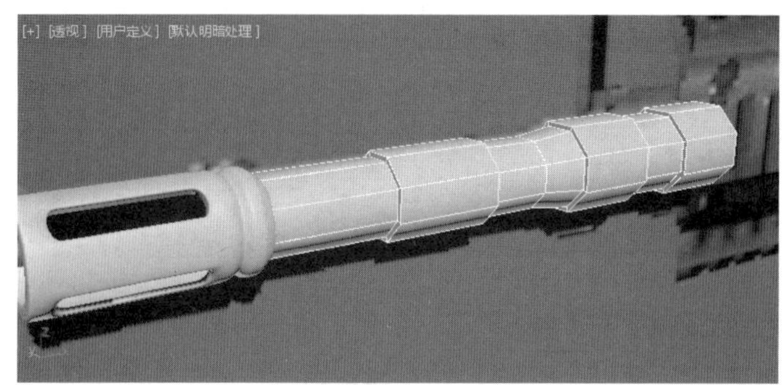

图 8.76 侧面挤出

步骤 3 在多边形层级,选择模型右侧的两组多边形,在"编辑多边形"卷展栏中,单击挤出右侧的□按钮后,在弹出的菜单中设置挤出的法线方向为组法线,挤出的数量值为 5mm,单击对号确认。进入顶点层级,运用选择并移动、选择并均匀缩放工具,调整点的位置,如图 8.77 所示。

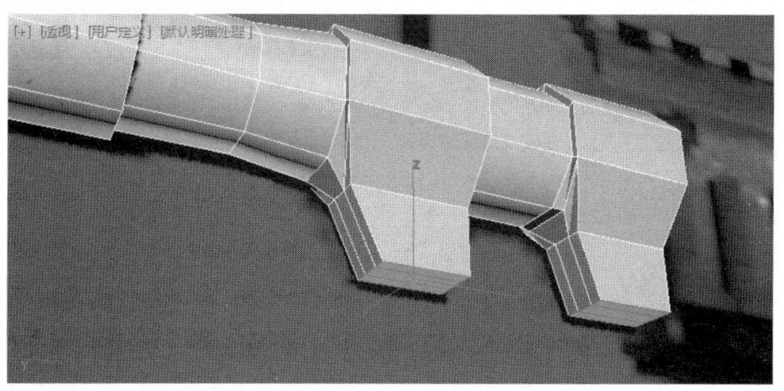

图 8.77 底面挤出

步骤 4 在边界层级,选择端面的边界,按快捷键 Shift,运用选择并缩放工具,向内缩放复制出向内缩小的多边形。按快捷键 Shift,运用选择并移动工具,向 X 轴方向移动复制出向内凹陷的多边形。用相同的方式制作出另外一个端面的结构,如图 8.78 所示。

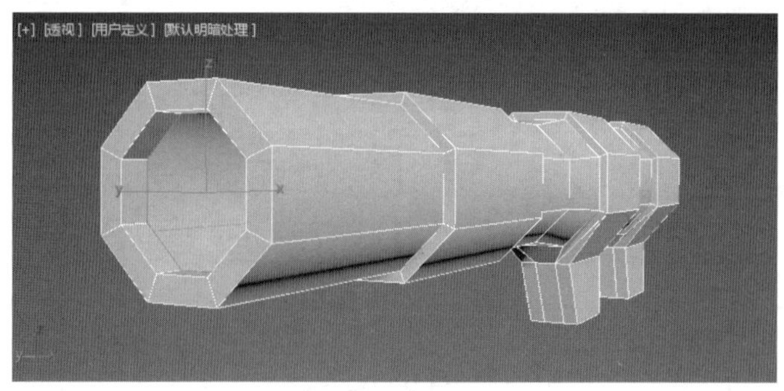

图 8.78 端面封口

步骤 5　进入边层级，在“编辑边”卷展栏中，运用“切角”命令，在模型的拐角边上进行切角加边处理。运用石墨建模工具中的“快速循环”命令，在模型的不规则边上增加新的边线，控制模型的光滑程度，如图 8.79 所示。

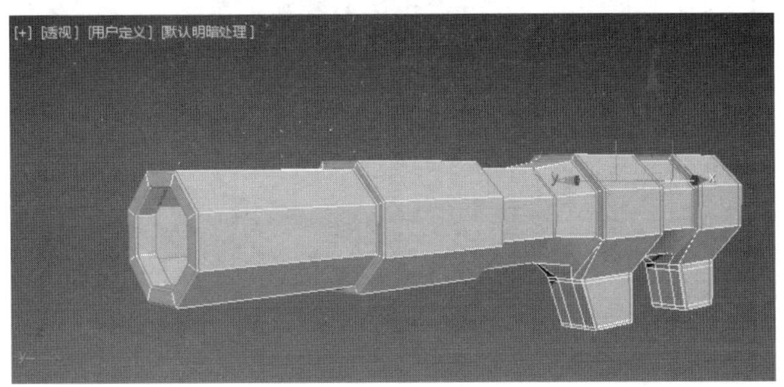

图 8.79　切角加边

步骤 6　返回到编辑多边形的顶级，并在“修改”面板中添加涡轮平滑修改器，将涡轮平滑的迭代次数设置成 2，平滑后的效果如图 8.80 所示。

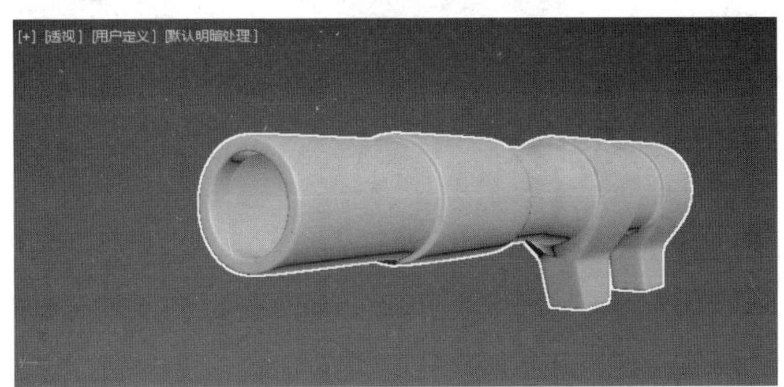

图 8.80　平滑效果

3. 制作枪前握把的细节结构

步骤 1　选择枪前握把的模型，进入“修改”面板，单击编辑多边形修改器左侧的▶按钮，进入多边形层级，在透视图中删除枪头模型的两个端面，如图 8.81 所示。

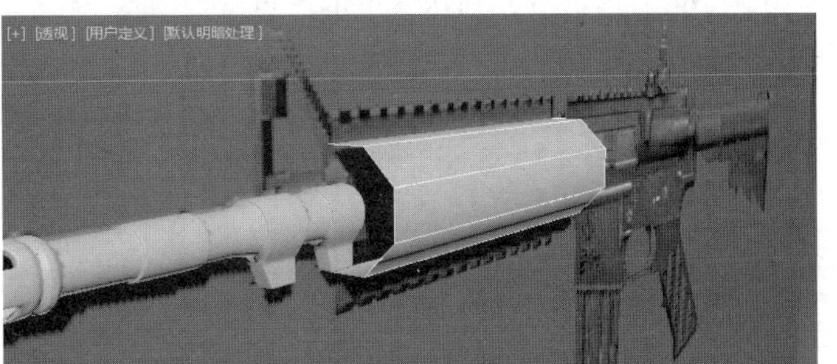

图 8.81　端面处理

步骤 2 在多边形层级,选择模型的水平与垂直的四个面,在"编辑多边形"卷展栏中,单击挤出右侧的□按钮后,在弹出的菜单中设置挤出的数量值为 13mm,如图 8.82 所示。

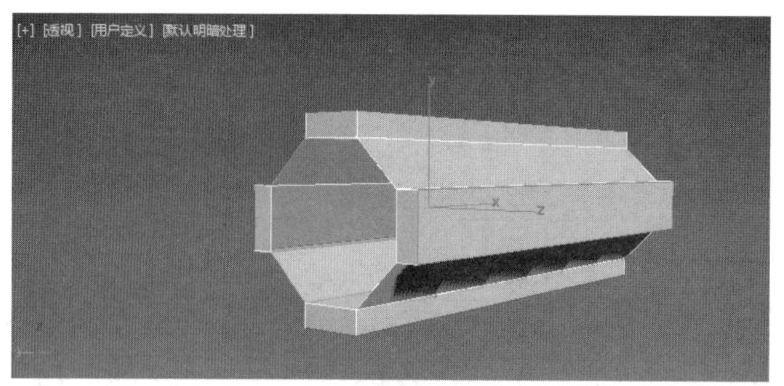

图 8.82 侧面挤出

步骤 3 进入边层级,选择模型所有的水平边线,在"编辑边"卷展栏中,单击"连接"右侧的□按钮后,在弹出的菜单中设置连接边的数量值为 28,增加 28 条垂直边,如图 8.83 所示。

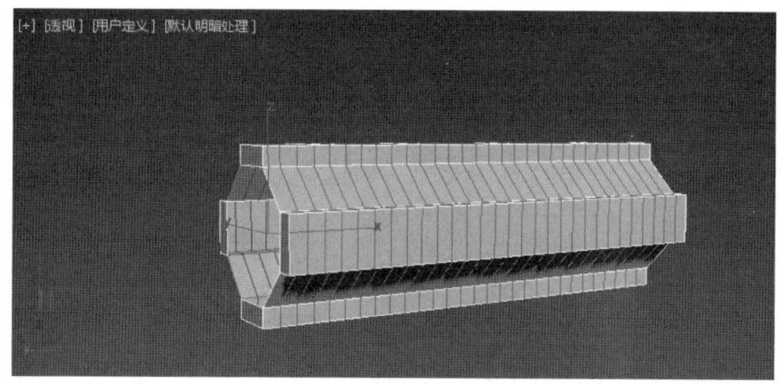

图 8.83 连接加边

步骤 4 进入多边形层级,在凸出的多边形中,按快捷键 Ctrl,隔一个多边形加选一个多边形。在"编辑多边形"卷展栏中,单击挤出右侧的□按钮后,在弹出的菜单中设置挤出的数量值为 3mm,单击对号确认。单击倒角右侧的□按钮后,在弹出的菜单中设置倒角的高度值为 1.5mm,轮廓值为 1.5mm,单击对号确认。单击挤出右侧的□按钮后,在弹出的菜单中设置挤出的数量值为 4mm,单击对号确认。单击倒角右侧的□按钮后,在弹出的菜单中设置倒角的高度值为 1.5mm,轮廓值为-1.5mm,单击对号确认,如图 8.84 所示。

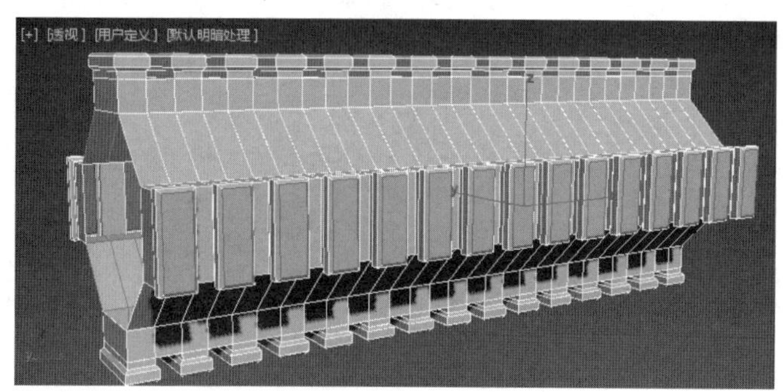

图 8.84 滑块结构挤出

步骤 5 进入边层级，运用石墨建模工具中的“快速循环”命令，按快捷键 Shift，在模型的未挤出的面上添加新的边线。进入点的层级，在左视图中，运用选择并移动工具，将新增加边上的点调节成圆形位置，如图 8.85 所示。

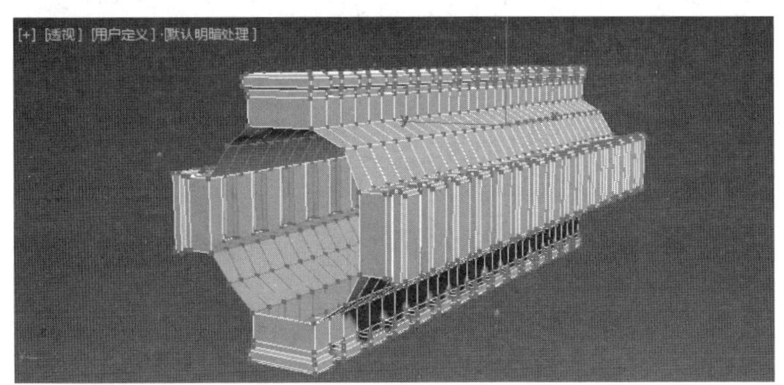

图 8.85 增加顶点

步骤 6 进入多边形层级，按快捷键 Ctrl，选择产生圆形的多边形，每隔三组多边形选择三组多边形，如图 8.86 所示。

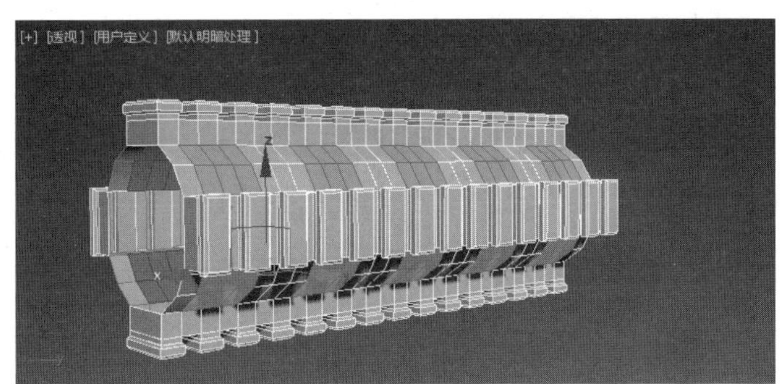

图 8.86 选择多边形

步骤 7 在多边形层级，在“编辑多边形”卷展栏中，单击插入右侧的▫按钮后，在弹出的菜单中设置插入的数量值为 6mm，单击对号确认，如图 8.87 所示。

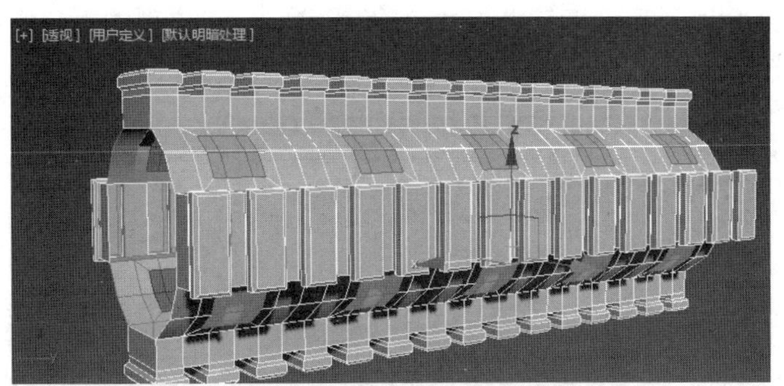

图 8.87 插入收缩多边形

步骤 8 在多边形层级，将缩小的多边形按 Delete 键删除。进入边界中，选择所有的开口边界,单击“封口”命令,将边界封口。进入多边形层级,选择封口的所有面,在石墨建模工具中选择“几何体多边形”命令,将所有选择的多边形转成正圆形,如图 8.88 所示。

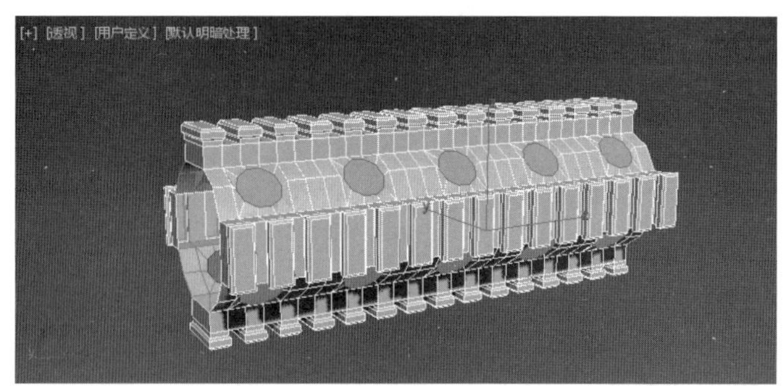

图 8.88 转换圆形多边形

步骤 9 在多边形层级,按 Delete 键删除所有圆形的多边形。进入边界中,选择所有的开口边界,按快捷键 Shift,运用选择并移动工具,将边界向模型内部复制两次产生两组新的多边形。在“编辑边界”卷展栏中,单击“封口”命令,将边界封口。选择模型两侧的端面也进行同样的操作,对两侧边界进行处理,如图 8.89 所示。

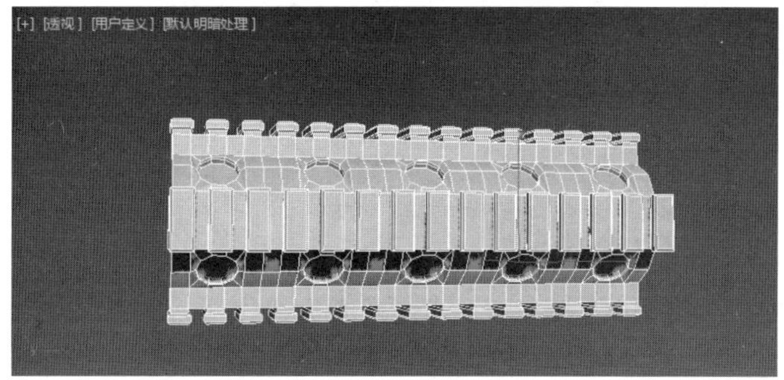

图 8.89 向内拖边两次

步骤 10 进入边层级,在“编辑边”卷展栏中,运用“切角”命令,在模型的拐角边上进行切角加边处理。运用石墨建模工具中的“快速循环”命令,在模型的不规则边上增加新的边线,控制模型的平滑程度,如图 8.90 所示。

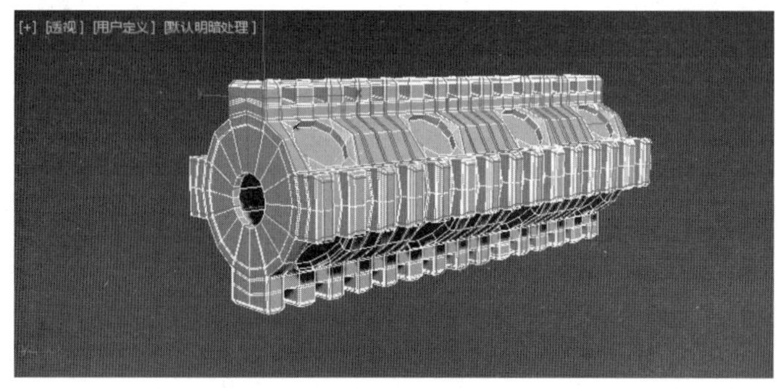

图 8.90 加边控制平滑

步骤 11 返回到编辑多边形的顶级，并在“修改”面板中添加涡轮平滑修改器，将涡轮平滑的迭代次数设置成 2，平滑后的效果如图 8.91 所示。

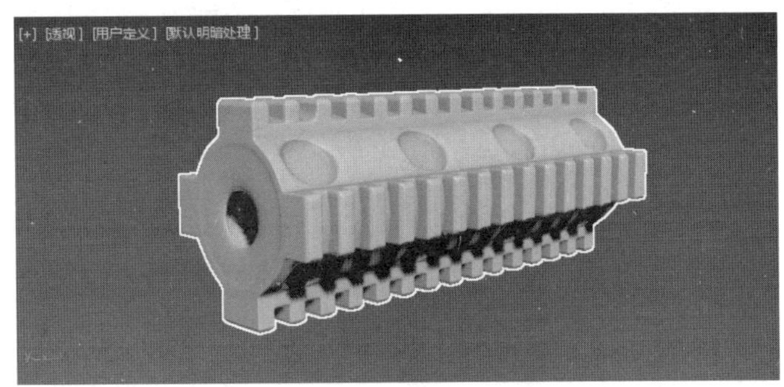

图 8.91　平滑效果

4. 制作枪管链接模型的细节结构

步骤 1 选择枪管链接结构模型，进入“修改”面板，单击编辑多边形修改器左侧的▶按钮，进入多边形层级，在透视图中删除枪头模型的两个端面。进入边层级，选择所有水平的边线，在“编辑边”卷展栏中，单击连接右侧的□按钮后，在弹出的菜单中设置连接边的数值为 7，单击对号确认，如图 8.92 所示。

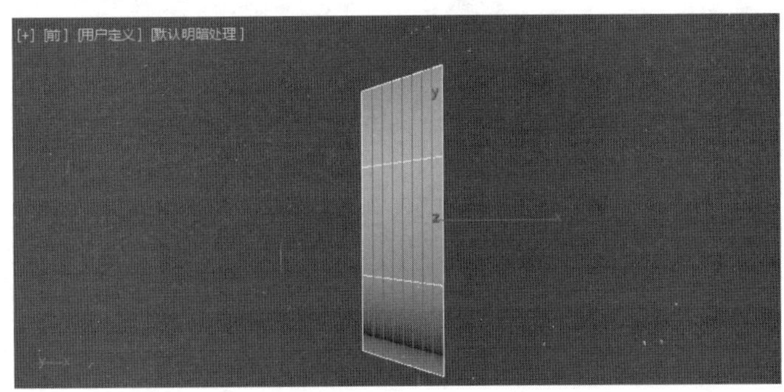

图 8.92　连接加边

步骤 2 在边层级，从第三条垂直边开始，每隔一条边选择一条垂直边，选择三组垂直边，运用选择并均匀缩放工具，将选择边向模型中心缩放，如图 8.93 所示。

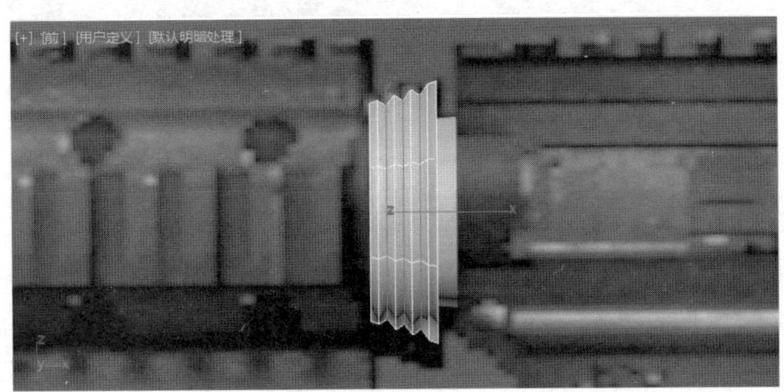

图 8.93　缩放边线

步骤 3 在边界层级,选择所有的开口边界,按快捷键 Shift,运用选择并缩放工具,向内缩放复制出向内缩小的多边形。按快捷键 Shift,运用选择并移动工具,向 X 轴方向移动复制出向内凹陷的多边形。用相同的方式制作出另外一个端面的结构,如图 8.94 所示。

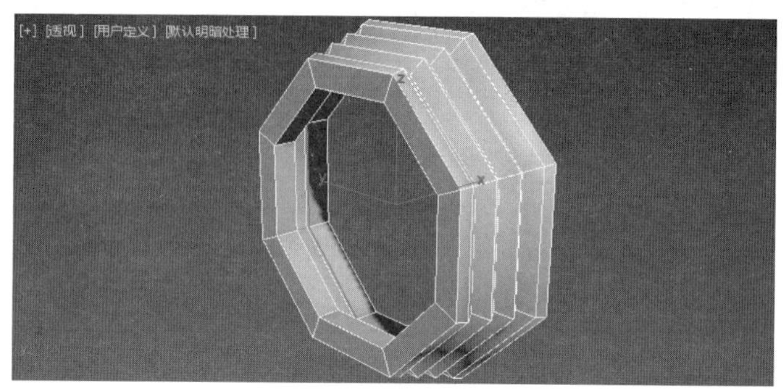

图 8.94 端面封口

步骤 4 进入边层级,选择所有的垂直边。在"编辑边"卷展栏中,运用"切角"命令,在模型的拐角边上进行切角加边处理,控制模型的平滑程度。进入顶点层级,调整点的位置,如图 8.95 所示。

图 8.95 加边控制平滑

步骤 5 返回到编辑多边形的顶级,并在"修改"面板中添加涡轮平滑修改器,将涡轮平滑的迭代次数设置成 2,平滑后的效果如图 8.96 所示。

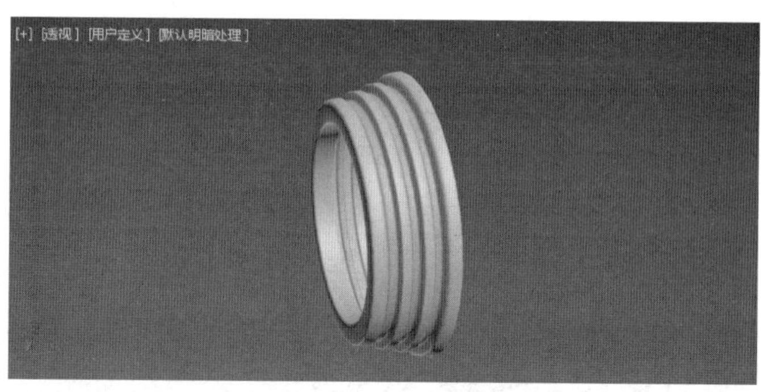

图 8.96 平滑效果

8.2.4　创建卡宾枪枪身模型

1. 制作枪身管状模型的细节结构

步骤 1　选择枪身管状模型，进入"修改"面板，单击编辑多边形修改器左侧的▶按钮，进入多边形层级，在透视图中删除枪头模型的两个端面。进入边层级，选择所有水平的边线，在"编辑边"卷展栏中，单击连接右侧的□按钮后，在弹出的菜单中设置连接边的数值为 4，单击对号确认。进入顶点层级，调整新增加边线上点的位置，如图 8.97 所示。

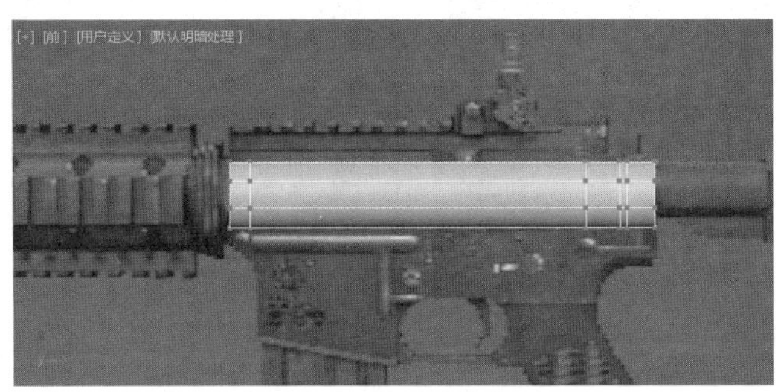

图 8.97　调整点的位置

步骤 2　进入多边形层级，选择模型上的多边形，在"编辑多边形"卷展栏中，单击挤出右侧的□按钮后，在弹出的菜单中设置挤出的数量值为 5mm，如图 8.98 所示。

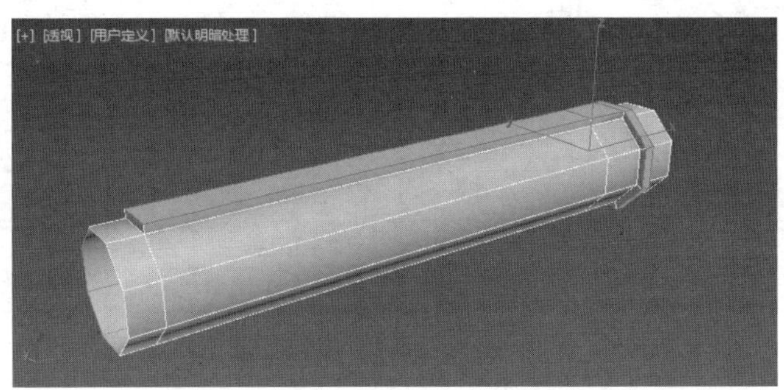

图 8.98　挤出多边形

步骤 3　在多边形层级，选择模型上的多边形，在"编辑多边形"卷展栏中，单击挤出右侧的□按钮后，在弹出的菜单中设置挤出的数量值为 8mm，如图 8.99 所示。

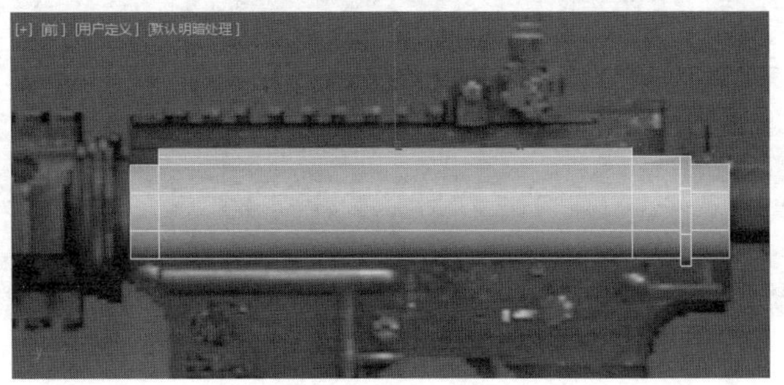

图 8.99　缩小顶面后继续挤出

步骤 4 进入顶点层级，选择模型上的顶点，运用选择并移动工具，调整顶点的位置。在边界层级，选择所有的开口边界，按快捷键 Shift，运用选择并缩放工具，向内缩放复制出向内缩小的多边形。按快捷键 Shift，运用选择并移动工具，向 X 轴方向移动复制出向内凹陷的多边形。用相同的方式制作出另外一个端面的结构，如图 8.100 所示。

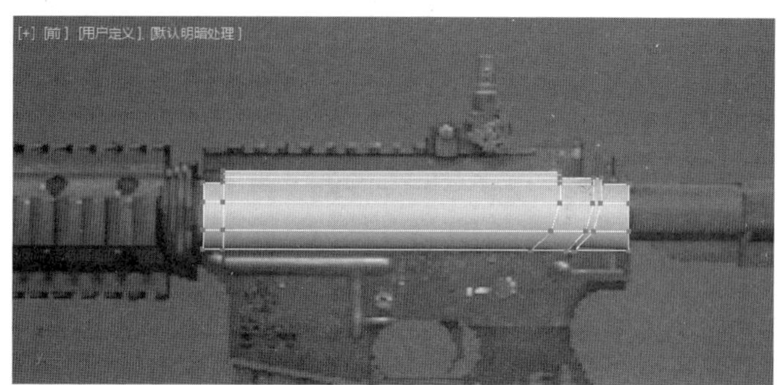

图 8.100 调整顶点

步骤 5 进入边层级，在"编辑边"卷展栏中，运用"切角"命令，在模型的拐角边上进行切角加边处理。运用石墨建模工具中的"快速循环"命令，在模型的不规则边上增加新的边线，控制模型的平滑程度，如图 8.101 所示。

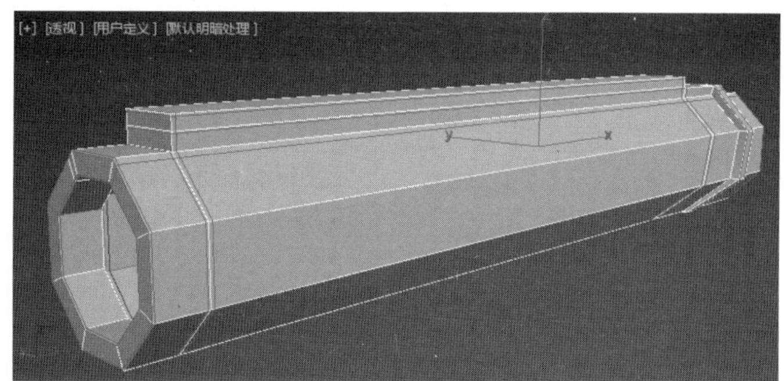

图 8.101 加边控制平滑

步骤 6 返回到编辑多边形的顶级，并在"修改"面板中添加涡轮平滑修改器，将涡轮平滑的迭代次数设置成 2，平滑后的效果如图 8.102 所示。

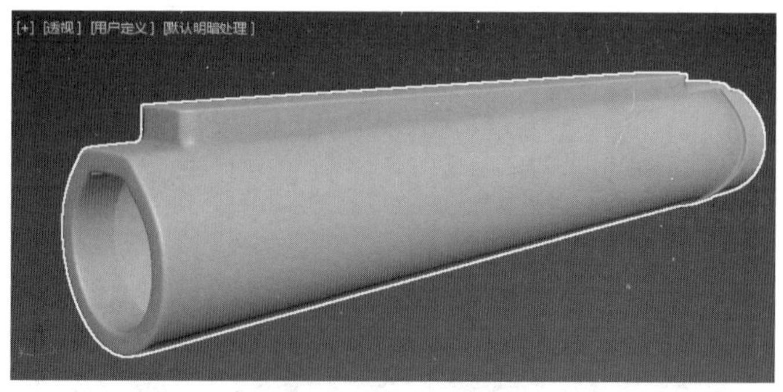

图 8.102 平滑效果

2. 制作左侧枪身模型的细节结构

步骤 1 选择左侧枪身长方体模型，进入“修改”面板，单击编辑多边形修改器左侧的▶按钮，进入边层级，选择水平的边，在“编辑边”卷展栏中，单击连接右侧的□按钮后，在弹出的菜单中设置连接边的数值为 2，单击对号确认。进入顶点层级，调整点的位置，如图 8.103 所示。

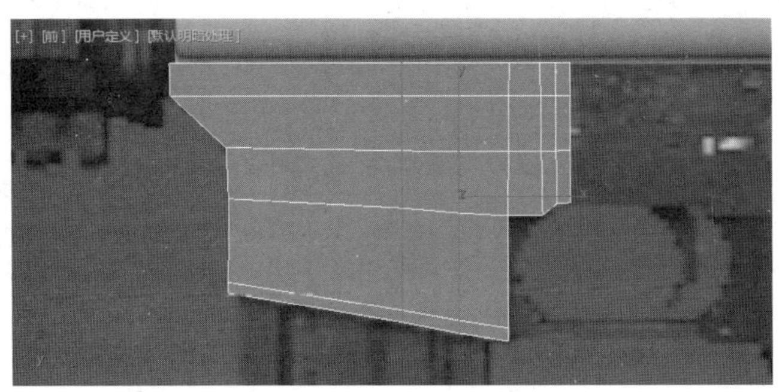

图 8.103 连接加边

步骤 2 进入多边形层级，选择左侧枪身的多边形，在“编辑多边形”卷展栏中，单击挤出右侧的□按钮后，在弹出的菜单中，设置挤出的数量值为 3mm，单击对号确认。进入顶点层级，调整新增加面上点的位置，如图 8.104 所示。

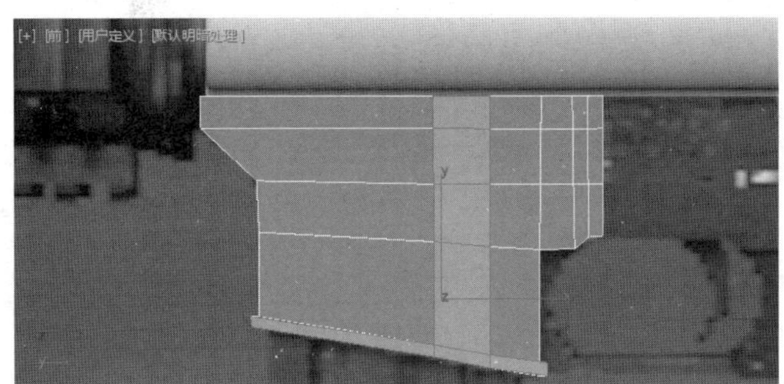

图 8.104 挤出多边形

步骤 3 在多边形层级，按快捷键 Alt，去除垂直的多边形。在“编辑多边形”卷展栏中，单击挤出右侧的□按钮后，设置挤出的数量值为 2mm，单击对号确认。进入顶点层级，调整新增加面上点的位置，如图 8.105 所示。

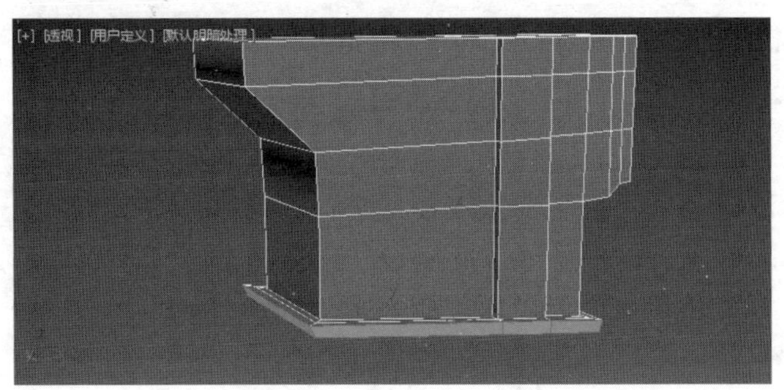

图 8.105 挤出底面多边形

步骤 4 进入边层级,选择模型中的边。在"编辑边"卷展栏中,单击连接右侧的□按钮后,设置连接边的数量值为 1,单击对号确认。用该种方法增加两条边,如图 8.106 所示。

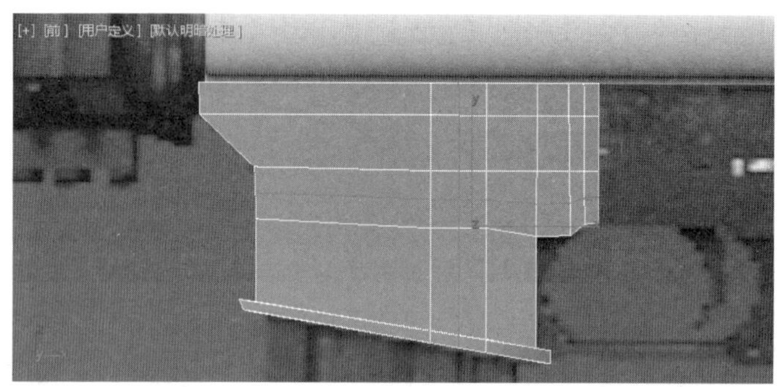

图 8.106 连接加边

步骤 5 进入多边形层级,选择模型中的四个多边形。在"编辑多边形"卷展栏中,单击插入右侧的□按钮后,在弹出的菜单中设置插入的数量值为 2mm,单击对号确认。按快捷键 Delete 将选择的多边形删除。进入边界层级,在"编辑边界"卷展栏中,单击"封口"命令,在缺口区域生成一个新的多边形,如图 8.107 所示。

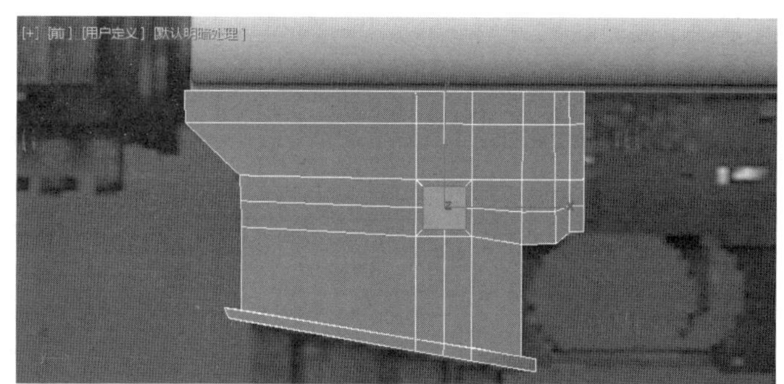

图 8.107 收缩多边形

步骤 6 进入多边形层级,选择模型中的封口多边形。在石墨建模工具中,选择多边形中的"几何体多边形"命令,将选择的多边形转成正圆形。在"编辑多边形"卷展栏中,单击挤出右侧的□按钮后,设置挤出的数量值为 2mm,单击对号确认,如图 8.108 所示。

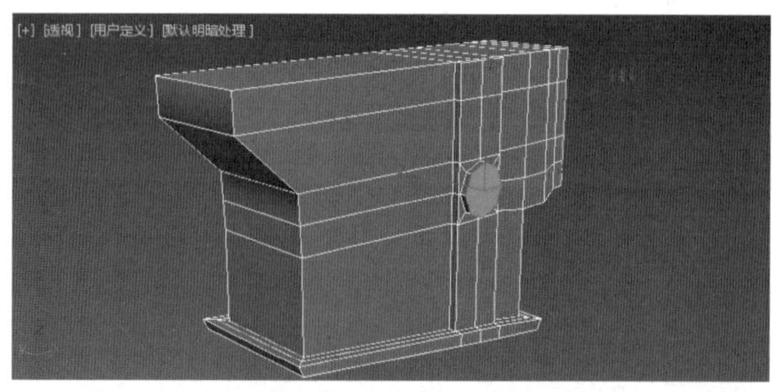

图 8.108 转换正多边形

步骤 7 进入边层级，运用石墨建模工具中的“快速循环”命令，在模型上增加新的边线。进入顶点层级，调整顶点的位置，如图 8.109 所示。

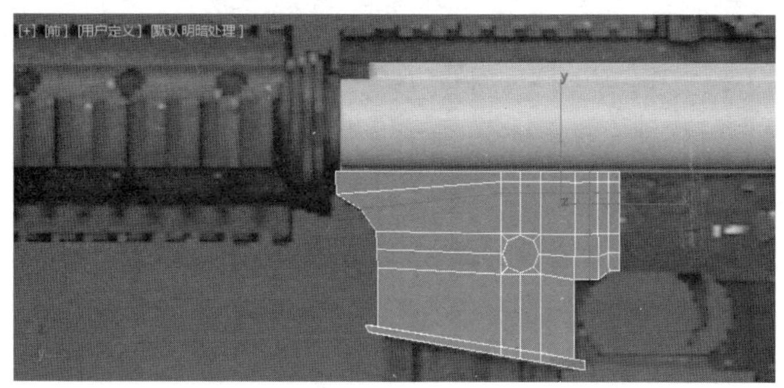

图 8.109 连接加边

步骤 8 进入多边形层级，选择模型中的多边形。在“编辑多边形”卷展栏中，单击挤出右侧的□按钮后，设置挤出的数量值为 2mm，单击对号确认，如图 8.110 所示。

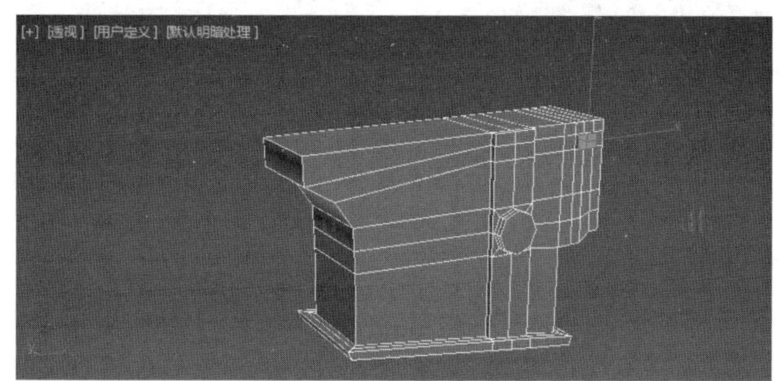

图 8.110 挤出修饰结构

步骤 9 进入边层级，在模型的侧面增加 3 条垂直边线。进入顶点层级，调整侧面点的位置，如图 8.111 所示。

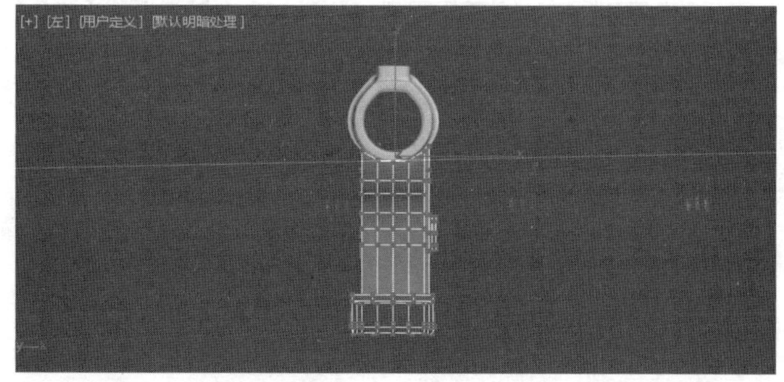

图 8.111 调整顶点

步骤 10 进入边层级，在“编辑边”卷展栏中，运用“切角”命令，在模型的拐角边上进行切角加边处理。运用石墨建模工具中的“快速循环”命令，在模型的不规则边上增加新的边线，控制模型的平滑程度，如图 8.112 所示。

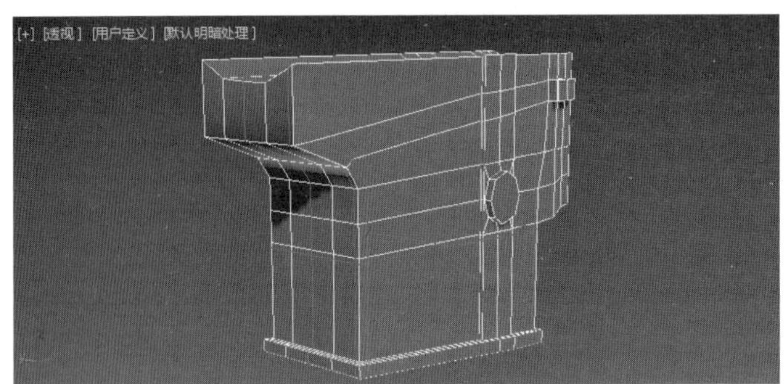

图 8.112 加边控制平滑

步骤 11 返回到编辑多边形的顶级，并在“修改”面板中添加涡轮平滑修改器，将涡轮平滑的迭代次数设置成 2，平滑后的效果如图 8.113 所示。

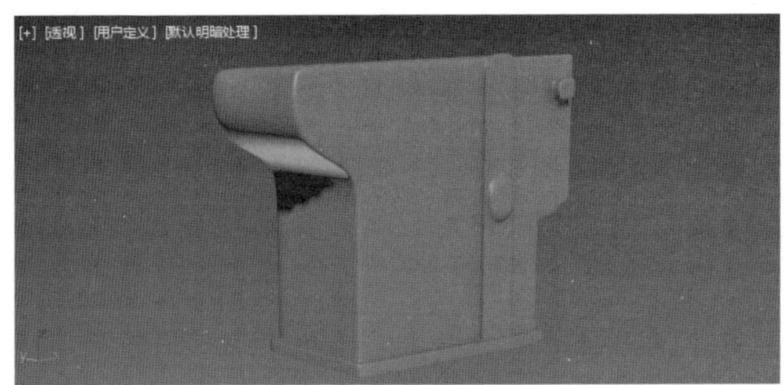

图 8.113 平滑效果

步骤 12 单击“创建”面板→“几何体”，创建一个长方体。在“修改”面板中，为其添加编辑多边形修器。在边层级中，为模型增加边的数值。在顶点级别，调整点的位置，形成枪身零件的模型，如图 8.114 所示。

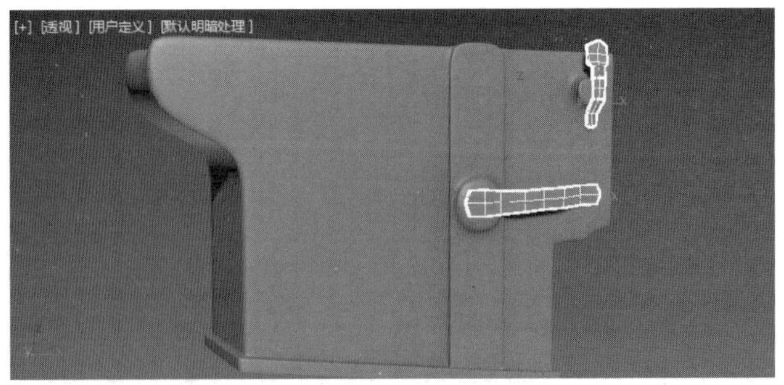

图 8.114 修饰弹片

3. 制作右侧枪身模型的细节结构

步骤 1 选择右侧枪身模型，进入边层级，在左视图中选择模型侧面所有的水平边，单击□按钮后，设置连接的边数值为5，单击对号确认，增加5条垂直边线。进入顶点层级，调整侧面点的位置，如图8.115所示。

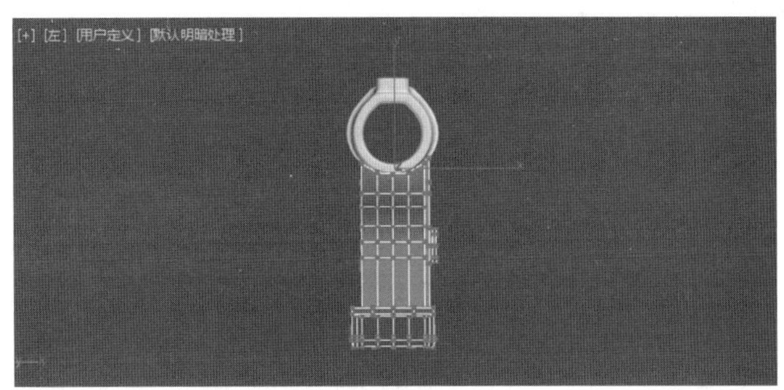

图8.115 调节右侧枪身的顶点

步骤2 进入边层级，选择模型正面所有的水平边，单击□按钮后，设置连接的边数值为1，单击对号确认，增加1条垂直边线，如图8.116所示。

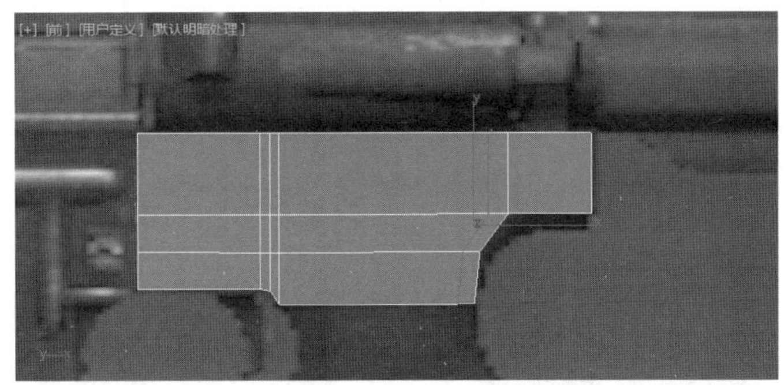

图8.116 连接加边

步骤3 进入多边形层级，选择模型的顶面多边形，在"编辑多边形"卷展栏中，单击"挤出"按钮，挤出产生新的多边形。进入顶点层级，调整点的位置。依照相同的方法，不断地挤出，不断地调整点，最后形成一个圆弧结构。在多边形层级，删除挤出生成的端面。在边界层级，用目标焊接，将缺口的端面进行焊接，如图8.117所示。

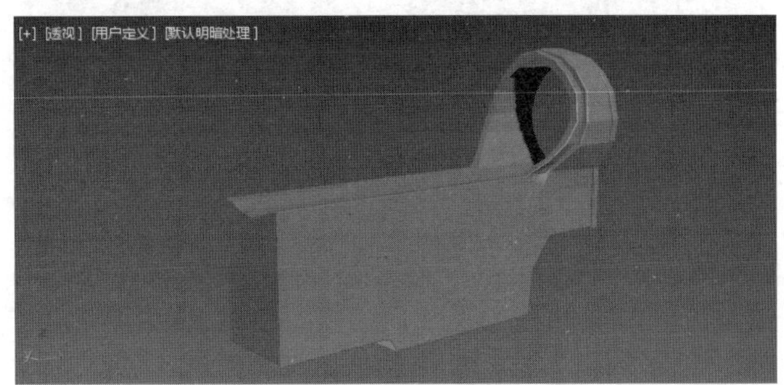

图8.117 挤出焊接

步骤 4 进入边层级,在"编辑边"卷展栏中,运用"切角"命令,在模型的拐角边上进行切角加边处理。运用石墨建模工具中的"快速循环"命令,在模型的不规则边上增加新的边线,控制模型的光滑程度,如图 8.118 所示。

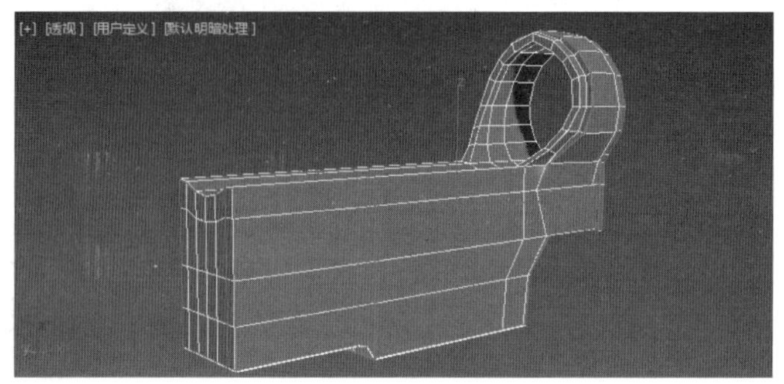

图 8.118 切角加边

步骤 5 返回到编辑多边形的顶级,并在"修改"面板中添加涡轮平滑修改器,将涡轮平滑的迭代次数设置成 2,平滑后的效果如图 8.119 所示。

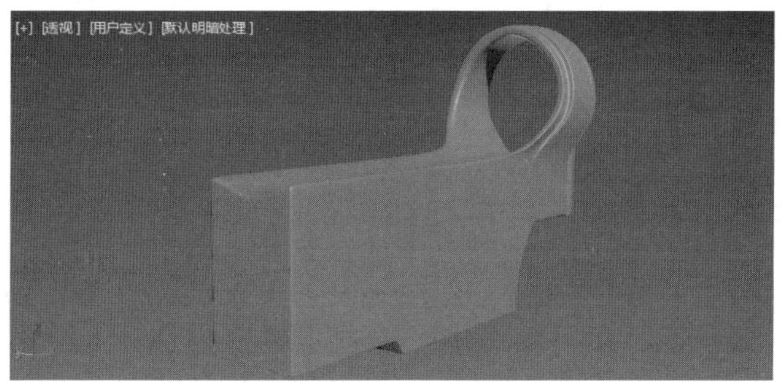

图 8.119 平滑效果

步骤 6 依照上面的建模方法,制作右侧枪身的修饰元素模型,如图 8.120 所示。

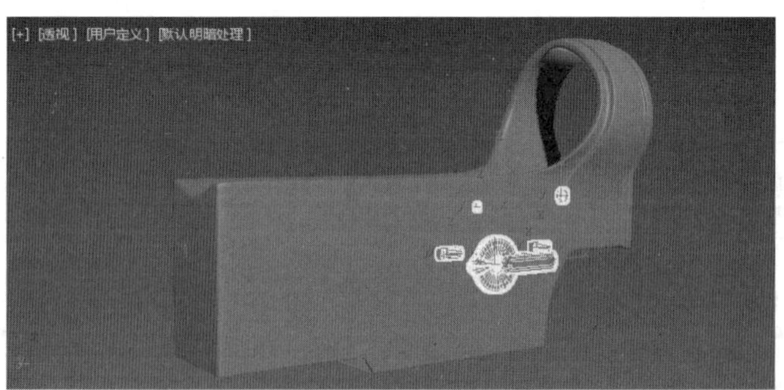

图 8.120 修饰元素

8.2.5 创建卡宾枪弹夹模型

步骤 1 选择弹夹模型,进入边层级,选择模型的水平边,单击连接右侧的□按钮后,设置连接的边数值为 6，单击对号确认，增加 6 条垂直边线。进入顶点层级，调整新增加边上点的位置，如图 8.121 所示。

图 8.121　弹夹加边

步骤 2　进入多边形层级，选择模型上的多边形，单击□按钮后，设置挤出的数量值为 7mm，单击对号确定，如图 8.122 所示。

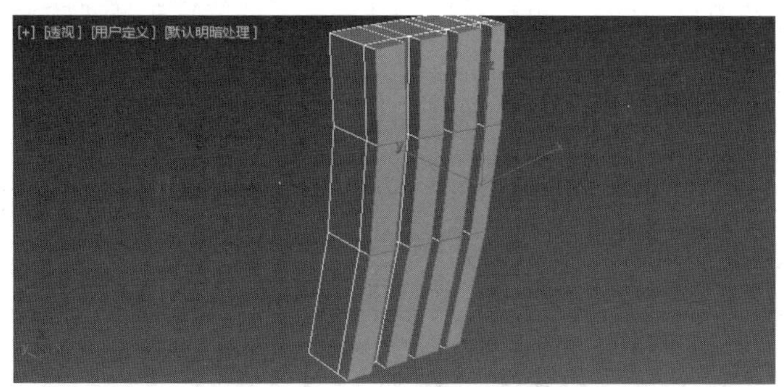

图 8.122　挤出多边形

步骤 3　进入边层级，选择模型上的边线，在“编辑边”卷展栏中，运用“切角”命令，在模型的拐角边上进行切角加边处理。运用石墨建模工具中的“快速循环”命令，在模型的不规则边上增加新的边线，控制模型的光滑程度，如图 8.123 所示。

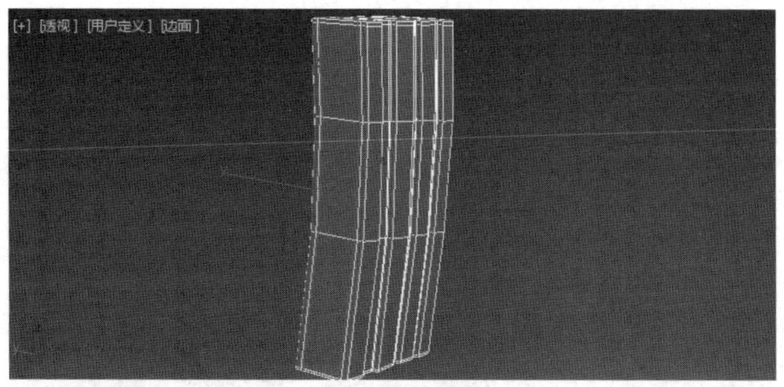

图 8.123　加边控制平滑

步骤 4　返回到编辑多边形的顶级，并在“修改”面板中添加涡轮平滑修改器，将涡轮平滑的迭代次数设置成 2,平滑后的效果如图 8.124 所示。

图 8.124 平滑效果

8.2.6 创建卡宾枪其他结构模型

1. 制作枪扳机的细节结构

步骤 1 单击“创建”面板→“几何体”,创建一个长方体。在“修改”面板中,为其添加编辑多边形修改器,如图 8.125 所示。

图 8.125 扳机初始模型

步骤 2 进入顶点层级,运用选择并移动工具,将模型下表面的点移动到扳机的最下方。进入边层级,选择垂直的边线,在“编辑边”卷展栏中,单击连接右侧的□按钮后,设置连接的边数值为 7,单击对号确认,增加 7 条水平边线。在前视图中,进入顶点层级,调整新增加边上点的位置,如图 8.126 所示。

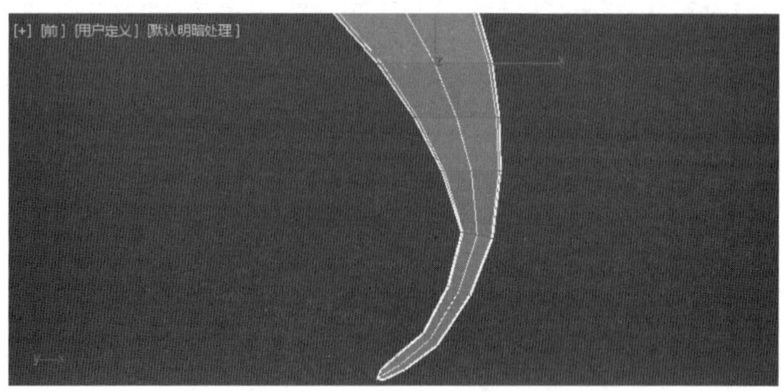

图 8.126 加点调整

步骤 3 进入多边形层级，选择模型左侧的多边形，在“编辑边”卷展栏中，单击挤出右侧的□按钮后，设置挤出的数量值为 2mm，单击对号确认。进入点层级，调整点的位置，使枪扳机上宽下窄，如图 8.127 所示。

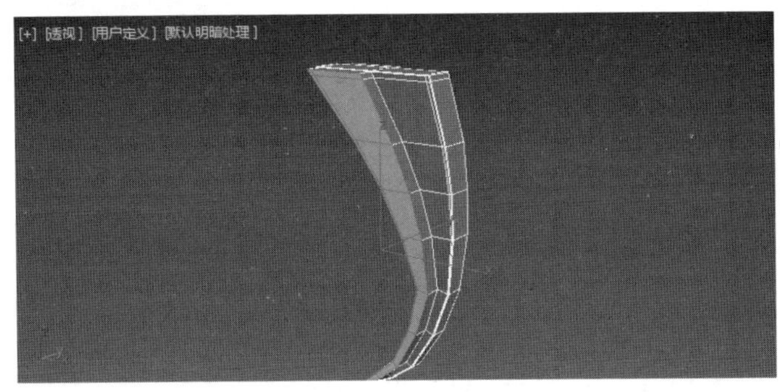

图 8.127 挤出侧面多边形

步骤 4 进入边层级，选择模型上的边线，在“编辑边”卷展栏中，运用“切角”命令，在模型的拐角边上进行切角加边处理。运用石墨建模工具中的“快速循环”命令，在模型的不规则边上增加新的边线，控制模型的光滑程度。返回到编辑多边形的顶级，并在“修改”面板中添加涡轮平滑修改器，将涡轮平滑的迭代次数设置成 2，平滑后的效果如图 8.128 所示。

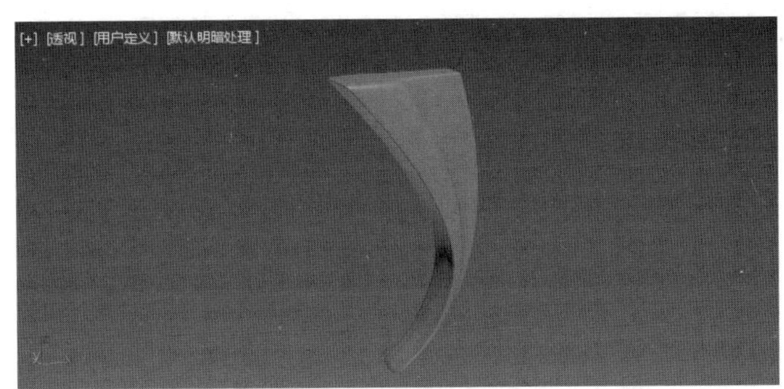

图 8.128 平滑效果

步骤 5 依照相同的方式制作枪扳机周围的模型。返回到编辑多边形的顶级，并在“修改”面板中添加涡轮平滑修改器，将涡轮平滑的迭代次数设置成 2，平滑后的效果如图 8.129 所示。

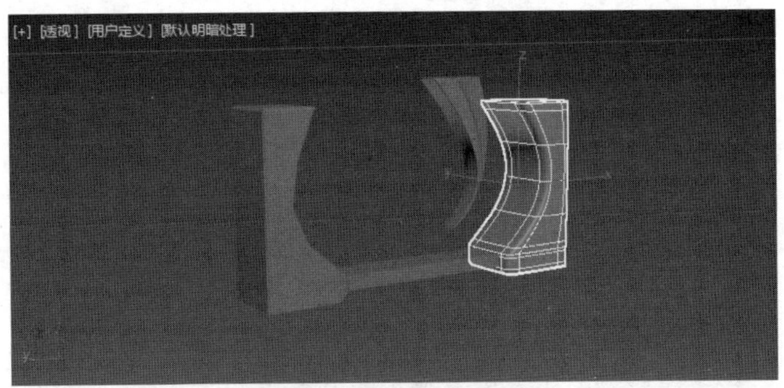

图 8.129 扳机周围模型

2. 制作枪把手的细节结构

步骤 1 选择枪把手模型,进入边层级,选择模型的垂直边,单击连接右侧的□按钮后,设置连接的边数值为 1,单击对号确认,增加 1 条水平边线。进入顶点层级,调整顶点的位置,如图 8.130 所示。

图 8.130 连接加边

步骤 2 进入多边形层级,选择模型侧面的多边形,在"编辑多边形"卷展栏中,单击挤出右侧的□按钮后,设置挤出的数量值为 3mm,单击对号确认。进入顶点层级,调整顶点的位置,如图 8.131 所示。

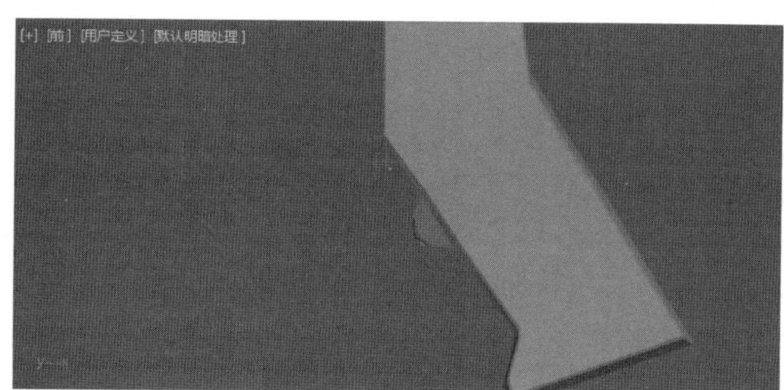

图 8.131 挤出多边形

步骤 3 进入边层级,选择模型上的边线,在"编辑边"卷展栏中,运用"切角"命令,在模型的拐角边上进行切角加边处理。运用石墨建模工具中的"快速循环"命令,在模型的不规则边上增加新的边线,控制模型的光滑程度,如图 8.132 所示。

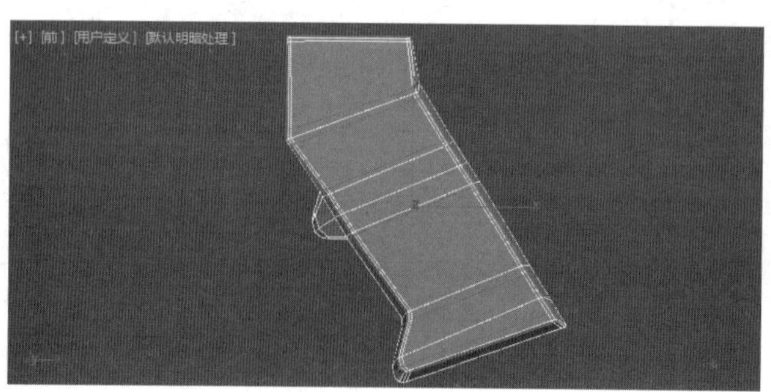

图 8.132 连接加边

步骤 4　返回到编辑多边形的顶级，并在"修改"面板中添加涡轮平滑修改器，将涡轮平滑的迭代次数设置成 2，平滑后的效果如图 8.133 所示。

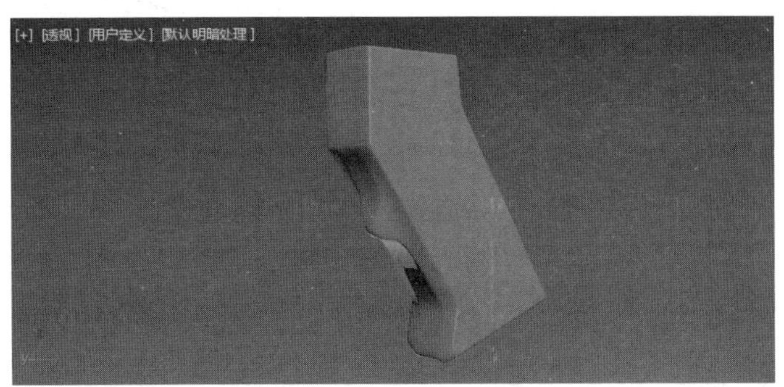

图 8.133　平滑效果

3. 制作枪准星滑道的细节结构

步骤 1　单击"创建"面板→"几何体"，创建一个长方体。在"修改"面板中，为其添加编辑多边形修改器。进入顶点层级，调整点的位置，如图 8.134 所示。

图 8.134　准星滑道模型

步骤 2　进入边层级，选择水平的边线，单击连接右侧的按钮后，设置连接的边数值为 26，单击对号确认，增加 26 条垂直边线。进入顶点层级，调整顶点的位置，如图 8.135 所示。

图 8.135　连接加边

步骤 3 进入多边形层级,选择模型上下表面的多边形,单击挤出右侧的按钮后,设置挤出的数量值为 6mm,单击对号确认,如图 8.136 所示。

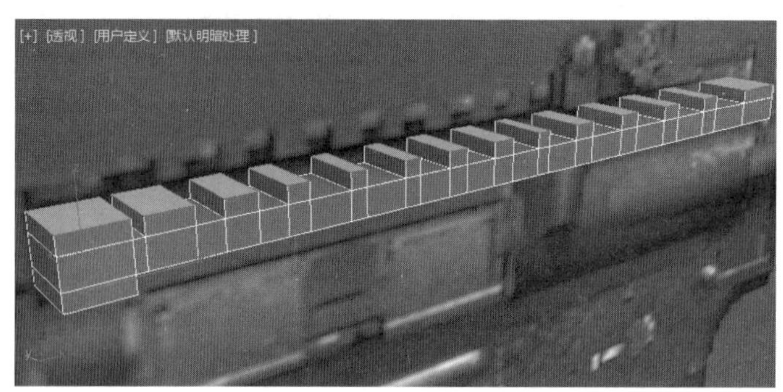

图 8.136 挤出多边形

步骤 4 在多边形层级,按快捷键 Alt,框选去掉两侧的多边形,单击倒角右侧的按钮后,设置倒角的数量值为 4mm,轮廓值为 1mm,单击对号确认。单击挤出右侧的按钮后,设置倒角的数量值为 4mm,单击对号确认,如图 8.137 所示。

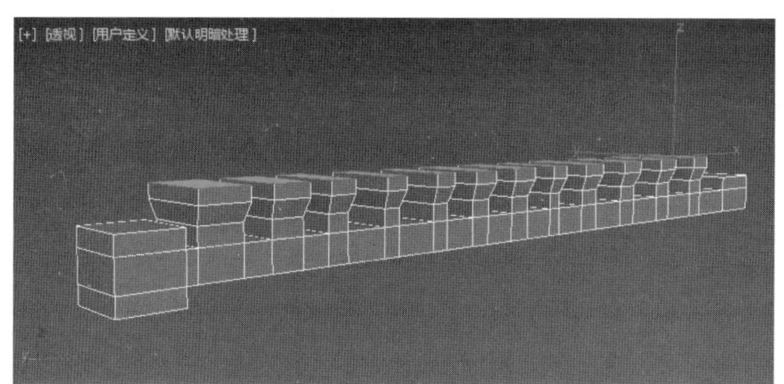

图 8.137 倒角多边形

步骤 5 在多边形层级,选择左侧上方的多边形,在“编辑多边形”卷展栏中,单击倒角右侧的按钮后,设置倒角的数量值为 2mm,轮廓值为 1mm,单击对号确认。单击挤出右侧的按钮后,设置倒角的数量值为 2mm,单击对号确认。选择右侧上方的多边形,进行两次向上挤出。进入顶点层级,调整点的位置,如图 8.138 所示。

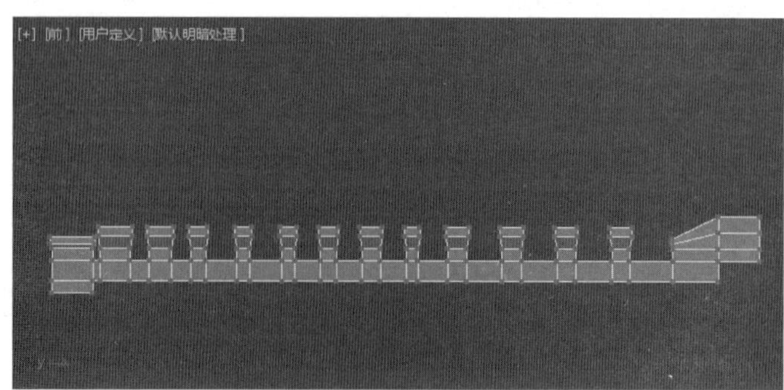

图 8.138 调整右侧多边形

步骤 6 进入边层级，选择模型上的边线，在“编辑边”卷展栏中，运用“切角”命令，在模型的拐角边上进行切角加边处理。运用石墨建模工具中的“快速循环”命令，在模型的不规则边上增加新的边线，控制模型的光滑程度，如图 8.139 所示。

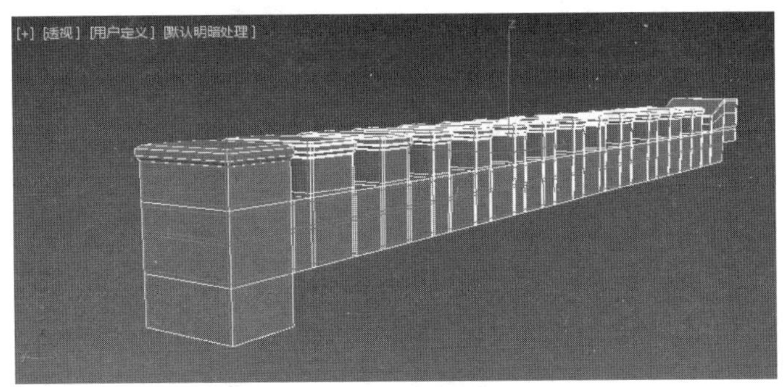

图 8.139 加边控制平滑

步骤 7 返回到编辑多边形的顶级，并在“修改”面板中添加涡轮平滑修改器，将涡轮平滑的迭代次数设置成 2，平滑后的效果如图 8.140 所示。

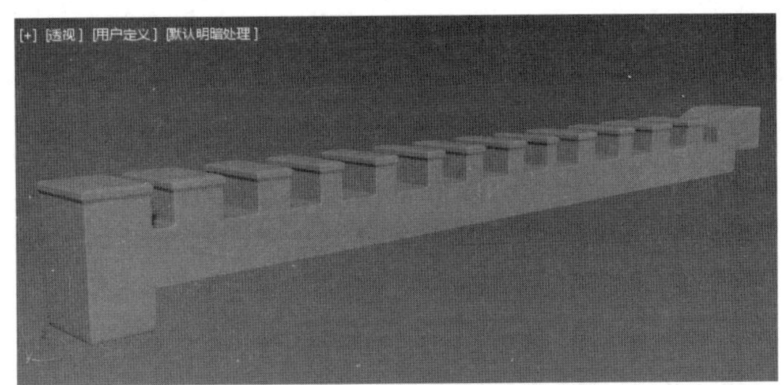

图 8.140 平滑效果

4. 制作枪准星的细节结构

步骤 1 单击“创建”面板→“几何体”，创建一个长方体。在“修改”面板中，为其添加编辑多边形修改器。进入顶点层级，调整点的位置，如图 8.141 所示。

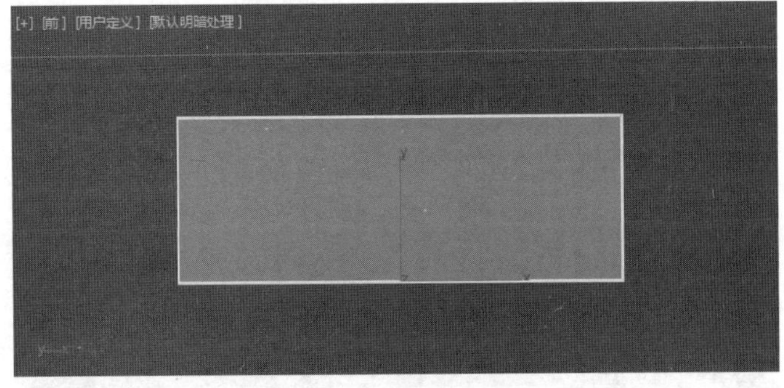

图 8.141 准星初始模型

步骤 2 进入边层级,选择水平的边线,单击连接右侧的□按钮后,设置连接的边数值为 2,单击对号确认,增加 2 条垂直边线。进入顶点层级,调整顶点的位置。进入多边形层级,在"编辑多边形"卷展栏中,单击挤出右侧的□按钮后,设置倒角的数量值为 8mm,单击对号确认。进入顶点层级,调整点的位置,如图 8.142 所示。

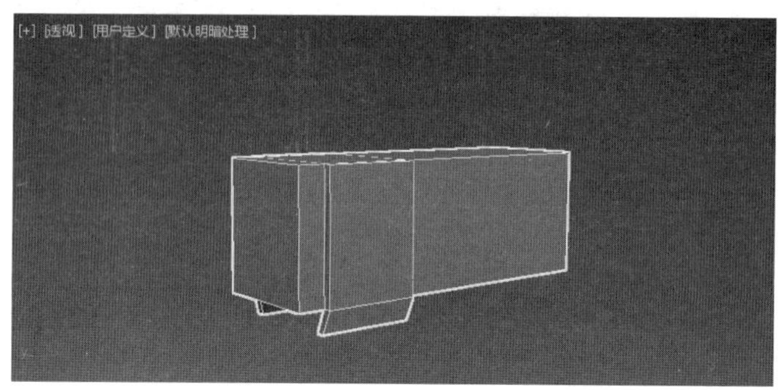

图 8.142　准星格挡模型

步骤 3 单击"创建"面板→"几何体",创建一个圆柱体。在"修改"面板中,将圆柱体的边数设置成 20,为其添加编辑多边形修器;并对该物体向上复制两个模型,进入顶点层级,调整各个模型的高度,如图 8.143 所示。

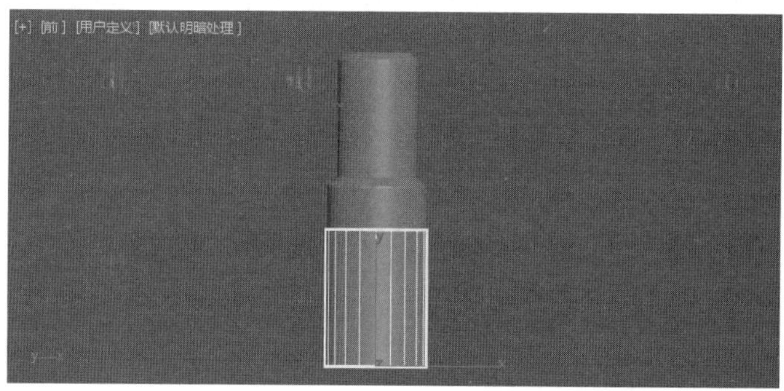

图 8.143　准星表盘模型

步骤 4 选择下方圆柱体模型,进入多边形层级,隔选多边形的表面,在"编辑多边形"卷展栏中,单击倒角右侧的□按钮后,设置倒角的数量值为 4mm,轮廓的数值为 1.5mm,单击对号确认。进入顶点层级,调整点的位置,如图 8.144 所示。

图 8.144　倒角多边形

步骤 5 进入边层级，选择模型上的边线，在“编辑边”卷展栏中，运用“切角”命令，在模型的拐角边上进行切角加边处理。运用石墨建模工具中的“快速循环”命令，在模型的不规则边上增加新的边线，控制模型的光滑程度；并创建准星的修饰元素模型，如图 8.145 所示。

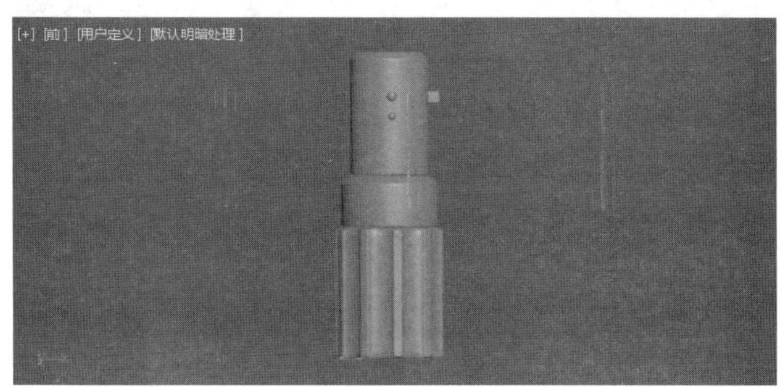

图 8.145　准星修饰模型

步骤 6 单击“创建”面板→“几何体”，创建一个圆柱体。在“修改”面板中，将圆柱体的边数设置成 12，为其添加编辑多边形修器，如图 8.146 所示。

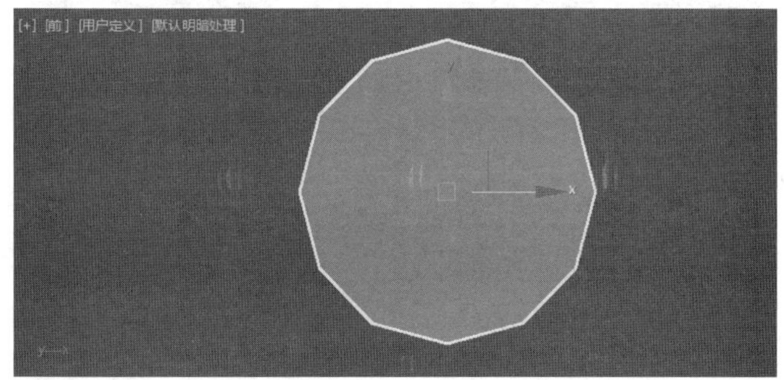

图 8.146　调节器模型

步骤 7 进入多边形层级，按快捷键 Delete，删除模型两个端面。进入顶点层级，隔选不相邻的顶点，运用选择并均匀缩放工具，在前视图中，向模型中心缩放来移动顶点位置，如图 8.147 所示。

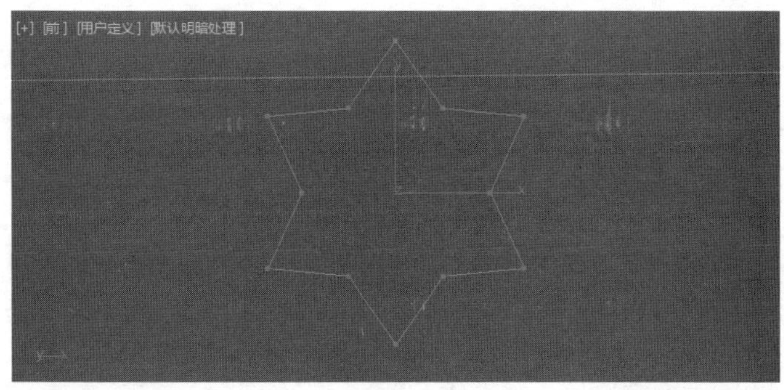

图 8.147　调整顶点

步骤 8 进入边层级,选择六角星上角的边线,在“编辑边”卷展栏中,单击切角右侧的按钮后,设置切角的边数值为 1,切角的数量值为 2mm,单击对号确认,如图 8.148 所示。

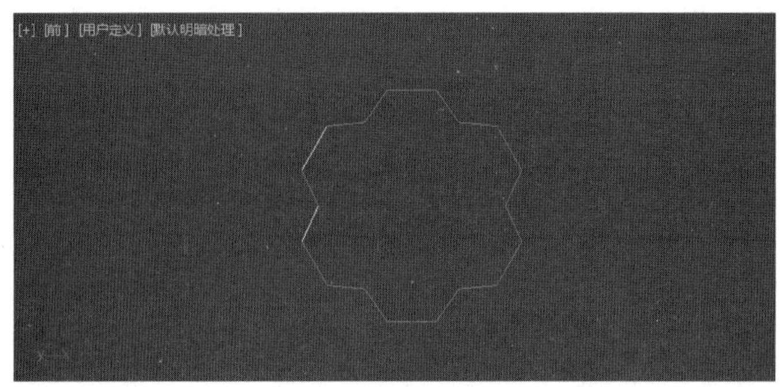

图 8.148 切角加边

步骤 9 进入边层级,选择切面的边,运用石墨建模工具中的“快速循环”命令,新的边线。进入顶点级别调整新增加边上点的位置,如图 8.149 所示。

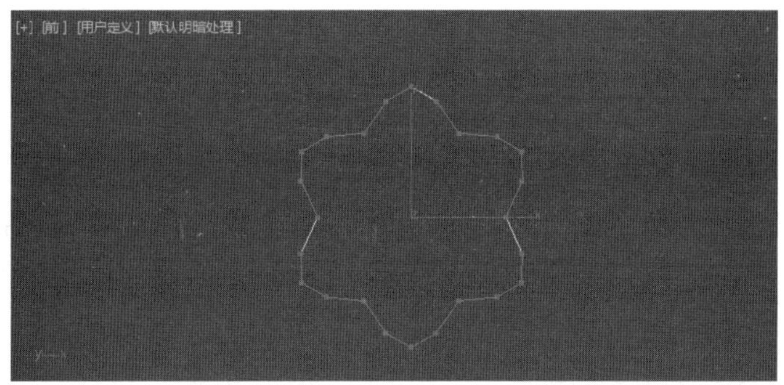

图 8.149 调整顶点

步骤 10 在边界层级,选择所有的开口边界,按快捷键 Shift,运用选择并缩放工具,向内缩放复制出向内缩小的多边形。用相同的方式制作出另外一个端面的结构。运用石墨建模工具中的“快速循环”命令,在模型的不规则边上增加新的边线,控制模型的光滑程度,如图 8.150 所示。

图 8.150 加边控制平滑

步骤 11 返回到编辑多边形的顶级，并在“修改”面板中添加涡轮平滑修改器，将涡轮平滑的迭代次数设置成 2，平滑后的效果如图 8.151 所示。

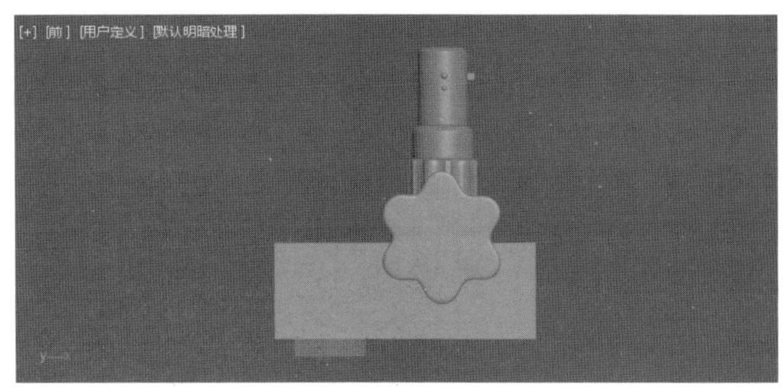

图 8.151 平滑效果

5. 制作枪前段准星的细节结构

步骤 1 单击“创建”面板→“几何体”，创建一个长方体。在“修改”面板中，为其添加编辑多边形修改器。进入顶点层级，调整点的位置，使其厚度和参考图比例关系匹配，如图 8.152 所示。

图 8.152 前段准星模型

步骤 2 进入边层级，选择水平的边线，单击连接右侧的□按钮后，设置连接的边数值为 2，单击对号确认，增加 2 条垂直边线。选择垂直的边线，单击连接右侧的□按钮后，设置连接的边数值为 3，单击对号确认，增加 3 条水平的边线。进入顶点层级，调整顶点的位置，如图 8.153 所示。

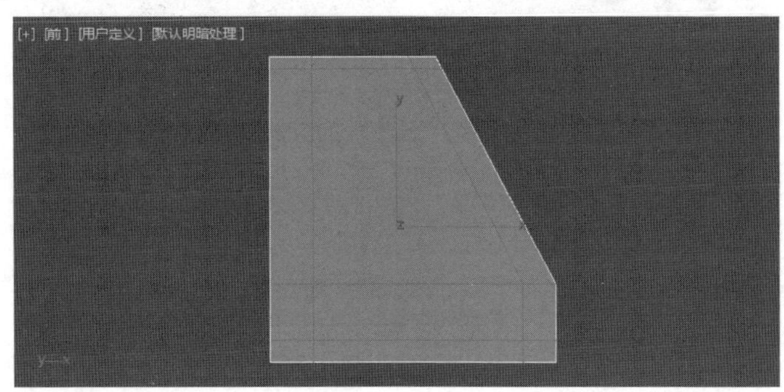

图 8.153 连接加边

步骤 3 进入多边形层级，选择正面和背面的中间两个多边形，在“编辑多边形”卷展栏中，单击桥右侧的按钮后，单击对号确认，如图 8.154 所示。

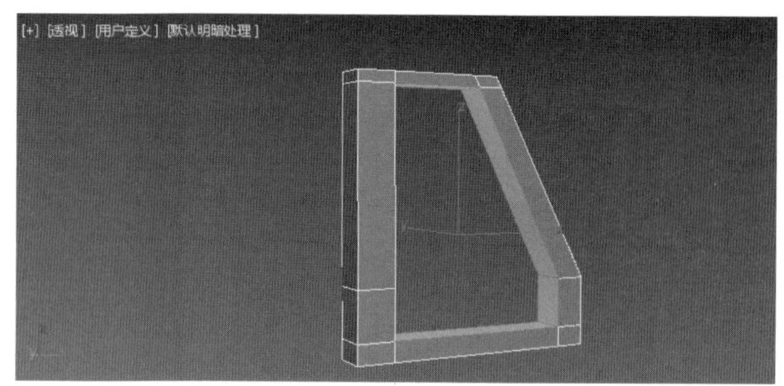

图 8.154 桥处理

步骤 4 在多边形层级，选择模型正面、背面、下表面的多边形，在“编辑多边形”卷展栏中，单击挤出右侧的按钮后，设置挤出的高度，单击对号确认，如图 8.155 所示。

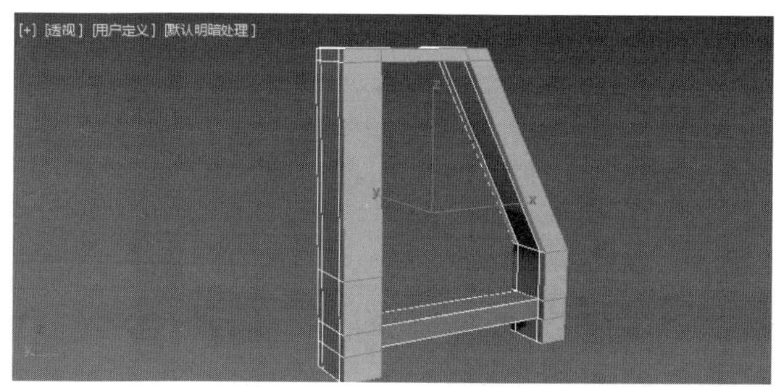

图 8.155 挤出正面模型

步骤 5 在多边形层级，选择模型上表面的多边形，在“编辑多边形”卷展栏中，单击挤出右侧的按钮后，设置挤出的高度，单击对号确认。进入边层级，选择水平的边线，单击连接右侧的按钮后，设置连接的边数值为 3，单击对号确认，增加 3 条垂直边线。进入顶点层级，调整顶点的位置，如图 8.156 所示。

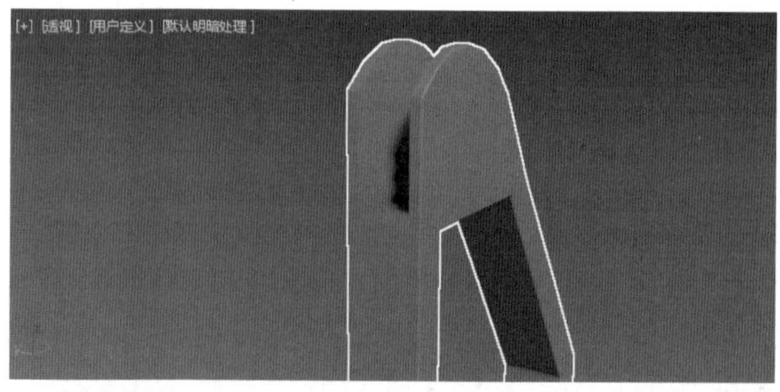

图 8.156 挤出顶面模型

步骤 6　进入边层级，选择模型上的边线，在“编辑边”卷展栏中，运用“切角”命令，在模型的拐角边上进行切角加边处理。运用石墨建模工具中的“快速循环”命令，在模型的不规则边上增加新的边线，控制模型的光滑程度，如图 8.157 所示。

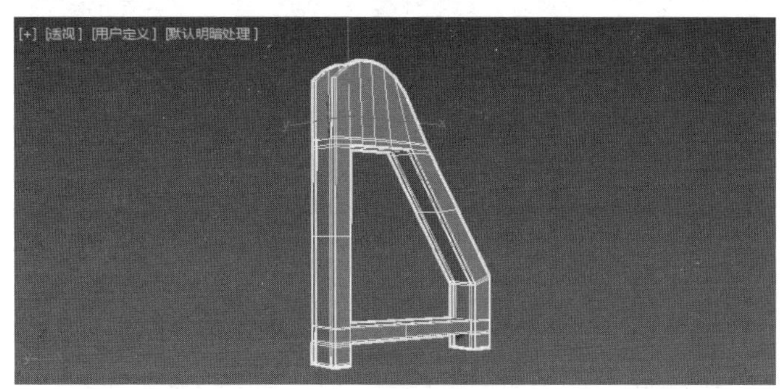

图 8.157　加边控制平滑

步骤 7　返回到编辑多边形的顶级，并在“修改”面板中添加涡轮平滑修改器，将涡轮平滑的迭代次数设置成 2，平滑后的效果如图 8.158 所示。

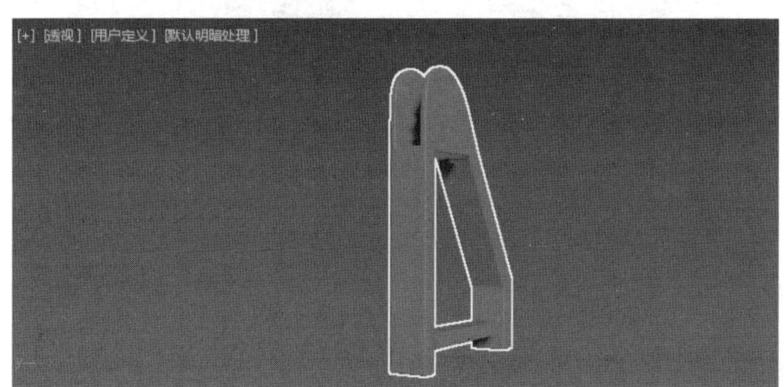

图 8.158　平滑效果

步骤 8　依照相同的建模方式，制作枪的其他结构模型，将模型全部显示出来，前视图的平滑效果如图 8.159 所示，透视图的平滑效果如图 8.160 所示。

图 8.159　前视图平滑效果

步骤 9　为模型赋予材质，进行渲染输出，如图 8.161 所示。

图 8.160 透视图平滑效果

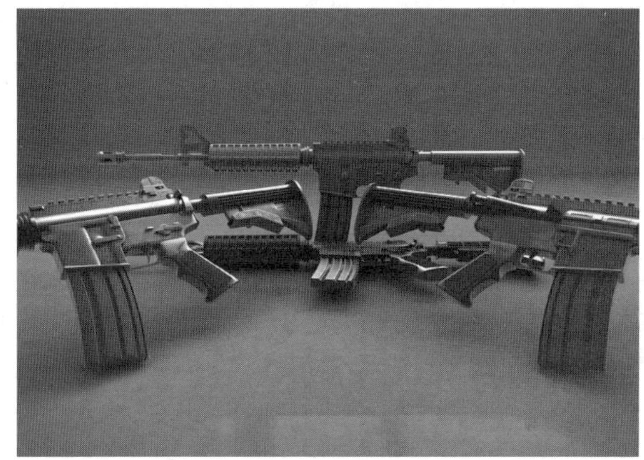

图 8.161 渲染效果

8.3 多边形制作飞机模型

1. 创建飞机头部

步骤 1 建立一个球体,单击"创建"→"几何体"按钮,然后单击"标准几何体"下的"球体"按钮,在前视图中创建一个球体。进入"修改"面板,设置分段数为 15,如图 8.162 所示。

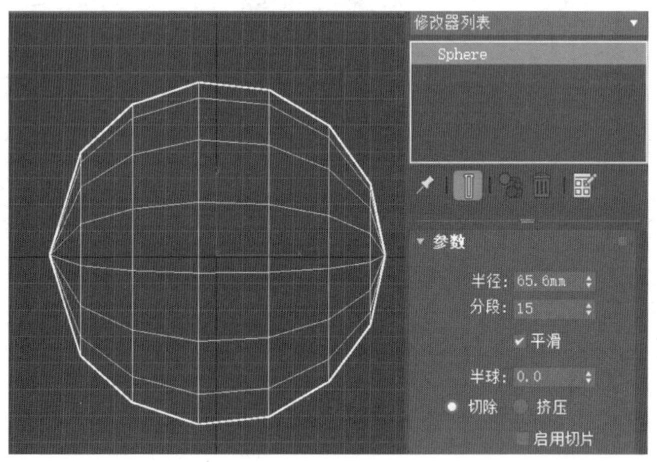

图 8.162 创建球体

步骤 2　鼠标右键单击球体，在弹出的菜单栏里依次单击“转换为”→“转换为可编辑多边形”。然后在修改器堆栈中，单击可编辑多边形修改器左侧▶按钮，展开子对象列表。单击其中的元素项，切换到元素对象状态。然后单击“选择并均匀缩放”按钮，在左视图中将球体沿着 X 轴放大，如图 8.163 所示。

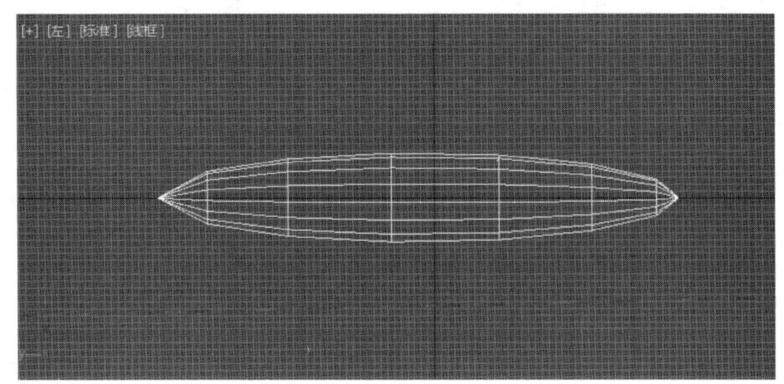

图 8.163　将球体沿着 X 轴放大

步骤 3　进入顶点子级，然后选中相应的顶点进行移动，从而调整出飞机头部形状，如图 8.164 所示。

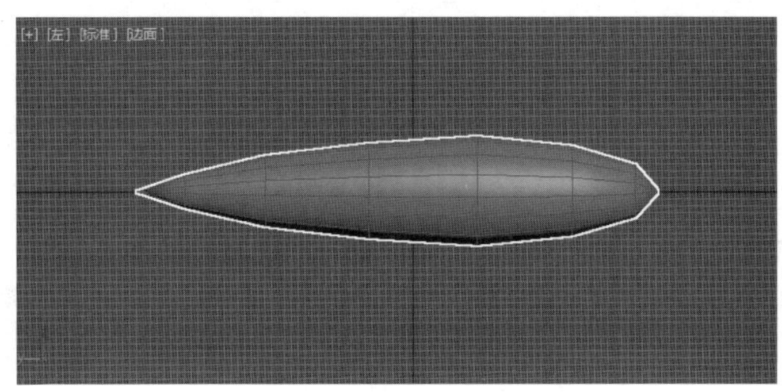

图 8.164　调整出飞机头部

步骤 4　进入多边形层级，按住 Ctrl 键依次选中座舱部位多边形，运用挤出操作，在面板下的“编辑多边形”卷展栏中，单击“挤出”按钮进行挤出操作，单击“挤出”按钮右侧的□按钮会弹出参数设置菜单，在挤出高度中输入 40，如图 8.165 所示。

步骤 5　进入顶点层级，打开“编辑顶点”卷展栏，单击“目标焊接”按钮，将机舱两头的点焊接。然后调整位置，如图 8.166 所示。

步骤 6　进入边层级，选中机舱上面的边，单击“编辑边”卷展栏中的“连接”按钮，把这些边连接起来，如图 8.167 所示。然后进入顶点层级，运用选择并移动工具和选择并均匀缩放工具，调整机舱形状，如图 8.168 所示。

步骤 7　为了以后对模型使用光滑命令的时候，区分机舱与机身的造型，下面进入边层级，选中机舱与机身连接的一组边，然后单击“编辑边”卷展栏中的“切角”右边的□按钮，在边切角量的数值中输入 0.3，确定，如图 8.169 所示。

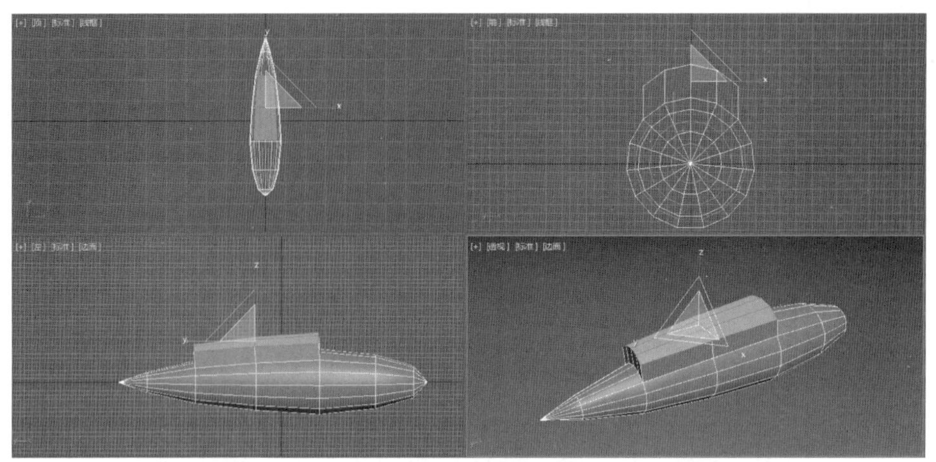

图 8.165　挤出机舱

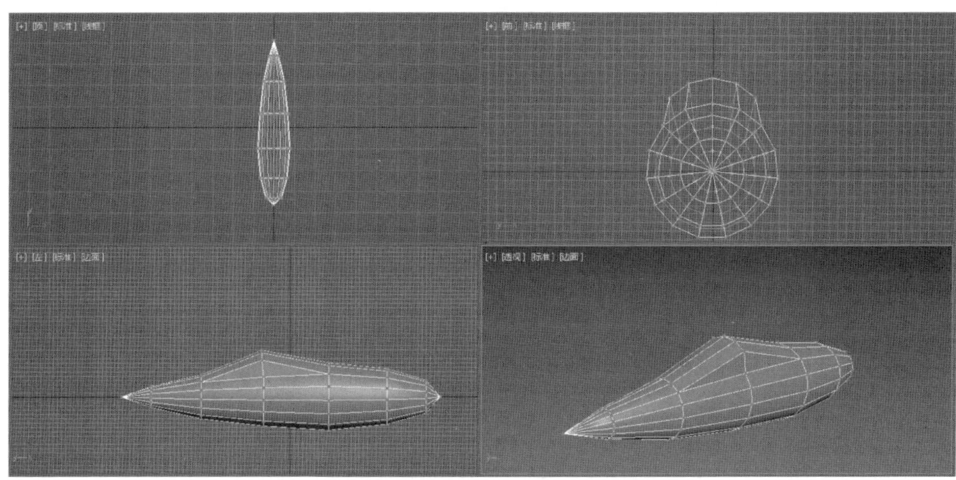

图 8.166　焊接机舱

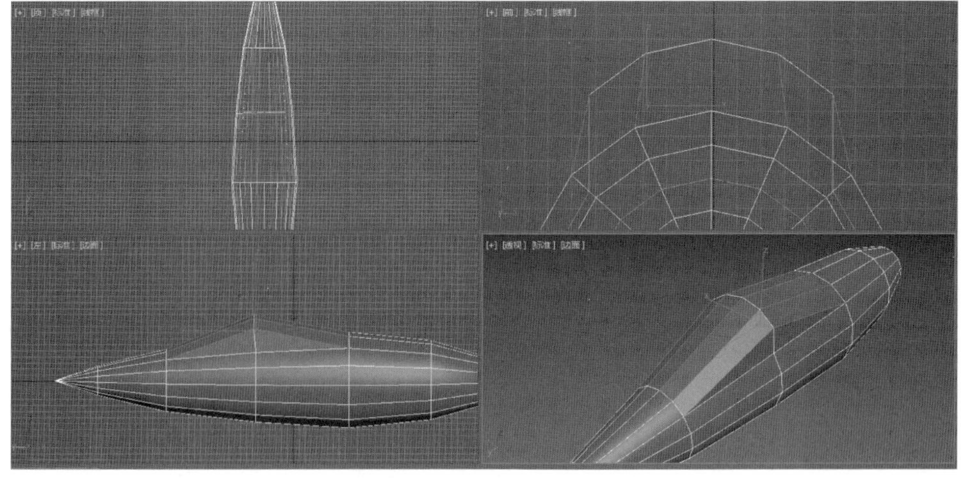

图 8.167　选中相应的边

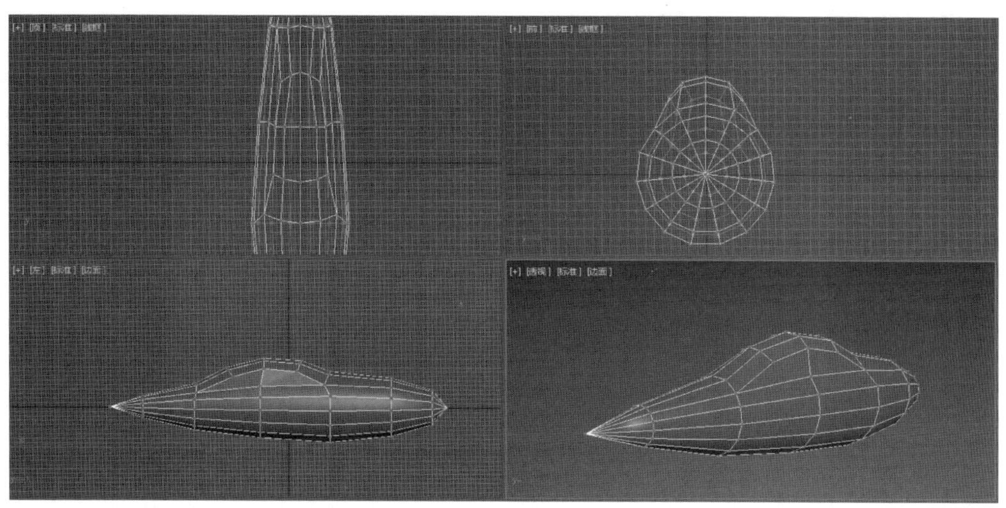

图 8.168 调整后的机舱位子

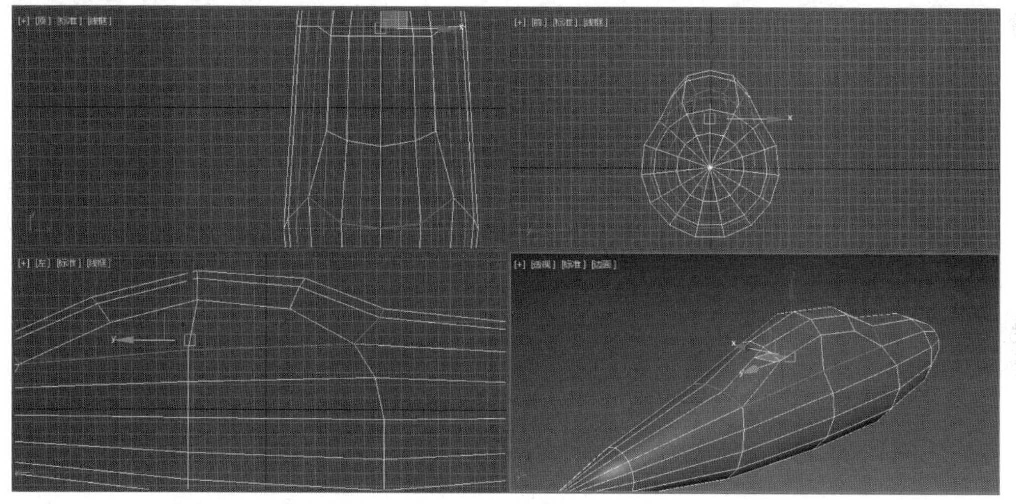

图 8.169 切角效果

2. 创作飞机主体

步骤1 再次调整飞机前后形状后，选中模型后面的一个顶点，然后按 Delete 键，将这个顶点删除，如图 8.170 所示。接着进入边界层级，选中空面处的边界，运用“编辑边界”卷展栏中的“封口”命令将镂空的区域封口。再进入顶点层级，按住 Ctrl 键选择对称的两个顶点，运用“编辑顶点”卷展栏中的“连接”命令，在两个点之间增加一条边，以此类推，再增加两条连接边，如图 8.171 所示。

步骤2 进入多边形层级，按住 Ctrl 键依次选择机身两侧的一些多边形，运用挤出操作，在面板下的“编辑多边形”卷展栏中，运用“挤出”按钮进行挤出操作，单击“挤出”按钮右侧的□按钮后，弹出菜单，在“挤出高度”中输入 60，确定。运用“连接”及“剪切”命令在飞机尾部面上增加一条线后，再进入顶点层级，调整形状，如图 8.172 所示。

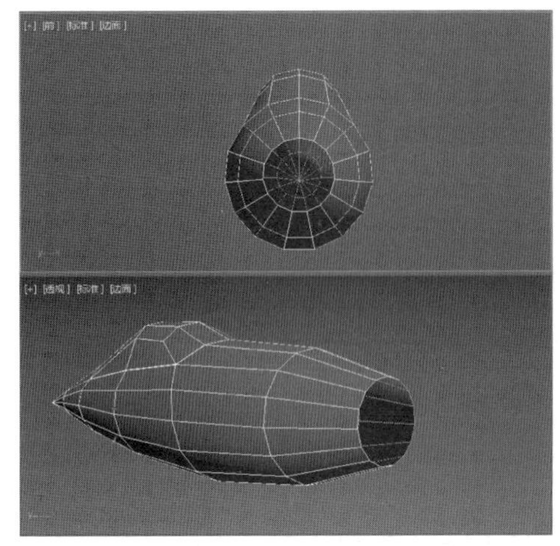

图 8.170　删除顶点效果

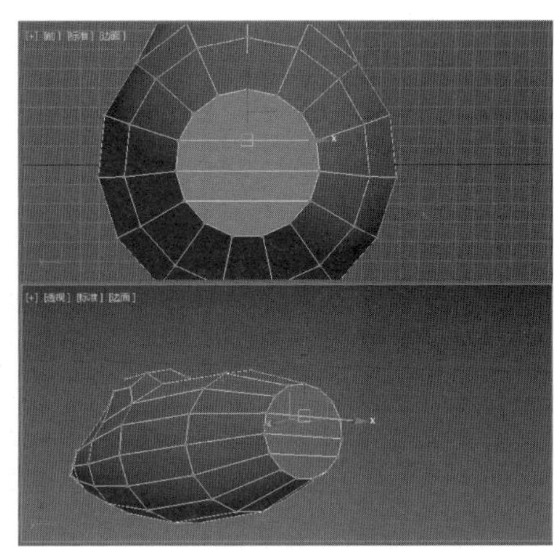

图 8.171　封口剪切后的效果

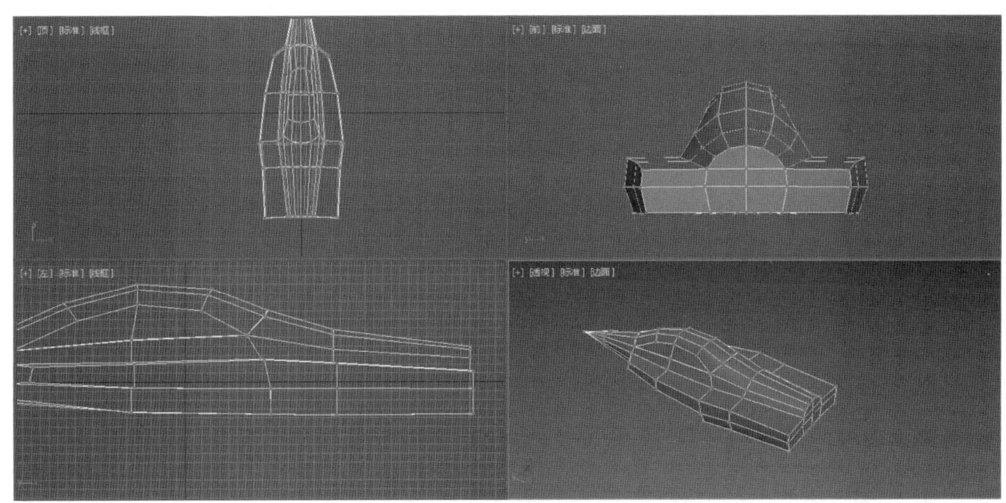

图 8.172　挤出调整后的形状

步骤 3　进入多边形层级，选中机身的多边形，运用面板下的“编辑多边形”卷展栏中的“挤出”按钮进行挤出操作，单击“挤出”按钮右侧▫按钮后，弹出菜单，在“挤出高度”中输入450，然后进入顶点层级，调整形状，如图 8.173 所示。

3. 制作飞机尾部

步骤 1　进入多边形层级，选中机身后端的多边形，运用“挤出”按钮进行挤出操作，单击“挤出”按钮右侧的▫按钮后，弹出菜单，在“挤出高度”中输入 150mm，如图 8.174 所示。

步骤 2　进入顶点层级，选择尾部的几个顶点，在视图的空白处单击鼠标右键，在弹出的菜单栏里选择“塌陷”，将它们塌陷成一个顶点，如图 8.175 所示。

步骤 3　进入边层级，然后选择模型中的十一条边，如图 8.176 所示。运用卷展栏中的连接工具连接这些边，如图 8.177 所示。

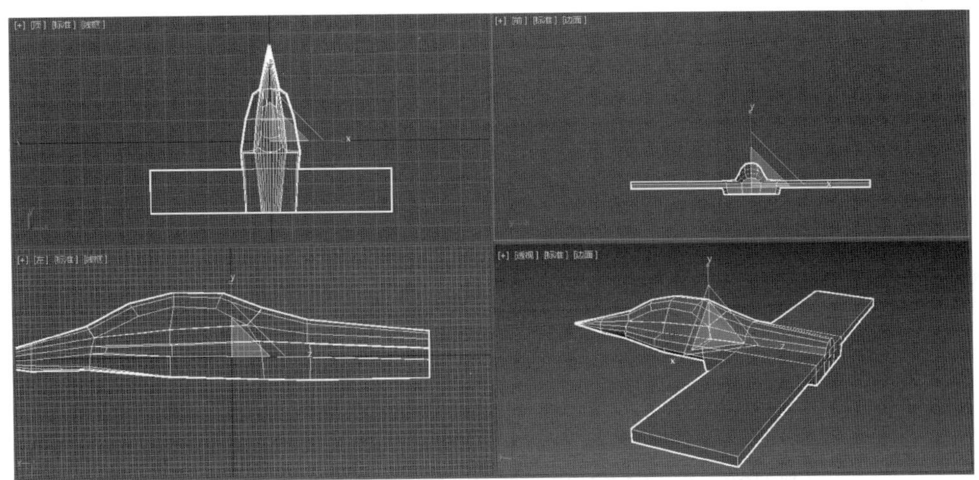

图 8.173 挤出机翼调整后的形状

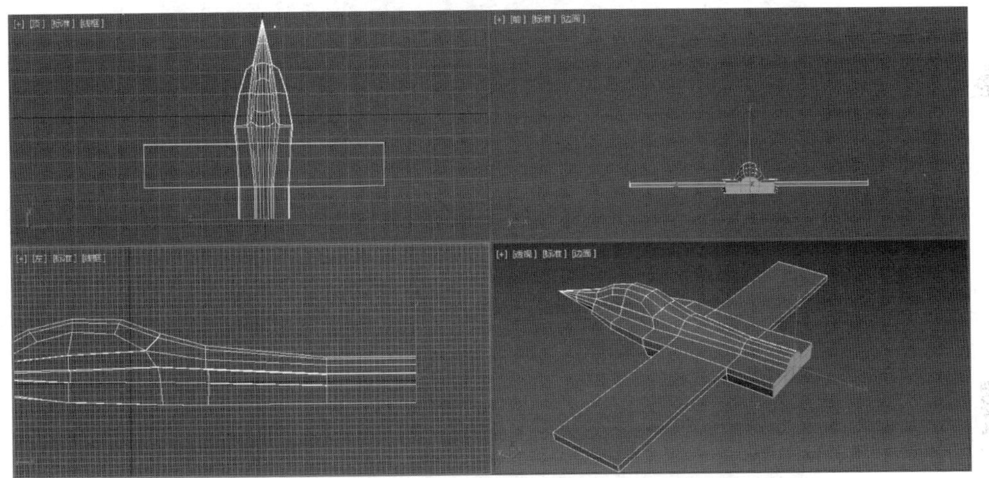

图 8.174 挤出飞机后端

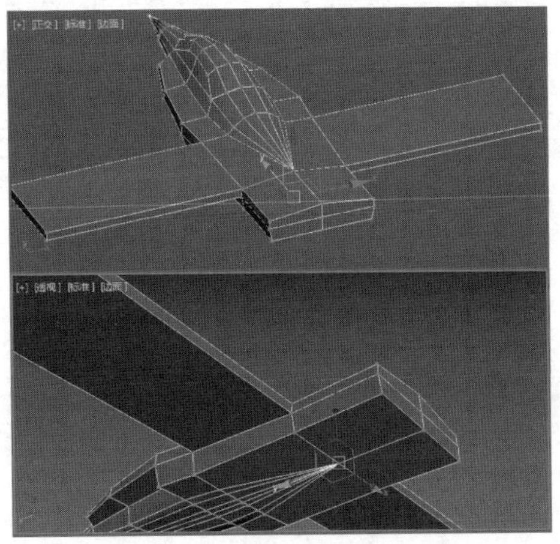

图 8.175 塌陷后的飞机尾部

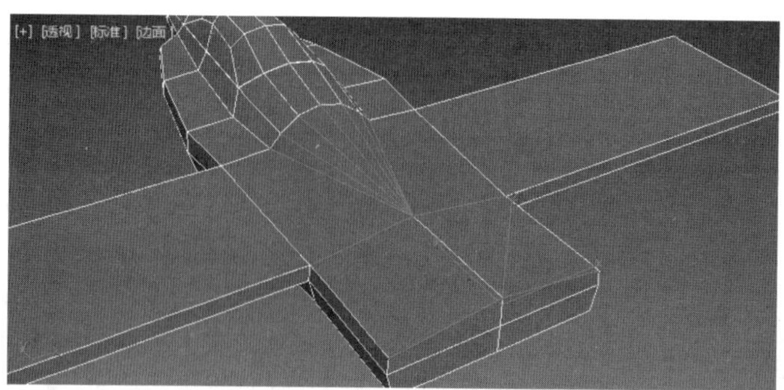

图 8.176 选中的边

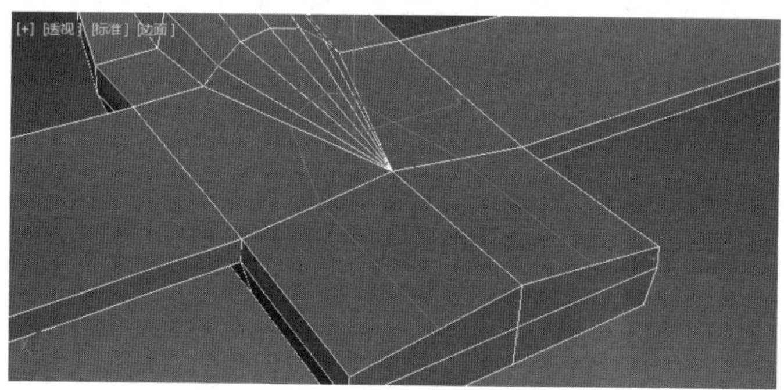

图 8.177 连接的边

步骤 4 调整飞机尾部后，进入多边形层级，选中尾部的两个多边形，运用挤出工具挤出垂直尾翼，调整形状，如图 8.178 所示。

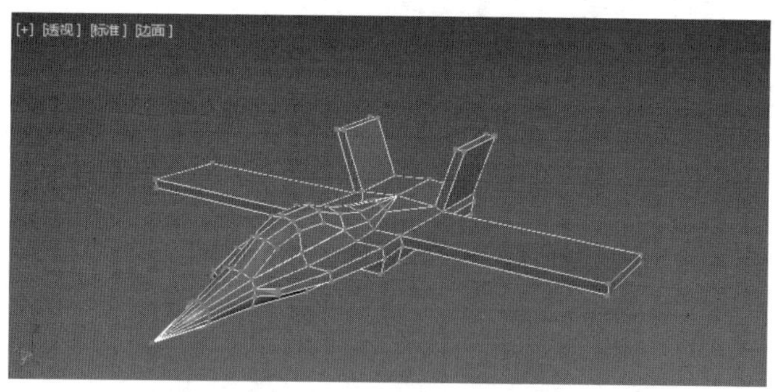

图 8.178 挤出垂直尾翼

步骤 5 选中模型中的多边形，如图 8.179 所示。然后运用“挤出”按钮进行挤出操作，单击“挤出”按钮右侧的■按钮后，弹出菜单，在“挤出数值”中输入 0，如图 8.179 所示。然后再进入顶点层级，调整尾部后面的几个点，如图 8.180 所示。

步骤 6 进入多边形层级，选中这个多边形。用“挤出”按钮进行挤出操作，单击“挤出”按钮右侧的■按钮后，弹出菜单，在“挤出高度”中输入 160。对模型的点进行调整，如图 8.181 所示。

4. 制作引擎

步骤 1 选中飞机尾部的多边形，然后运用“挤出”按钮进行挤出操作。单击“挤出”按

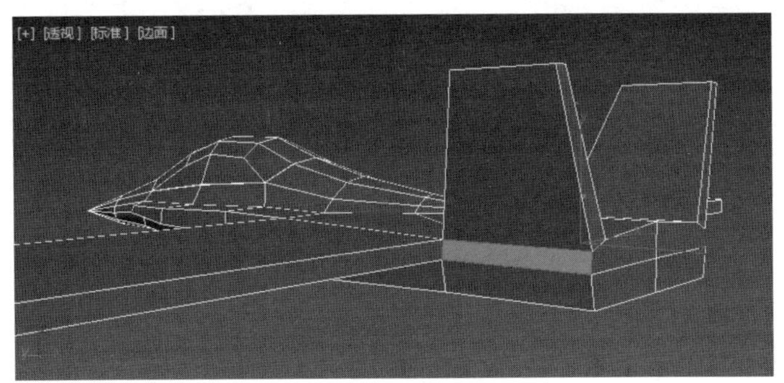

图 8.179 应选中的多边形

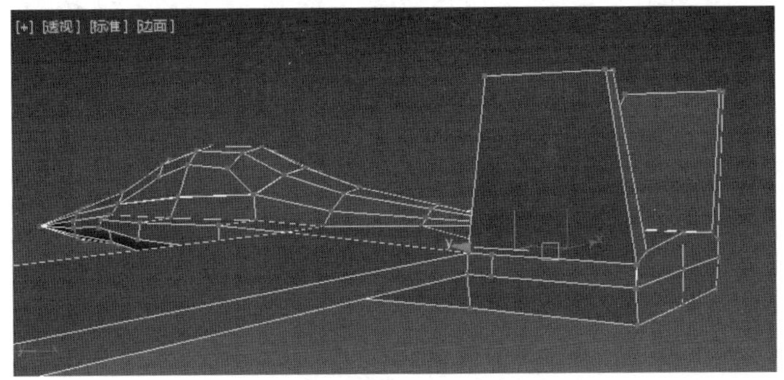

图 8.180 调整后的飞机尾部点

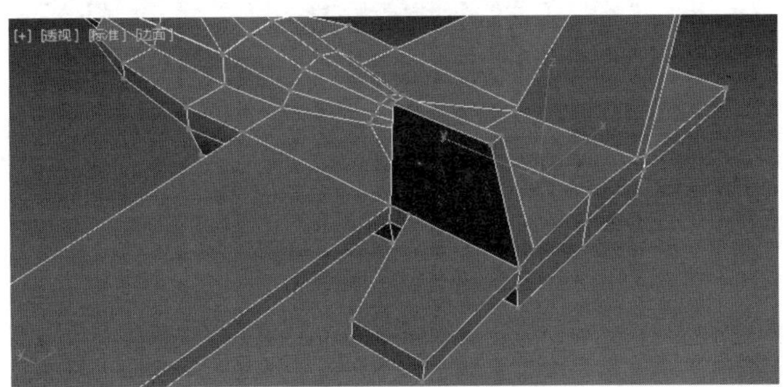

图 8.181 挤出飞机的平行尾翼

钮右侧的□按钮后，弹出菜单，在“挤出高度”中输入 90。运用选择并均匀缩放工具，调整形状，如图 8.182 所示。

步骤 2 用相同的方式挤出另一个飞机引擎，然后运用“编辑多边形”卷展栏中的“插入”命令，单击右侧的□按钮后，弹出菜单，在“插入数量”中输入 9。然后运用挤出工具，再单击“挤出”按钮右侧的□按钮，在弹出菜单栏的右侧输入－30，如图 8.183 所示。

步骤 3 选择模型的多边形，运用卷展栏中的“插入”命令，单击右侧的□按钮后弹出菜单，在“插入数量”中输入 5，如图 8.184 所示。然后运用挤出工具，再单击“挤出”按钮右侧的□按钮，在弹出菜单栏的右侧输入－30，如图 8.185 所示。

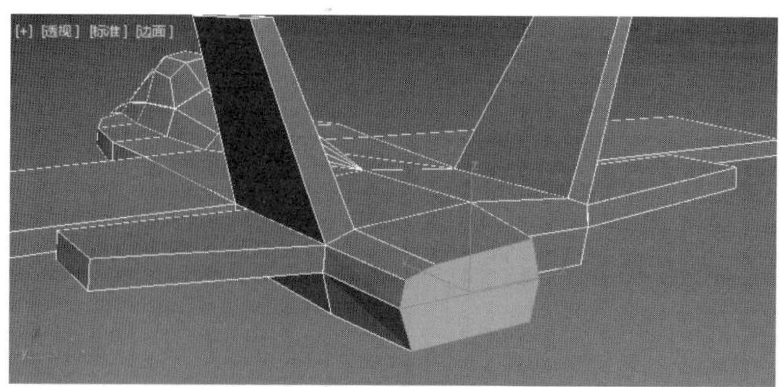

图 8.182　挤出的飞机引擎

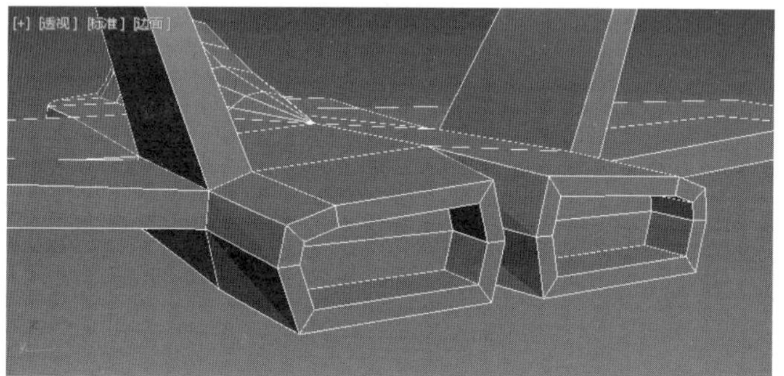

图 8.183　飞机后引擎

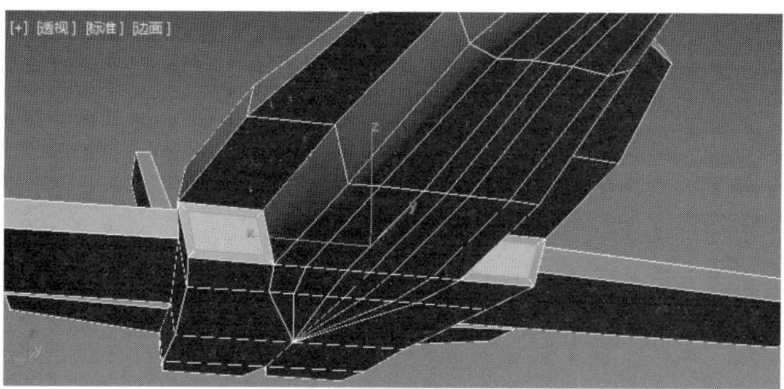

图 8.184　选中的多边形

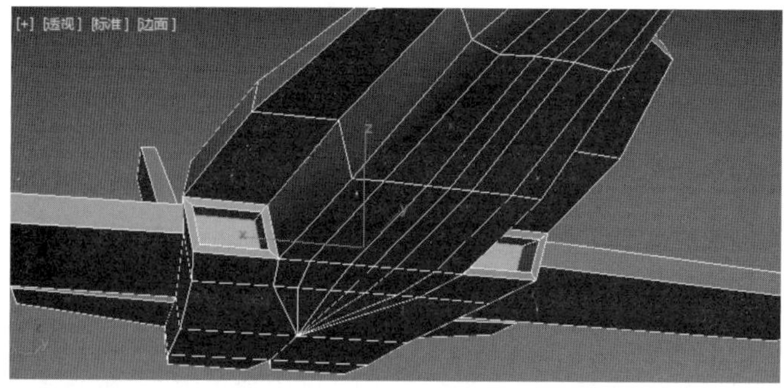

图 8.185　挤出的进气口

步骤 4 进入边层级，运用卷展栏中的连接，给所有的机翼增加分段数，如图 8.186 所示。

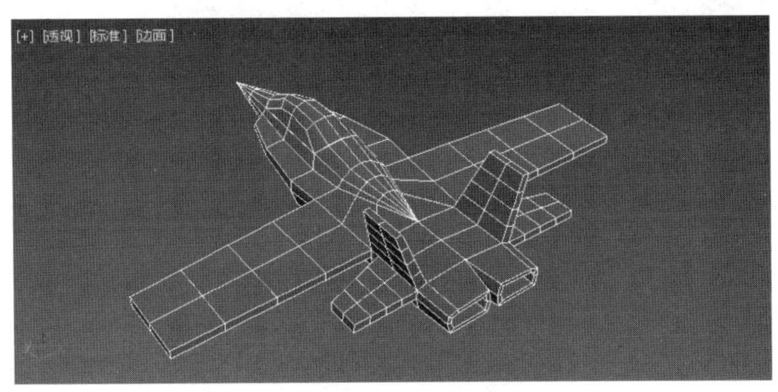

图 8.186 增加分段数后的机翼

步骤 5 进行光滑处理。在面板下方细分曲面的卷展栏中，设置迭代次数为 2，然后勾选使用 NURMS 细分，视图中的飞机模型就变光滑了，添加材质渲染效果图，如图 8.187 所示。

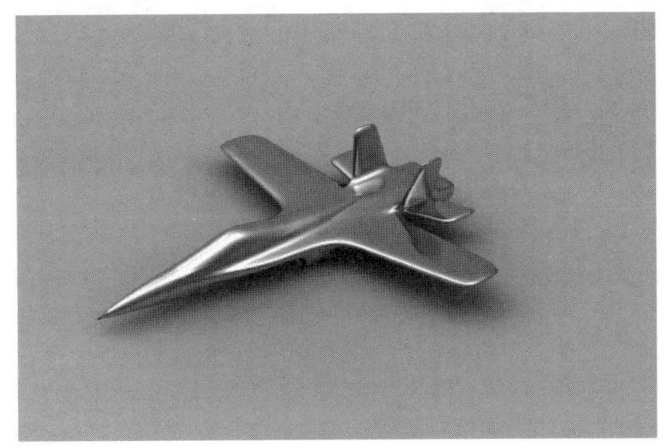

图 8.187 飞机效果图

8.4 多边形制作手机模型

8.4.1 参考图对位

步骤 1 在前视图中创建一个平面，进入“修改”面板，将平面的尺寸调节成跟手机正面参考图一样的数值，宽度为 347mm，长度为 685mm，并将平面的长度分段、宽度分段分别设置成 1，降低面数。选择前视图，按快捷键 F3，将平面由线框显示改成默认明暗处理，前视图中就可以看到平面模型了，如图 8.188 所示。

步骤 2 按快捷键 M 或者单击“材质编辑器”按钮，打开“材质编辑器”窗口。选择一个空的样例球，在 Stand 材质基本参数卷展栏中，单击漫反射右侧的贴图按钮，在弹出的“材质/贴图浏览器”窗口中选择位图，在素材中找到“手机_前面.jpg”文件，将该材质赋予场景中的平面模型，如图 8.189 所示。

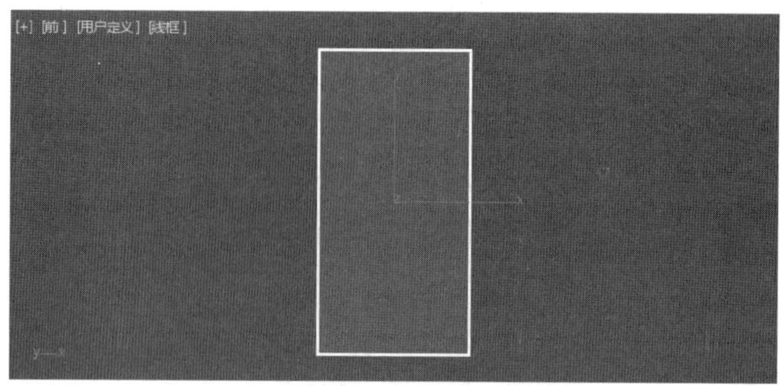

图 8.188　手机前参考面

图 8.189　手机前参考图

步骤 3　在左视图中创建一个平面，进入“修改”面板，将平面的尺寸调节成跟手机正面参考图一样的数值，宽度为 58mm，长度为 685mm，并将平面的长度分段、宽度分段分别设置成 1，降低面数。选择左视图，按快捷键 F3，将平面由线框显示改成默认明暗处理，左视图中就可以看到平面模型了，如图 8.190 所示。

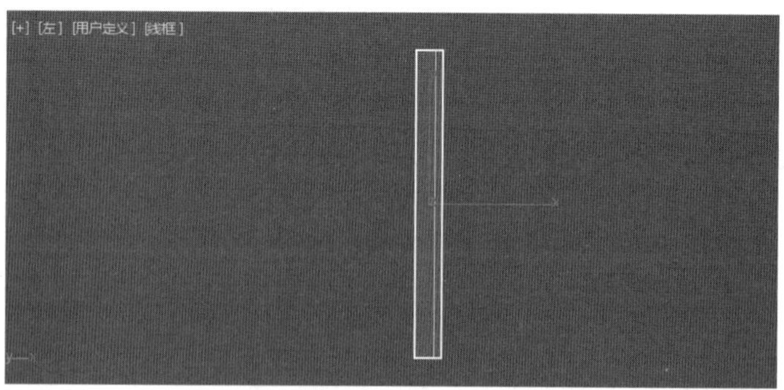

图 8.190　手机左参考面

步骤 4　按快捷键 M 或者单击“材质编辑器”按钮，打开“材质编辑器”窗口。选择一个空的样例球，在 Stand 材质基本参数卷展栏中，单击漫反射右侧的“贴图”按钮，在弹出的“材质/贴图浏览器”窗口中选择位图，在素材中找到“手机_左面.jpg”文件，将该材质赋予场景中的平面模型，如图 8.191 所示。

图 8.191 手机左参考图

步骤 5 在顶视图中，创建一个平面，进入“修改”面板，将平面的尺寸调节成跟手机正面参考图一样的数值，宽度为 58mm，长度为 347mm，并将平面的长度分段、宽度分段分别设置成 1，降低面数。选择顶视图，按快捷键 F3，将平面由线框显示改成默认明暗处理，左视图中就可以看到平面模型了，如图 8.192 所示。

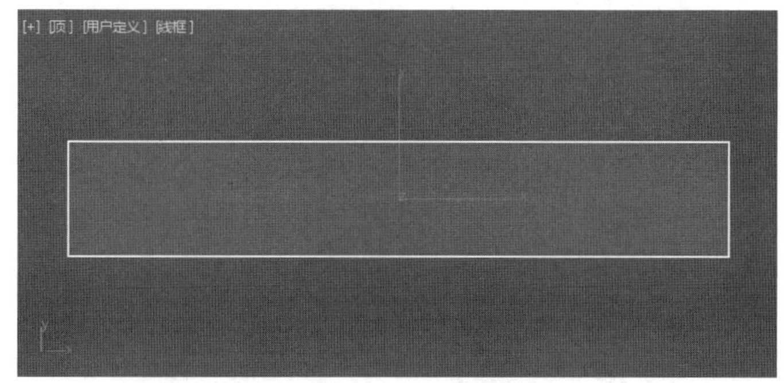

图 8.192 手机顶参考面

步骤 6 按快捷键 M 或者单击“材质编辑器”按钮，打开“材质编辑器”窗口。选择一个空的样例球，在 Stand 材质基本参数卷展栏中，单击漫反射右侧的贴图按钮，在弹出的“材质/贴图浏览器”窗口中选择位图，在素材中找到“手机_顶面.jpg”文件，将该材质赋予场景中的平面模型，如图 8.193 所示。

图 8.193 手机顶参考图

步骤 7 按照相同的方式在后视图、右视图、底视图分别创建手机背面、手机底面、手机右面参考模型,并分别赋予材质贴图。运用选择并移动工具,调整模型的位置,形成井字交叉的位置关系,如图 8.194 所示。

图 8.194 手机参考图的位置

步骤 8 选择前面、左面的参考模型,在视图空白区域,单击鼠标右键,在弹出的菜单中选择“对象属性”。在弹出的对象属性面板中,取消勾选“以灰色显示冻结对象”,单击“确定”按钮,这样平面被冻结后就能看到表面的贴图。再次在视图空白区域单击鼠标右键,选择“冻结当前选择”,将平面物体冻结,这样在视图中就无法对平面进行操作了,如图 8.195 所示。

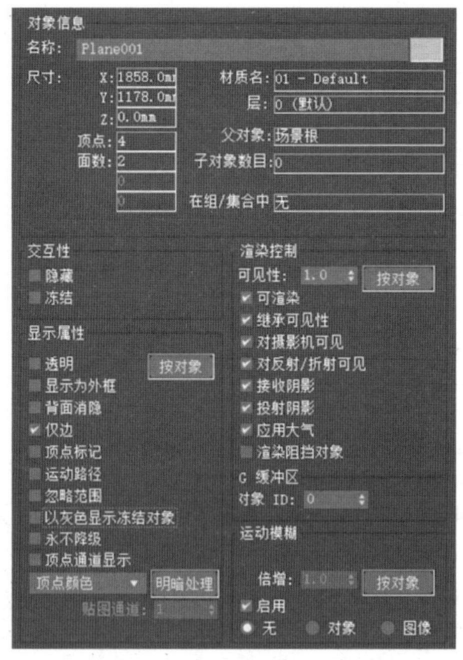

图 8.195 对象属性面板

8.4.2 创建手机外框模型

步骤 1 在前视图中,单击“创建”面板→“几何体”,创建一个长方体。进入“修改”面板，为其添加“编辑多边形”修改器。单击“编辑多边形”修改器左侧的▶按钮，进入多边形层级。在前视图中，调整四角点的位置，使其与手机参考图的黑色边沿重合。在左视图中，调节四角点的位置，使其与手机厚度一致，如图 8.196 所示。

图 8.196 手机初始模型

步骤 2 进入边层级，在左视图中，选择长方体四角处的边线，在“编辑边”卷展栏中，单击切角右侧的□按钮后，在弹出的菜单栏中，设置切角的分段边数为 8，切角的数量为 52mm，单击对号确认，如图 8.197 所示。

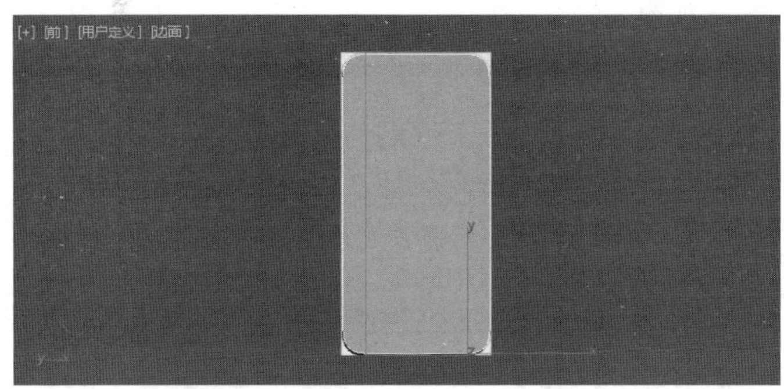

图 8.197 切角四个角的垂直边

步骤 3 在边层级，在左视图中选择长方体侧面的 1 条水平边，运用“环形”命令选择所有的平行边。在“编辑边”卷展栏中，单击连接右侧的□按钮后，在弹出的菜单栏中，设置连接的边数为 2，单击对号确认。依照参考图，调整新增加边的位置，如图 8.198 所示。

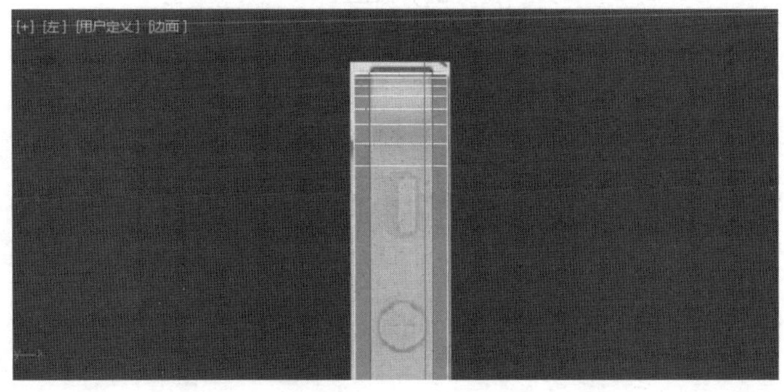

图 8.198 连接加边

步骤4 进入多边形层级,在左视图中选择长方体侧面中间区域所有的面。在“编辑多边形”卷展栏中,单击挤出右侧的□按钮后,在弹出的菜单栏中,设置挤出的数量值为 3mm,法线方向为本地法线,单击对号确认。选择长方体的正面、背面的多边形,按快捷键 Delete 删除这两个多边形,如图 8.199 所示。

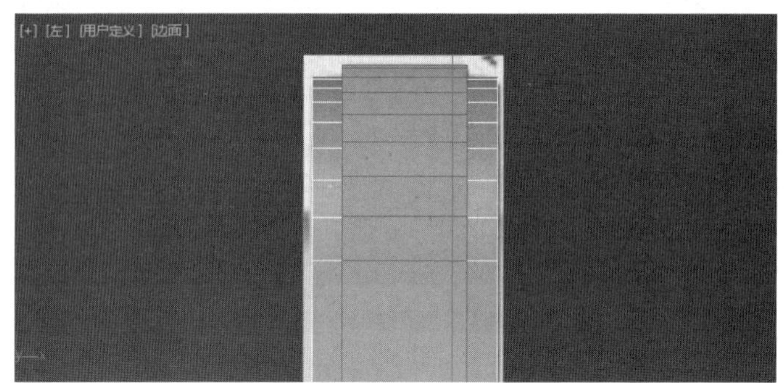

图 8.199 挤出多边形

步骤5 进入边层级,在透视图中选择长方体所有转角边。在“编辑边”卷展栏中,单击切角右侧的□按钮后,在弹出的菜单栏中,设置切角的分段边数为 2,切角的数量为 0.5mm,单击对号确认,如图 8.200 所示。

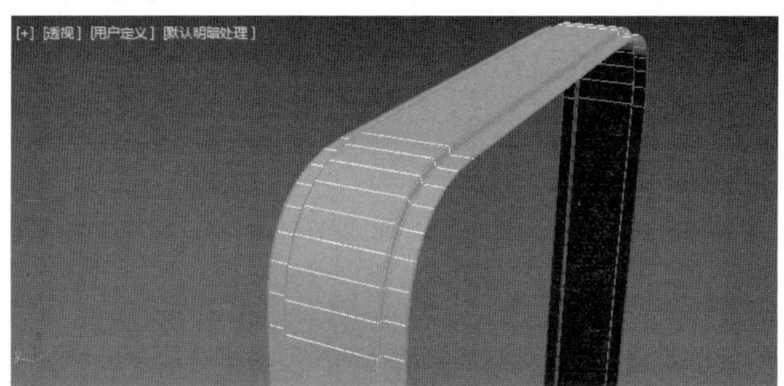

图 8.200 切角加边

步骤6 退出边层级,返回到物体层级。在“修改”面板中,为该模型添加涡轮平滑修改器,将迭代次数设置成 2,如图 8.201 所示。

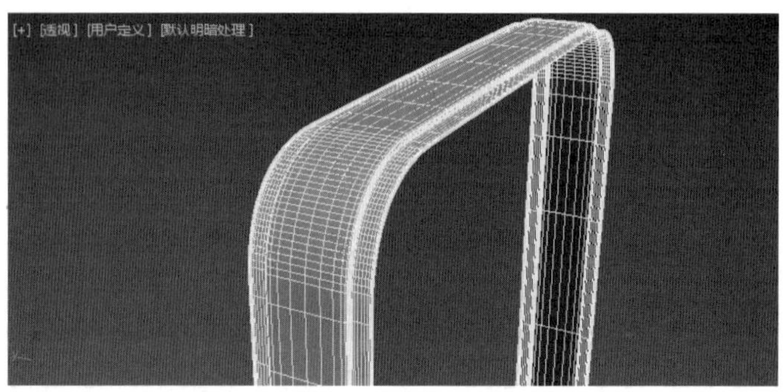

图 8.201 平滑效果

步骤 7 在涡轮平滑修改器的上方，继续为其添加“编辑多边形”修改器。进入边界层级，在“编辑边界”卷展栏中，为其添加“封口”命令。进入边层级，运用“连接”“剪切”命令增加新的边线，勾勒出手机屏幕的多边形，如图 8.202 所示。

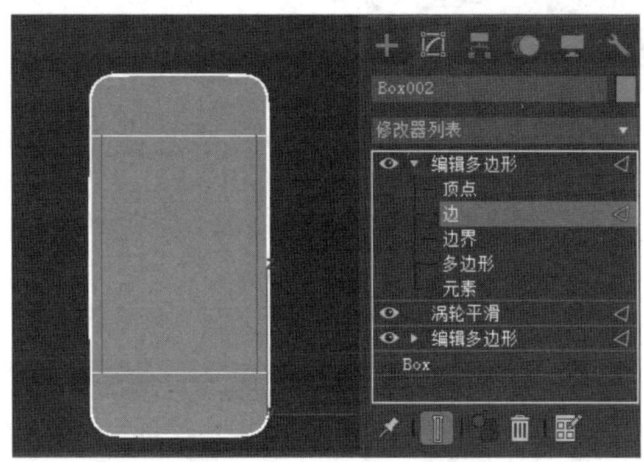

图 8.202 封口加边

8.4.3 创建手机卡孔模型

步骤 1 在左视图中，单击“创建”面板→“几何体”，创建一个长方体。进入“修改”面板，为其添加“编辑多边形”修改器。单击“编辑多边形”修改器左侧的▶按钮，进入多边形层级，在前视图中调整四角点的位置，进入边层级，在前视图中选择长方体四角处的边线，在“编辑边”卷展栏中，单击切角右侧的□按钮后，在弹出的菜单栏中，设置切角的分段边数为 6，切角的数量为 8mm，单击对号确认，如图 8.203 所示。

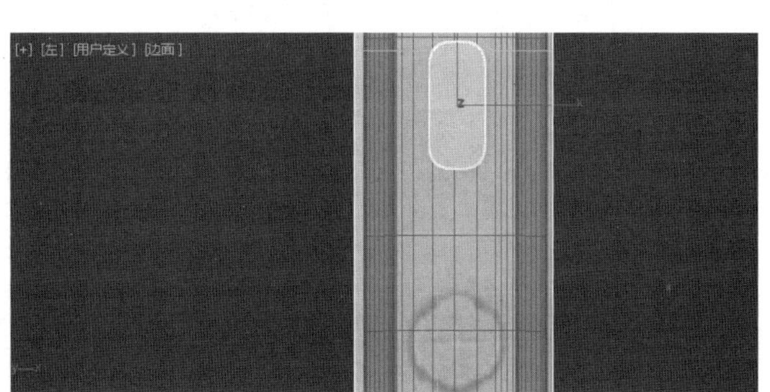

图 8.203 添加按键模型

步骤 2 在左视图中，单击“创建”面板→“几何体”，创建一个圆柱体。进入“修改”面板，设置圆柱的边数为 32。为其添加“编辑多边形”修改器。单击“编辑多边形”修改器左侧的▶按钮，进入多边形层级，在前视图中运用选择并均匀缩放工具，调整圆柱点的位置，使其跟参考图的音量放大键重合，如图 8.204 所示。

步骤 3 依照上面的方法，用相同的方式制作出手机卡孔的结构模型，如图 8.205 所示。

步骤 4 选择所有卡孔模型，运用“编辑”菜单→“克隆”命令，原地复制模型并隐藏。

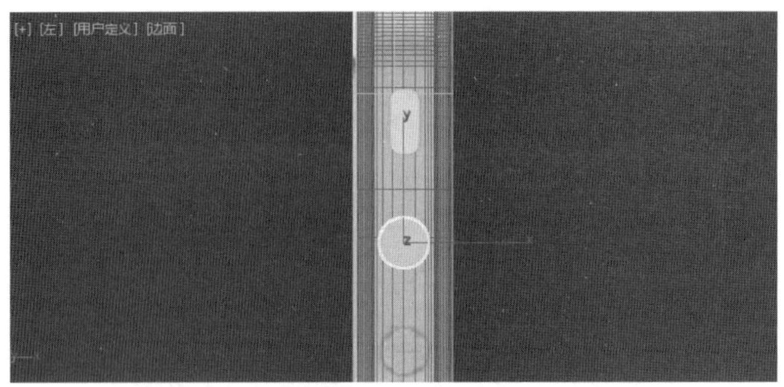

图 8.204　添加音量按键

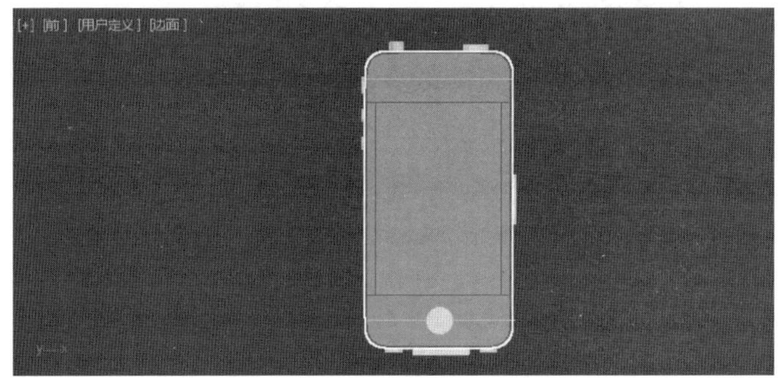

图 8.205　添加其他按键

步骤 5　选择所有卡孔的结构模型,单击“实用程序”→“塌陷”按钮,单击塌陷选定对象,将所有的卡孔模型转变成一个模型。选择手机机身模型,运用布尔运算,将卡孔模型运用差集减去,如图 8.206 所示。

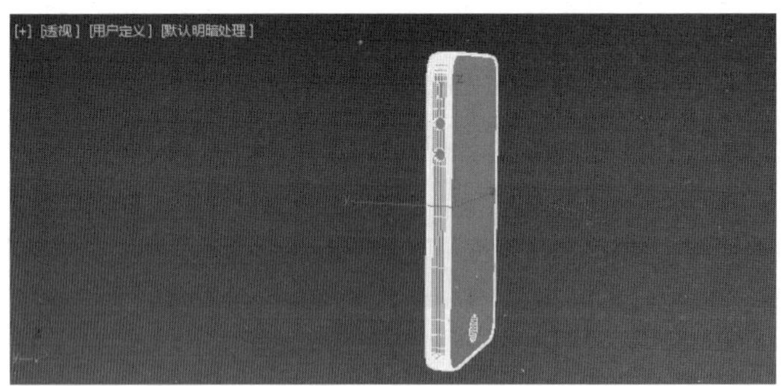

图 8.206　布尔运算

8.4.4　创建手机按键模型

步骤 1　将所有卡孔按键模型显示出来,如图 8.207 所示。

步骤 2　将所有卡孔模型显示出来。选择音量放大的模型,进入边层级,在“编辑边”卷展栏中,单击连接右侧的□按钮后,在弹出的菜单栏中,设置连接的边数为 1,单击对号确认。进入点层级,依照参考图调整点的位置,如图 8.208 所示。

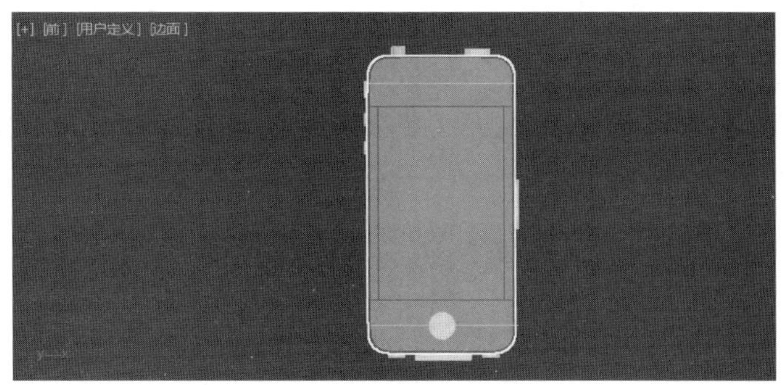

图 8.207　显示按键模型

图 8.208　连接加边

步骤 3　在边层级，选择转折拐角处的边，在“编辑边”卷展栏中，单击切角右侧的□按钮后，在弹出的菜单栏中，设置切角的边数为 1，切角的数量值为 0.1mm，单击对号确认，如图 8.209 所示。

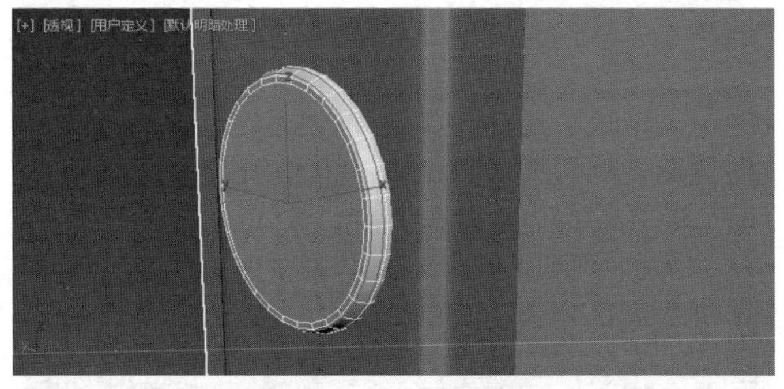

图 8.209　切角加边

步骤 4　退出边层级，返回到物体层级。在“修改”面板中，为该模型添加涡轮平滑修改器，将迭代次数设置成 2，如图 8.210 所示。

步骤 5　在前视图中，单击“创建”面板→“几何体”，创建一个胶囊体。进入“修改”面板，调整胶囊体的半径及高度，使其与加号的范围一致，如图 8.211 所示。

步骤 6　选择音量放大的模型，运用布尔运算，将胶囊体模型运用差集减去，如图 8.212 所示。

图 8.210 平滑效果

图 8.211 创建胶囊体

图 8.212 布尔运算

步骤 7 按照上面的方法,制作手机模型的其他按键模型,如图 8.213 所示。

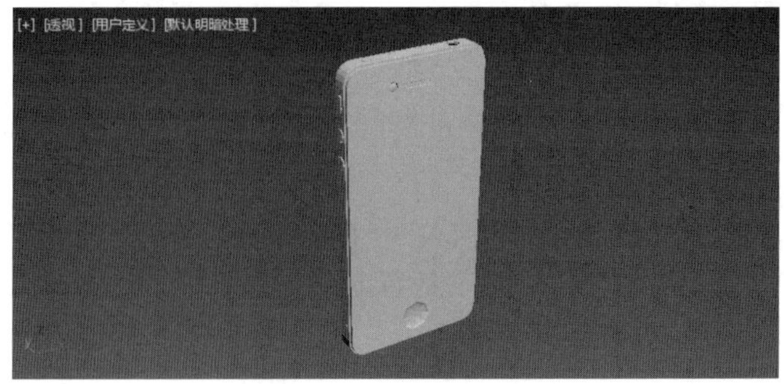

图 8.213 制作其他按键模型

步骤 8　为各个按键模型添加涡轮平滑修改器，将涡轮平滑的迭代次数设置成 2，平滑后的效果如图 8.214 所示。

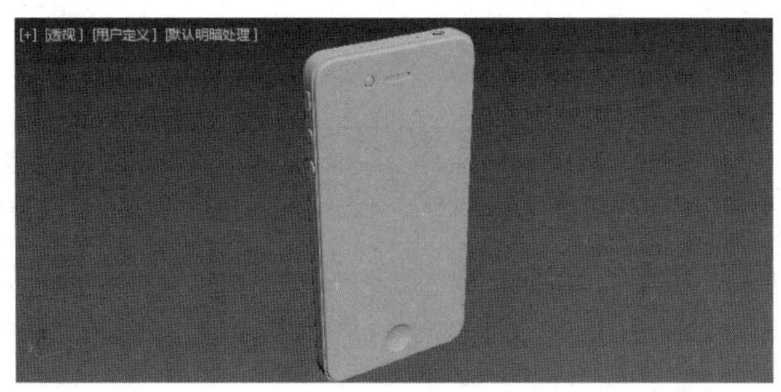

图 8.214　平滑效果

步骤 9　为模型赋予材质贴图，进行渲染测试，如图 8.215 所示。

图 8.215　渲染效果

8.5　多边形制作化妆品模型

8.5.1　创建参考图模型

步骤 1　打开软件，选择“自定义”菜单→“单位设置”，将 3ds Max 的显示单位及系统单位都设置成毫米，如图 8.216 和图 8.217 所示。

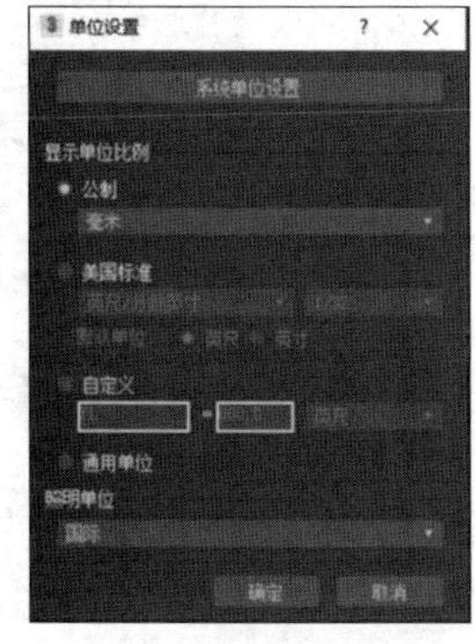

图 8.216　显示单位

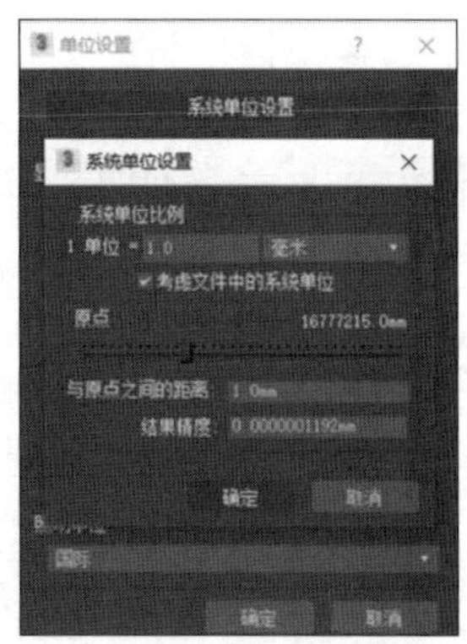

图 8.217　系统单位

步骤 2 在前视图中创建一个平面，进入“修改”面板，将平面的尺寸调节成跟化妆品参考图一样的数值，宽度为 500mm，长度为 454mm；并将平面的长度分段、宽度分段分别设置成 1，降低面数。选择前视图，按快捷键 F3，将平面由线框显示改成默认明暗处理，前视图中就可以看到平面模型，如图 8.218 所示。

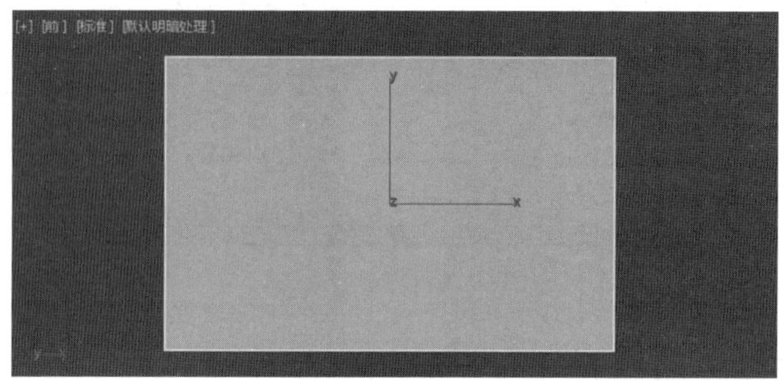

图 8.218　参考面

步骤 3 按快捷键 M 或者单击“材质编辑器”按钮，打开“材质编辑器”窗口。选择一个空的样例球，在 Stand 材质基本参数卷展栏中，单击漫反射右侧的贴图按钮，在弹出的“材质/贴图浏览器”窗口中选择位图，在素材中找到“化妆品.jpg”文件，将该材质赋予场景中的平面模型，如图 8.219 所示。

图 8.219　参考面贴图

步骤 4 选择平面模型，在视图空白区域单击鼠标右键，在弹出的菜单中选择“对象属性”。在弹出的“对象”属性面板中，取消勾选“以灰色显示冻结对象”，单击“确定”按钮，这样平面被冻结后就能看到表面的贴图。再次在视图空白区域单击鼠标右键，选择“冻结当前选择”，将平面物体冻结，这样在视图中就无法对平面进行操作，如图 8.220 所示。

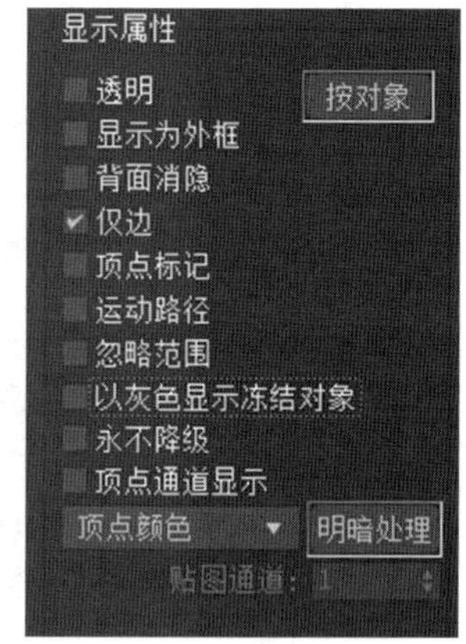

图 8.220　对象属性面板

8.5.2　创建化妆品模型

步骤 1 在前视图中，单击“创建”面板→“几何体”→“标准基本体”，创建一个长方体，长方体的长度设置成 76mm，宽度设置成 76mm，高度设置成 75mm，如图 8.221 所示。

图 8.221　长方体模型

步骤 2　选择长方体模型，进入“修改”面板，单击“修改器列表”，为长方体添加“编辑多边形”修改器，如图 8.222 所示。

步骤 3　进入编辑多边形的边子级。在前视图中，选择四条垂直边。单击“切角”右侧的“设置”按钮。在弹出的切角设置面板中，设置切角分段为 5，切角数量值为 5mm。创建光滑的转角面，如图 8.223 所示。

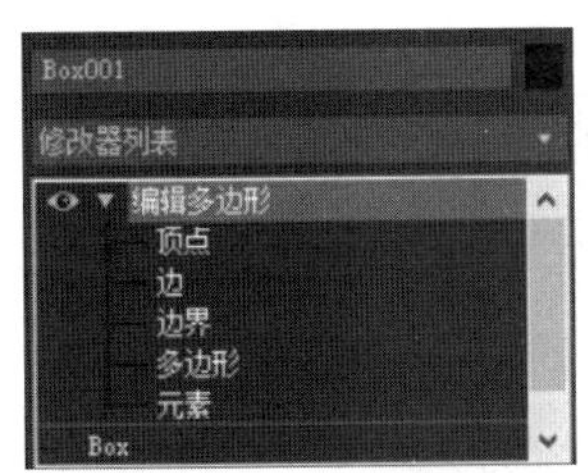

图 8.222　添加“编辑多边形”修改器

图 8.223　增加边

步骤 4　进入编辑多边形的多边形子级。选择长方体的顶、底两个多边形并单击快捷键 Delete，将选择的面删除。进入边界子级，选择上端面开口的边界，按下 Shift 键配合移动及缩放功能，进行拖边复制，产生新的多边形，形成缩小的面，如图 8.224 所示。

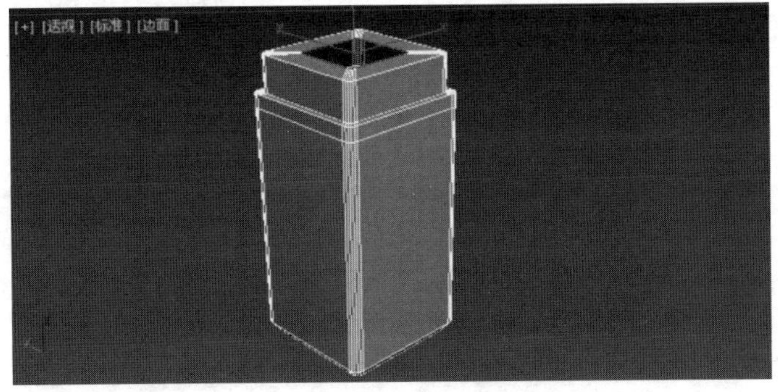
图 8.224　拖边复制

步骤 5 在顶视图中,单击“创建”面板→“几何体”→“标准基本体”,创建一个圆柱体。在前视图,运用选择并移动工具,调整模型的位置,如图 8.225 所示。

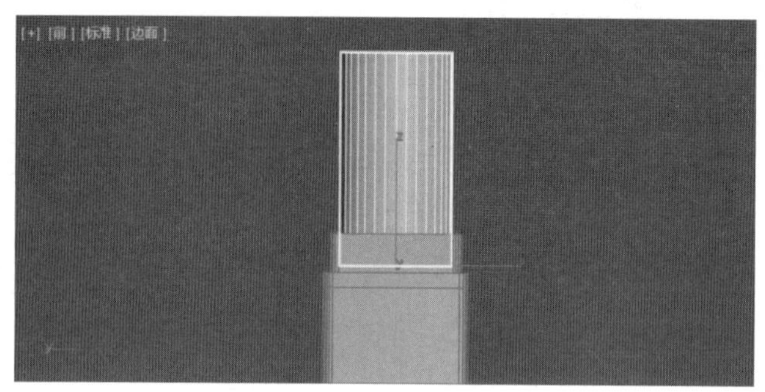

图 8.225 创建圆柱体模型

步骤 6 选择圆柱体模型,进入“修改”面板,单击“修改器列表”,为圆柱体添加“编辑多边形”修改器,如图 8.226 所示。

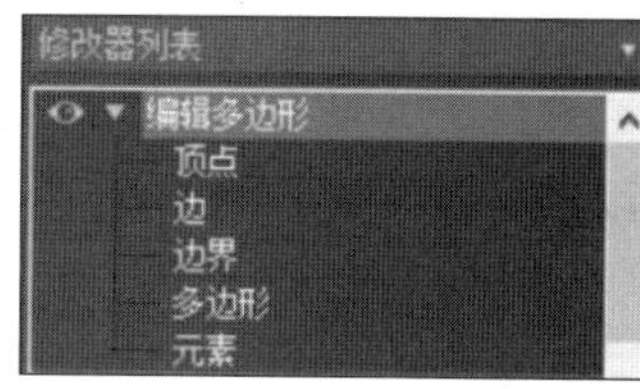

图 8.226 添加“编辑多边形”修改器

步骤 7 进入编辑多边形的多边形子级,在透视图中选择圆柱体的上端面,按快捷键 Delete 将选择的面删除。按下 Shift 键配合移动及缩放功能,进行拖边复制,产生新的多边形,形成缩小的上端面,如图 8.227 所示。

图 8.227 拖边建模

步骤 8 在顶视图中,单击“创建”面板→“几何体”→“扩展基本体”,创建一个胶囊体。在前视图,运用选择并移动工具,调整模型的位置,如图 8.228 所示。

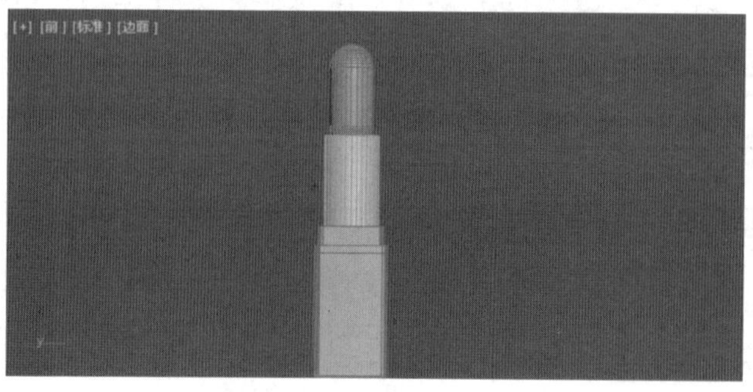

图 8.228 创建胶囊体模型

步骤 9 选择胶囊体模型，进入“修改”面板，单击“修改器列表”，为胶囊体添加“编辑多边形”修改器。进入编辑多边形的顶点子级，运用选择并移动、选择并缩放工具，调整模型点的位置，使其轮廓与参考图的边缘一致，如图 8.229 所示。

图 8.229 修改胶囊体

步骤 10 在“修改”面板中，单击“修改器列表”，为胶囊体添加“涡轮平滑”修改器。将涡轮平滑的迭代次数设置成 1，增加模型的面数，使模型变光滑，如图 8.230 所示。

步骤 11 在“修改”面板中，单击“修改器列表”，为胶囊体添加“切片”修改器。将切片类型设置成移除顶部。进入切片修改器的切片平面子级，运用选择并移动、选择并旋转工具，调整切片平面的方向及位置，如图 8.231 所示。

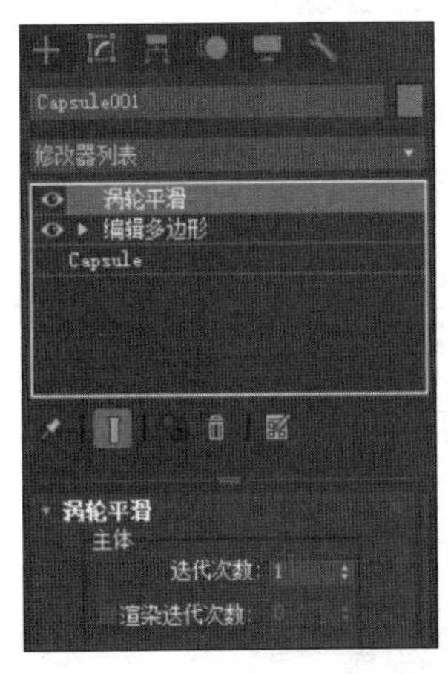

图 8.230 “涡轮平滑”修改器

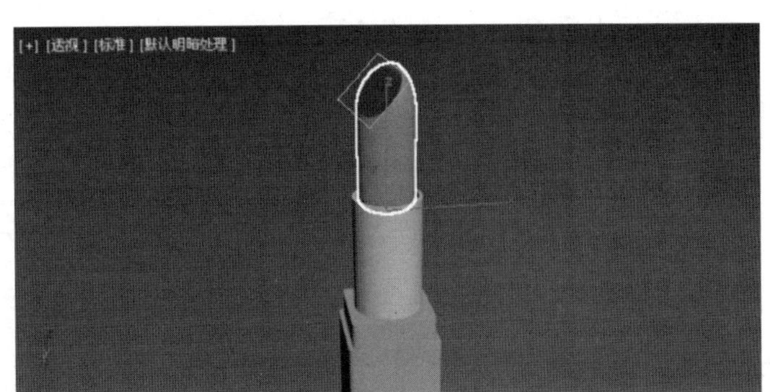

图 8.231 切片修改器

步骤 12 在“修改”面板中，单击“修改器列表”，为胶囊体添加“编辑多边形”修改器。进入编辑多边形的边界子级，在透视图中，选择胶囊体的开口边界，按下 Shift 键配合移动及缩放功能，对所选边界进行缩小并向斜上方移动一点距离，进行拖边复制，形成倾斜的面，如图 8.232 所示。

步骤 13 在透视图中，选择胶囊体的开口边界，单击“封口”命令，用一个多边形的面将开口区域进行封堵，如图 8.233 所示。

步骤 14 运用相同的建模技术，制作出该化妆品的包装盒模型，如图 8.234 所示。

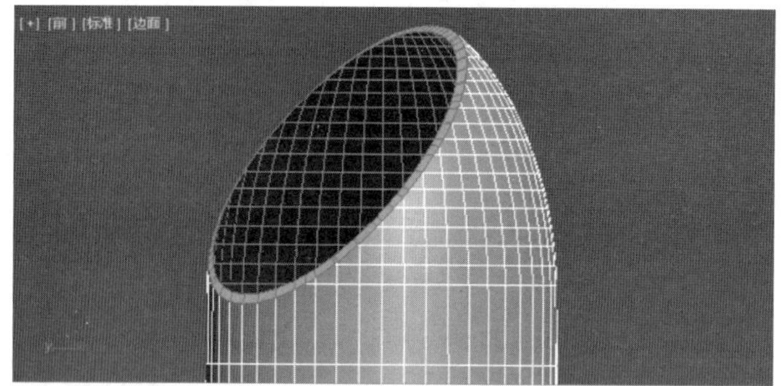

图 8.232 边界拖边处理

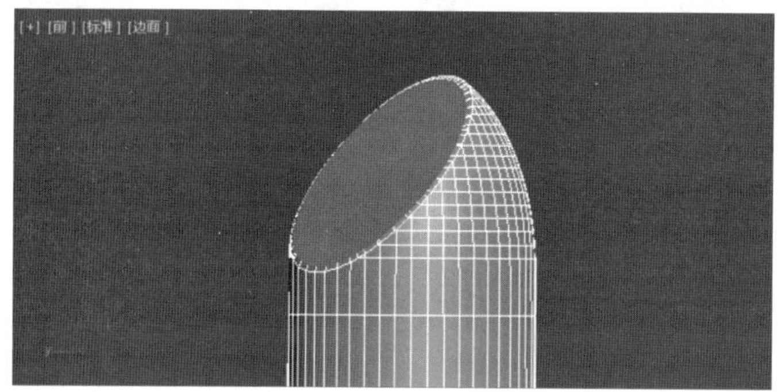

图 8.233 封口

图 8.234 包装盒模型

8.6 多边形制作移动电源模型

8.6.1 创建移动电源框架模型

步骤 1 在前视图中,单击“创建”面板→“几何体”→“标准基本体”,创建一个长方体,长方体的长度设置成 150mm,宽度设置成 100mm,高度设置成 12mm,如图 8.235 所示。

步骤 2 选择长方体模型,在“修改”面板中,单击“修改器列表”,为模型添加“编辑多边

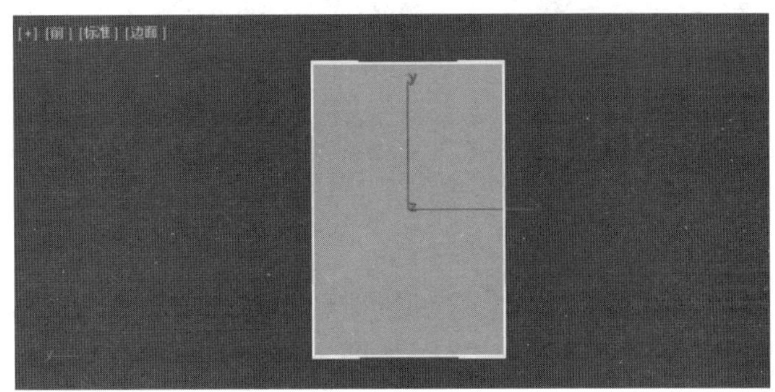

图 8.235 创建长方体模型

形”修改器。进入编辑多边形的边子级,在左视图中选择侧面的一条水平边,运用“环形”选择命令,选择所有与选择边相平行的边。单击鼠标右键,在弹出的快捷菜单中单击“连接”左侧的“设置”按钮□,将连接的分段设置成 3,生成 3 条垂直的边,如图 8.236 所示。

图 8.236 侧面增加边

步骤 3 进入编辑多边形的点子级,在底视图中选择新生成连接边上的顶点,运用选择并移动工具,调整点的位置,如图 8.237 所示。

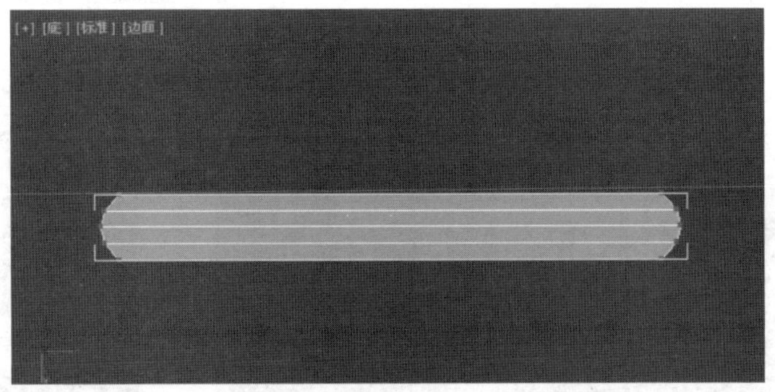

图 8.237 调整点

步骤 4 进入编辑多边形的多边形子级,在透视图中选择物体的上下两个端面,按快捷键 Delete,将端面上所有的面删除,如图 8.238 所示。

图 8.238　删除端面

步骤 5　进入编辑多边形的边子级,在底视图中选择物体的上下四条边,单击鼠标右键,在弹出的快捷菜单中,单击连接左侧的“设置”按钮,将连接的分段设置成 2,收缩值设置为 84,调节新生成边的距离,单击对号确认,生成 4 条连接的边,如图 8.239 所示。

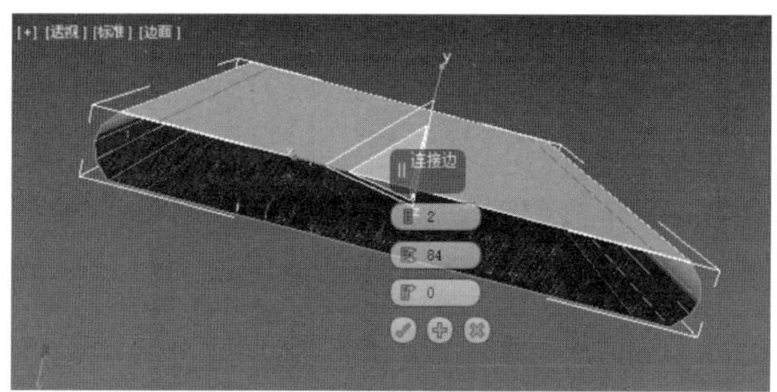

图 8.239　连接增加边

步骤 6　返回编辑多边形顶级,在“修改”面板中,单击“修改器列表”,为模型添加“涡轮平滑”修改器,并将涡轮平滑的迭代次数设置成 2,增加模型的平滑程度,如图 8.240 所示。

步骤 7　在“修改”面板中,单击“修改器列表”,继续为模型添加“编辑多边形”修改器,如图 8.241 所示。

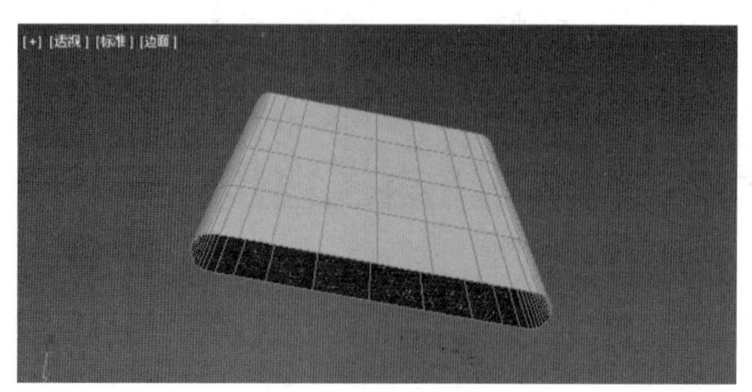

图 8.240　涡轮平滑

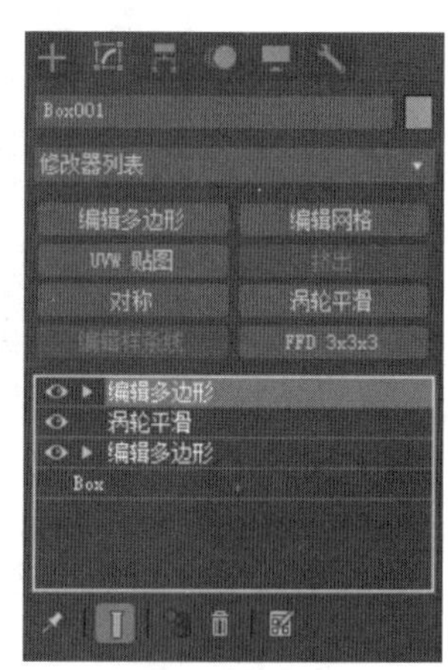

图 8.241　“编辑多边形”修改器

步骤 8　在“修改”面板中，进入编辑多边形的边界子级。在底视图中，选择移动电源模型的底面边界，运用选择并缩放工具，按下 Shift 键，同时移动鼠标，对所选边界进行缩小复制。松开 Shift 键，继续对边界进行单轴方向的缩放，调整新生成面的结构，如图 8.242 所示。

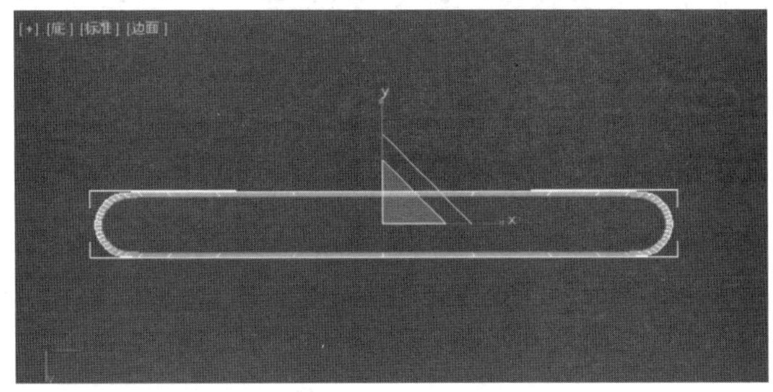

图 8.242　端面收缩

步骤 9　在前视图中，运用选择并移动工具，按下 Shift 键，同时移动鼠标，对所选边界沿 Y 轴移动向上复制，如图 8.243 所示。

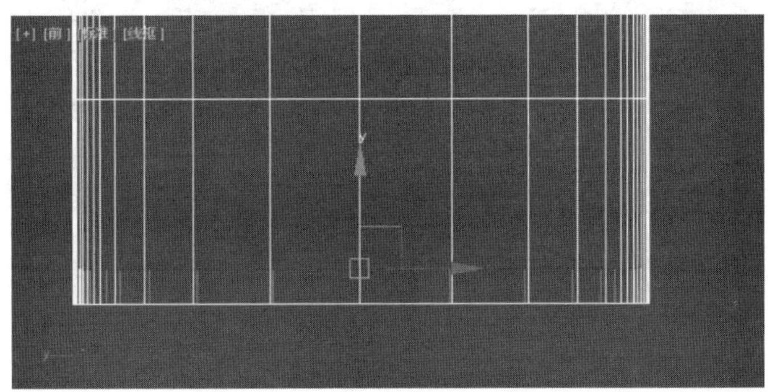

图 8.243　拖边向内侧复制

步骤 10　在底视图中，运用选择并缩放工具，按下 Shift 键，同时移动鼠标，对所选边界进行缩小复制。松开 Shift 键，继续对边界进行单轴方向的缩放，调整新生成面的结构，如图 8.244 所示。

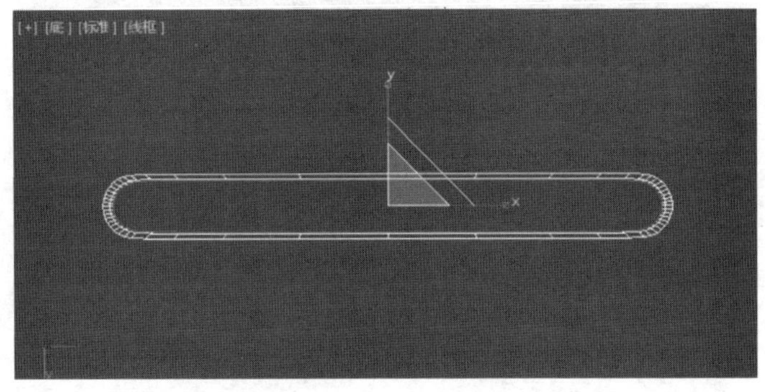

图 8.244　缩小复制

步骤 11 在前视图中,运用选择并移动工具,按下 Shift 键,同时移动鼠标,对所选边界沿 Y 轴移动向下复制,新的边界在 Y 轴方向要高于外侧边界的面。单击鼠标右键,在弹出的快捷菜单中,单击“封口”命令,将边界进行封口处理,如图 8.245 所示。

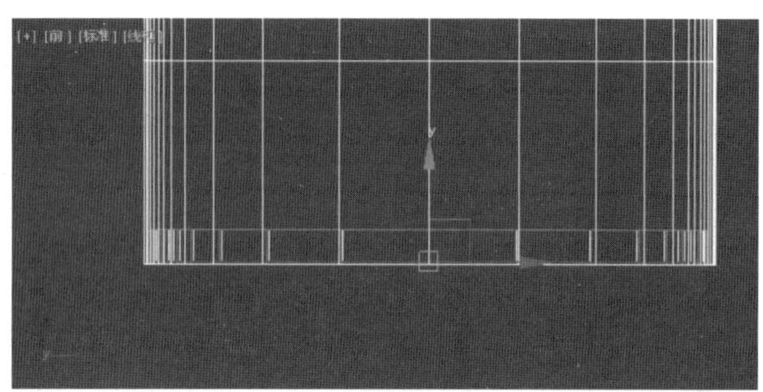

图 8.245 位移复制

步骤 12 按照上面的步骤,进行上端面的处理,如图 8.246 所示。

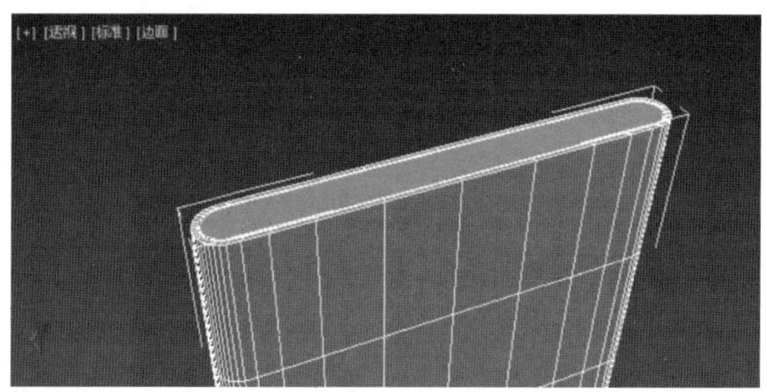

图 8.246 上端面封口

步骤 13 在透视图中,进入编辑多边形的多边形子级,选择底端面内部突出的多边形,单击“分离”命令按钮,将选择的面进行分离。返回编辑多边形的顶级,选择分离后的模型,命名为“分离模型”,调整模型的表面颜色为浅黄色,如图 8.247 所示。

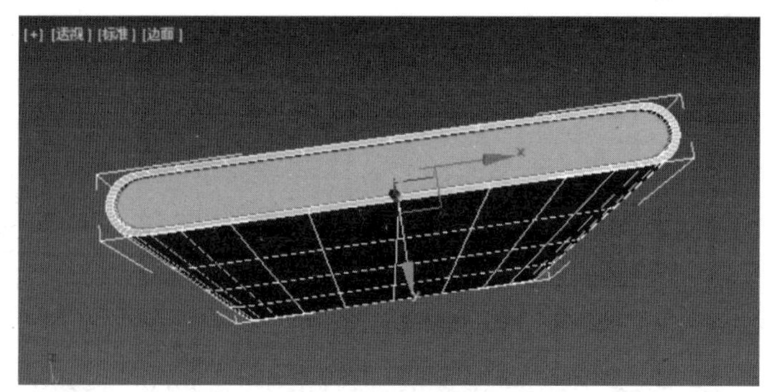

图 8.247 分离多边形

8.6.2　创建移动电源细节模型

步骤 1　在底视图中，单击“创建”面板→“样条线”→“矩形”，创建一个矩形。进入“修改”面板，将长方体的长度设置成 7mm，宽度设置成 16mm，如图 8.248 所示。

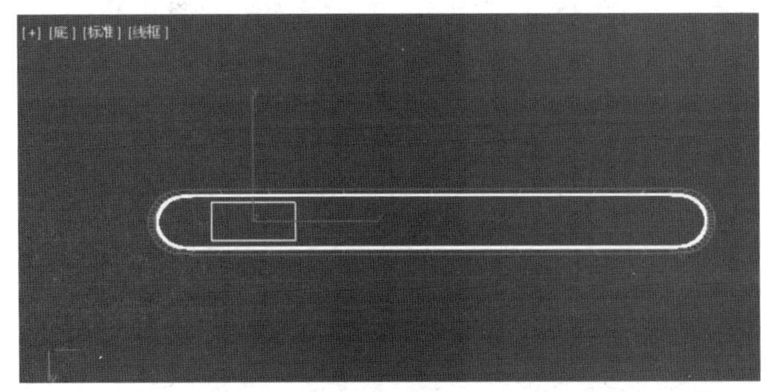

图 8.248　创建矩形

步骤 2　在底视图中，单击“创建”面板→“样条线”→“矩形”，创建一个矩形。进入“修改”面板，将长方体的长度设置成 4mm，宽度设置成 10mm。单击“创建”面板→“样条线”→“圆”，创建 4 个圆形，将各个圆的半径设置成 0.6mm。单击“创建”面板→“样条线”→“矩形”，创建一个矩形。进入“修改”面板，将长方体的长度设置成 5mm，宽度设置成 12mm。运用选择并移动工具，对各个二维图形进行位置调整，如图 8.249 所示。

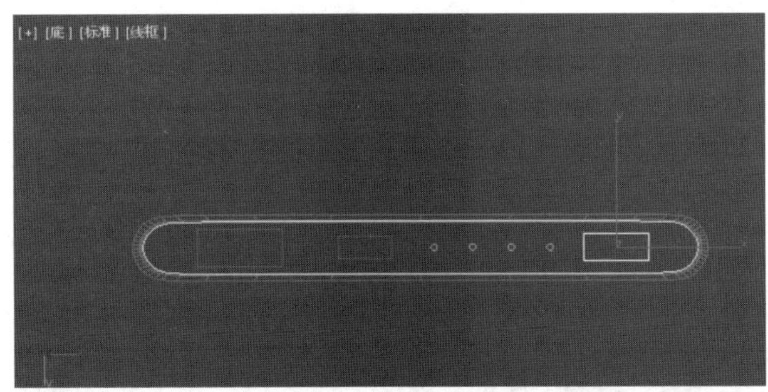

图 8.249　创建其他二维图形

步骤 3　选择步骤 2 中任意一个二维图形，进入“修改器”面板，单击“修改器列表”，为它添加“编辑样条线”修改器。单击“附加”命令，将其他二维图形合并到当前二维图形中。进入编辑样条线的顶点子级，选择底视图中的顶点，运用“圆角”“切角”命令，对图形进行调整，如图 8.250 所示。

步骤 4　在“修改”面板，为二维图形添加挤出修改器，调节挤出数量值为 10mm。在前视图中，沿 Y 轴向下调整模型的位置，如图 8.251 所示。

步骤 5　选择分离模型，单击“创建”面板→“几何体”→“复合对象”，单击 ProBoolean 超级布尔。在超级布尔参数面板，单击“开始拾取”按钮，在场景中单击挤出物体，进行布尔

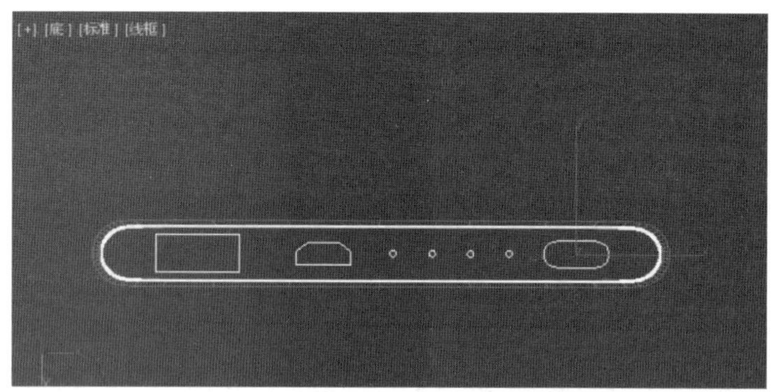

图 8.250　修改二维图形

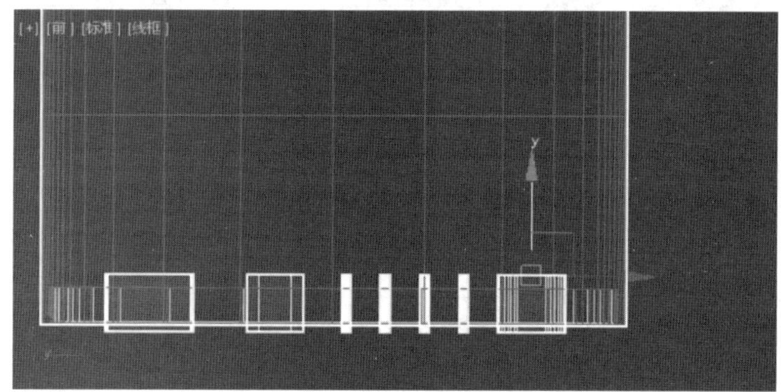

图 8.251　挤出

运算,如图 8.252 所示。

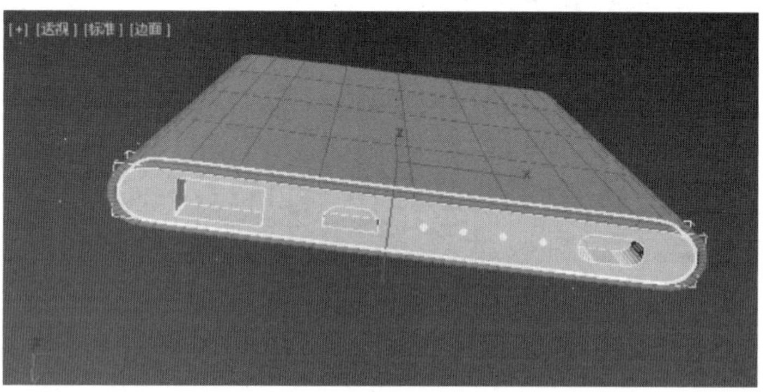

图 8.252　布尔运算

步骤 6　在“修改”面板中,单击修改器列表,为布尔运算后的分离模型添加“编辑多边形”修改器。进入编辑多边形的多边形子级,布尔运算生成的侧面多边形默认被选择,单击快捷键 Delete,将面删除,如图 8.253 所示。

步骤 7　进入编辑多边形的边界子级,运用拖边的建模技术,运用选择并缩放、选择并移动、Shift 键等功能,对模型中的边界进行复制,形成移动电源的输出端口模型,如图 8.254 所示。

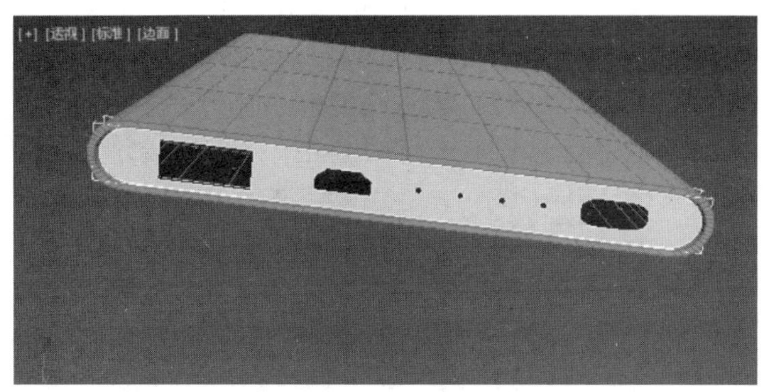

图 8.253　删除多边形

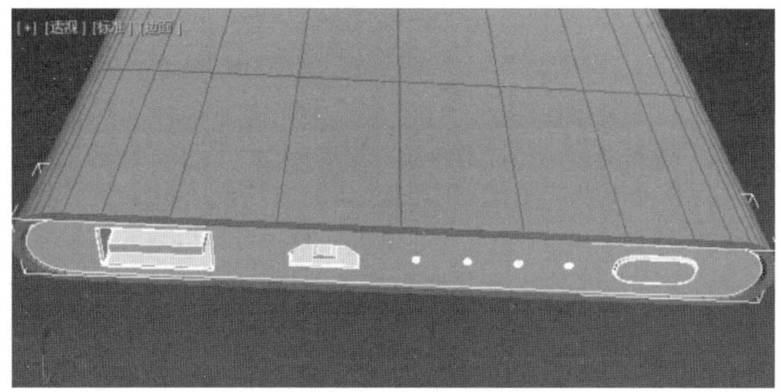

图 8.254　拖动边界复制建模

步骤 8　制作发光球。单击“创建”面板→“几何体”→“标准基本体”,创建一个球体模型,并将球体复制出三个,运用选择并移动工具,调整球体的位置。打开材质编辑器,选择一个空的材质球,将材质的漫反射颜色设置成青色,将自发光的数值设置成 70。按 F9 键渲染测试,如图 8.255 所示。

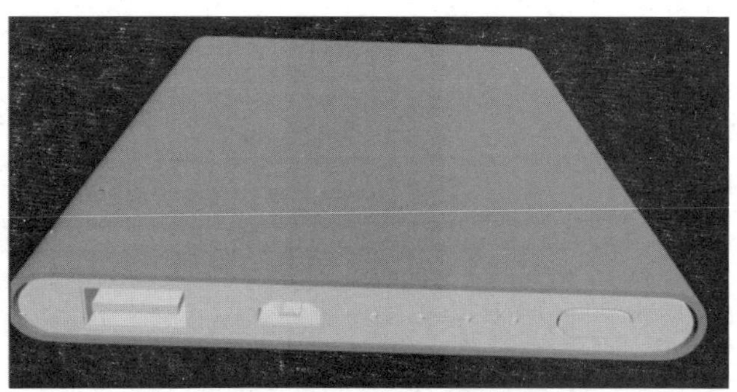

图 8.255　创建球体模型

步骤 9　为模型调节材质,进行布光,渲染测试,如图 8.256 所示。

图 8.256　渲染测试

小结

本章主要通过“卡宾枪模型”“手机模型”“产品模型”“角色模型”“平滑控制”等方面知识点的学习,由浅入深,系统学习了三维模型的建模流程及建模技法。在布线上着重讲解了硬边缘物体的边线控制,这个规律适用于其他机械类模型,无论它是复杂还是简单。卡宾枪的形体比较简单,但是想做好也是不容易的。最重要的一点就是要始终把握好模型的形体特征,尽可能还原原始物体的结构。通过本章的学习,读者能完成相关物体模型的制作,例如手枪、匕首、坦克、机器人、车等模型,并在实践中掌握多边形建模的流程和常用方法。

Chapter 9

第9章

渲 染 器

本章内容简介

本章学习渲染器相关知识，通过对渲染器的类型、渲染器切换的方法、渲染器设置流程和各种渲染参数设置的讲解，使读者掌握使用 VRay 渲染器进行渲染的方法。本章还讲解了在渲染中遇到噪点问题的多种解决方法，有助于读者实现真实且高效的渲染效果。

本章学习要点

- 了解渲染器的类型。
- 熟练掌握渲染器切换的方法。
- 熟练掌握渲染器设置流程。
- 熟练掌握测试渲染参数设置方法。
- 熟练掌握高精度渲染参数设置方法。
- 熟练掌握渲染噪点的解决方法。

能力拓展

通过本章的学习，掌握渲染器的类型和 VRay 渲染器的设置方法，可以在效果图的渲染中进行测试参数设置和高精度渲染参数设置，同时对渲染中遇到的噪点问题进行解决方法的演示，有助于理解渲染器的功能和应用逻辑。渲染是 3ds Max 设计中的最后环节，也是关系到最终效果的最重要环节，所以要认真学习并理解渲染器设置的各项内容。

优秀作品

本章优秀作品如图 9.0 所示。

图 9.0 优秀作品

9.1 认识渲染器

9.1.1 渲染器的类型

渲染器是在 3ds Max 中将场景从模型转换为最终效果呈现出来的工具，这个转换过程就是渲染。3ds Max 在视图中的效果是模拟效果，与最终渲染的效果往往有很大的差距，所以将场景通过渲染进行表现是得到最佳视觉效果的重要途径，因此就需要专门的工具将场景进行渲染，从而得到具有真实视觉效果的作品，这个用于渲染的工具就是渲染器。

渲染器的种类有很多，每一个版本的 3ds Max 都自带几款渲染器，如 3ds Max 2020 就有 Arnold 渲染器、Quicksilver 硬件渲染器、VUE 文件渲染器、扫描线渲染器和 ART 渲染器。这五种渲染器在性能方面各有优势，如扫描线渲染器渲染速度快，但是渲染效果较差，真实度较低。当然现在有很多专门开发的渲染器，既能有很好的渲染效果和真实度，又有比较快的渲染速度，VRay 渲染器就是目前使用最多的一款。

9.1.2 渲染器的切换方法

在不同版本的 3ds Max 软件中都自带几款渲染器，而且大部分设计从业者都会自行安装功能更强大的 VRay 渲染器，所以在渲染之前需要选定一款渲染器进行材质和参数设置，因此渲染器的切换方法一定要掌握。

步骤 1 打开 3ds Max 软件，在菜单栏中单击“渲染”→“渲染设置”按钮，也可以使用快捷键 F10，打开“渲染设置”对话框，如图 9.1 所示。

步骤 2 在“渲染设置”对话框中，选择“公用”→“指定渲染器”，在打开的卷展栏中单击“产品级”选项后面的“选择渲染器”按钮，如图 9.2 所示。

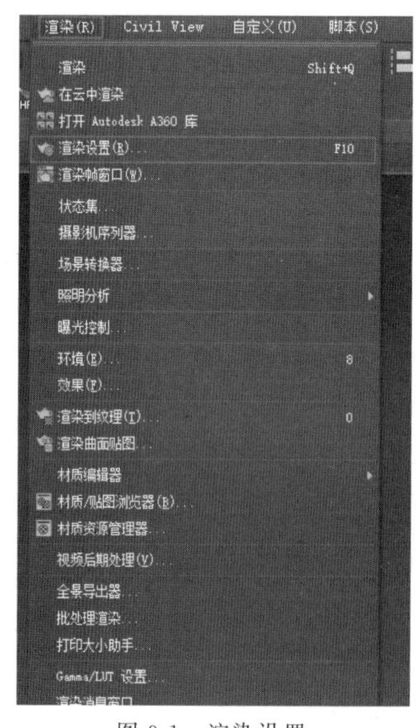

图 9.1 渲染设置

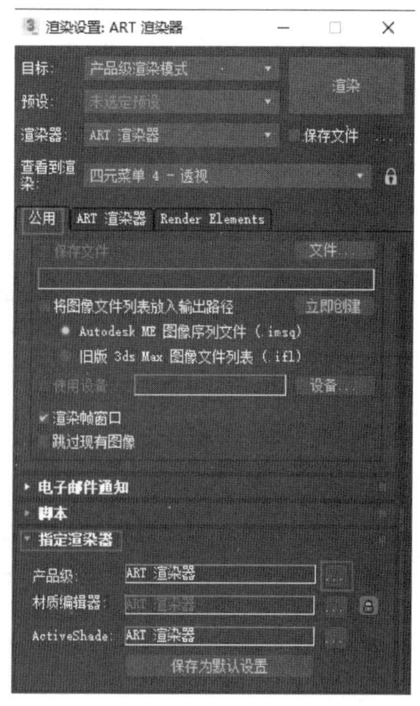

图 9.2 “渲染设置”对话框

步骤 3 单击“选择渲染器”按钮后，会弹出“选择渲染器”。鼠标单击任意一款渲染器后再单击“确定”按钮，完成渲染器的选择，如图 9.3 所示。

步骤 4 回到“渲染设置”对话框，在“指定渲染器”卷展栏下单击“保存为默认设置”按钮，完成渲染器的选择，在下次打开文件时自动选择本渲染器，如图 9.4 所示。

步骤 5 当需要切换其他渲染器时，按上述步骤进行操作，切换为想用的渲染器即可。在本书中主要使用 VRay 渲染器，因此在“渲染器设置”中将 VRay Adv 作为默认渲染器使用，如图 9.5 所示。

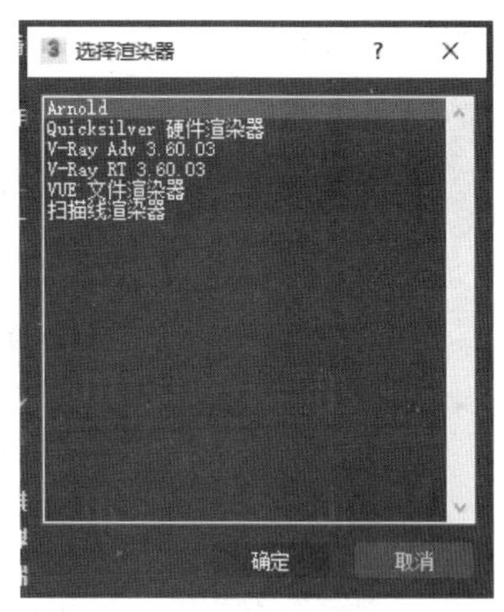

图 9.3 “选择渲染器”列表

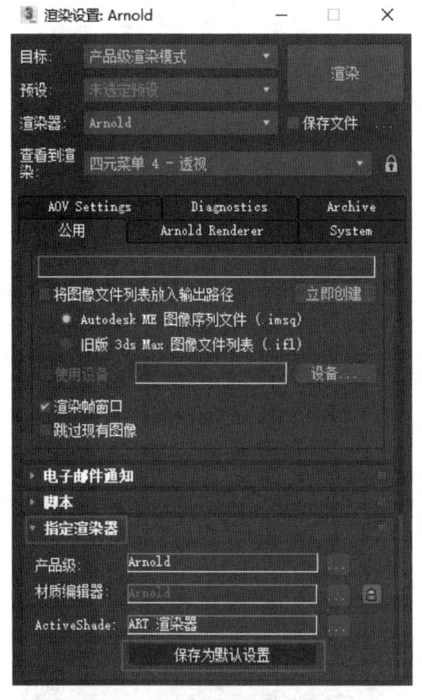

图 9.4 确认渲染器

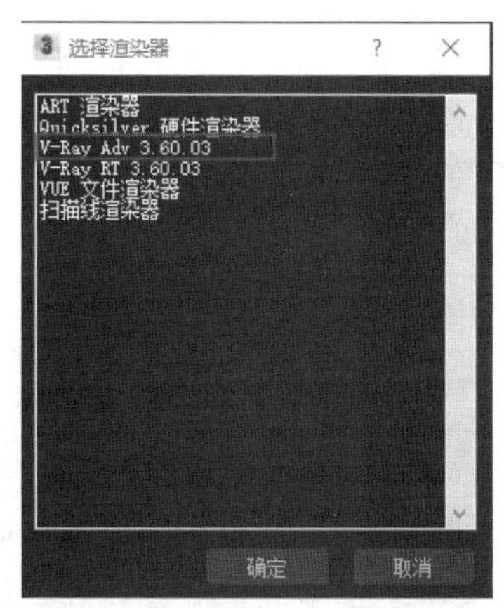

图 9.5 VRay 渲染器

提示：渲染器是设计出图的重要环节，一款功能强大的渲染器在设计中不仅能呈现真实的效果，而且可节省大量的时间。因此建议单独安装与 3ds Max 版本相适应的 VRay 渲染器。

9.1.3 渲染器设置的流程

渲染器设置是关系到渲染的最终效果，每一款渲染器的设置各不相同，在此处以使用范围最广的 VRay 渲染器为例进行演示。

步骤 1 打开“渲染”→“渲染设置”，在弹出的“渲染设置”对话框中，在“公用”→“公用参数”→“输出大小”中设置渲染图像的尺寸，如图 9.6 所示。

步骤 2 在“渲染设置”对话框中选择 VRay 卷展栏，在此处可设置“全局开关”“图像采样”“图像过滤”“图像采样器”等功能参数,如图 9.7 所示。

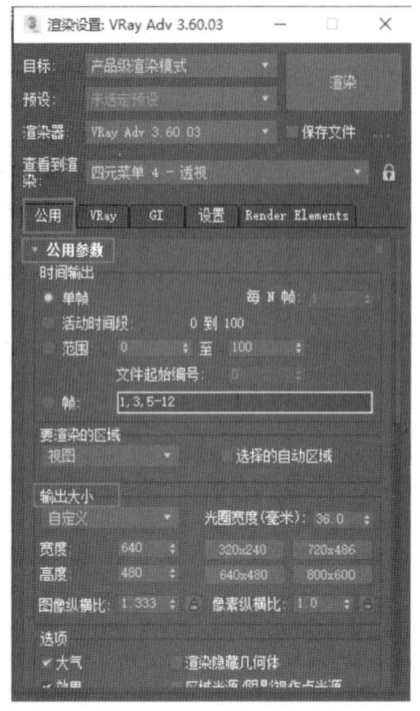

图 9.6 输出大小

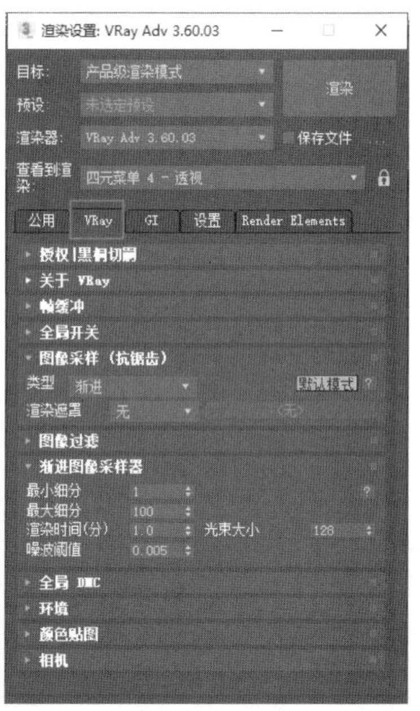

图 9.7 VRay 界面

步骤 3 在“渲染设置”对话框中选择 GI 选项卡,在此处可设置“全局光照”“暴力计算 GI”“灯光缓存”等功能参数,如图 9.8 所示。

步骤 4 在“渲染设置”对话框中选择“设置”选项卡,在此处可设置“默认置换”“系统”“平铺贴图选项”“预览缓存”等功能参数,如图 9.9 所示。

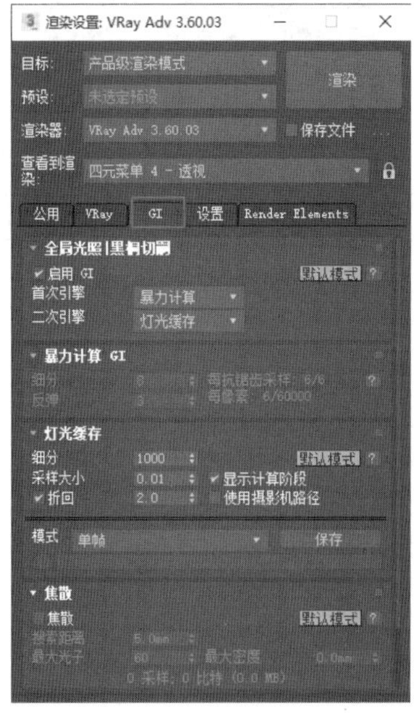

图 9.8 GI 界面

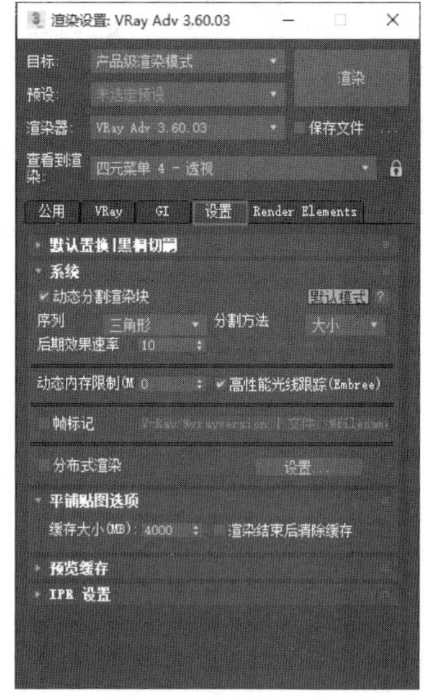

图 9.9 设置界面

步骤 5 在“渲染设置”对话框中选择 Render Elements 选项卡，在此处可设置“渲染元素”各项参数，如图 9.10 所示。

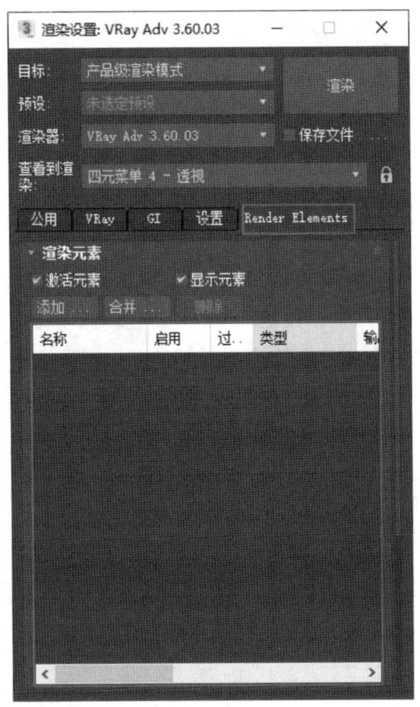

图 9.10 Render Elements 界面

提示：VRay 渲染器的参数设置有多种类型，对应不同的出图要求，以上内容为 VRay 设置的各个功能模块，在具体设置时参数各有不同。具体测试渲染与高精度渲染参数设置方法将在后面的章节中详细讲解。

9.2 VRay 渲染器

9.2.1 草图测试渲染的参数设置

在场景模型构建完成后需要对效果进行预览，这时渲染的效果用于检测效果是否达到设计预期，并作为修改完善的依据，为最终渲染高精度图做好调试准备。因此在测试阶段具有渲染速度快、渲染质量较低的特点。

步骤 1 在菜单栏单击“渲染”→“渲染设置”打开设置对话框，也可使用快捷键 F10 打开“渲染设置”对话框。在“指定渲染器”中将渲染器设置为 VRay Adv 渲染器，或在界面上部单击“渲染器”下拉菜单，选择 VRay Adv 渲染器，如图 9.11 所示。

步骤 2 在“公用”→“公用参数”→“输出大小”中设置宽度为 640、高度为 480，如图 9.12 所示。

步骤 3 在 VRay 选项卡中，设置“图像采样”→“类型”为“块”，“图像过滤”→“过滤器”为“区域”，如图 9.13 所示。

步骤 4 在 VRay 中将“全局 DMC”→“噪波阈值”设置为 0.05，“颜色贴图”→“类型”设置为“指数”，勾选“子像素贴图”和“钳制输出”选项，如图 9.14 所示。

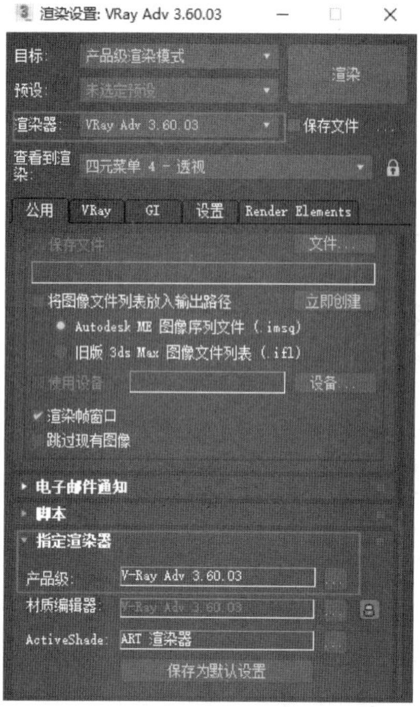

图 9.11 选择渲染器

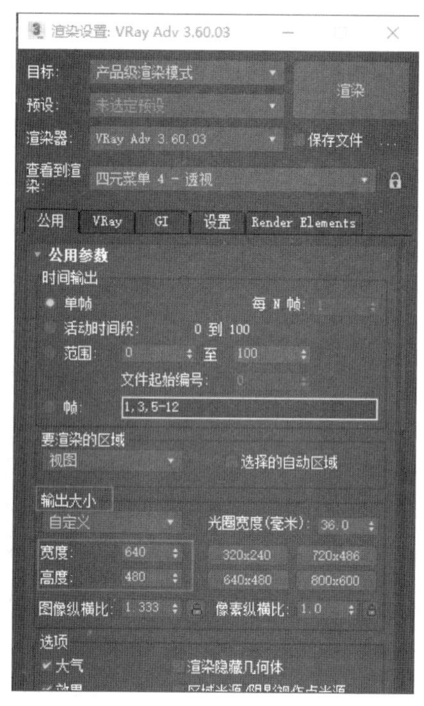

图 9.12 输出设置

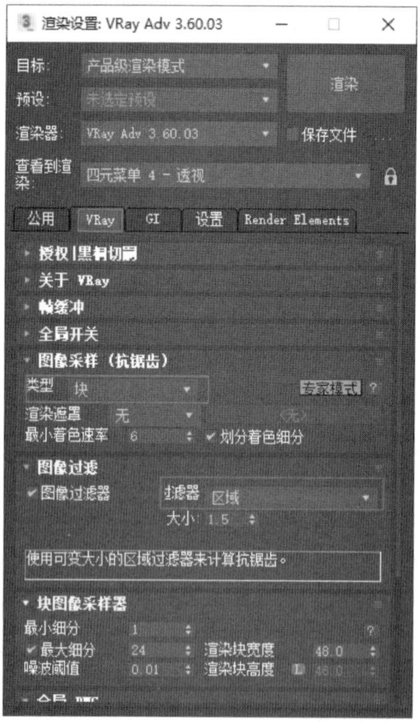

图 9.13 VRay 设置

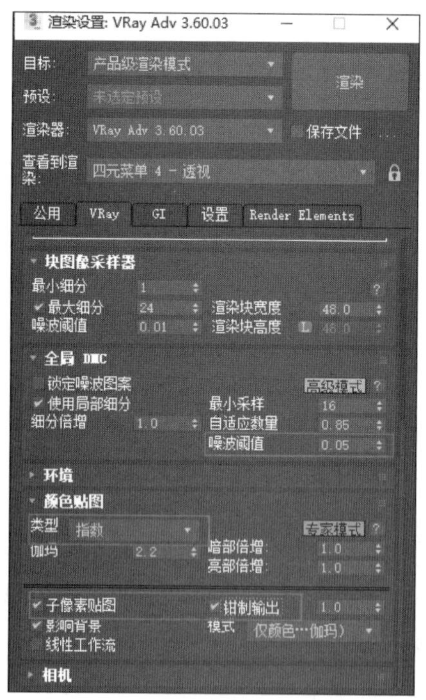

图 9.14 VRay 设置

步骤 5 在 GI 选项卡中,设置“全局光照”→“首次引擎”为“发光贴图”,“二次引擎”为“灯光缓存”。设置“发光贴图”→“当前预设”为“非常低”,勾选“显示计算阶段”和“显示直接光”，如图 9.15 所示。

步骤 6　在“灯光缓存”中设置“细分”值为 800，此处不大于 1000 均可，如图 9.16 所示。

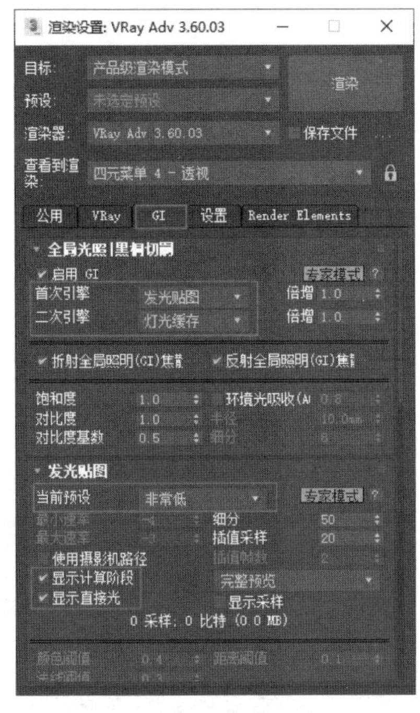

图 9.15　GI 设置

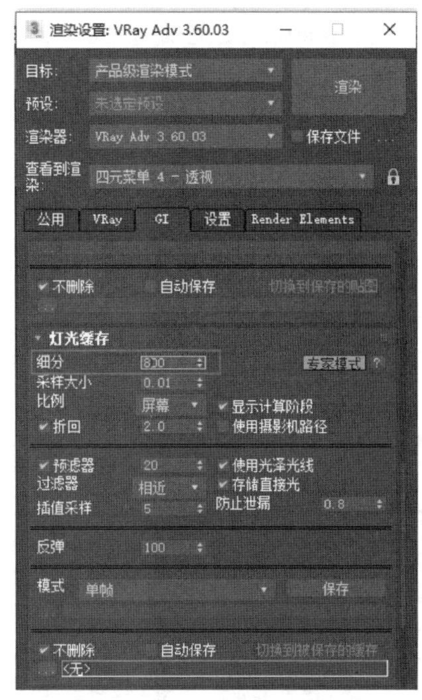

图 9.16　灯光缓存设置

步骤 7　在“设置”选项卡中将“日志窗口”改为“从不”，在渲染过程中将不再显示渲染的信息，可以减少界面信息干扰，如图 9.17 所示。

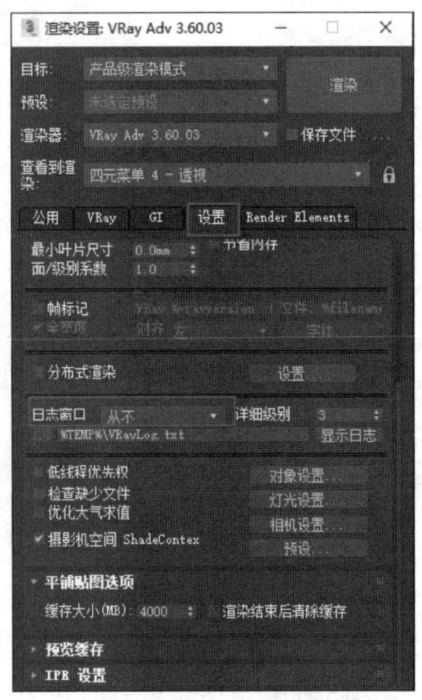

图 9.17　设置界面

提示：在测试渲染中，设置的参数依据为能够快速进行渲染，同时基本将场景的灯光、材质、色调、环境信息进行表现，以便为后期渲染高精度图做好调试。

9.2.2 成图高精度渲染参数设置

场景经过测试渲染并调整材质、灯光等设置后，效果能够满足出图要求的情况下即可进行高精度渲染。高精度渲染具有渲染速度慢，出图质量高、真实度高的特点。

步骤 1 在菜单栏单击“渲染”→“渲染设置”打开对话框，也可使用快捷键 F10 打开“渲染设置”对话框。在“指定渲染器”中将渲染器设置为 VRay Adv 渲染器，或在界面上部单击“渲染器”下拉菜单，选择 VRay Adv 渲染器，如图 9.18 所示。

步骤 2 在“公用”→“公用参数”→“输出大小”中设置宽度为 3000、高度为 2250。将“图像纵横比”锁定后，可以调整宽度或高度任一数值，另一数值自动匹配，如图 9.19 所示。

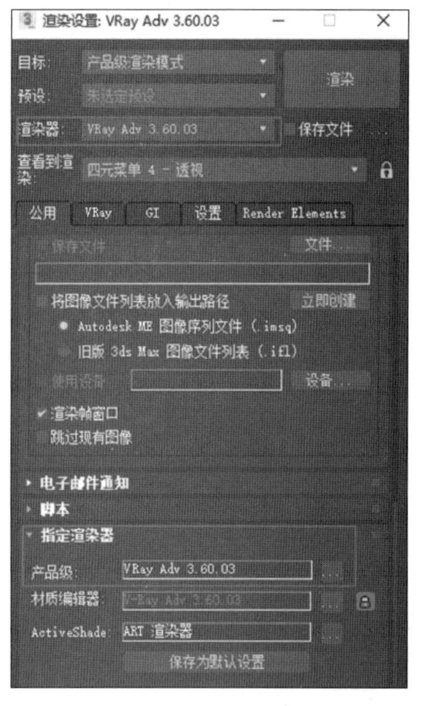

图 9.18 渲染器选择

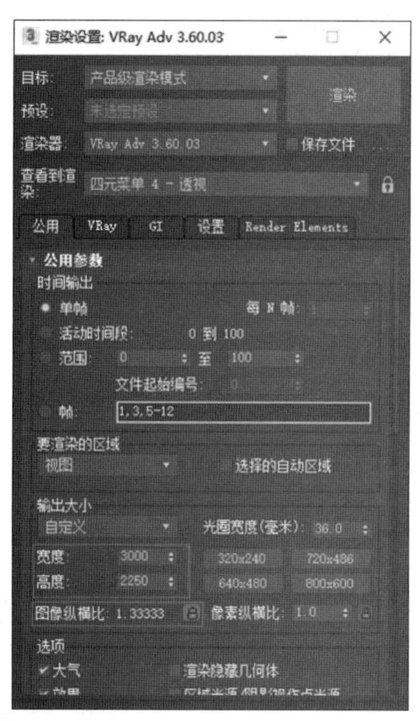

图 9.19 输出大小设置

步骤 3 在 VRay 选项卡中，设置“图像采样”→“类型”为“块”，“图像过滤”→“过滤器”为 Catmull-Rom，如图 9.20 所示。

步骤 4 将 VRay→“全局 DMC”中“最小采样”设置为 30，“自适应数量”设置为 0.8，“噪波阈值”设置为 0.005。“颜色贴图”→“类型”改为“指数”，勾选“子像素贴图”和“钳制输出”，如图 9.21 所示。

步骤 5 在 GI 选项卡中，设置“全局光照”→“首次引擎”为“发光贴图”，“二次引擎”为“灯光缓存”。设置“发光贴图”→“当前预设”为“高”，勾选“显示计算阶段”和“显示直接光”，如图 9.22 所示。

步骤 6 在“灯光缓存”中设置“细分”值为 2000，此处不小于 1500 均可，“采样大小”设置为 0.001，同时勾选“显示计算阶段”，如图 9.23 所示。

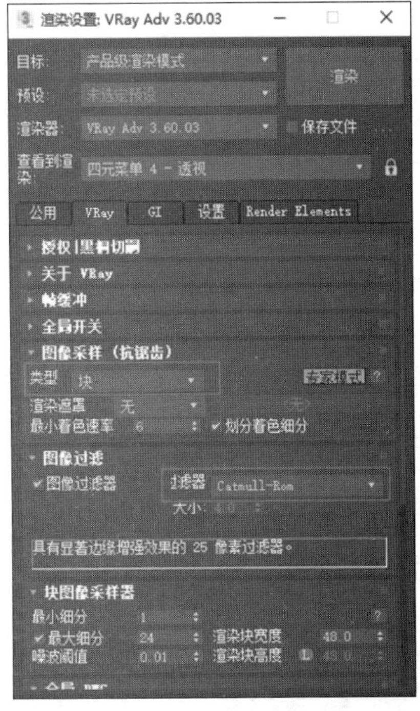

图 9.20 VRay 设置

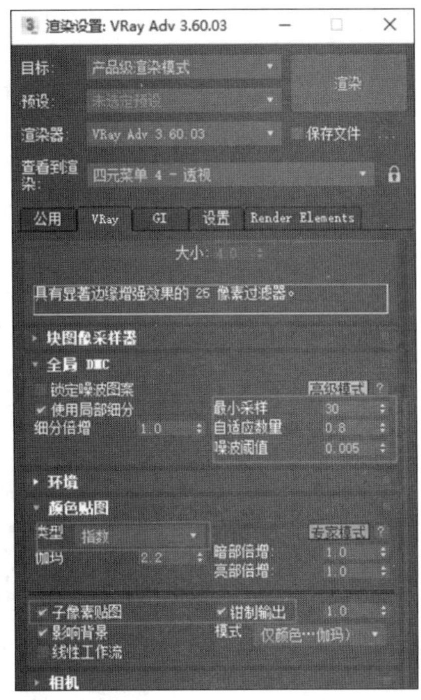

图 9.21 VRay 设置界面

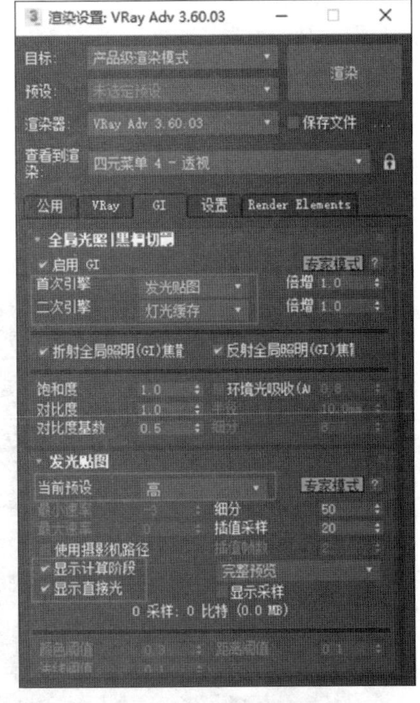

图 9.22 GI 设置

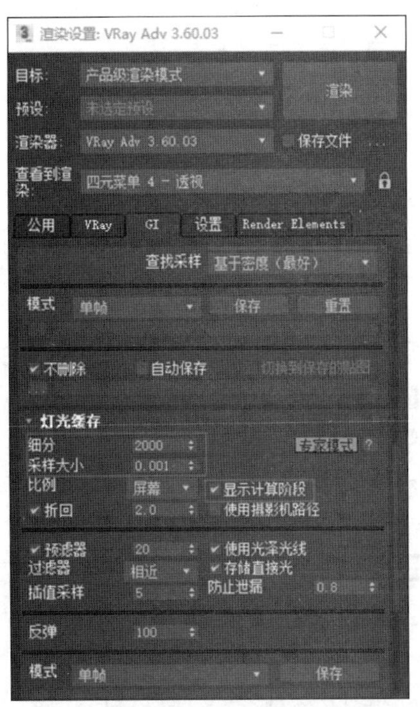

图 9.23 灯光缓存设置

步骤 7 在“设置”选项卡中将“日志窗口”改为“从不”,在渲染过程中将不再显示渲染的信息,可以减少界面信息干扰,如图 9.24 所示。

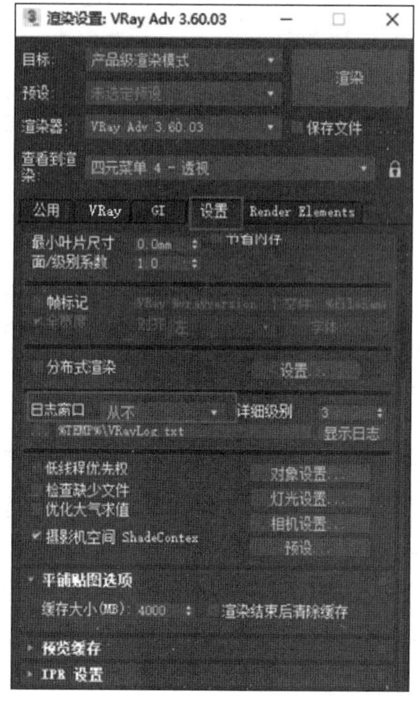

图 9.24 设置界面

提示:设置高精度渲染参数是以确保渲染图像效果真实、清晰、质感和光感到位为目的,但渲染时间比较长,在具体应用时也要根据实际需求对渲染大小和参数进行灵活调整,以达到质量和时间最优的目的。

9.2.3 去除噪点的设置方法

在渲染作品时,由于设置参数和材质的复杂性,会出现一些效果不尽如人意的问题,效果图中出现噪点是遇到频率比较高的,所以解决噪点问题提高画面质量是非常实用的渲染方法。

步骤 1 在材质方面,每一个材质的参数都直接影响着渲染效果,在材质设置中要注意将“基本参数”→“细分”值提高,一般细分值越高材质越细腻,数值不小于 20 即可实现较好的效果,如图 9.25 所示。

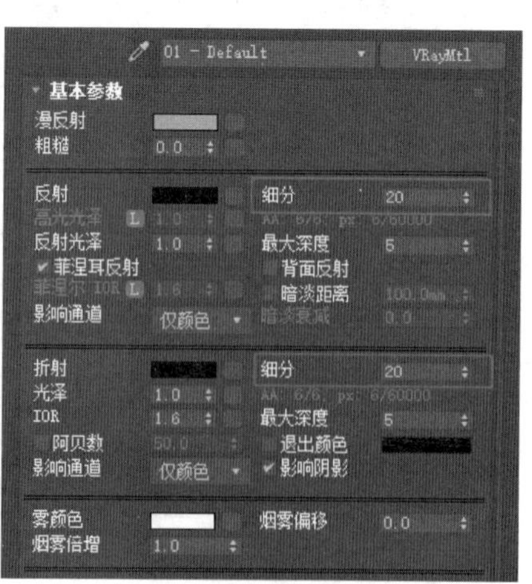

图 9.25 材质细分设置

步骤 2 在灯光方面,材质质感的体现离不开光的配合,灯光设置是影响渲染效果的另一个主要因素,在渲染高精度图时要提高灯光的细分数值,一般将灯光细分设置为 20 即可,当然适当调高细分灯光效果会更加细腻富于变化,如图 9.26 和图 9.27 所示。

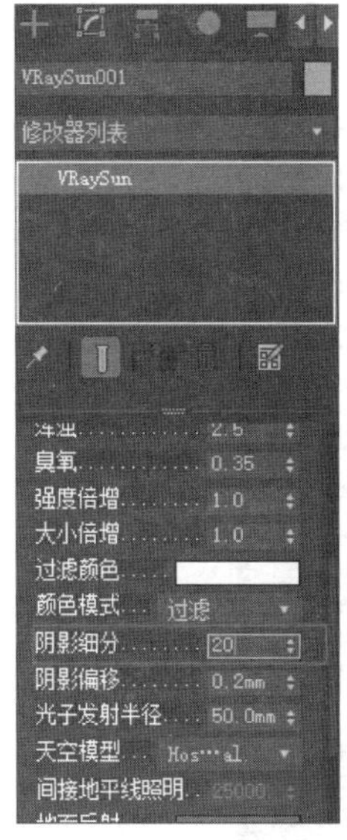
图 9.26 VR 太阳灯光细分

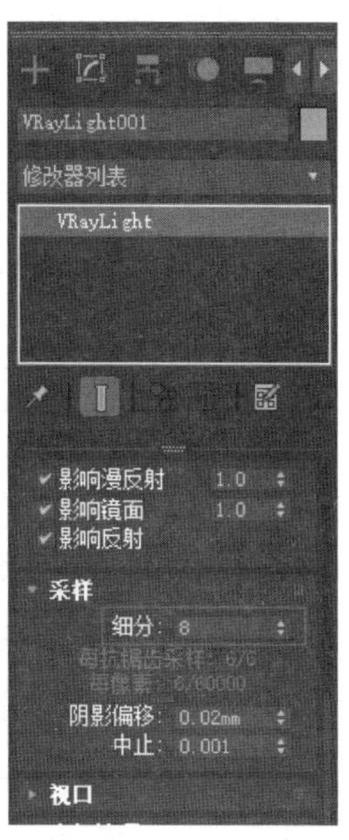
图 9.27 VR 灯光细分

步骤 3 在“渲染设置”中调整部分参数也可以解决噪点问题，在“渲染设置”→VRay→“全局 DMC”中将“最小采样”值提高到 30，如图 9.28 所示。

步骤 4 在“渲染设置”中可以通过添加 VRay 降噪器解决噪点问题，在“渲染设置”→Render Elements 功能栏下，单击“添加”按钮，如图 9.29 所示。

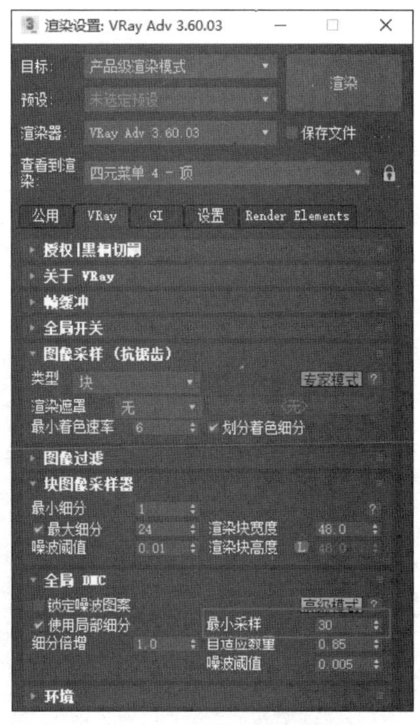
图 9.28 最小采样设置

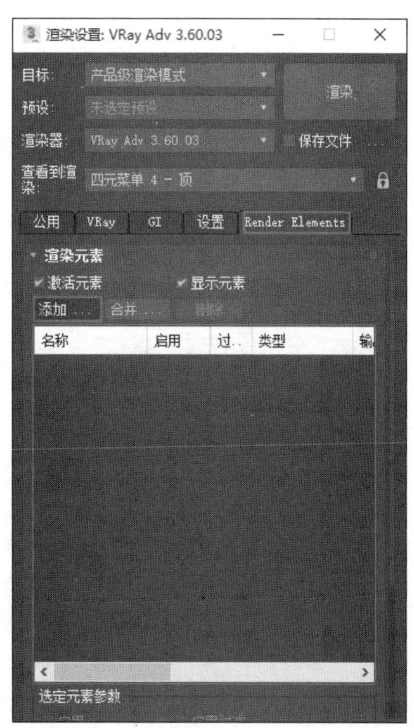
图 9.29 Render Elements 设置

步骤 5 单击"添加"按钮后,在弹出的"渲染元素"对话框中找到"VRay 降噪器",单击"确定"按钮,完成降噪器添加,如图 9.30 所示。

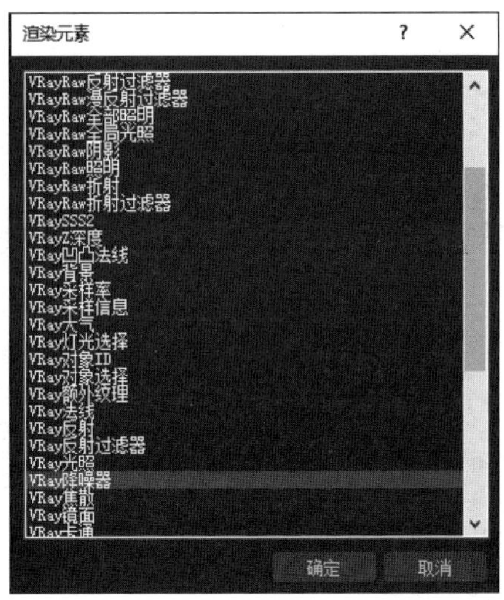

图 9.30 VRay 降噪器

在进行高精度渲染时并不是参数值越高越好,往往参数值越高渲染时间就越长,因此在进行参数设置时也要根据出图大小、材质调整与细分、模型复杂程度进行灵活调整。以上渲染的调整方法可以单独使用也可以几种方法结合使用,要根据渲染出现噪点问题的原因决定。

小结

本章主要通过对渲染器的类型、渲染器切换的方法、渲染器设置流程和各种渲染参数设置的讲解,帮助读者掌握渲染器命令的基本功能及使用 VRay 渲染器进行渲染的方法;本章还介绍了在渲染中遇到噪点问题的多种解决方法,有助于实现真实且高效的渲染技术。

Chapter 10

第10章

灯　　光

本章内容简介

本章将为读者讲解有关灯光的类型与应用的方法，通过各种灯光类型的学习，读者可以分类应用各种灯光，例如，主光可以用目标平行光或 VRaySun，环境光可以用 VRayLight，辅助灯光可以用泛光灯等。重点是如何通过灯光的布置，烘托出场景的明暗关系。

本章学习要点

- 灯光的类型。
- 标准灯光的功能。
- VRay 灯光的功能。
- 光度学灯光的功能。

能力拓展

通过本章的学习，读者可以掌握不同灯光的功能及用途，通过相关案例的制作，知道三维场景布光的流程及技巧，以便对项目案例进行布光操作。

优秀作品

本章优秀作品如图 10.0 所示。

图 10.0　优秀作品

10.1 标准灯光

灯光能够为场景提供光源和阴影,能够使场景更加逼真并起到烘托氛围的作用。为了更好地突出模型的明暗关系及氛围,在制作完场景后,都要为场景布置灯光,不同的场景设置的灯光类型及参数也都不同,有的场景需要明亮的灯光,有的场景需要色彩丰富的灯光,有的场景需要暗淡的灯光。在设置灯光时,要从色彩、色温、亮度、阴影等方面考虑,突出个性化设计的同时,不忽略人性化设计。

标准灯光属于比较简单的光源,它不会像光度学灯光那样具有物理光源信息,只能进行光源照射的模拟,所以效果相对会差。但它的渲染速度快,节约系统资源的优点还是深受人们喜爱的。

10.1.1 标准灯光的类型

在 3ds Max 中,单击"创建"面板→"灯光",在下拉列表中选择"标准",就可以看到标准灯光的对象类型。标准灯光包括 6 种灯光类型,分别是目标聚光灯、自由聚光灯、目标平行光、自由平行光、泛光和天光。

目标聚光灯:该灯光的照射区域与手电筒的照射效果一致,都是从一个点光源发射光线,向目标点形成锥形的照射区域。该灯光主要用来制作环境灯光、物体的追光灯效果。单击"目标聚光灯"按钮,在任意视图中按住左键,创建光源,拖动左键至合适的地方,创建光源目标点的位置,就可以创建目标聚光灯。

自由聚光灯:自由聚光灯与目标聚光灯的照射方式相同,但它没有目标点,后期调整自由聚光灯的位置、角度等属性比较困难。但在制作灯光动画时,如车前灯动画的模拟,应用自由聚光灯更方便。它的创建方法比较简单,在视图中单击左键就可以完成自由聚光灯的创建了。

目标平行光:该灯光的照射区域呈现圆柱的形状,形成的是平行光线照射的效果,它由光源及目标点组成。该灯光主要用来制作室内、室外场景中的主光,用来模拟阳光的照射效果。在室外夜晚的场景中,该灯光也会被用来照亮楼体的立面,形成光线由强到弱的渐变效果。

自由平行光:自由平行光照射方式与目标平行光相同,其区别在于:自由平行光没有目标点,它在布光中应用不多。

泛光:它是一种点光源,向空间内所有的区域进行照射,所有朝向它的模型表面都会被照亮。它在布光设置汇总,主要用来制作辅助光源及烘托氛围。它的创建方法比较简单,在视图中单击左键就可以完成自由聚光灯的创建了。

天光:该灯光是一种球面光源,用来模拟天空中的大气光线。它的作用是将整个场景照亮,去除比较暗的面。它常常被作为辅助光源,如图 10.1 所示。

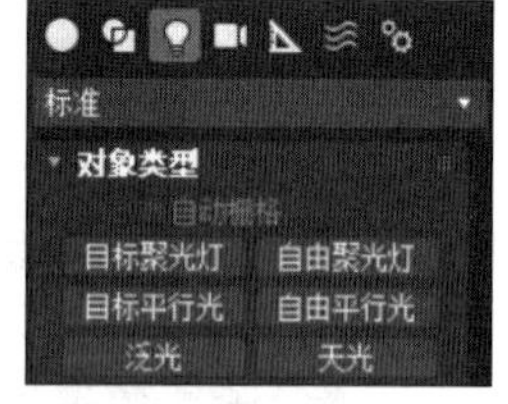

图 10.1 标准灯光列表

10.1.2 目标平行光

1. "常规参数"卷展栏

1) "灯光类型"选项组

启用:勾选该项,代表该灯光起到照明作用;不勾选,代表灯光关闭。也可在鼠标右键的快捷菜单中设置。

目标：确定灯光是否有目标点，右侧的数值代表目标点距离摄影机的距离。

2)“阴影”选项组

启用：勾选该选项，代表灯光照射物体后会产生阴影。标准灯光中阴影的类型有 6 种，分别是高级光线跟踪、区域阴影、阴影贴图、光线跟踪阴影、VRay Shadow、VRay 阴影贴图。

阴影贴图：当场景中灯光的阴影类型设置成阴影贴图时，计算机绘制在阴影的区域上添加一张黑色的图片。无论物体是否透明，阴影都是纯黑色的。另外，这种阴影类型产生的阴影边缘有马赛克区域，效果不是太好，但渲染速度会很快。

光线跟踪阴影：这种阴影类型能够更具空间内光线的跟踪方式对阴影区域进行计算，能够产生清晰的阴影。同时，该阴影类型能够根据模型的透明程度产生具有透明信息的阴影。通常，在场景中有玻璃、茶杯等透明物体时，都会采用该阴影类型。该阴影类型在扫描线渲染器是被支持的，在 VRay 渲染器下是不被支持的。

VRay Shadow：该阴影类型能够根据全局光的照射信息对模型的阴影进行计算，并能够根据物体的透明、发光等信息计算阴影的浓淡。该阴影类型在扫描线渲染器中是不被支持的，在 VRay 渲染器下被支持。

排除：单击该选项，在弹出的面板中，可以控制哪些模型被该灯光照射，哪些模型不被该灯光照射，这样就可以分区域、分灯光地照射物体了，如图 10.2 所示。

2.“强度/颜色/衰减”卷展栏

“倍增”数值框：默认值是 1.0，该数值控制灯光的强度。该数值越大，灯光的强度越大，场景就越亮。

颜色显示框：默认是白色，该参数用来设置灯光的颜色。在灯光颜色设置过程中，颜色拾取点越靠近顶侧，渲染后的图片越干净；颜色拾取点越靠近底侧，渲染后的图片越脏，色彩越浑浊。

“衰减”选项组：该项分为近距衰减与远距衰减两项，控制灯光的衰减范围。近距衰减控制离光源近的区域衰减范围；远距衰减控制灯光终点处的衰减范围，如图 10.3 所示。

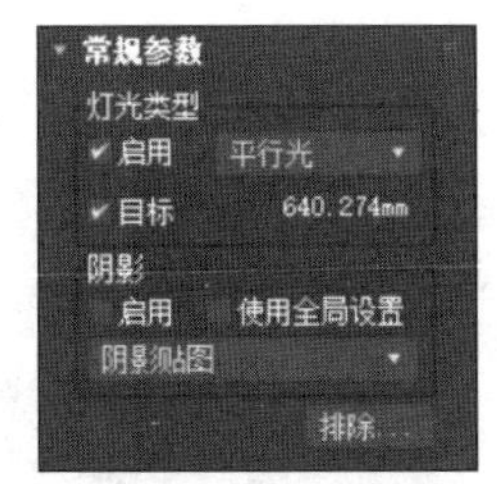

图 10.2 “常规参数”卷展栏

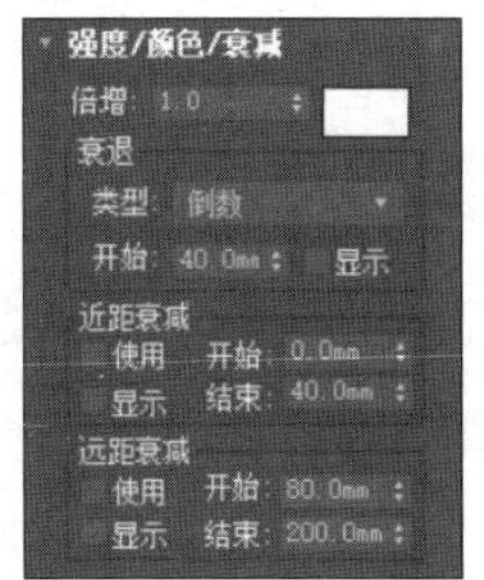

图 10.3 “强度/颜色/衰减”卷展栏

3.“平行光参数”卷展栏

显示光锥：控制是否显示灯光的圆柱照射范围。勾选该项，无论选择不选择该灯光，该灯光的圆柱照射范围都会在视图中显示；不勾选该项，只有在选择该灯光时，灯光的圆柱照射范围才会显现。

聚光区/光束：调整灯光圆柱的半径大小,实质上就是调整灯光的照射范围,并且该范围内,每个点灯光的强度倍增都相同。

衰减区/区域：调整灯光衰减范围的大小。一般该参数值都大于聚光区/光束的参数值。默认状态下,在视图中会形成两个圆柱嵌套到一起的状态,在最大的圆柱边线上,灯光的倍增值为 0,相当于没有灯光照射。从内侧圆柱到外侧圆柱,灯光的倍增值从强到 0 进行衰减分布。

圆/矩形：决定目标平行光照射范围的形状,是圆柱形还是方形。

纵横比：只有选择矩形灯光照射形状时,该项才起作用。该参数控制矩形的长宽比,如图 10.4 所示。

4. "阴影参数"卷展栏

颜色：设置灯光阴影的色彩。默认是黑色。

密度：用来设置阴影区及阴影边缘的密度。该数值越小,阴影越淡;该数值越大,阴影越黑。

大气阴影：主要用来设置大气环境及一些光效,如雾效、体积光效,都需要勾选"启用"选项,如图 10.5 所示。

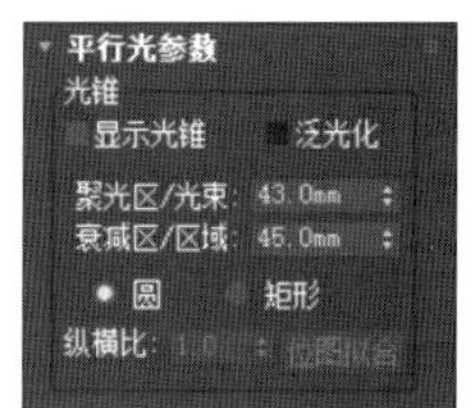

图 10.4 "平行光参数"卷展栏

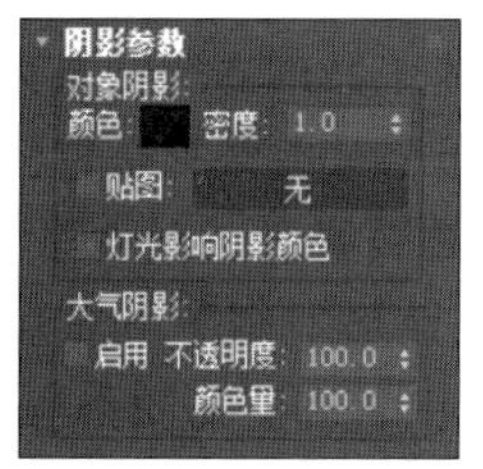

图 10.5 "阴影参数"卷展栏

5. "阴影贴图参数"卷展栏

偏移：控制阴影距离原始物体的距离,值为 0 时,阴影距离原始物体最近。

大小：阴影贴图的尺寸,该值越大,阴影效果越好,但渲染速度越慢。

采样范围：阴影渲染时的精度,该值越大,阴影效果越好,如图 10.6 所示。

10.1.3 目标聚光灯

目标聚光灯的照射区域与手电筒的照射效果一致,都是从一个点光源发射光线,向目标点形成锥形的照射区域。目标聚光灯的参数功能与目标平行光相同,如图 10.7 所示。

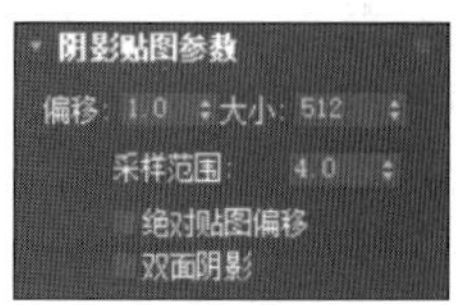

图 10.6 "阴影贴图参数"卷展栏

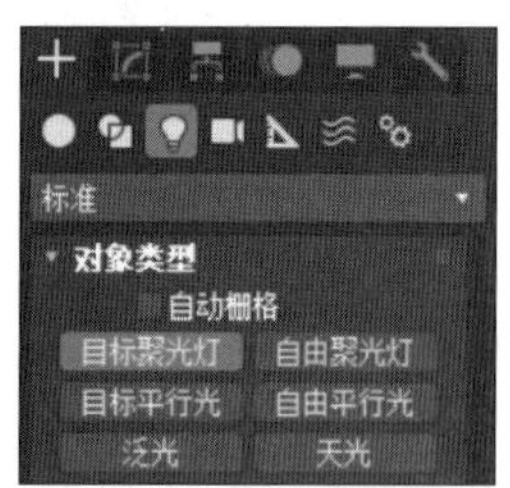

图 10.7 目标聚光灯

10.1.4 泛光灯

泛光灯是一种可以向四面八方均匀照射的点光源，它的照射范围可以任意调整，在场景中表现为一个八面体的图标。泛光灯是在效果图制作当中应用最广泛的一种光源，标准泛光灯用来照亮整个场景。场景中可以应用多盏泛光灯。在台灯的光源模拟过程中，可作为高亮度的扩散光源使用，如图 10.8 所示。

10.1.5 天光

天光主要模拟白天阳光照射效果的灯光，除了可以调整天空的颜色外，还可以增减天空的贴图。当与光线跟踪渲染功能配合时，能得到很好的效果。

天光的特点：天光的光源就像是将光源分布到一个大球的内表面，将大球罩住整个场景，使得球内部各个方向的光线都比较平均，强度都相同。因而，天光能够使场景整体变亮，无论是亮面还是阴影都会变亮。

倍增：控制灯光的亮度。倍增值大于 1 时，场景中灯光的强度就会加强，场景就会变亮；倍增值小于 1 时，场景中灯光的强度就会减弱，场景就会变暗。等倍增值是负值时，灯光就会变成吸光灯，场景的亮度就会更弱。

颜色/贴图：设置天光的色彩与贴图。

投射阴影：设置阴影有无，“每采样光线数”用来设置阴影的质量；“光线偏移”设置光线产生的阴影距离原始物体的距离，如图 10.9 所示。

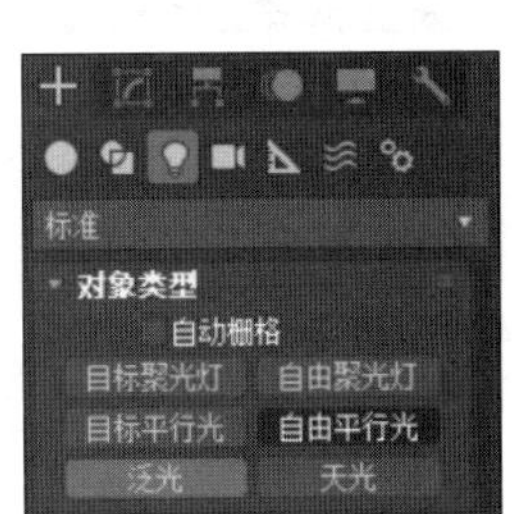

图 10.8 泛光灯

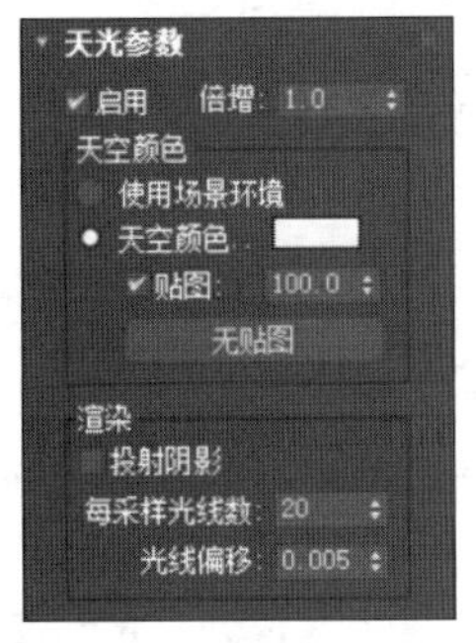

图 10.9 “天光参数”卷展栏

10.2 VRay 灯光

10.2.1 VRayLight

单击“创建面板”→“灯光”，在下拉列表中选择 VRay，就可以看到 VRay 的对象类型。在下方单击 VRayLight 按钮，在视图中拖曳鼠标左键就可以创建 VRayLight，如图 10.10 所示。

VRay 灯光是 VRay 渲染器提供的一种灯光。其灯光类型有 5 种，分别是平面、穹顶、球体、网格和圆形。

图 10.10 VRayLight 灯光

平面类型的 VRay 灯光在室内效果图的布光过程中经常被运用，用来模拟日光灯的发光效果，以及大气光线透过玻璃照射到室内等效果。在室外表现中，平面类型的灯光可以用来制作天光效果。

选择 VRay 灯光，进入“修改”面板，可以进行灯光属性的更改，主要控制灯光的颜色、强度、照射范围、可见性等属性。

半长/半高：设定 VRay 灯光的尺寸，用来控制灯光的照射范围。

倍增器：默认值是 30，控制灯光的照射强度，值越大，灯光的照射强度越大，场景越亮。

颜色：默认为白色，控制灯光的色彩，如图 10.11 所示。

不可见：勾选该选项，灯光的本身对象就不可见了；如果不勾选，灯光本身会呈现一个方形的白片。

不衰减：在真实世界中的光线亮度会按照与光源距离的平方倒数的方式进行衰减。当勾选该选项后，灯光将不会因为距离而衰减。该选项默认为不勾选。

天空光入口：勾选该选项时，前面设置的颜色和倍增值都将被 VRayLight 忽略，在“环境”卷展栏中设置的相关参数，默认为不勾选，如图 10.12 所示。

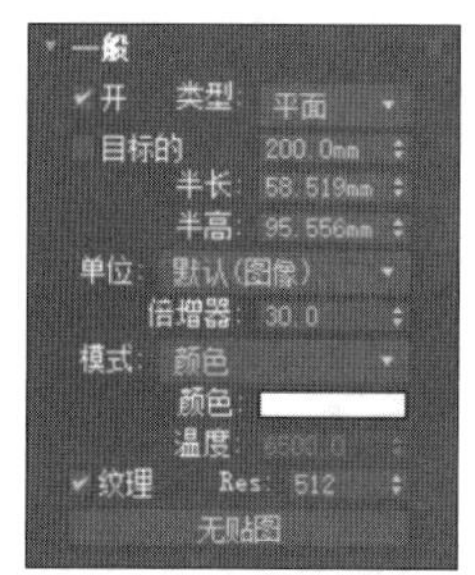

图 10.11 VRay 灯光参数

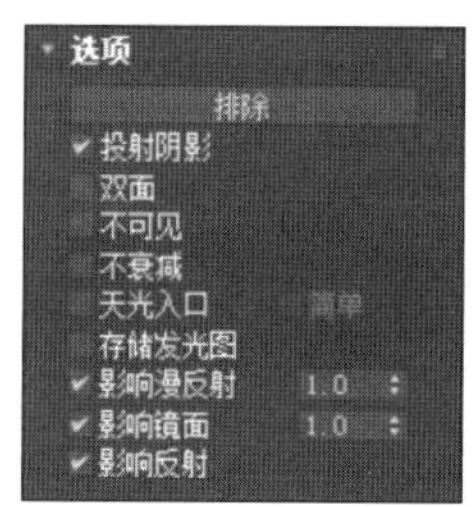

图 10.12 VRayLight“选项”卷展栏

1. 儿童防护机器人场景布光

这款儿童陪护型机器人所选取的整体配色为蓝色。蓝色是博大的色彩，提到蓝色，往往想到的都是天空和大海。蓝色是永恒的象征，它是最冷的色彩，表现出一种美丽、文静、理智与洁净。也适当用了点黄色，黄色代表“幸福极乐”的色彩，象征荣誉、智慧、和谐、高等文化。所以在该场景布光时，会用到两种对比光源，一种暖光源：黄色；一种冷光源：蓝色；一种主光源：白色。

步骤 1 打开本书手机场景文件，按快捷键 F10，在打开的“渲染”面板中，将渲染器切换成 VRay 5 渲染器，如图 10.13 所示。

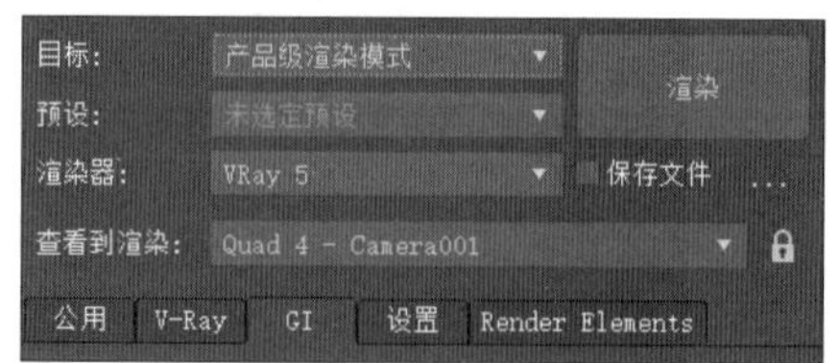

图 10.13 VRay 渲染器

步骤 2 布置主光。单击“创建”面板→“灯光”→VRay→VRayLight 按钮，在前视图中，按住鼠标左键，移动鼠标，创建 VRayLight，灯光要比模型大一些。运用选择并移动工具，在顶视图中将该灯光移动到模型的前面。在左视图中，运用选择并旋转工具，将模型旋转 45°，让灯光倾斜照射模型场景，如图 10.14 所示。

步骤 3 选择 VRayLight，进入“修改”面板，将灯光的倍增值设置成 1，颜色设置成白色。打开“选项”卷展栏，勾选“不可见”属性，灯光作用依然存在，但灯光却隐藏不见，如图 10.15 所示。

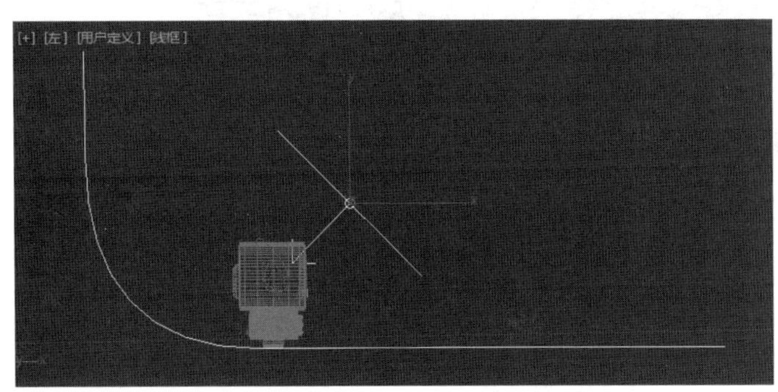

图 10.14 布置灯光

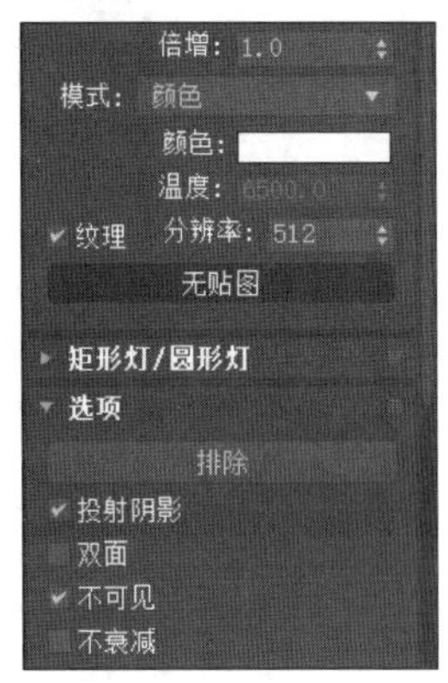

图 10.15 VRayLight 参数

步骤 4 布置暖光源。单击“创建”面板→“灯光”→VRay→VRayLight 按钮，在左视图中按住鼠标左键，移动鼠标，创建 VRayLight，灯光要比模型大一些。运用“选择并移动”工具，在顶视图中将该灯光移动到模型的左侧，如图 10.16 所示。

步骤 5 选择 VRayLight 灯光，进入“修改”面板，将灯光的倍增值设置成 2，颜色设置成暖黄色。打开“选项”卷展栏，勾选“不可见”属性，灯光作用依然存在，但灯光却隐藏不见，如图 10.17 所示。

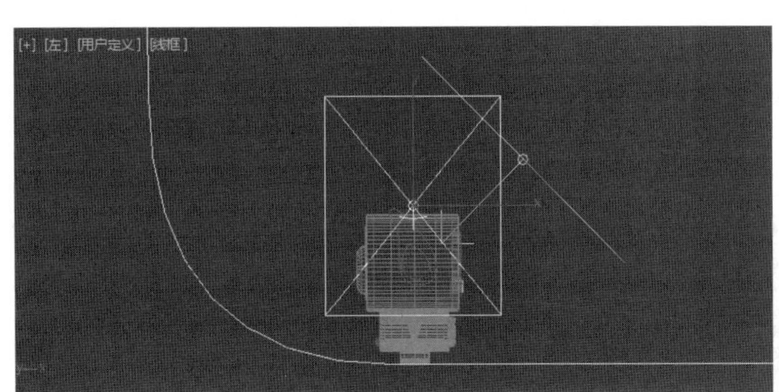

图 10.16 VRay 暖光源

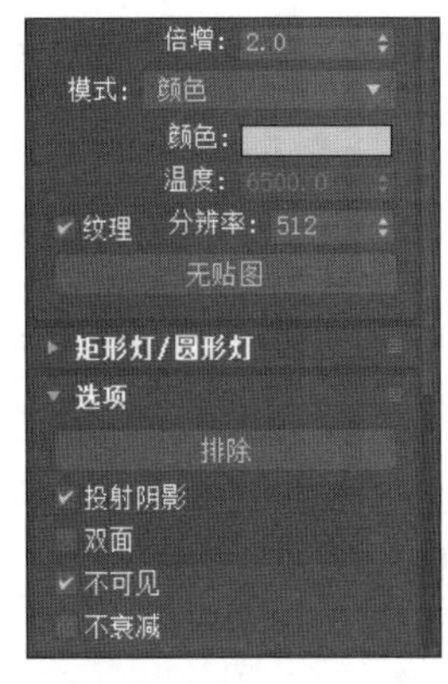

图 10.17 VRay 暖光源参数

步骤 6 布置冷光源。单击“创建”面板→“灯光”→VRay→VRayLight 按钮，在右视图中按住鼠标左键，移动鼠标，创建 VRayLight，灯光要比模型大一些。运用选择并移动工具，在顶视图中将该灯光移动到模型的右侧，如图 10.18 所示。

步骤 7 选择 VRayLight，进入“修改”面板，将灯光的倍增值设置成 4，颜色设置成浅蓝色。打开“选项”卷展栏，勾选“不可见”属性，灯光作用依然存在，但灯光却隐藏不见，如图 10.19 所示。

步骤 8 单击“渲染”按钮，渲染测试，如图 10.20 所示。

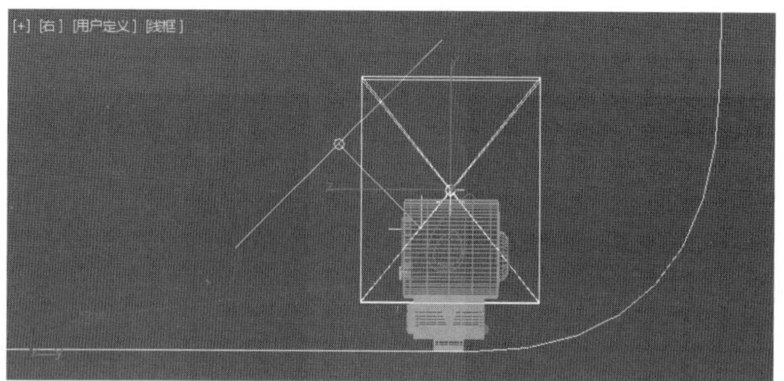

图 10.18 VRay 冷光源

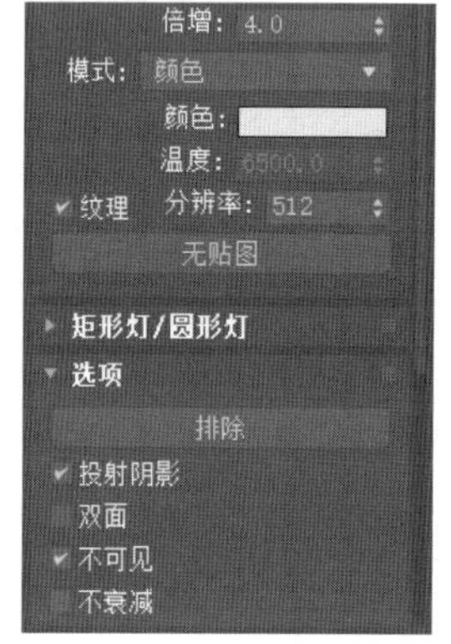

图 10.19 VRay 冷光源参数

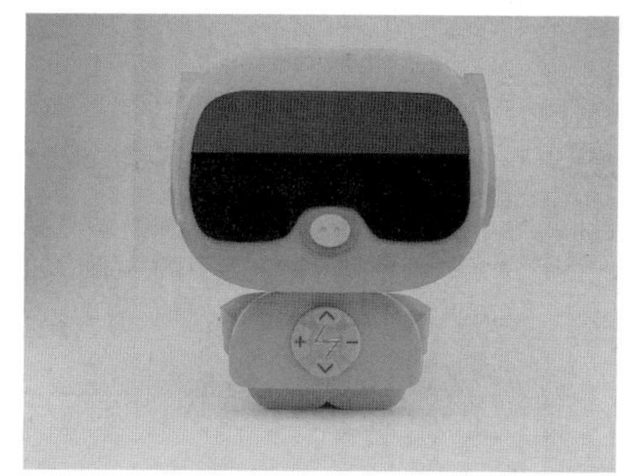

图 10.20 渲染效果

2. 室内场景布光

步骤 1 打开本书场景文件,按 F10 键,在打开的“渲染”面板中,将渲染器切换成 VRay 5 渲染器,如图 10.21 所示。

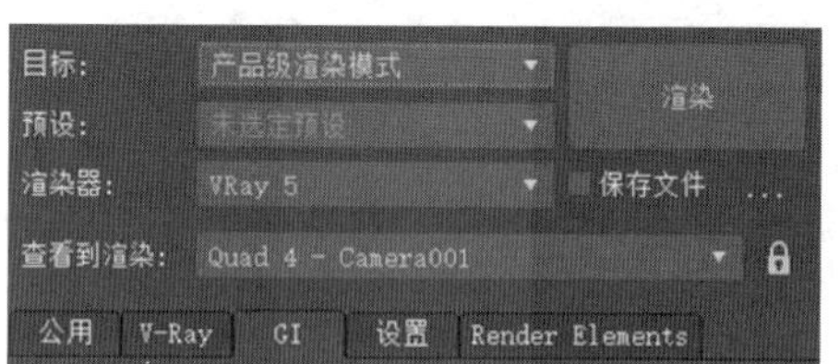

图 10.21 VRay 渲染器

步骤 2 布置环境光。在场景的透视图中观看场景中模型的空间方位,找到窗口的位置。单击“创建”面板→“灯光”→VRay→VRayLight 按钮,在前视图中按住鼠标左键,移动鼠标,创建 VRayLight,灯光平面的尺寸跟窗口模型尺寸相同。该灯光模拟大气中的环境光透过窗口照射室内的效果。运用选择并移动工具,在顶视图中将该灯光移动到窗口的外面,灯光方向指向室内,如图 10.22 所示。

步骤 3 选择 VRayLight,进入“修改”面板,将灯光的倍增值设置成 1,颜色设置成浅蓝色。打开“选项”卷展栏,勾选“不可见”属性,灯光作用依然存在,但灯光却隐藏不见,如

图 10.23 所示。

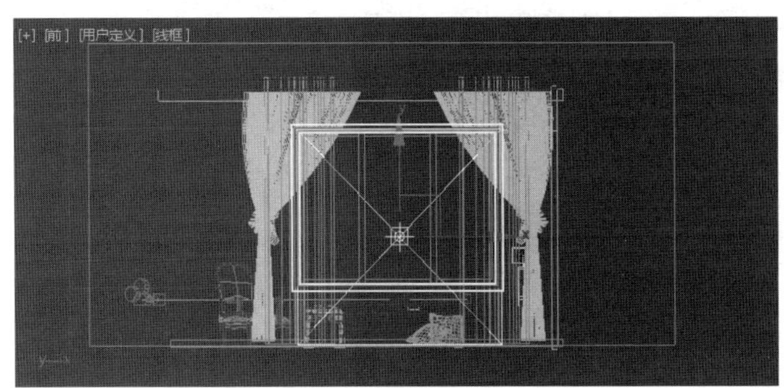

图 10.22　布置环境光

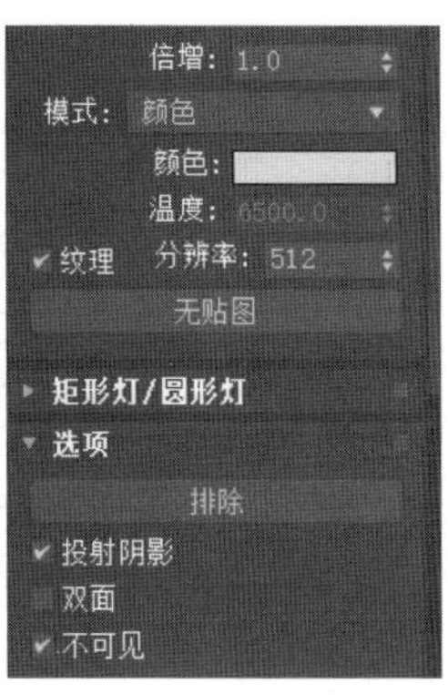

图 10.23　环境光参数

步骤 4　布置主光。单击“创建”面板→“灯光”→“标准”→“目标平行光”按钮，在顶视图中，由室外向室内移动鼠标，创建出主光。选择目标平行光的光源图标，在前视图中，将光源向上移动，形成倾斜照射的主光，该灯光用来模型自然界中的阳光，如图 10.24 所示。

步骤 5　选择目标平行光的光源图标，进入“修改”面板。在“常规参数”卷展栏中，将阴影启用，将阴影类型设置成 VRayShadow，在“强度/颜色/衰减”卷展栏中，将灯光的倍增值设置成 1，颜色设置成暖黄色。在“平行光参数”卷展栏中，将聚光区/光束的属性值改大，该值越大，代表平行光照射范围越大。在室内场景中，平行光的照射范围以大于窗户的尺寸为准，如图 10.25 所示。

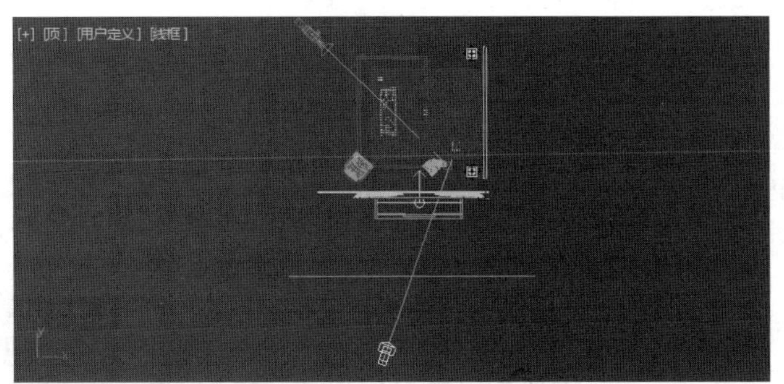

图 10.24　布置主光源

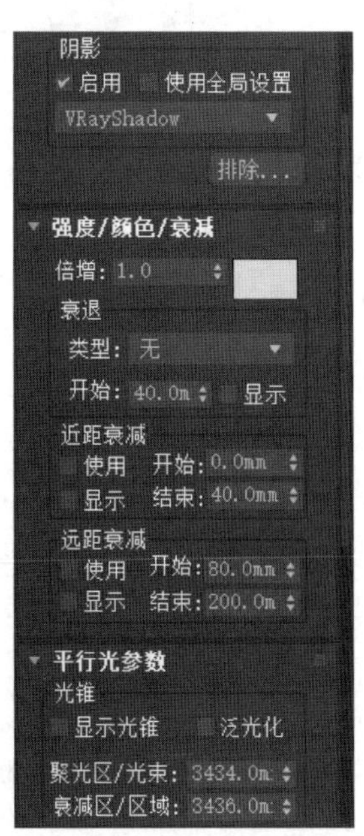

图 10.25　主光源参数

步骤 6　布置辅助光。单击“创建”面板→“灯光”→“标准”→“泛光灯”按钮，在顶视图中，单击左键创建出泛光灯。在前视图中，将光源向上移动到室内的中间高度位置，形成点光源发散照射的效果,该灯光用来辅助照亮场景,如图 10.26 所示。

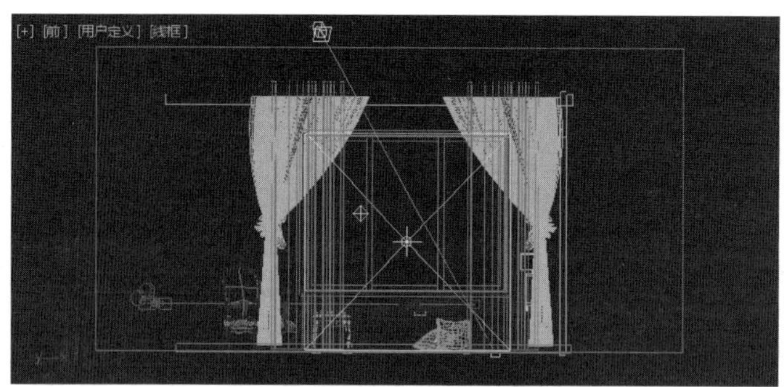

图 10.26　布置辅助光源

步骤 7　选择泛光灯的光源图标,进入“修改”面板。在“强度/颜色/衰减”卷展栏中,将灯光的倍增值设置成 0.2,颜色设置成暖黄色。其他参数不用更改,如图 10.27 所示。

步骤 8　选择摄影机视图,单击“渲染”按钮,进行渲染,如图 10.28 所示。

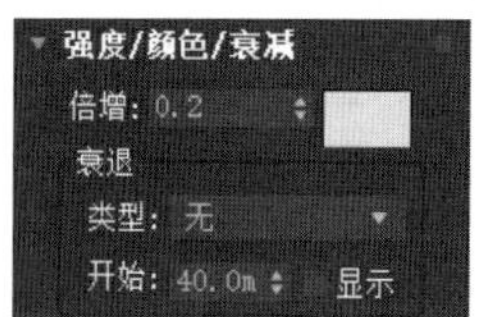

图 10.27　辅助光参数

图 10.28　渲染效果

10.2.2　VRaySun

VRaySun 是 VRay 渲染器提供的一种灯光。该灯光产生平行光束,用来模拟阳光,在场景渲染中,可以将该灯光作为主光使用。该灯光的缺点是没有调整色彩的属性,灯光的色彩是随着灯光与地面的夹角度数来改变的。与地面夹角越小,灯光的颜色越偏向红黄色;与地面夹角越大,灯光的颜色越偏向白色。

VRaySun 的创建方法:单击“创建”面板→“灯光”,在下拉列表中选择 VRay,就可以看到 VRay 的对象类型。在下方单击 VRaySun 按钮,在视图中拖曳鼠标左键就可以创建 VRaySun。在创建 VRaySun 之后,会弹出一个面板,显示“是否添加 VRaySky 环境贴图”,如果选择“是”,就在场景中添加环境贴图了,渲染后就能够看到天空;如果选择“否”,在场景中就不添加环境贴图,渲染后还是显示 3ds Max 的背景颜色,如图 10.29 所示。

图 10.29　VRaySun

启用:默认是勾选的,勾选该选项,代表 VRaySun 灯光起到照明作用。

影响漫反射：默认勾选，VRaySun 可以将物体的漫反射区域照亮，这样物体模型大范围的面都会被灯光影响。

强度倍增：默认值是 1，影响灯光的强度。值越大，灯光照射强度越大，场景就越亮；反之，场景就越暗。

大小倍增：默认值是 1，影响灯光光源的大小。值越大，光源范围越大，模型产生的阴影越小；反之，阴影就越大。

阴影细分：控制阴影的质量。该值越大，阴影质量越好；反之，质量越差。

阴影偏移：控制阴影距离原始物体的距离。值越大，阴影距离原物体模型越远；反之，阴影距离原物体模型越近。通常情况下，可以将该值设置成 0.01，如图 10.30 所示。

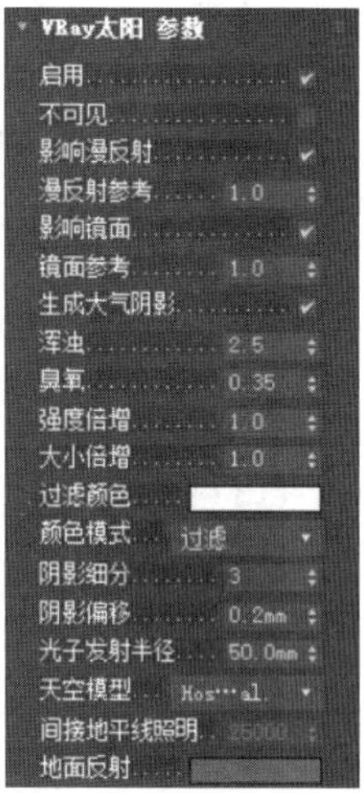

图 10.30 VRaySun 参数面板

10.3 光度学灯光

10.3.1 目标灯光

目标灯光的光线照射形式与荧光灯照射形式相似，都是线性光源，可以根据光域网文件设置不同的光线分布方式。这种灯光常用来模型室内的射灯照射效果、室外建筑立面的修饰灯光。

目标灯光的创建方法：单击“创建”面板→“灯光”，在下拉列表中选择“光度学”，就可以看到光度学的对象类型。在下方单击“目标灯光”按钮，在视图中拖曳鼠标左键就可以创建含有目标点的目标灯光，如图 10.31 所示。

灯光分布(类型)：该属性设置灯光的光线分布形式。共有四种类型：光度学 Web、聚光灯、统一漫反射、统一球形。其中，光度学 Web 是常用的一种形式，可以通过光度学文件控制灯光的发射光线形状。

选择光度学文件：该按钮是导入外界光度学文件的入口，单击该按钮，在弹出的面板中，找到扩展名为 IES 的文件，单击“打开”按钮，就可以导入外部的文件来约束灯光的光线形状，如图 10.32 所示。

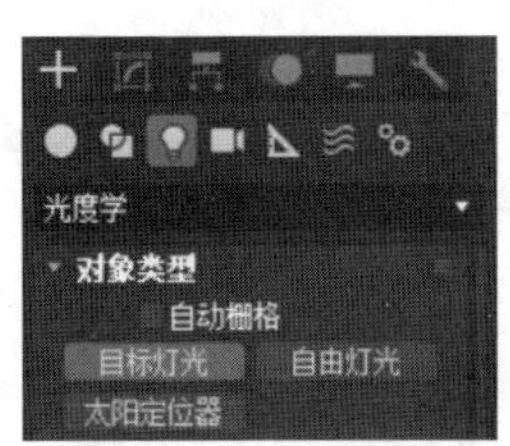

图 10.31 目标灯光

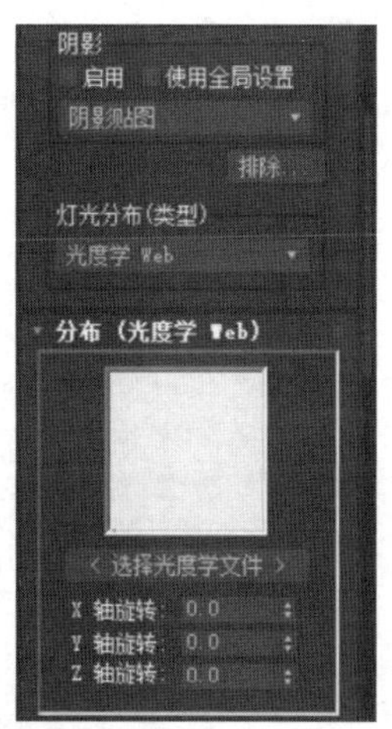

图 10.32 “光度学分布”卷展栏

过滤颜色：设置灯光的颜色。

强度：控制灯光的强度。共分成三种单位，分别是Lm、Cd、Lx。Lm：光源的有效辐射值。Cd：光通量的空间密度，即单位立体角内的光通量，叫作发光强度，是衡量光源发光强弱的量。Lx：反映光照强度的一种单位，其物理意义是照射到单位面积上的光通量，照度的单位是每平方米的流明。可以在下方输出数值，更改灯光的强度值，如图10.33所示。

10.3.2 自由灯光

自由灯光的创建方法：单击“创建”面板→“灯光”，在下拉列表中选择“光度学”，就可以看到光度学的对象类型。在下方单击“自由灯光”按钮，在视图中拖曳鼠标左键就可以创建没有目标点的自由灯光。

自由灯光的光线照射形式同目标光源的光线分布形式相同，自由灯光的参数面板与目标灯光参数面板一致，在这里就不赘述了，如图10.34所示。

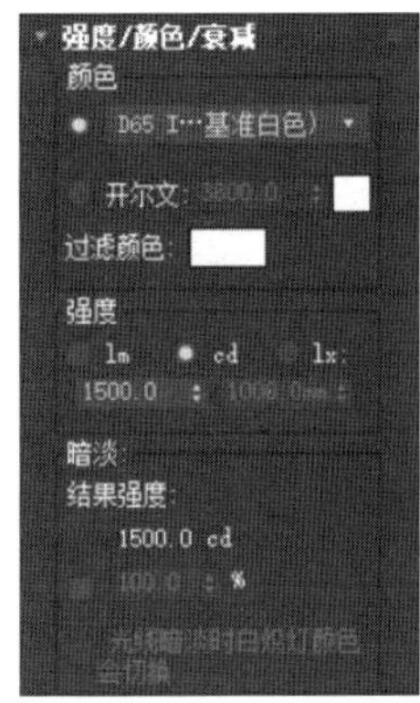

图10.33 “强度/颜色/衰减”卷展栏

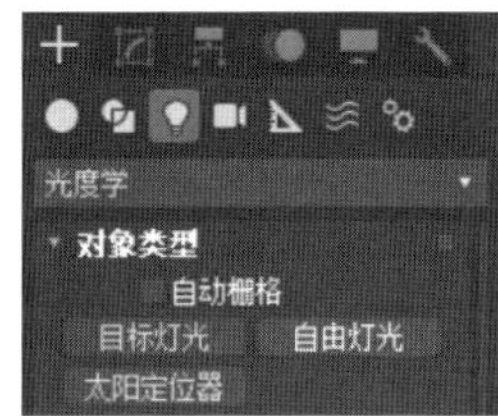

图10.34 自由灯光

小结

本章主要讲解3ds Max灯光的类型、基本功能及其在场景中的应用技巧。在学习过程中，着重学习灯光的参数功能、灯光的特点及应用领域。重点是如何通过灯光的布置，烘托出场景的明暗关系。

Chapter 11

第11章

材　质

本章内容简介

本章将为读者讲解有关材质的基础知识,包括材质的概念、材质的分类、材质的基本属性及材质的应用技巧,重点对 VRayMtl 材质进行讲解,如何调节材质才能使模型的质感更加真实,读者都会在本章学习到。

本章学习要点

- 材质的概念。
- 材质与贴图的区别。
- 材质的基本属性。
- 材质的分类应用。
- VRayMtl 材质的功能及应用。

能力拓展

通过本章的学习,读者可以了解材质与贴图的原理,并能根据所讲解材质的各个功能,进行相应材质的调节,可以学习到金属、玻璃、石材、木板、车漆等材质的制作方法。并能根据观察,制作出自己想要的材质质感。

优秀作品

本章优秀作品如图 11.0 所示。

图 11.0　优秀作品

11.1 认识材质

材质是指物体的表面特性,指定模型表面在渲染时以特定的方式显示,如模型基本的色彩或纹理、模型表面凹凸程度、模型不透明程度、模型折射与反射能力等。在 3ds Max 中的材质不仅可以应用到模型对象上,还可以应用到环境与粒子系统中。另外,材质不仅可以是静止不变的,还可以是动画状态的,配合参数调节,材质就是动态的。

11.1.1 材质的类型

在 3ds Max 默认扫描线渲染器中,除标准材质类型外,3ds Max 中还有 17 种材质类型。按照材质包含的子材质数目划分,可以分成单一材质类型与复合材质类型两大类,如图 11.1 所示。

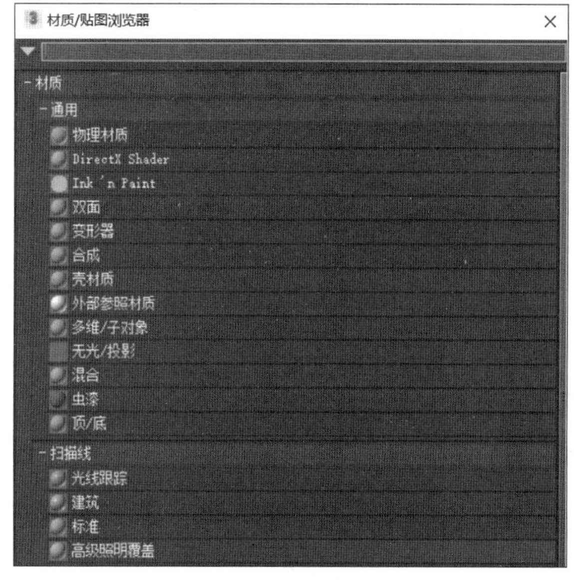

图 11.1 材质类型

以下是单一材质类型,即该种材质不含任何子材质。这种材质调节相对比较简单,能适合大多数的场景对象要求。

标准材质类型是 3ds Max 默认的材质类型,能够适合大多数场景对材质的要求,但标准材质类型也存在一定的局限性,该材质很难表现材质丰富的层次或者一些特殊的效果。

光线跟踪材质类型:它是一种在对象表面产生高级投影的材质,可以在对象的表面展现出真实的反射与折射效果。反射和折射的效果要比在标准材质类型中的"反射"通道使用"反射/折射"贴图的效果好,但渲染速度也会慢一些。应用光线跟踪材质或应用光线跟踪贴图的效果取决于模型表面法线的方向,可以通过翻转法线方向,得到光线跟踪的效果。应用双面材质并不能解决标准材质中遇到的反射和折射问题,另外,光线跟踪材质在 VRay 渲染器中是不好用的。

建筑材质类型:能够根据物理属性设置对象材质,并有多种模板可以选择,可以快速设置各种质感的材质，当该材质与“光度学”灯光类型、“光能传递”渲染方式配合使用时，能够得到比较逼真质感的材质。

无光/投影材质类型：该材质主要用于后期合成的对象上。因为模型的材质一旦是“无光/投影”材质时，在渲染时将被隐藏不见，而被该对象所遮挡的其他对象在渲染时也是不可见的，但背景中贴图不会被遮挡。“无光/投影”材质也常常作为对象的阴影使用。

壳材质类型：该材质主要进行烘焙贴图纹理，当应用“渲染到纹理”烘焙纹理时，就创建了一个“壳材质”。可以在场景中没有灯光的情况下，保留对象表面的光源照射效果与阴影效果。

Ink'n Paint 材质类型：该材质可以使三维对象产生类似于二维图像的效果，可以用来制作水墨效果的图片或视频。

以下是 3ds Max 中的复合材质类型，该种材质类型包含两种或两种以上的材质类型。复合材质类型应用非常广泛，不仅可以设置层次丰富的材质，还可以进行材质的嵌套，制作出质感突出的材质。

混合材质类型：该材质可以通过百分比的形式、“遮罩”黑白贴图来控制两种材质混合产生的效果。“混合量”参数控制两种材质混合的百分比。当该参数为 0 时，将完全显示第一种材质；当该参数为 100 时，将完全显示第二种材质。当启用“遮罩”贴图通道时，“混合量”参数将不起作用，“遮罩”通道中贴图白色的区域将显示第二种材质，“遮罩”通道中贴图黑色的区域将显示第一种材质，介于两者之间的灰色区域将按照自身灰色强度显示两种材质混合的效果。

双面材质类型：可以在对象的正反面分配两种不同的材质。为一个对象指定材质时，材质将被指定在内部与外部的表面上，在不选择“双面”复选框的情况下，也能同时显示模型的外表面与内表面。

变形器材质类型：通常与“变形器”修改器联合使用，材质将根据对象的变形设置生成动画。例如，制作角色眉头凸起时，前额出现的皱纹就可以用变形器材质来完成。

多维/子对象材质类型：该材质可以根据对象的材质 ID 对同一对象指定多种材质。该材质通常应用于整个对象，然后运用“编辑多边形”“编辑网格”等修改器分配模型面的材质 ID，将多维/子对象中的子材质分配给相应的面子对象。

虫漆材质类型：可以在对象表面混合两种材质，该材质可以通过混合量，将另一种材质覆盖到底部材质上，形成两种材质混合的效果。

顶/底材质类型：可以为目标对象的顶部和底部分配两种不同的材质，并且在两种材质的交界处形成自然的过渡区域。“顶/底”材质类型根据对象的表面所处的世界坐标系或局部坐标系中的 Z 轴方向来决定顶和底。在 Z 轴正半轴的面使用“顶”材质，Z 轴负半轴使用“底”材质。

11.1.2 材质与贴图的区别

在 3ds Max 中，材质和贴图都可以在材质编辑器里进行编辑调整。一般来说，3ds Max 材质里包含 3ds Max 贴图。在使用范围中，并没有刻意区分材质和贴图，不管是贴图还是材质，都可以统称为 3ds Max 材质。

3ds Max 软件里材质和贴图的区别一：大小不同。

3ds Max 材质是一种类型，里面包含若干个贴图通道，每一个贴图通道都可以进行贴图的添加。也就是说，一种材质下方包含若干种贴图。由此可以看到：材质包含贴图，贴图隶属于材质。

3ds Max 软件里材质和贴图的区别二：属性参数不同。

属性参数不同是 3ds Max 软件里材质和贴图的重要区别。一般来说，3ds Max 材质主要是光的属性参数，影响光线在材质表面的反射、折射等数值。而 3ds Max 贴图是位图属性，主要用来展示物体表面的纹理。

3ds Max 软件里材质和贴图的区别三：效果不同。

材质和贴图在 3ds Max 软件里的效果也不同。3ds Max 材质的效果是调整物体的光泽属性，让玻璃看起来更像玻璃，让丝绸看起来更像丝绸。而 3ds Max 贴图的效果是调整物体的表面纹理，同样都是布料，使用不同的贴图就可以制作出棉布和纤维的不同效果来。这就是 3ds Max 材质和贴图的第三种区别。

11.1.3 材质赋予模型的方法

第一种：选择调节好材质的样例球，按住左键拖曳给场景中的模型。

第二种：在场景中选择模型，在材质编辑器中选择调节好材质的样例球，单击按钮，将材质指定给选定的对象。

11.1.4 材质编辑器的切换方式

在主工具栏中单击“材质编辑器”按钮，可以打开材质编辑器。如果没有出现图 11.2 中的样例球，可以单击材质编辑器菜单栏中的“模式”菜单，选择“精简材质编辑器”，即可看到图 11.2 的“材质编辑器”窗口。材质编辑器可以分为三部分，位于最上方的是菜单栏，菜单栏中提供了所有编辑材质的命令。菜单栏下为材质示例窗和参数区。可以在示例窗口中选择样例球对材质进行设置，参数区中就会显示该材质样例球的参数，供用户进行设置，如图 11.2 所示。

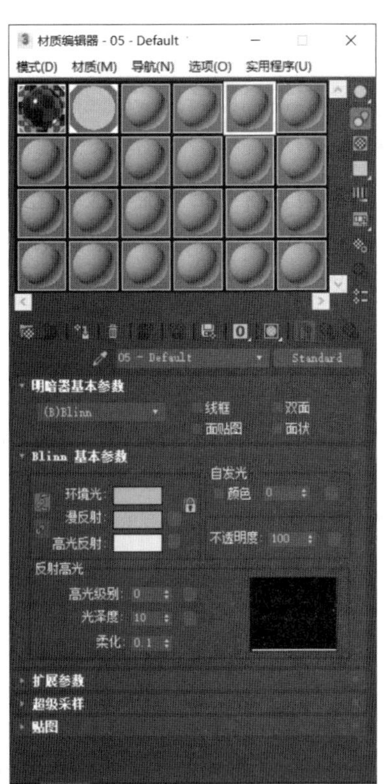

图 11.2 材质编辑器

样例窗口：

在系统默认状态下，在样例窗口中显示 6 个样例球，如果需要显示更多的材质样例球，可以右键单击样例球窗口中的讴歌样例球，在弹出的快捷菜单中选择 5×3 示例窗或者 6×4 示例窗命令，便可调节样例球在示例窗口中的显示数量。

为了方便用户观察材质的效果，3ds Max 提供了样例球的放大功能。在样例球上双击左键就可以放大样例球；还可以单击右键，在弹出的快捷菜单中选择“放大”选项，以此来放大样例球。

功能按钮：

“采样类型”按钮：控制材质样例球的显示形状，包含球体、圆柱体、正方体三种类型。有助于观察不同结构模型的材质与贴图效果。

“背景”按钮：单击该按钮，能将示例窗原有的灰色背景转变成彩色的方格图案背景，有助于观察透明或半透明材质的编辑效果。

“在视图中显示明暗处理材质”按钮：当把编辑好的材质指定给场景中的模型后，单击“在视图中显示明暗处理材质”按钮，贴图就会在视图中模型的表面显示出来，便于更直观地观察贴图与模型间的对位关系。

“显示最终结果”按钮：该按钮用来切换样例窗口中显示/不显示材质的编辑效果。当该按钮处于按下的状态时，样例球显示材质的最终效果。如果该按钮为抬起状态时，样例球只显示当前层级的效果。

“转到父对象”按钮：单击该按钮，可以切换到当前材质层的父层级，最终回到材质的最顶级。如果该按钮为黑色，代表当前层级为材质的最顶级。

“转到下一个同级项”按钮：单击该按钮，可以在当前材质、贴图的同等层级进行切换。例如，当前位于漫反射贴图通道的贴图级别，单击该按钮后，就可以切换到不透明贴图通道的贴图级别。

11.2 标准材质

标准材质是最基本的材质类型，能够模拟物体表面的质感、凹凸、反射、折射效果，在没有贴图的情况下，标准材质设置的材质具有均匀统一的色彩，如图 11.3 所示。

图 11.3 明暗器类型

各向异性明暗模式：提供不均匀的椭圆形高光，适合创建毛发、布匹等类型的材质。

Blinn 明暗模式：提供圆形的亮光效果，适合创建大部分物体的材质。

金属明暗模式：能够模拟真实的金属材质质感，去除高光颜色，高光颜色来源于漫反射颜色成分和高光曲线形状，能获得对比度和亮度较明显的质感材质。

多层明暗模式：能够提供两个椭圆形的高光，形成层次感比较丰富的反光效果。

Oren-Nayar-Blinn 明暗模式：该模式添加“漫反射级别”和“粗糙度”参数控制，适合设置布纺织品、毛皮等不光滑的表面材质。

Phong 明暗模式：该模式能够设置表面强烈的圆形高光，适合设置玻璃、眼镜等具有很强高光的光滑材质。

Strass 明暗模式：该模式设置金属类型的材质，金属质感不如多层明暗那样强烈。

半透明明暗模式：该模式能更细致地对材质的不透明度进行设置，适合设置塑料、磨砂物体的材质。

“线框”复选框：当其被勾选的时候，物体以线的形式显示，在渲染的时候模型的面是看不到的。

“双面”复选框：当其被勾选的时候，渲染器将不考虑模型法线方向，模型上所有的面都可以被渲染出来。

“面贴图”复选框：当其被勾选的时候，材质会均匀地平铺到模型的所有面上。

"面状"复选框：当其被勾选的时候，模型自动去除光滑组，每个面的边缘都有比较清晰的边界。

11.2.1 漫反射

在 Blinn 明暗模式下，材质的颜色由环境光、漫反射、高光反射三种组成。由于极少的材质具有环境阴影和漫反射颜色不一致，所以环境光与漫反射之间有一个被激活的锁定按钮，调整一个颜色，另一个会跟着更改，如图 11.4 所示。

材质中的漫反射由漫反射颜色和漫反射贴图通道(在漫反射颜色的右侧)两部分组成。漫反射颜色值模拟物体固有的颜色，它对模型材质外表影响最大，渲染之后也会呈现模型色彩。漫反射贴图通道的优先级高于漫反射颜色，有漫反射贴图的时候，漫反射颜色就不起作用了。漫反射贴图通道会将贴图以一定的方向指定到对象的表面，形成模型表面的纹理。

11.2.2 高光

反射高光组包括高光级别、光泽度和柔滑三个参数栏以及右侧的曲线显示框，其作用是调节材质的高光参数，体现材质的质感，如图 11.5 所示。

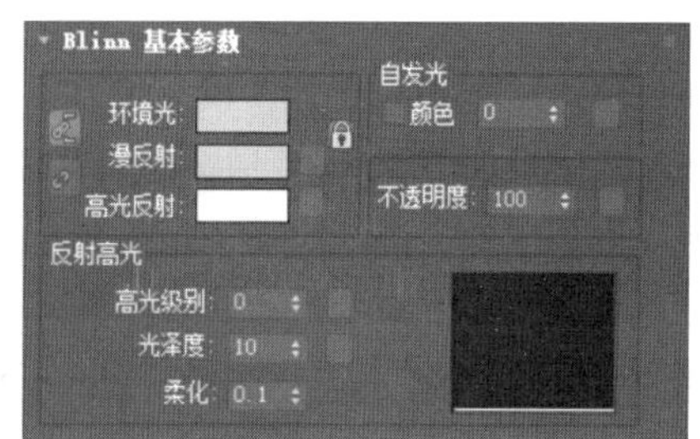

图 11.4 基本参数

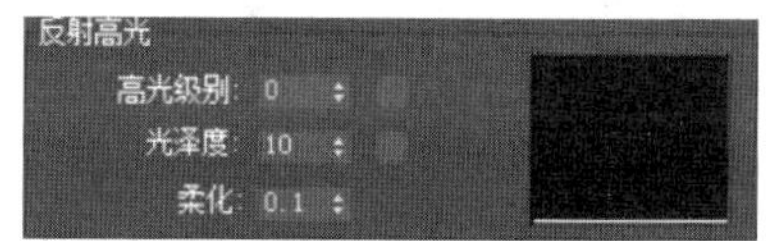

图 11.5 反射高光参数

高光级别：该参数控制材质高光的亮度，参数值越大，其高光区越亮，曲线弧度越高。

光泽度：调节高光的范围，参数值越大，高光区域越小，曲线宽度越小；参数值越小，高光区域越大，曲线宽度越宽。

柔化：该属性用来柔和高光的亮度，使其变得柔和，该参数值越大，材质高光柔和度越高。

11.2.3 不透明度

在调节玻璃、水等材质时，会遇到物体透明、半透明的情况，材质基本参数下方的不透明度属性能够帮助实现这些效果，如图 11.6 所示。

在默认的状态下，所有材质的不透明度都为 100，意味着物体模型不透明。当不透明度的值为 0 时，物体模型完全透明。不透明度的值为 0～100 时，物体模型处于半透明效果。

图 11.6 不透明度参数

不透明右侧贴图通道中，可以为不透明度属性添加贴图，添加的贴图会自动处理成灰度图像，贴图中的黑色区域会让模型变成完全透明，贴图中的白色区域会让模型变成不透明。通过该通道，可以制作铁丝网、编织物等模型材质。

11.2.4 自发光

在默认的状态下，所有材质的自发光都为 0，意味着物体模型不发光。当自发光的值为 100 时，物体模型完全发光。自发光的值为 0～100 时，物体模型部分发光。

图 11.7 自发光参数

自发光下方贴图通道中，可以为自发光添加贴图，添加的贴图会自动处理成灰度图像，贴图中的黑色区域会让模型不发光，贴图中的白色区域会让模型发光。通过该通道，可以制作天空、宝石等模型材质，如图 11.7 所示。

11.3 VRayMtl 材质

11.3.1 VRayMtl 材质基本参数含义

VRayMtl 在 VRay 渲染器中是最常用的一个材质，可以通过它的贴图通道作出真实的材质，如反射、折射、模糊、凹凸、置换等。如果物体带有大量的反射、折射、透明等属性时，应用 VRayMtl 材质比标准材质调节的更简单快捷，而且材质的质感更加真实，如图 11.8 所示。

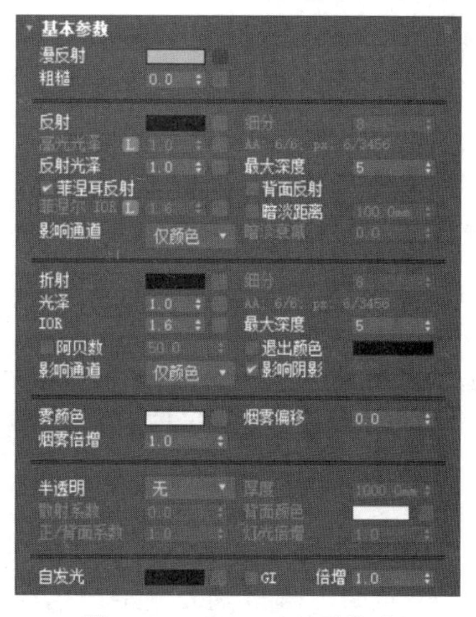

图 11.8 VRayMtl 材质类型

1. 漫反射能力区域

漫反射：调节漫反射颜色值、模型的固有色，对模型材质外表影响最大。

粗糙：可以用来模拟物体粗糙表面或者边面灰尘。该参数值越大，物体表面越粗糙。

2. 反射能力区域

反射：右侧的颜色为黑色时，物体不具备反射能力；右侧的颜色为白色时，物体反射能力最强。如果模型表面反射能力强，内部反射弱时，这种反射可以在反射通道中添加衰减贴图，通过衰减贴图的黑白来控制模型的反射能力。

高光光泽：相当于标准材质的光泽度，控制模型高光区域的大小。该参数值越小，物体高光区越大；该参数值越大，物体高光区越小。

反射光泽：该值控制物体材质的模糊反射程度。该参数值越小，物体的模糊反射程度越强；该参数值越大，物体的模糊反射程度越小。

“菲涅尔反射”复选框：该项与反射的颜色匹配使用，勾选该复选框时，物体材质的反射能力比较弱；不勾选该复选框时，物体的反射能力比较强。当然，勾选该复选框时，也可以通过更改菲涅尔 IOR 的值来提高物体的反射能力。

细分：当物体有模糊反射时，该参数值控制物体材质模糊反射的品质。该参数值越大，模糊反射效果越好；该参数值越小，模糊反射效果越差，越容易出现噪点。

3. 折射能力区域(透明控制区域)

折射：右侧的颜色为黑色时，物体不透明；右侧的颜色为白色时，物体完全透明。如果模型表面透明程度能力强，内部透明弱时，这种效果可以在折射通道中添加衰减贴图，通过衰减贴图的黑白来控制模型的透明能力。

光泽：控制透明物体的模糊程度，该参数值越小，模糊程度越明显，默认值为1，将不产生模糊效果。

细分：控制透明物体模糊的品质，较高的值可以得到比较平滑的效果，渲染速度比较慢；而较低的值可以得到粗糙的模糊效果，渲染速度快。

影响阴影：这个选项控制透明物体产生的阴影，勾选它，透明物体产生的是真实的阴影，即越透明的物体阴影越淡。如果不勾选它，透明物体产生的阴影就是纯黑色的假阴影。

4. 雾色能力区域

雾颜色：这个颜色控制透明物体的渲染颜色。即透明物体的颜色由两个属性决定，一个是漫反射颜色，一个是雾颜色。越透明的物体，其颜色越由雾颜色决定。

烟雾倍增：控制雾的程度值。该参数值越小，雾颜色效果越明显；该参数值越大，雾颜色效果越弱小。

5. 自发光能力区域

自发光：这个颜色控制物体自发光的颜色，强度由后方的倍增值影响。倍增值越大，物体自发光越强；倍增值越小，物体自发光越弱。

11.3.2 调节金属材质、有色金属、磨砂金属材质

步骤1 打开本书场景文件，按快捷键M或者单击“材质编辑器”按钮，打开“材质编辑器”窗口。选择一个空的样例球，将材质的名称命名为“不锈钢”，单击Standard材质按钮，在弹出的“材质与贴图浏览器”窗口中，双击VRayMtl，将默认标准材质切换成VRay的基本材质。

步骤2 打开VrayMtl材质的“基本参数”卷展栏，将漫反射的颜色设置成黑色，颜色值设置成[3,3,3]。将反射的颜色设置成白色，颜色值设置成[203,203,203]。在制作不锈钢杆材质时，反射的颜色取值范围为180～240，根据反射的程度进行相应调整即可。反射光泽度设置成0.9，稍微增加其模糊反射程度。取消勾选“菲涅尔反射”，增强该材质反射能力，如图11.9所示。

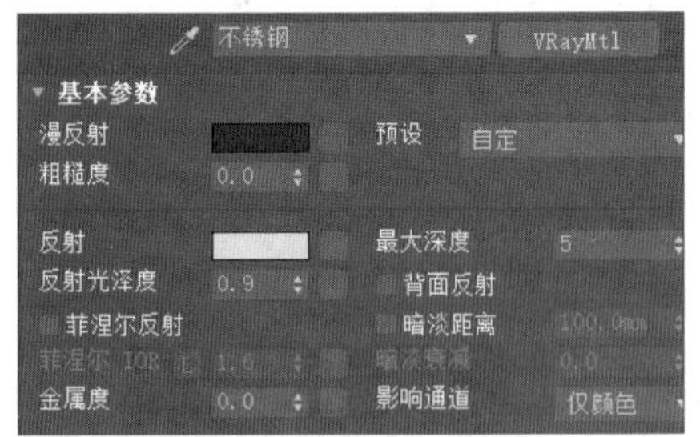

图11.9 不锈钢材质

步骤3 将材质赋给场景右侧的沙漏模型。

步骤4 在材质编辑器中，选择一个空的样例球，将材质的名称命名为“有色金属”，单击Standard材质按钮，在弹出的“材质与贴图浏览器”窗口中，双击VRayMtl，将默认标准材质切换成VRay的基本材质。

步骤5 打开VRayMtl材质的“基本参数”卷展栏，将漫反射的颜色设置成深棕色，颜色值设置成[19,6,4]。将反射的颜色设置成浅黄色，颜色值设置成[135,78,37]。勾选“菲涅尔反射”，解锁菲涅尔 IOR，并将其数值设置成 8.0，增加其反射强度，如图 11.10 所示。

步骤 6 将材质赋给场景左侧的沙漏模型。

步骤 7 在材质编辑器中选择一个空的样例球，将材质的名称命名为“磨砂金属”，单击 Standard 材质按钮，在弹出的“材质与贴图浏览器”窗口中，双击 VRayMtl，将默认标准材质切换成 VRay 的基本材质。

步骤 8 打开 VRayMtl 材质的“基本参数”卷展栏，将漫反射的颜色设置成白色，颜色值设置成[230，233，235]。将反射的颜色设置成白色，颜色值设置成[255，255，255]。勾选“菲涅尔反射”，将粗糙度设置成 0.3，增加反射的模糊程度，如图 11.11 所示。

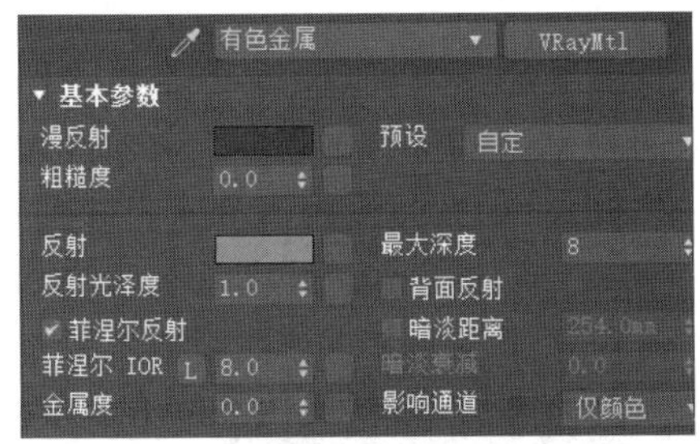

图 11.10 有色金属材质

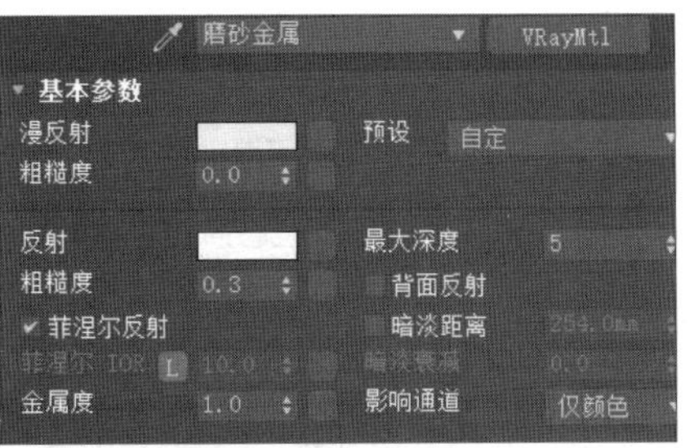

图 11.11 磨砂金属材质

步骤 9 将材质赋给场景中间的沙漏模型。

步骤 10 单击“渲染”按钮，进行渲染，如图 11.12 所示。

图 11.12 渲染效果

11.3.3 调节大理石地砖材质

步骤 1 打开本书场景文件，按快捷键 M 或者单击“材质编辑器”按钮，打开“材质编辑器”窗口。选择一个空的样例球，单击 Standard 材质按钮，在弹出的“材质与贴图浏览器”窗口中，双击 VRayMtl，将默认标准材质切换成 VRay 的基本材质。

步骤 2 打开 VRayMtl 材质的“基本参数”卷展栏，设置大理石的贴图。单击漫反射右侧的“贴图”按钮，在打开的“材质/贴图浏览器”窗口中选择位图，在计算机中选择“大理石地面.jpg”贴图，单击“打开”按钮，贴图就被添加到漫反射贴图通道，如图 11.13 所示。

步骤 3 在位图层级中，将大理石贴图的“瓷砖”的 U 值设置成 5，V 值也设置成 5，等比例平铺贴图，如图 11.14 所示。

图 11.13 大理石贴图

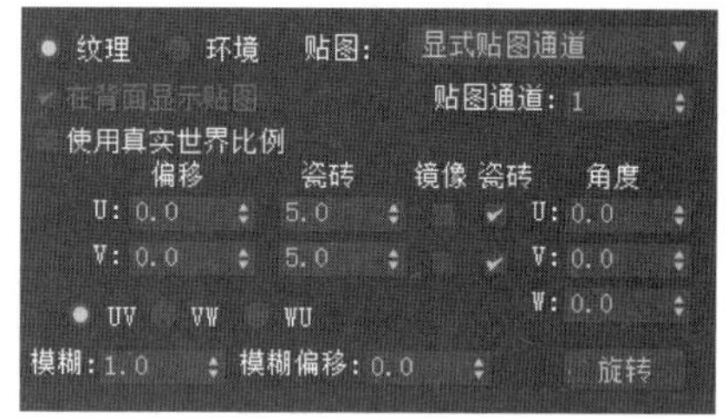

图 11.14 瓷砖属性面板

步骤 4 单击“转到父对象”按钮，回到 VRayMtl 层级，将反射的颜色值调节成[198,198,198]，增强其反射强度；将反射光泽度调节成 0.9，增加其模糊反射的程度；解锁菲涅尔 IOR，并将其数值设置成 2.0，增加其反射强度，如图 11.15 所示。

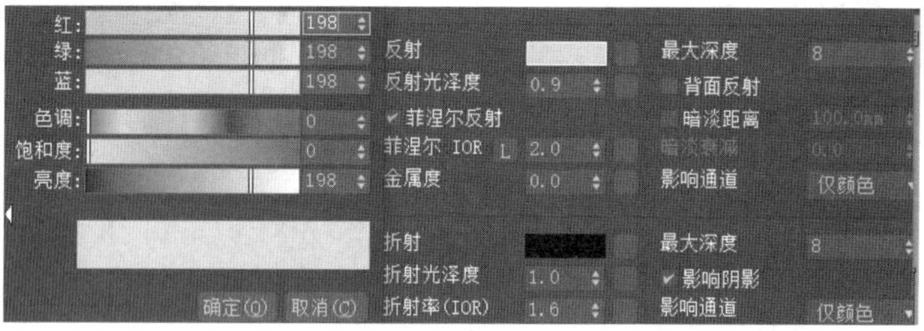

图 11.15 反射参数

步骤 5 将材质赋给地面的模型。单击“渲染”按钮，进行渲染，如图 11.16 所示。

图 11.16 渲染效果

11.3.4 调节木质物体材质

步骤 1 打开本书场景文件，按快捷键 M 或者单击“材质编辑器”按钮，打开“材质编辑器”窗口。选择一个空的样例球，单击 Standard 材质按钮，在弹出的“材质与贴图浏览器”窗口中，双击 VRayMtl，将默认标准材质切换成 VRay 的基本材质。

步骤 2 打开 VRayMtl 材质的“基本参数”卷展栏，设置木质材质的贴图。单击漫反射右侧的“贴图”按钮，在打开的“材质/贴图浏览器”窗口中选择位图，在计算机中选择“木质_srgb.tx”贴图，单击“打开”按钮，贴图就被添加到漫反射贴图通道，如图 11.17 所示。

步骤 3 在位图层级中，将木质贴图的“瓷砖”的 U 值设置成 5，V 值也设置成 5，等比例平铺贴图，如图 11.18 所示。

图 11.17 木质贴图

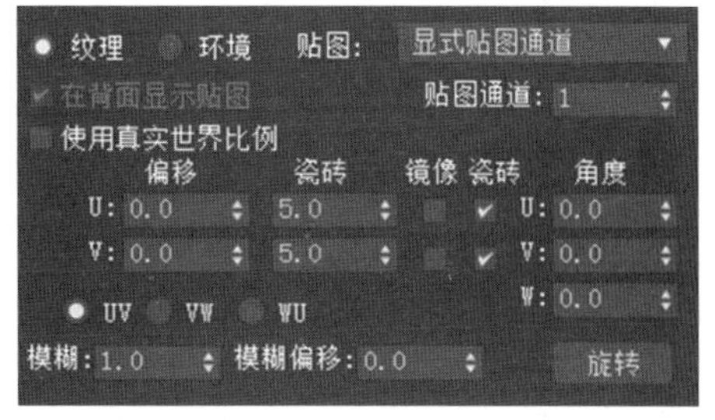

图 11.18 瓷砖属性面板

步骤 4 单击“转到父对象”按钮，回到 VRayMtl 层级，将反射的颜色值调节成[120,120,120]，增强其反射强度；将反射光泽度调节成 0.75，增加其模糊反射的程度，如图 11.19 所示。

步骤 5 打开“贴图”卷展栏，将凹凸贴图通道的程度值设置成 80。单击右侧的按钮，为其添加 VRay 位图，如图 11.20 所示。

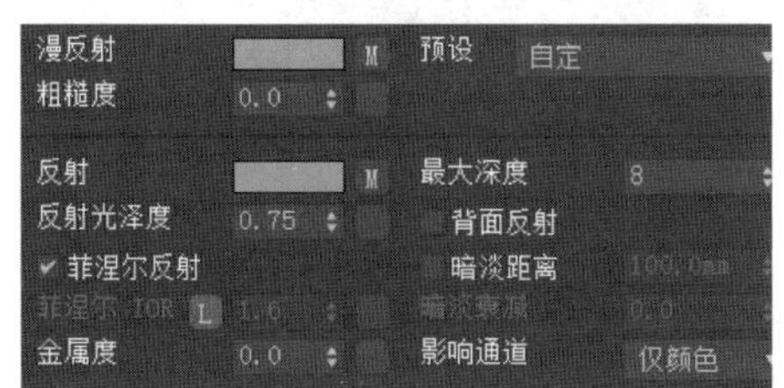

图 11.19 反射参数

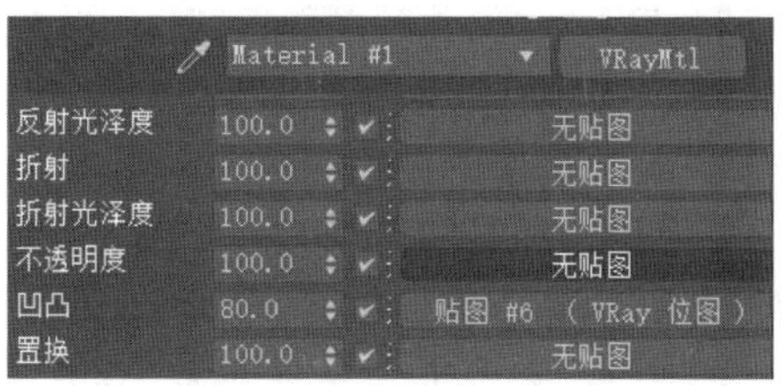

图 11.20 凹凸贴图

步骤 6 单击“转到父对象”按钮回到 VRayMtl 材质级别，将凹凸贴图通道中的 VRay 位图拖曳到反射贴图通道中，进行贴图的复制。这样，会使物体表面按照凹凸贴图的明暗进行反射。

步骤 7 将材质赋给地面、椅子、木柜等模型。单击“渲染”按钮，进行渲染，如图 11.21 所示。

图 11.21 渲染效果

11.3.5 调节沙发皮革物体材质

步骤 1 打开本书场景文件,按快捷键 M 或者单击“材质编辑器”按钮,打开“材质编辑器”窗口。选择一个空的样例球,单击 Standard 材质按钮,在弹出的“材质与贴图浏览器”窗口中,双击 VRayMtl,将默认标准材质切换成 VRay 的基本材质。

步骤 2 打开 VRayMtl 材质的“基本参数”卷展栏,设置沙发的固有色彩。将漫反射的颜色设置成棕色,颜色的 RGB 值为[21,9,2];将反射颜色设置成纯白色,反射光泽度设置成 0.65,让该材质产生模糊反射,如图 11.22 所示。

步骤 3 打开“贴图”卷展栏,将凹凸贴图通道的程度值设置成 30。单击右侧的按钮,为其添加“VRay 法线贴图”,如图 11.23 所示。

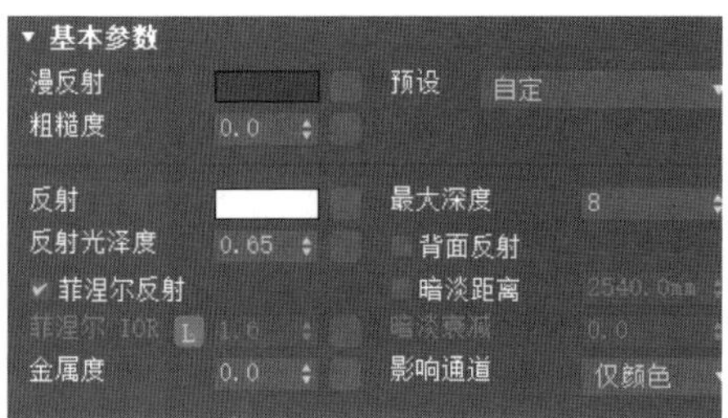

图 11.22 基本参数

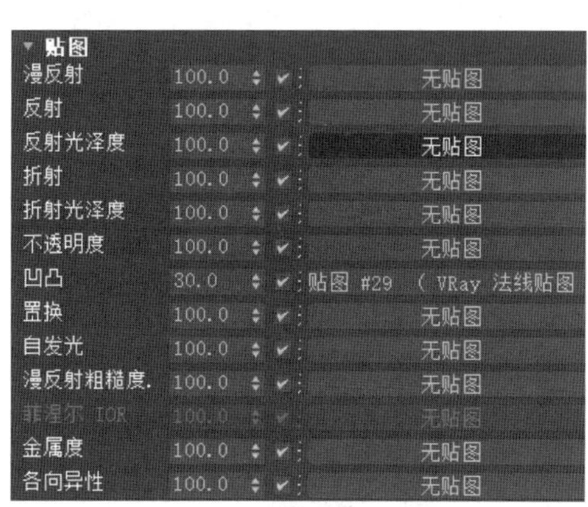

图 11.23 凹凸贴图

步骤 4 在“VRay 法线贴图参数”卷展栏中,将法线贴图的程度值设置成 1.8,单击右侧的按钮,为其添加“VRay 位图”,如图 11.24 所示。

步骤 5 在“VRay 位图参数”卷展栏中,单击位图右侧的“浏览贴图”按钮,在弹出的面板中,选择 Leather_L_NM_hires_raw.tx 文件,如图 11.25 所示。

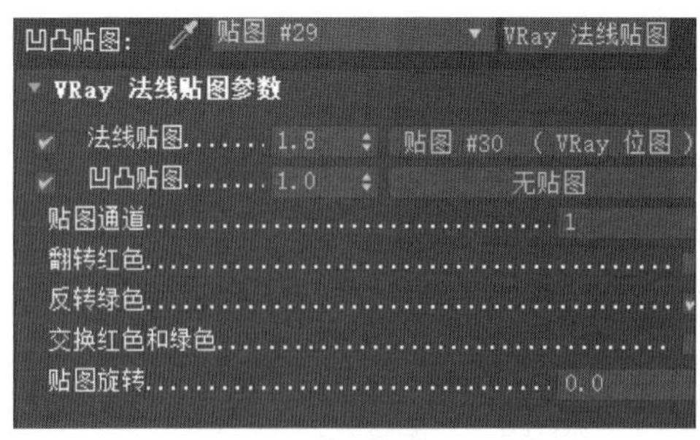

图 11.24 法线贴图参数

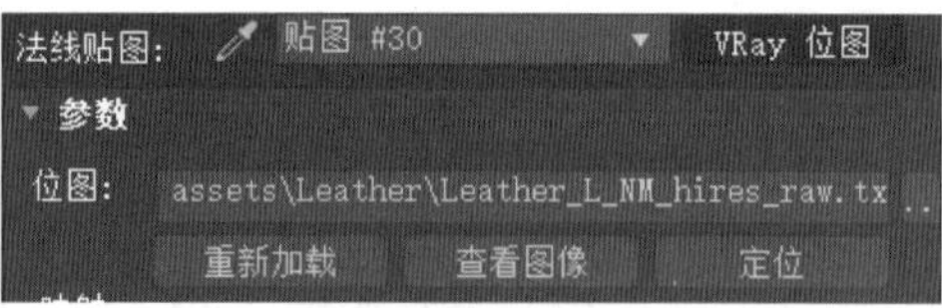

图 11.25 添加位图

步骤 6 将该材质赋给场景中的沙发模型。

步骤 7 在材质编辑器中,选择上面调整好的材质样例球,按住左键拖曳到新的样例球上,重新命名为“鞋材质”。将鞋材质的漫反射颜色改成深红色,用来制作鞋模型的深色部分材质,如图 11.26 所示。

步骤 8 按照上面的方法，继续调节其他模型材质，将材质赋给相应的模型。单击“渲染”按钮，进行渲染，如图 11.27 所示。

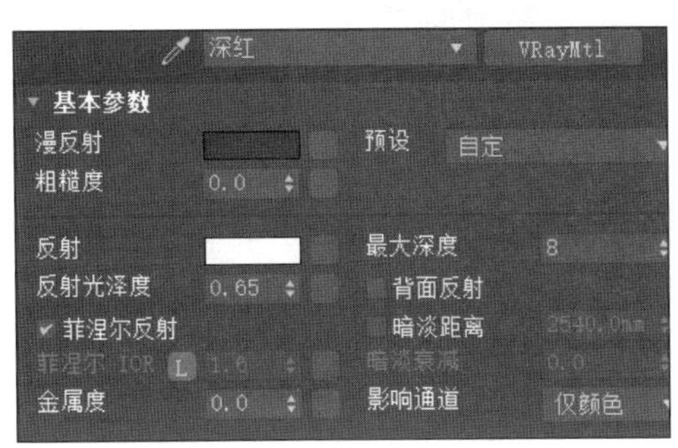

图 11.26 鞋深色部分材质

图 11.27 渲染效果

11.3.6 调节玻璃材质

1. 清玻璃材质

步骤 1 打开本书场景文件，按快捷键 M 或者单击“材质编辑器”按钮，打开“材质编辑器”窗口。选择一个空的样例球，将材质的名称命名为“清玻璃”，单击 Standard 材质按钮，在弹出的“材质与贴图浏览器”窗口中，双击 VRayMtl，将默认标准材质切换成 VRay 的基本材质。

步骤 2 打开 VRayMtl 材质的“基本参数”卷展栏，将漫反射的颜色设置成白色，颜色值设置成[221,221,221]。将反射的颜色设置成深黑色，颜色值设置成[15,15,15]。取消勾选“菲涅尔反射”，增强该材质反射能力，如图 11.28 所示。

步骤 3 设置清玻璃的不透明度，将折射的颜色设置成白色，折射的颜色越趋向于白色，材质越透明；折射的颜色越趋向于黑色，材质越不透明。这里把颜色值设置成[220,220,220]，如图 11.29 所示。

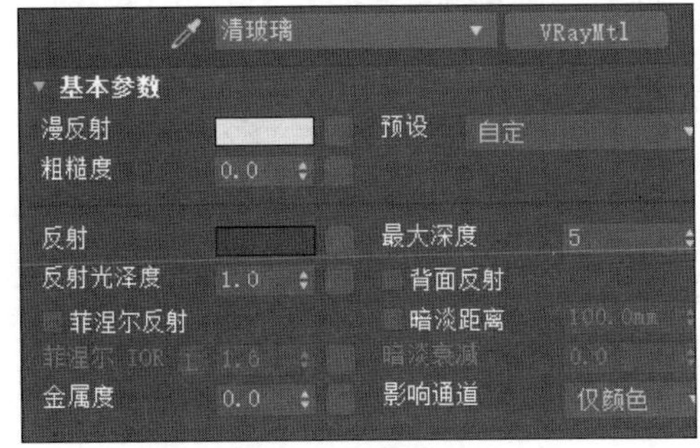

图 11.28 清玻璃漫反射参数

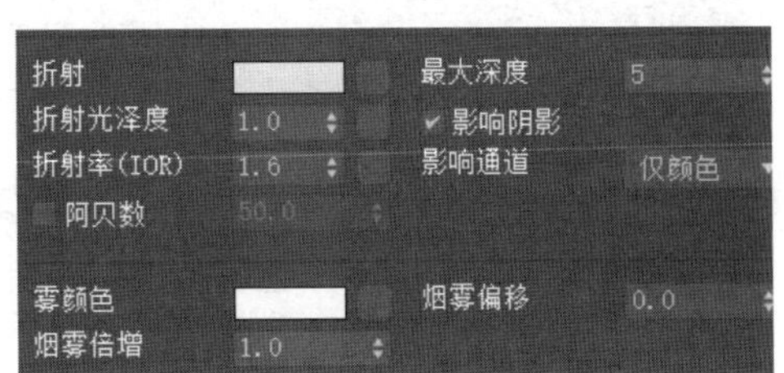

图 11.29 清玻璃折射参数

步骤 4 将材质赋给场景中沙漏的玻璃模型。

步骤 5 单击“渲染”按钮，进行渲染，如图 11.30 所示。

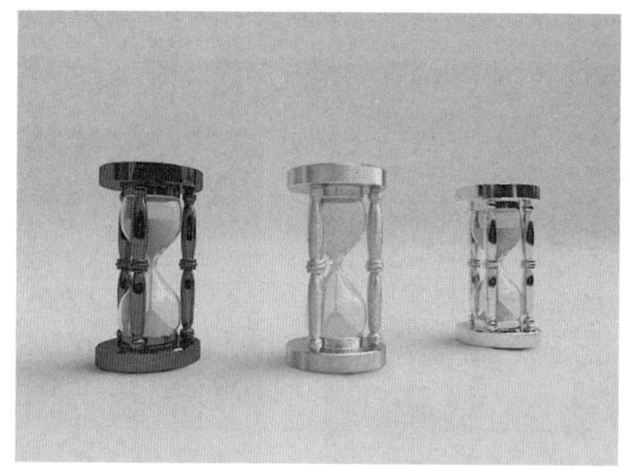

图 11.30 渲染效果

2. 有色玻璃材质

步骤 1 打开本书场景文件,按快捷键 M 或者单击“材质编辑器”按钮,打开“材质编辑器”窗口。选择一个空的样例球,将材质的名称命名为“有色玻璃”,单击 Standard 材质按钮,在弹出的“材质与贴图浏览器”窗口中,双击 VRayMtl,将默认标准材质切换成 VRay 的基本材质。

步骤 2 打开 VRayMtl 材质的“基本参数”卷展栏,将漫反射的颜色设置成黑色,颜色值设置成[0,0,0]。将反射的颜色设置成白色,颜色值设置成[233,233,233],如图 11.31 所示。

步骤 3 设置有色玻璃的不透明度及颜色,将折射的颜色设置成白色,折射的颜色越趋向于白色,材质越透明;折射的颜色越趋向于黑色,材质越不透明。这里把颜色值设置成[249,249,249]。将雾色设置成有色玻璃的颜色,颜色值设置成[179,242,179],如图 11.32 所示。

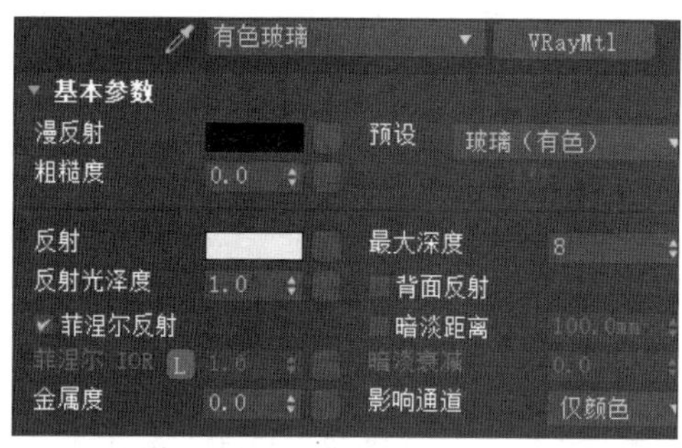

图 11.31 有色玻璃反射参数

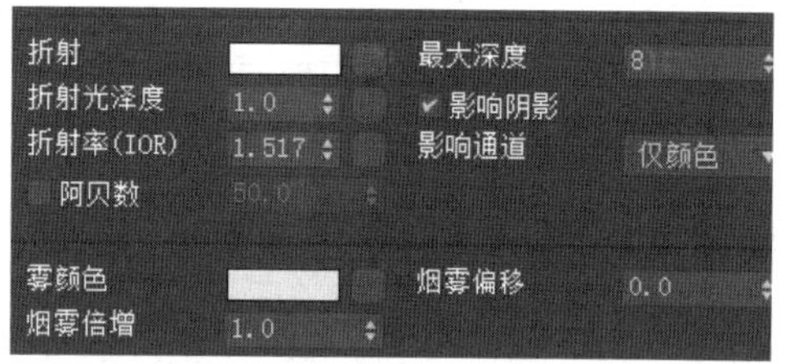

图 11.32 有色玻璃折射参数

步骤 4 将材质赋给场景中沙漏的玻璃模型。

步骤 5 单击“渲染”按钮,进行渲染,如图 11.33 所示。

3. 磨砂玻璃材质

步骤 1 打开本书场景文件,按快捷键 M 或者单击“材质编辑器”按钮,打开“材质编辑器”窗口。选择一个空的样例球,将材质的名称命名为“有色玻璃”,单击 Standard 材质按钮,在弹出的“材质与贴图浏览器”窗口中,双击 VRayMtl,将默认标准材质切换成 VRay 的基本材质。

步骤 2 打开 VRayMtl 材质的“基本参数”卷展栏,将漫反射的颜色设置成黑色,颜色

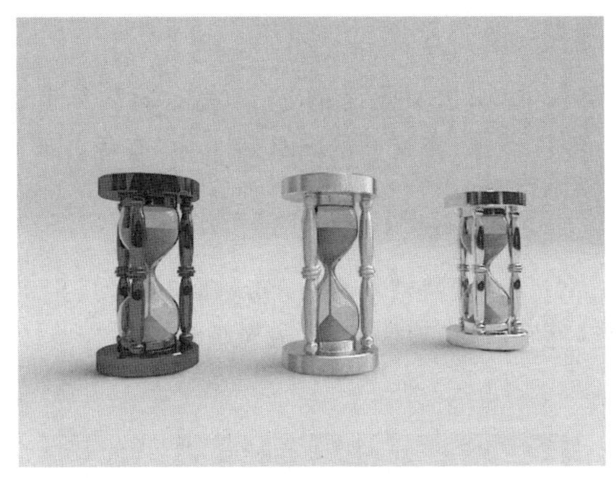

图 11.33 渲染效果

值设置成[0,0,0]。将反射的颜色设置成白色,颜色值设置成[233,233,233]。反射光泽度设置成 0.75,让该磨砂玻璃材质产生模糊反射,如图 11.34 所示。

步骤 3 设置有色玻璃的不透明度及磨砂效果,将折射的颜色设置成白色,将颜色值设置成[249,249,249]。将折射的光泽度设置成 0.8,该值越小,磨砂效果越明显;该值越大,磨砂效果越弱。将折射率设置成 1.517,如图 11.35 所示。

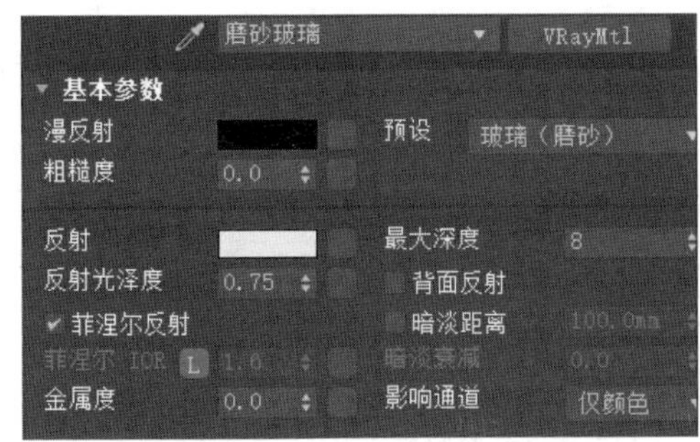

图 11.34 磨砂玻璃反射参数

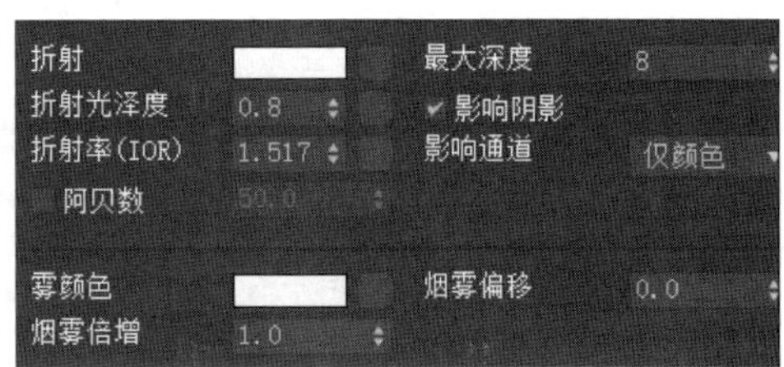

图 11.35 磨砂玻璃折射参数

步骤 4 将材质赋给场景中沙漏的玻璃模型。单击“渲染”按钮,进行渲染,如图 11.36 所示。

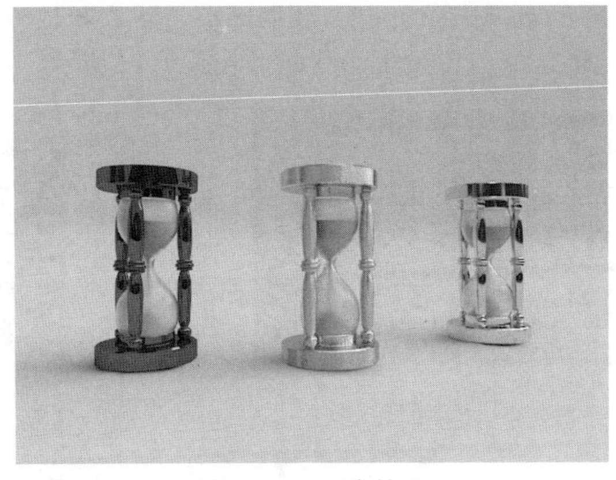

图 11.36 渲染效果

4. 图案玻璃材质

步骤 1 打开本书场景文件,按快捷键 M 或者单击“材质编辑器”按钮,打开“材质编辑器”窗口。选择一个空的样例球,将材质的名称命名为“有色玻璃”,单击 Standard 材质按钮,在弹出的“材质与贴图浏览器”窗口中,双击 VRayMtl,将默认标准材质切换成 VRay 的基本材质。

步骤 2 打开 VRayMtl 材质的“基本参数”卷展栏,将漫反射的颜色设置成黑色,颜色值设置成[0,0,0]。将反射的颜色设置成白色,颜色值设置成[233,233,233],反射光泽度设置成 1,如图 11.37 所示。

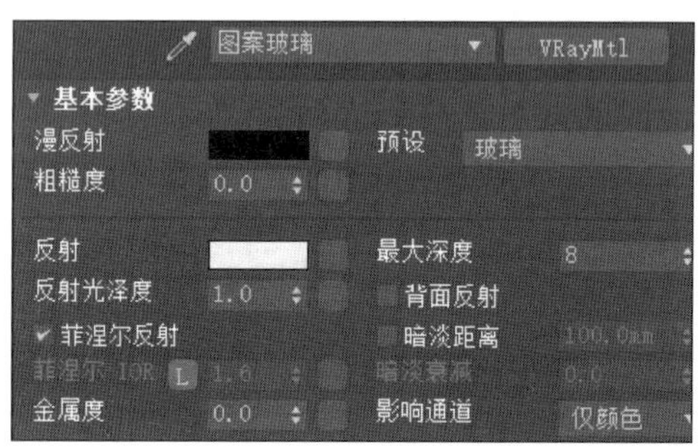

图 11.37 图案玻璃反射参数

步骤 3 设置有色玻璃的不透明度及磨砂效果,将折射的颜色设置成白色,将颜色值设置成[249,249,249]。将折射的光泽度设置成 1,将折射率设置成 1.517,如图 11.38 所示。

折射		最大深度	8
折射光泽度	1.0	✔ 影响阴影	
折射率(IOR)	1.517	影响通道	仅颜色
阿贝数	50.0		
雾颜色		烟雾偏移	0.0
烟雾倍增	1.0		

图 11.38 图案玻璃折射参数

步骤 4 打开“贴图”卷展栏,将凹凸贴图通道的程度值设置成 100,如图 11.39 所示。单击右侧的按钮,为其添加“玻璃贴图.jpg”。玻璃贴图.jpg 最好是图案的黑白图,黑色的区域使模型表面凹陷,白色的区域使模型表面凸起,如图 11.40 所示。

贴图			
漫反射	100.0	✔	无贴图
反射	100.0	✔	无贴图
反射光泽度	100.0	✔	无贴图
折射	100.0	✔	无贴图
折射光泽度	100.0	✔	无贴图
不透明度	100.0	✔	无贴图
凹凸	100.0	✔	贴图 #27 (玻璃贴图.jpg)

图 11.39 凹凸贴图通道

图 11.40 玻璃贴图

步骤 5 将材质赋给场景中沙漏的玻璃模型。单击“渲染”按钮,进行渲染,如图 11.41

所示。

图 11.41 渲染效果

11.3.7 调节车漆材质

步骤1 打开本书场景文件，按快捷键 M 或者单击“材质编辑器”按钮，打开“材质编辑器”窗口。选择一个空的样例球，单击 Standard 材质按钮，在弹出的“材质与贴图浏览器”窗口中，双击“VRay 车漆材质”，如图 11.42 所示。

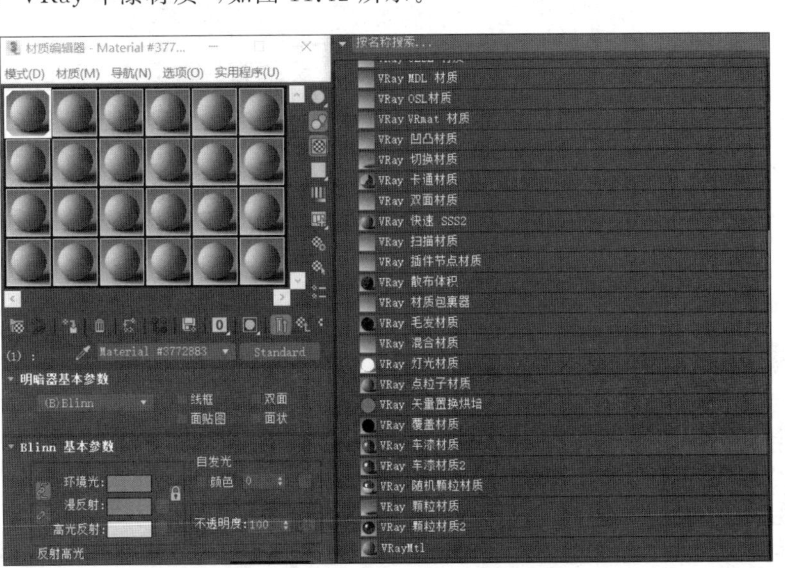

图 11.42 车漆材质

步骤2 打开 VRay 车漆材质的“基础层参数”卷展栏，设置车漆的固有色彩。将“基础颜色”设置成深红色，颜色的 RGB 值为[25,0,1]；将“基础反射”的值设置为 0.5；将“基础光泽度”设置成 0.7，如图 11.43 所示。

步骤3 打开“颗粒层参数”卷展栏，设置车漆颗粒的质感，将“颗粒方向”设置为 0.2；将“颗粒密度”设置成 4；将“颗粒大小”设置成 0.4，控制颗粒产生的密度、大小及方向，如图 11.44 所示。

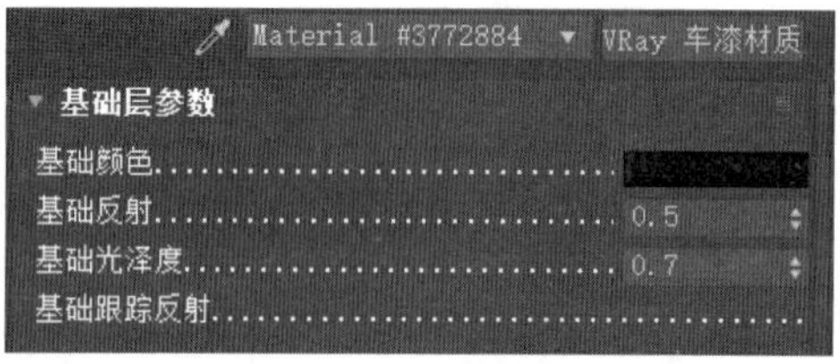

Material #3772884
VRay 车漆材质
基础层参数
基础颜色
基础反射 0.5
基础光泽度 0.7
基础跟踪反射

图 11.43　车漆基础层参数

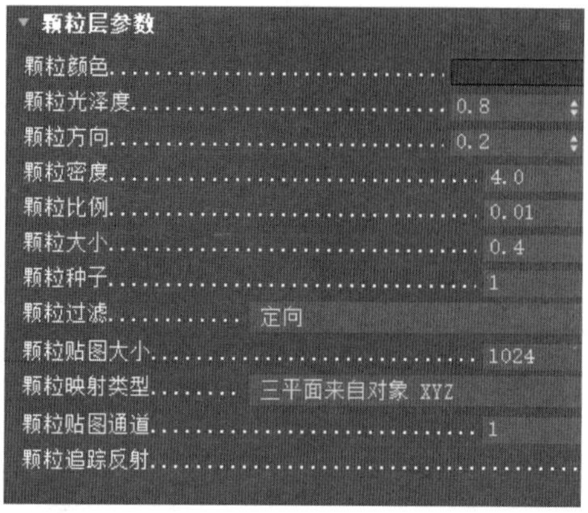

颗粒层参数
颗粒颜色
颗粒光泽度 0.8
颗粒方向 0.2
颗粒密度 4.0
颗粒比例 0.01
颗粒大小 0.4
颗粒种子 1
颗粒过滤 定向
颗粒贴图大小 1024
颗粒映射类型 三平面来自对象 XYZ
颗粒贴图通道 1
颗粒追踪反射

图 11.44　车漆颗粒层参数

步骤 4　调节其他材质,单击“渲染”按钮,进行渲染,如图 11.45 所示。

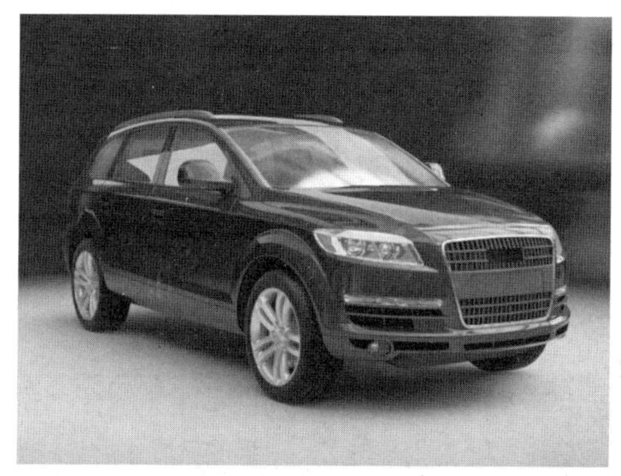

图 11.45　渲染效果

11.4　其他材质

11.4.1　混合材质制作丝绸

步骤 1　打开本书场景文件,按快捷键 M 或者单击“材质编辑器”按钮,打开“材质编辑器”窗口。选择一个空的样例球,单击 Standard 材质按钮,在弹出的“材质与贴图浏览器”窗口中,双击“混合”材质,该材质可以实现两种材质融合到一起的材质效果,如图 11.46 所示。

混合
Blend
混合基本参数
材质 1: - Default (Standai
交互式
材质 2: erial #27 (Standai
交互式
遮罩: 无贴图
交互式
混合量: 0.0

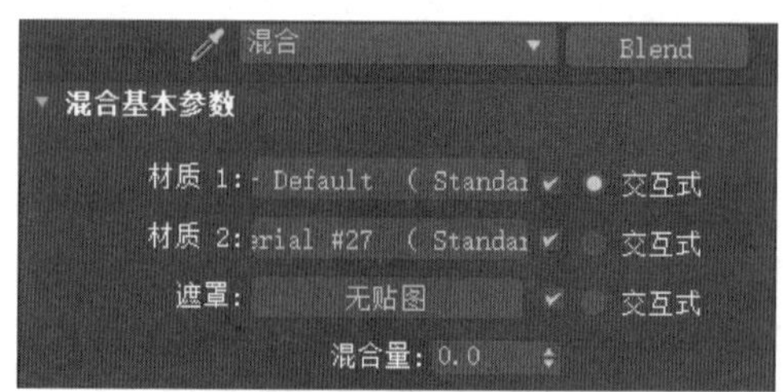

图 11.46　混合材质面板

步骤 2 在混合基本参数中，单击材质 1 右侧的“子材质”按钮，进入该子材质中，将标准材质切换成 VRayMtl 材质。将漫反射的颜色设置成[87,0,6]，键反射光泽度设置成 0.634，将反射的颜色设置成[93,75,72]，将“菲涅尔 IOR”的值设置成 2，增加丝绸的反射能力，如图 11.47 所示。

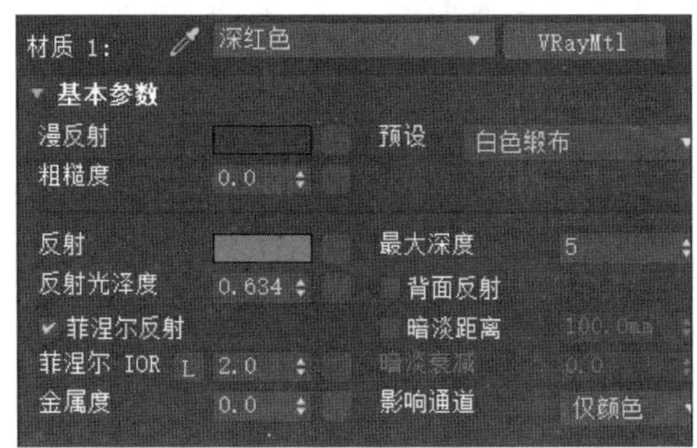

图 11.47 红色丝绸材质

步骤 3 单击“转到父对象”按钮，返回到混合材质级别，单击材质 2 右侧的“子材质”按钮，将该子材质设定为 VRayMtl 材质。将漫反射的颜色设置成[255,236,8]，将反射的颜色设置成[67,68,67]，将反射光泽度设置成 0.543，让丝绸出现模糊反射的效果，如图 11.48 所示。

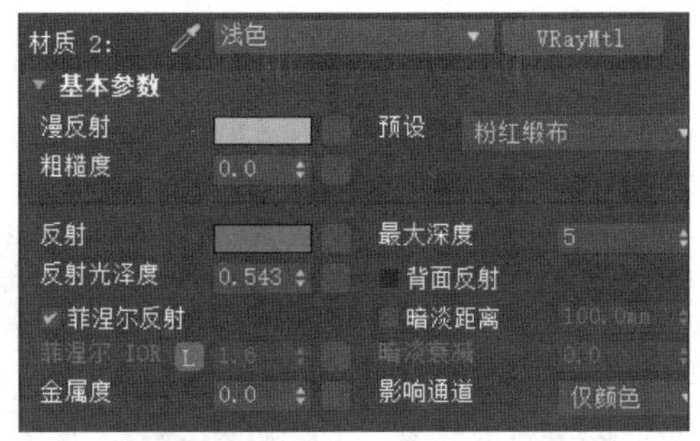

图 11.48 红色丝绸材质

步骤 4 单击“转到父对象”按钮，返回到混合材质级别，单击遮罩右侧的“贴图”按钮，在弹出的“材质/贴图浏览器”窗口中，选择“位图”，在素材中找到“丝绸 3.jpg”贴图，该贴图控制混合材质中材质与材质 2 的显示范围：黑色区域显示材质 1；白色区域显示材质 2。返回到混合材质层级，如图 11.49 所示。

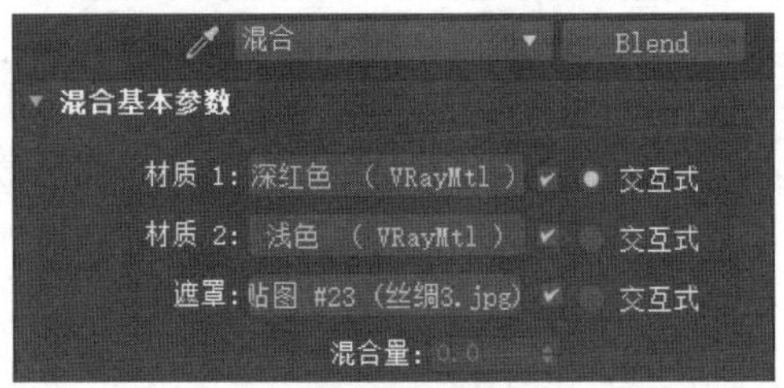

图 11.49 遮罩贴图

步骤 5 将材质赋予场景中的文字模型,单击"渲染"按钮,进行渲染,如图 11.50 所示。

图 11.50 渲染效果

11.4.2 多维/子对象材质制作手机

步骤 1 打开本书场景文件,按快捷键 M 或者单击"材质编辑器"按钮,打开"材质编辑器"窗口。选择一个空的样例球,单击 Standard 材质按钮,在弹出的"材质与贴图浏览器"窗口中,双击"多维/子对象"材质,该材质可以制作出一个模型对应多个不同材质的效果,如图 11.51 所示。

步骤 2 打开"多维/子对象基本参数"卷展栏,单击"设置数量"按钮,将子材质的数量设置成 6;在多维/子对象的子材质列表中就会出现 6 个子材质,如图 11.52 所示。

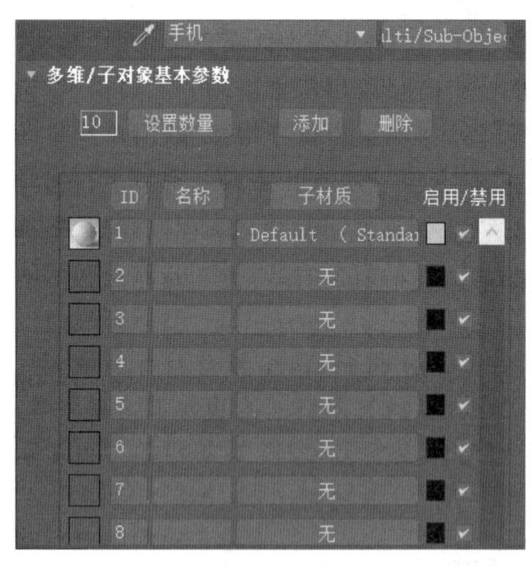

图 11.51 多维/子对象材质面板

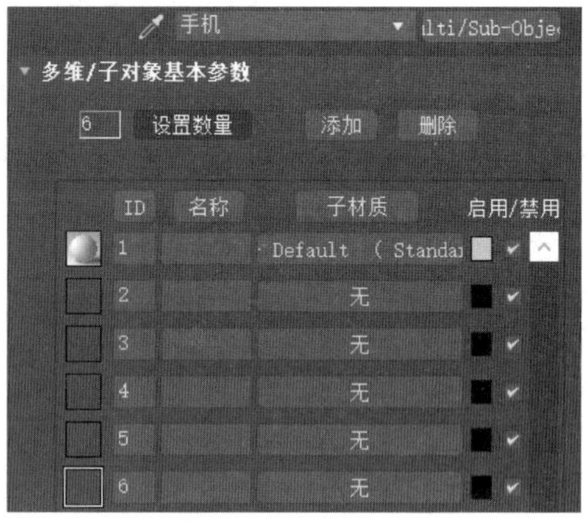

图 11.52 设置子材质数量

步骤 3 调节手机彩屏材质。单击 ID 为 1 对应的"子材质"按钮,进入该子材质中,将标准材质切换成 VRayMtl 材质。在漫反射贴图通道中添加手机屏幕贴图,单击"转到父对象"按钮,返回子材质级别。并将反射的颜色设置成[19,19,19],取消勾选"菲涅尔反射",增加屏幕的反射能力,如图 11.53 所示。

步骤 4 调节手机黑色屏幕材质。单击"转到父对象"按钮,返回到多维/子对象级别，单击 ID 为 2 的“子材质”按钮，将该子材质设定为 VRayMtl 材质。将漫反射的颜色设置成[5,5,5]，将反射的颜色设置成[24,24,24]，将反射光泽度设置成 0.8，取消勾选“菲涅尔反射”，增加黑色屏幕的反射能力，如图 11.54 所示。

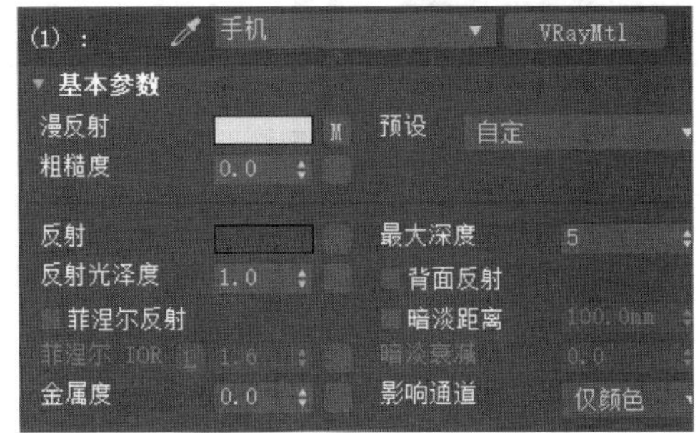

图 11.53 手机屏幕贴图

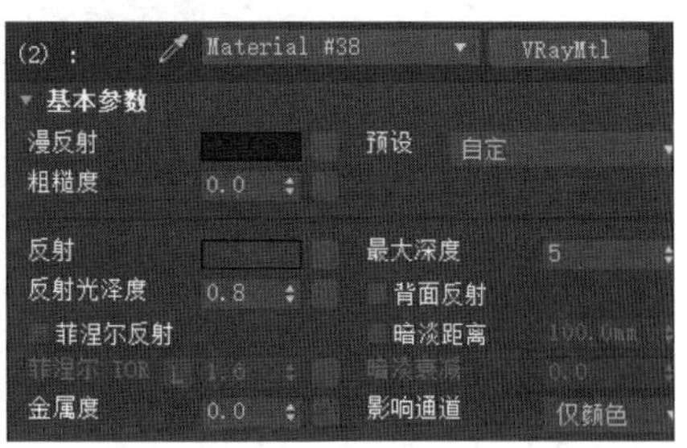

图 11.54 手机黑色金属材质

步骤 5 调节手机侧面金属材质。单击“转到父对象”按钮，返回到多维/子对象级别，单击 ID 为 3 的“子材质”按钮，将该子材质设定为 VRayMtl 材质。将漫反射的颜色设置成[134,134,134]，将反射的颜色设置成[35,35,35]，将反射光泽度设置成 0.9，取消勾选“菲涅尔反射”，增加侧面金属的反射能力，如图 11.55 所示。

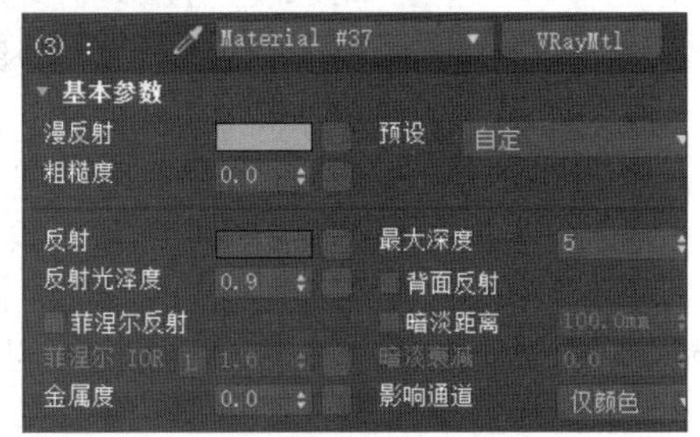

图 11.55 手机灰色金属材质

步骤 6 调节手机听筒、话筒材质。单击“转到父对象”按钮，返回到多维/子对象级别，单击 ID 为 4 的“子材质”按钮，将该子材质设定为 VRayMtl 材质。将漫反射的颜色设置成[144,144,144]，在不透明度贴图通道中添加铁丝网黑白图，控制手机听筒的透明程度，如图 11.56 所示。

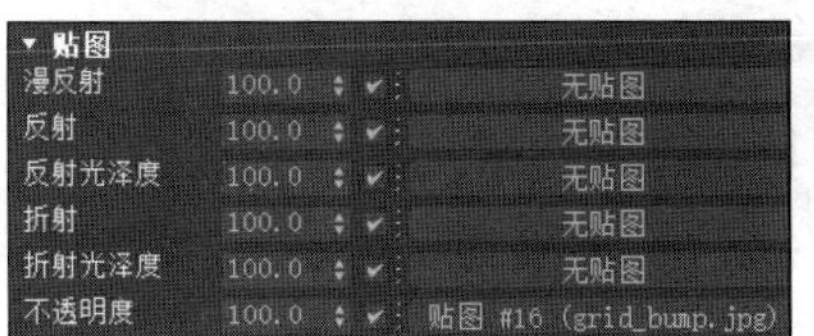

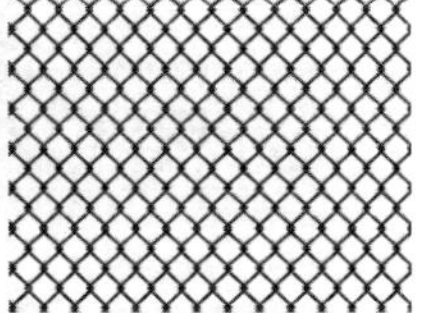

图 11.56 手机不透明贴图

步骤 7 调节手机背面材质。左键单击 ID 为 5 对应的“子材质”按钮，进入到该子材质中，将标准材质切换成 VRayMtl 材质。在漫反射贴图通道中添加手机背面贴图，单击“转到父对象”按钮，返回子材质级别。并将反射的颜色设置成[11,11,11]，取消勾选“菲涅尔反射”，增加屏幕的反射能力，如图 11.57 所示。

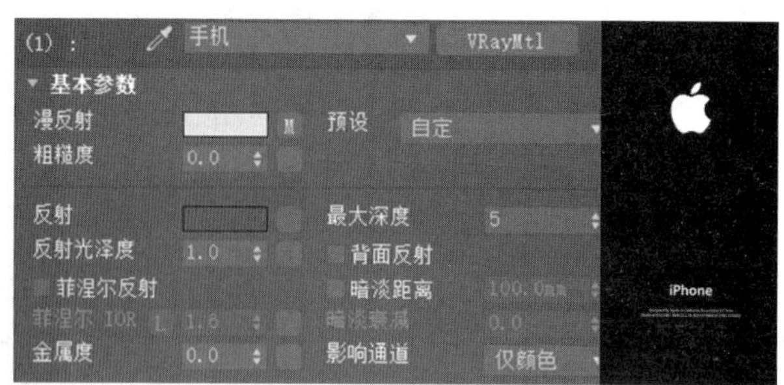

图 11.57 手机背面贴图

步骤 8 调节手机背面金属材质。单击“转到父对象”按钮，返回到多维/子对象级别，单击 ID 为 6 的“子材质”按钮，将该子材质设定为 VRayMtl 材质。将漫反射的颜色设置成[128,128,128]，将反射的颜色设置成[5,5,5]，如图 11.58 所示。

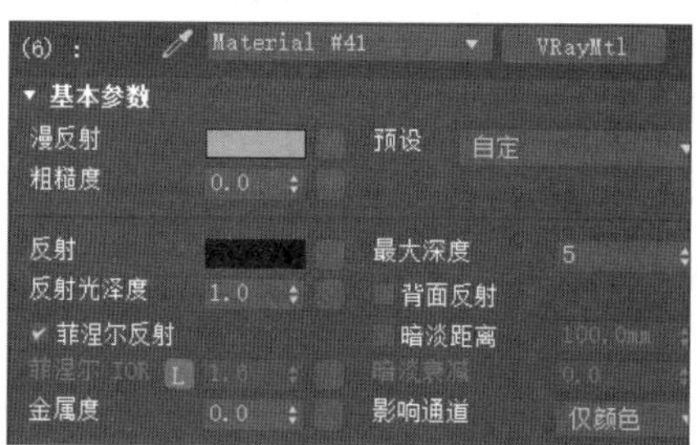

图 11.58 手机背面金属材质

步骤 9 将材质赋予场景中的手机模型，单击“渲染”按钮，进行渲染，如图 11.59 所示。

图 11.59 手机渲染效果

11.4.3 顶/底制作积雪覆盖树木效果

步骤 1 打开本书场景文件，按快捷键 M 或者单击“材质编辑器”按钮，打开“材质编辑器”窗口。选择一个空的样例球，单击 Standard 材质按钮，在弹出的“材质与贴图浏览器”

窗口中，双击“顶/底”材质，该材质可以使两种材质按照法线方向由上向下进行材质排列，顶材质在外表面，底材质在内表面，如图 11.60 所示。

步骤 2 单击底材质右侧的“子材质”按钮，进入到该子材质中，将标准材质切换成多维/子对象材质，用来制作树的叶子与树干的材质，如图 11.61 所示。

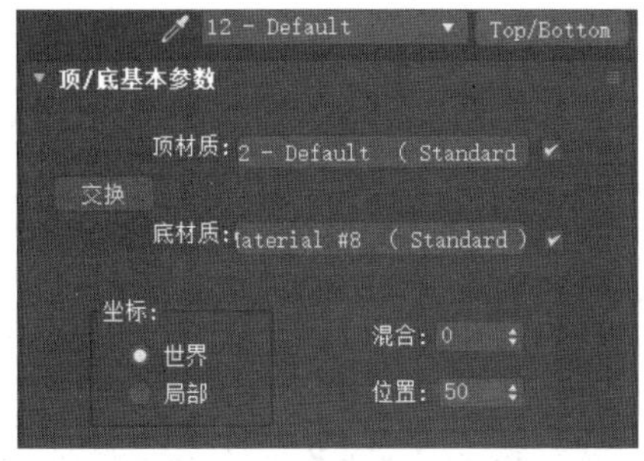

图 11.60 顶/底材质面板

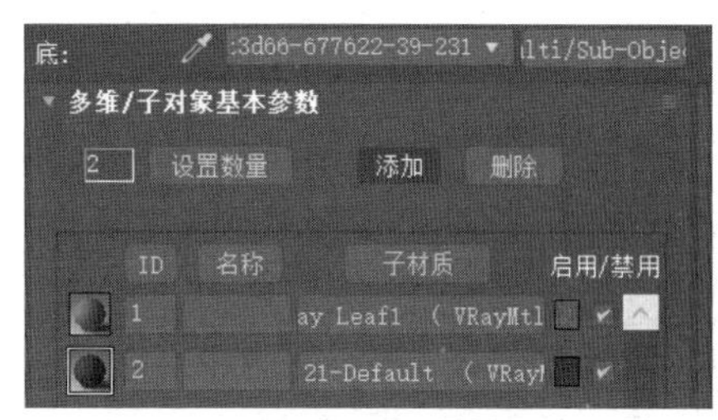

图 11.61 底材质

步骤 3 单击“转到父对象”按钮，返回到顶/底材质级别，单击顶材质右侧的“子材质”按钮，将该子材质设定为 VRayMtl 材质。将漫反射的颜色设置成[255,255,255]，设置成雪的材质，如图 11.62 所示。

步骤 4 单击“转到父对象”按钮，将位置设置成 82，控制积雪出现的位置。并将该材质赋予场景中的树木，如图 11.63 所示。

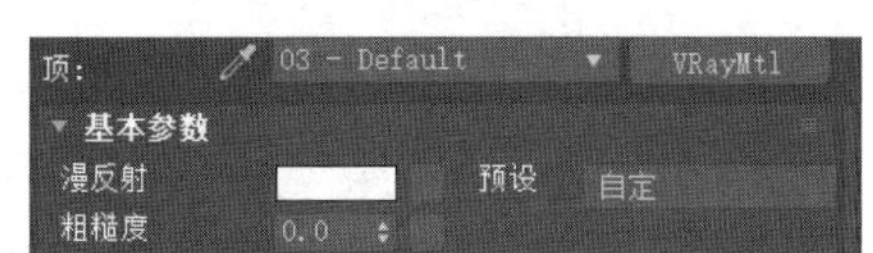

图 11.62 顶材质

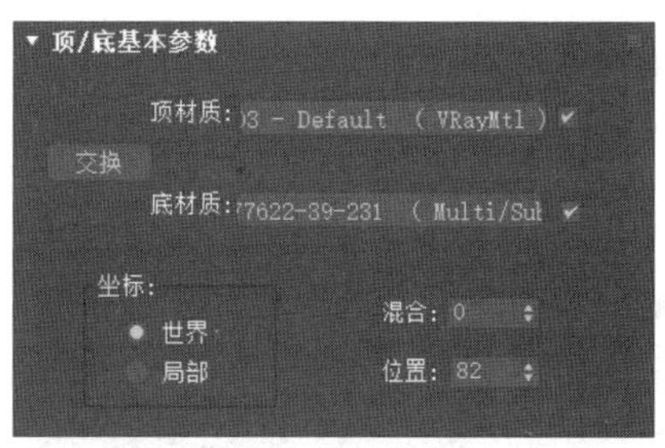

图 11.63 位置参数

步骤 5 依照相同的方法，制作场景中房屋的积雪材质。

步骤 6 将材质赋予场景中的房屋模型，单击“渲染”按钮，进行渲染，如图 11.64 所示。

图 11.64 渲染效果

11.4.4 VRay 灯光材质制作霓虹灯

步骤 1 打开本书场景文件,按快捷键 M 或者单击“材质编辑器”按钮,打开“材质编辑器”窗口。选择一个空的样例球,单击 Standard 材质按钮,在弹出的“材质与贴图浏览器”窗口中,双击“VRay 灯光材质”,该材质可以制作物体发光效果,用来制作室内的槽灯、发光管、霓虹灯文字等效果,如图 11.65 所示。

步骤 2 打开 VRay 灯光材质的“参数”卷展栏,将颜色设置成淡蓝色,颜色的 RGB 值为[151,238,254];将发光的强度设置成 5,增加 VRay 灯光材质的亮度,如图 11.66 所示。

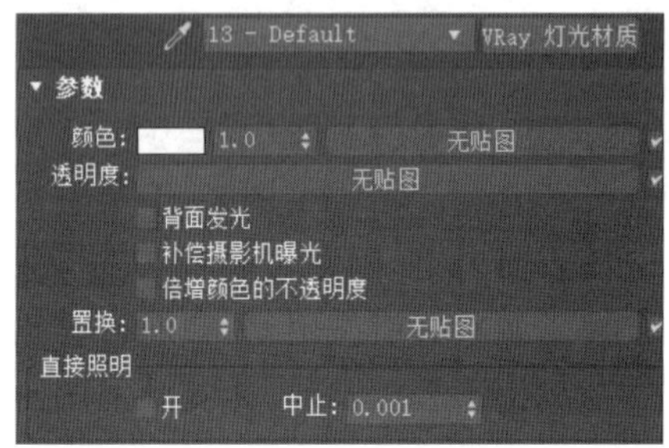

图 11.65 VRay 灯光材质

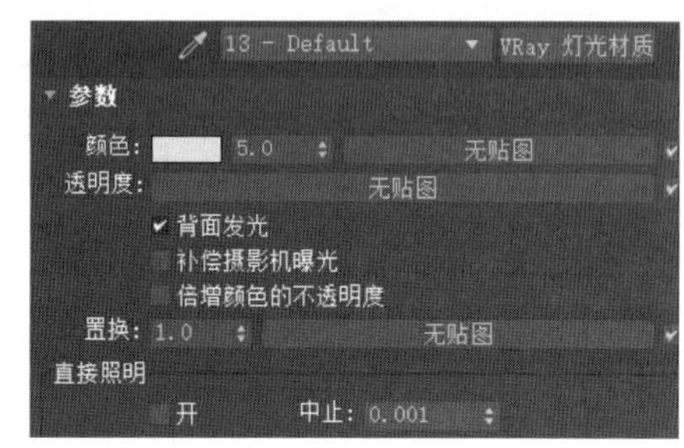

图 11.66 灯光材质参数

步骤 3 将文字的模型设定好材质 ID,正面的区域面 ID 设置成 1,侧面的区域面 ID 设置成 2,将上方 VRay 灯光材质复制给 ID 为 2 的子材质,如图 11.67 所示。

步骤 4 将材质赋予场景中的文字模型,单击“渲染”按钮,进行渲染,如图 11.68 所示。

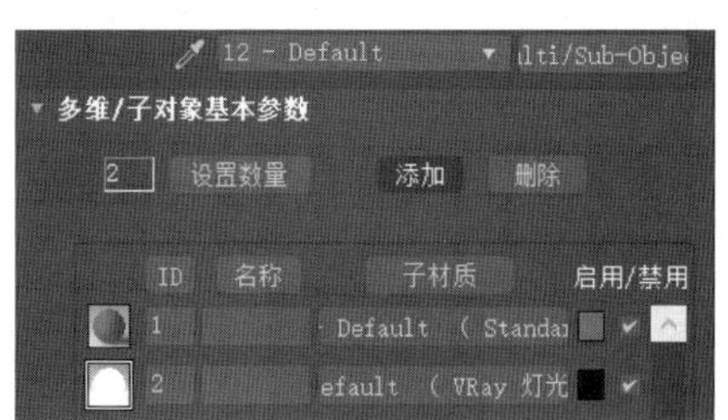

图 11.67 多维/子对象材质

图 11.68 渲染效果

小结

本章主要讲解 3ds Max 材质的类型、基本功能及其在场景中的应用技巧。在学习过程中,应着重学习 VRay 基本材质的参数功能、VRay 材质调节的技巧及应用领域。重点是如何通过材质的调节,突出模型的质感。

Chapter 12

第12章

贴　　图

本章内容简介

本章讲解有关材质贴图通道的类型与应用的方法，通过不透明贴图通道及凹凸贴图通道讲解，帮助读者理解贴图控制模型的方式，最后讲解贴图的纠正方法。重点是如何通过修改器让贴图与模型的面一一对位。

本章学习要点

- 材质贴图通道的类型。
- 贴图的参数调节。
- 贴图通道的作用。
- UVW 贴图修改器的应用。
- UVW 展开修改器的应用。

能力拓展

通过本章的学习，读者可以掌握贴图的调节及纠正方法，可以通过不同模型贴图的制作，深化贴图的制作流程及对位方法，以便能够应用到相关的项目制作案例中。

优秀作品

本章优秀作品如图 12.0 所示。

图 12.0　优秀作品

12.1 认识贴图

在前面的章节中，较全面地讲述了材质的基本参数及材质的调节方法。但是，材质的基本参数只能设置一些较为简单的材质，不能为对象添加纹理、凹凸、置换、反射、折射等效果，如果想制作比较精致的材质，就需要启用贴图通道并设置好相应的贴图类型及参数。那么，什么是贴图？贴图就是指材质表面的纹理，在不同属性上（如漫反射、凹凸、反射贴图通道）添加贴图会产生不同的质感。在漫反射通道上添加贴图会产生模型固有色的变化，即模型渲染之后看到的表面色彩纹理；在反射通道上添加贴图，会根据贴图产生反射能力强弱的变化；在凹凸通道上添加贴图，会产生凹凸纹理的变化，渲染后模型表面会产生凹凸不平的假象。

在 3ds Max 各种类型材质中，都有一个“贴图”卷展栏，在该卷展栏中显示的是该材质的所有贴图通道。不同的材质，贴图通道数目也不同。每个贴图通道中间的数值项控制通道贴图的效果程度，贴图类型控制贴图的导入与信息，如图 12.1 所示。

贴图

	数量	贴图类型
环境光颜色	100	无贴图
漫反射颜色	100	无贴图
高光颜色	100	无贴图
高光级别	100	无贴图
光泽度	100	无贴图
自发光	100	无贴图
不透明度	100	无贴图
过滤色	100	无贴图
凹凸	30	无贴图
反射	100	无贴图
折射	100	无贴图
置换	100	无贴图

图 12.1　贴图通道

12.1.1 贴图的类型

在 3ds Max 中，单击任何一个贴图通道上的按钮时，都会弹出“贴图/材质浏览器”窗口，图形中的各个名字就是软件中的贴图。这些贴图按照大类可以划分为两个部分，即 2D 贴图类型、3D 贴图类型、复杂贴图类型。

1. 2D 贴图类型

位图：外界图片或视频充当贴图的入口，通过它可以导入到材质贴图中被用户使用。

平铺：该贴图适合在对象的表面创建各种方格类型的图案，一般用于制作砖墙的贴图。

棋盘格：该贴图类型是一种常用的贴图类型，主要通过两种不同色彩的方格组成贴图图案。该贴图一般用于制作棋盘、地板块等贴图，也可以用来检验模型 UV 展开的效果。

渐变：该贴图类型通过颜色过渡生成丰富的色彩和图案贴图，通常用三个颜色来控制模型色彩的变化。一般用来制作水晶渐变贴图。

渐变坡度：通过颜色渐变条生成更加丰富的色彩变化图案，色彩要比渐变的三种颜色更加多样与复杂。一般用来制作下雪的河岸效果。

漩涡：运用两种基本的色彩融合成一种图案充当贴图。一般用来制作水的漩涡贴图。

2. 3D 贴图类型

细胞：创建细碎表面的贴图，一般用来制作皮革、石材等贴图。

衰减：在默认状态下，物体的边缘呈现白色，物体垂直于视线的面呈现黑色，形成一种菲涅尔的现象，贴图色彩取决于视线的方向。一般用来制作布艺、地板反射等贴图。

噪波：该贴图通过两种颜色或者贴图在模型边面产生不规则的图案。通常与凹凸贴图通道一起使用，用来控制模型表面的凹凸不平程度。

粒子年龄：依据粒子的寿命改变粒子表面的色彩与图案。即粒子出生时是一种贴图，生长时是一种贴图，死亡时是一种贴图。

粒子运动模糊：在粒子的不透明贴图通道添加该贴图，会使粒子运用产生模糊的效果。

烟雾：模拟烟雾的效果，该贴图会产生不规则的图案。

3. 复杂贴图类型

混合：可以通过混合量或者遮罩贴图控制两种颜色或者贴图融合效果。一般用于制作窗帘、相框等贴图。

遮罩：用来制作贴图的遮罩效果，遮罩图层中白色的区域显示贴图，遮罩图层中黑色的区域不显示贴图，如图 12.2 所示。

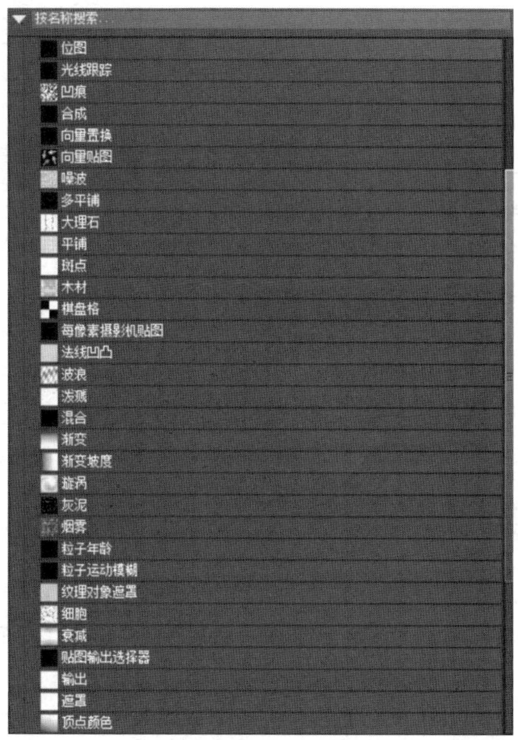

图 12.2 贴图浏览器窗口

12.1.2 为材质添加贴图

在 3ds Max 软件中，材质表面的各种纹理都是通过贴图产生的，不同的贴图通道产生的纹理作用也不同。

漫反射贴图通道：用于表现材质的纹理效果，渲染的时候能够在模型表面看到贴图纹理。

反射贴图通道：如 VRay 贴图制作真实反射，渲染的时候不能看到贴图纹理，看到的是模型表面反射周围环境的效果。

折射贴图通道：用来控制物体的折射效果。在 VRay 材质中，折射通道用于控制模型的透明程度。

反射、折射光泽度贴图通道：主要通过位图或程序贴图来影响高光的区域位置，贴图中黑色像素区域产生光泽，白色像素区域移除光泽。

不透明度贴图通道：主要通过位图的明暗程度在物体表面产生透明、半透明效果。纯黑色区域完全透明，纯白色区域完全不透明。这种贴图在制作蜡烛、相框等镂空对象时经常被运用。

凹凸贴图通道：主要通过位图的明暗程度在物体表面产生凹凸不平的效果。纯黑色区域模型表面凹陷，纯白色区域模型表面凸起。

自发光贴图通道：主要通过位图的明暗程度在物体表面产生发光效果。纯黑色区域模型表面不发光，纯白色区域模型表面发光。

各向异性贴图通道：主要通过贴图控制模型表面高光的形状，如通过参数可以控制模型表面产生圆形、条状、弧形等高光区，如图 12.3 所示。

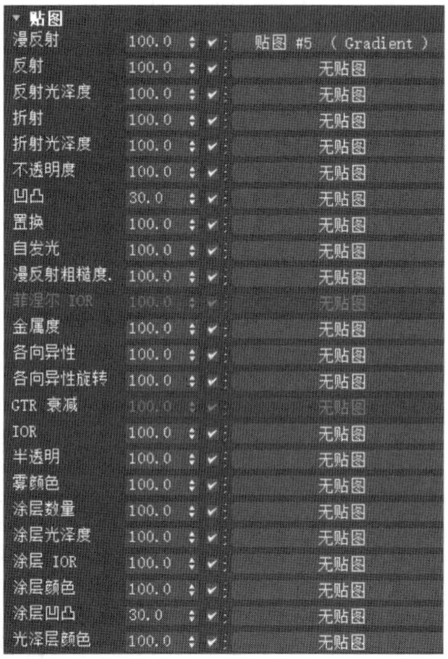

图 12.3　不同的贴图通道

12.1.3　贴图参数设置

位图贴图是一种基本的贴图类型。位图贴图类型中的调整参数主要由 5 大部分组成，分别是“坐标”卷展栏、“噪波”卷展栏、“位图参数”卷展栏、“时间”卷展栏和“输出”卷展栏。其他的 2D 贴图、程序贴图的调整参数基本上都有上述卷展栏，所以，学习完位图贴图的调整参数，触类旁通，其他的贴图参数也就有所了解了。

1. “坐标”卷展栏

“坐标”卷展栏内的参数决定贴图的平铺次数、投影方式等属性，如图 12.4 所示。

“纹理”单选按钮：当该按钮被选择时，位图将会作为纹理图片贴到场景中模型的表面，此时该位图受到“UVW 贴图”修改器的约束控制。

“环境”单选按钮：当该按钮被选择时，该位图将被指定到场景的背景贴图上，充当整个场景的背景，此时该位图不受“UVW 贴图”修改器的约束控制。位图充当整个场景的背景贴图方式有 4 种：球形环境贴图、柱形环境贴图、收缩包裹环境贴图、屏幕环境贴图。

“在背面显示贴图”单选按钮：只有在“瓷砖”复选款未被选择时，背景显示贴图命令才会被编辑，当其被勾选时，贴图会使用平面投影方式贴到物体的正反面，模型的背面也会被渲染。

“偏移”选项：该选项包含 U、V 两个属性，U 代表水平方向、V 代表垂直方向。通过改变 U、V 的参数值可以更改位图在模型表面的位置。

“瓷砖”选项：也叫平铺选项，通过改变 U、V 的参数值可以更改位图的重复次数。值越大，贴图平铺的重复数就越多。

“镜像”选项：该选项包含 U、V 两个属性，可以设置位图的镜像复制。

“角度”选项：该选项包含 U、V、W 三个属性，调整贴图在 X、Y、Z 三个轴向上的旋转角度，其中，W 属性就是贴图绕着法线方向旋转的角度。

“模糊”数值：调节该参数值，可以根据物体模型距离摄影机的远近，形成贴图模糊边缘的效果，但不是太明显。

“模糊偏移”数值：调节该参数值，可以对位图整体进行模糊处理，模糊效果比较明显。

2. “噪波”卷展栏

通过调整“噪波”卷展栏的各项参数，使位图沿着 U、V 方向产生不规则的噪波效果，如图 12.5 所示。

“启用”复选框：选择该选项，噪波才会作用到位图上。

“数量”数值：控制噪波的强度，数值越大，噪波强度越大。

“级别”数值：控制噪波的迭代次数。

“大小”数值：控制噪波颗粒的大小尺寸，值越大，噪波颗粒越大。

“动画”复选框：选择该选项，可以对噪波效果进行动画制作。

“相位”数值：控制噪波进行动画时的运动频率。

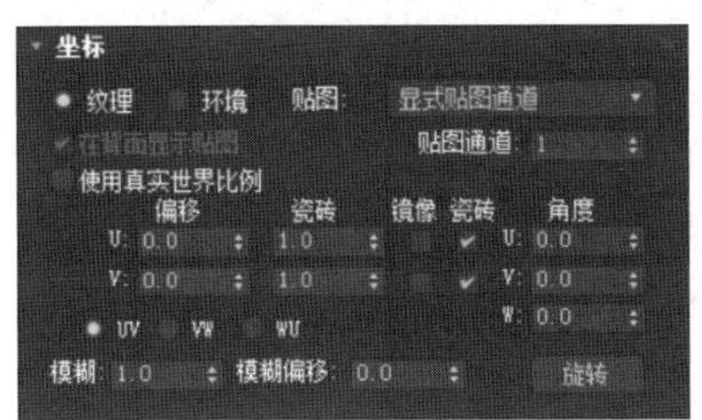

图 12.4　贴图“坐标”卷展栏

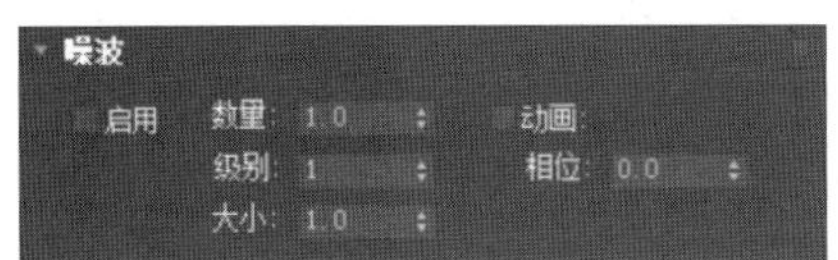

图 12.5　“噪波”卷展栏

3. “位图参数”卷展栏

“位图参数”卷展栏如图 12.6 所示。

“位图”按钮：通过单击“位图”右侧的按钮，可以打开“选择位图图像文件”对话框，通过选择外部计算机中的图片进行当前贴图的替换操作。

“重新加载”按钮：单击“位图”按钮上的路径及文件名进行贴图的重新指定，不需要打开浏览对话框。

“裁剪/放置”选项组：使用该选项组下方的命令对图像进行裁剪、缩放等操作。勾选“应用”复选框，单击“查看图像”按钮，在弹出的对话框中设置位图的裁剪范围，单击下方的“裁剪”单选按钮，就可以将位图进行变小的裁剪处理。

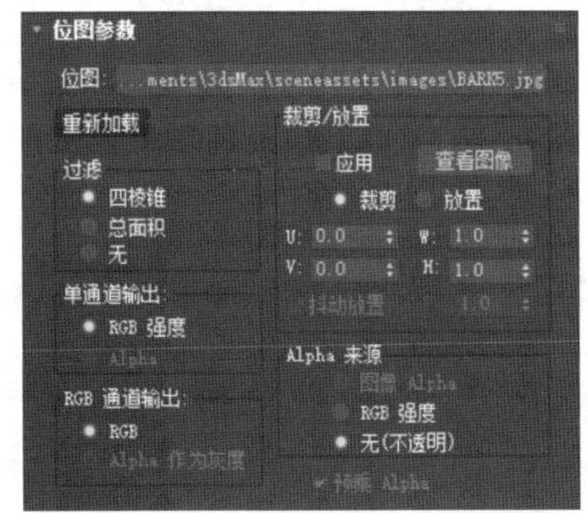

图 12.6　“位图参数”卷展栏

4. “时间”卷展栏

在设置材质贴图时，除了静帧的图片可以作为贴图使用外，有些视频也可以作为贴图进行应用，如 AVI、图形序列等文件。在“时间”卷展栏中的命令就是用来控制这些视频文件的播放速率及播放时间,如图 12.7 所示。

5. "输出"卷展栏

"输出"卷展栏主要是对贴图的文件进行后期处理,它相当于一个小型的 Photoshop 软件,能够对贴图的颜色、亮度、凹凸等属性进行调整,如图 12.8 所示。

"反转"复选框:该复选框用来控制贴图色彩的反向处理,即黑色区域变成白色,白色区域变成黑色。

"输出量"数值:控制贴图的亮度,该参数值越大,渲染后该贴图越亮。

"RGB 偏移"数值:控制贴图色相的改变,该数值调整时,贴图的色相会发生变化,如从红色改成蓝色。

"凹凸量"数值:控制贴图的凹凸变化程度,值越大,贴图凹凸感越强。

"颜色贴图"复选框:控制贴图的单色或者多色显示,当选择 RGB 选项时,下方的红、绿、蓝三个曲线就被激活,可以分别控制各个色彩的含量,以达到更改颜色的目的。

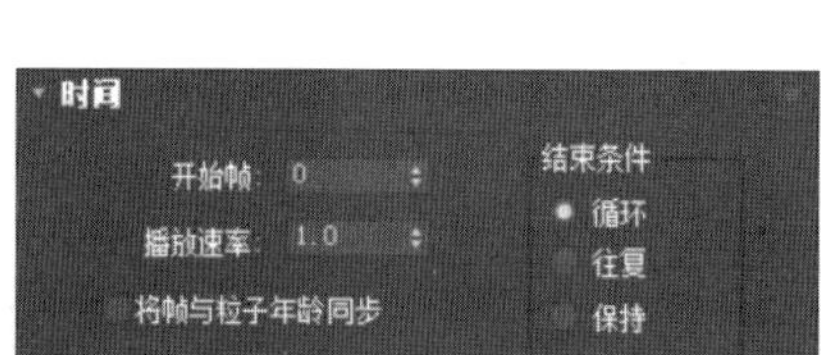

图 12.7 "时间"卷展栏

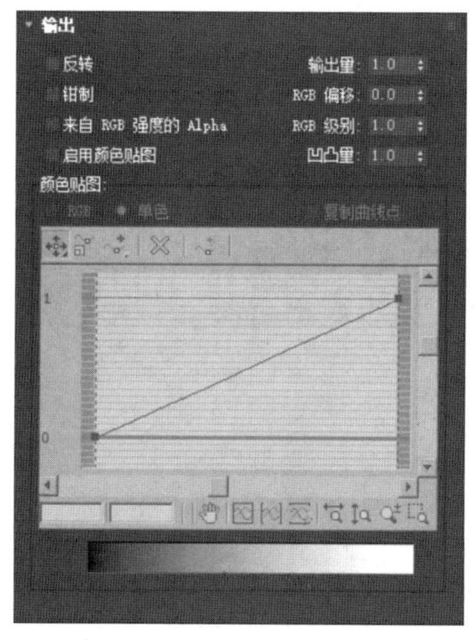

图 12.8 "输出"卷展栏

12.1.4 不透明贴图

不透明贴图在场景制作过程中经常出现,它可以通过黑白图控制模型的可见区域。黑白图中白色的区域会使模型表面可见;黑白图中黑色的区域会使模型表面透明不可见。下面以蜡烛的不透明贴图为例,讲解不透明贴图的制作流程。

步骤 1 打开本书的工程文件,按 M 键或者单击"材质编辑器"按钮,打开材质编辑器。

步骤 2 在漫反射贴图通道中,单击右侧的按钮,在弹出的"材质/贴图浏览器"面板中,双击"位图"选项,在素材中找到并添加"火.jpg"贴图,单击"打开"按钮将贴图添加到漫反射贴图通道中,如图 12.9 所示。

步骤 3 在不透明贴图通道中,单击右侧的按钮,在弹出的"材质/贴图浏览器"面板中,双击"位图"选项,在素材中找到并添加"火不透明度 Alpha.jpg"贴图,单击"打开"按钮将贴

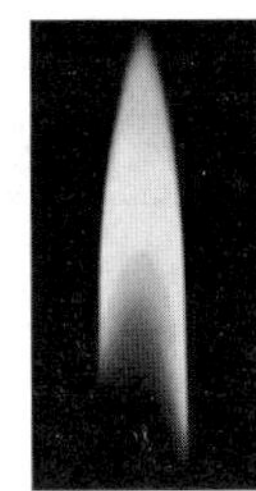
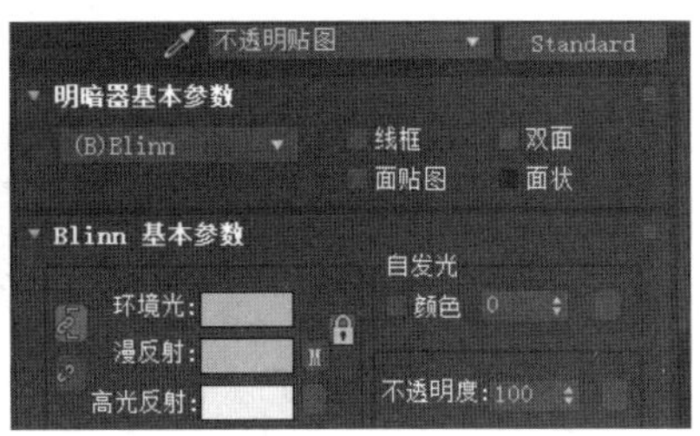

图 12.9　漫反射贴图

图添加到不透明贴图通道中,如图 12.10 所示。

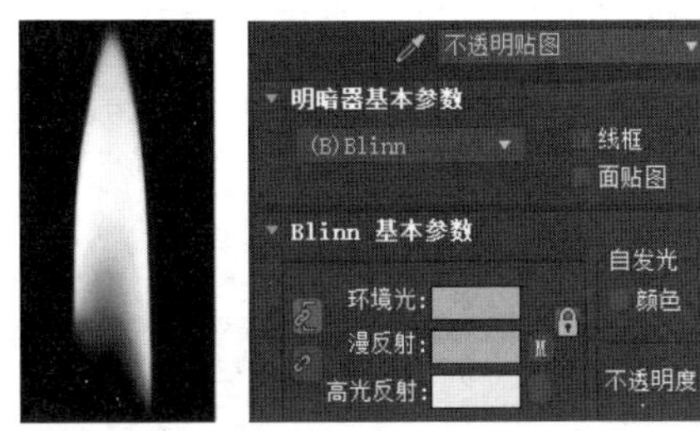

图 12.10　不透明贴图

步骤 4　在不透明贴图通道中的 M 按钮上,按住鼠标左键,将它拖曳到自发光的贴图通道中,复制的类型选择“实例复制”,两者互相影响。

步骤 5　按 F9 键或者单击“渲染”按钮,渲染测试效果如图 12.11 所示。

图 12.11　渲染效果

12.1.5　凹凸贴图

在模型制作过程中,有些模型表面是凹凸不平的。这些区域可以通过多边形建模来制作,也可以通过材质的凹凸贴图来完成。可以将准备好的黑白图添加到凹凸贴图通道中,其中白色的部分在模型的表面呈现凸出的状态,黑色的部分在模型的表面呈现凹陷的状态。当然,这些凹凸不平的效果都是渲染之后能够呈现出来的,在视图中是看不到的。下面以柠檬的材质为例,介绍凹凸贴图的使用方法。

步骤1 打开本书的工程文件,打开材质编辑器,将材质的类型设置成 VRayMtl。在“基本参数”卷展栏中,将该材质的漫反射设置成深绿色,如图 12.12 所示。

图 12.12 漫反射颜色

步骤2 在该材质的反射通道中添加衰减贴图,衰减贴图在反射贴图通道中,与视线方向夹角小的面反射强,垂直于视线方向的面反射弱。返回到材质级别,单击“菲涅尔 IOR”右侧的 L 按钮,解锁该功能,并将“菲涅尔 IOR”的属性值设置成 3。“菲涅尔 IOR”属性值越大,该物体反射能力越大;“菲涅尔 IOR”属性值越小,该物体反射能力越小,如图 12.13 所示。

步骤3 单击“贴图”卷展栏,打开贴图通道。将凹凸贴图通道的值设置成 80,该值越大,模型表面凹凸效果越强;该值越小,模型表面凹凸效果越弱。单击凹凸贴图通道右侧的“无贴图”按钮,在弹出的“材质/贴图浏览器”窗口中,双击“噪波”贴图,并将噪波贴图的噪波大小设置成 2,返回到材质级别,如图 12.14 所示。

基本参数
漫反射 预设 自定
粗糙度 0.0
反射 最大深度 5
反射光泽度 1.0 背面反射
✔菲涅尔反射 暗淡距离 100.0
菲涅尔 IOR L 3.0 暗淡衰减 0.0
金属度 0.0 影响通道 仅颜色

图 12.13 反射参数

贴图			
漫反射	100.0	✔	无贴图
反射	100.0	✔	贴图 #6 (Falloff)
反射光泽度	100.0	✔	无贴图
折射	100.0	✔	无贴图
折射光泽度	100.0	✔	无贴图
不透明度	100.0	✔	无贴图
凹凸	80.0	✔	Map #10 (Noise)
置换	100.0	✔	无贴图
自发光	100.0	✔	无贴图
漫反射粗糙度	100.0	✔	无贴图
菲涅尔 IOR	100.0	✔	无贴图
金属度	100.0	✔	无贴图
各向异性	100.0	✔	无贴图
各向异性旋转	100.0	✔	无贴图
GTR 衰减	100.0	✔	无贴图

图 12.14 凹凸贴图通道

步骤4 选择透视图,按 F9 键或者单击“渲染产品”按钮,进行渲染测试,可以看到绿色柠檬表面的凹凸效果,如图 12.15 所示。

图 12.15 渲染效果

12.2 贴图的纠正

在 3ds Max 中，默认赋予模型的贴图尺寸、比例等不满足要求时，就需要对材质贴图进行纠正，经常会用到 UVW 贴图、UVW 展开、贴图缩放器等修改器，这些修改器不仅能够将贴图与模型进行对位处理，还能够对贴图的比例、重复度、方向等属性进行调整，以达到场景贴图的要求。

12.2.1 UVW 贴图修改器

在 3ds Max 中，许多贴图都要保持比例的大小，如砖块的贴图尺寸是不会随着盖楼的高度改变自身大小的。这就要求：无论模型的尺寸如何变化，贴图的纹理是不变的，即贴图不随模型改变比例。在这种情况下，使用"贴图坐标"卷展栏的命令就不能满足要求。因为"贴图坐标"卷展栏的命令一旦改变，所有模型上的贴图都做调整，那么每个模型上的贴图显示就不同了。此时就需要通过"UVW 贴图"来分别修正各个模型的贴图比例大小，以此保证该贴图在所有模型上的尺寸一致。

UVW 贴图修改器中的 UVW 相当于 XYZ 坐标系统，U、V 坐标轴相当于 X、Y 轴，W 轴相当于 Z 轴，一般用来控制贴图的坐标方向。

UVW 贴图修改器含有一个子集 Gizmo，进入子集 Gizmo 中，可以通过移动、旋转、缩放改变贴图的空间位置及大小。

1. "贴图"选项组

"平面"单选按钮：贴图以平面的方式投射到模型的表面上，上下端面贴图不做处理。该贴图方式适用于模型的一个面需要添加贴图的情况。

"柱形"单选按钮：贴图以圆柱的方式包裹到模型的表面上，在圆柱的侧面会产生明显的接缝痕迹。可以在 Photoshop 中将贴图进行无缝贴图制作，解决贴图接缝的问题。

"球形"单选按钮：贴图以球形的方式包裹到模型的表面上，在球形的两侧端点上会出现贴图拉伸的状况。可以将贴图在 Photoshop 中进行无缝贴图制作，解决贴图接缝的问题。

"收缩包裹"单选按钮：同球形贴图方式原理一样，不同点在于只在球形的一侧端点上会出现贴图拉伸的状况。可以将贴图在 Photoshop 中进行无缝贴图制作，解决贴图接缝的问题。

"长方体"单选按钮：贴图在六个方向上以平面的方式进行贴图投射。该贴图方式能够解决模型垂直方向上的贴图拉伸问题。

"面"单选按钮：该贴图方式会将贴图投射到模型的各个面上。

"XYZ 到 UVW"单选按钮：该贴图方式主要针对 3D 程序贴图，将程序贴图的空间坐标映射到 UVW 坐标系上。

"长度"/"宽度"/"高度"数值：这三个参数值主要用来更改贴图的位置信息，等同于调整 UVW 贴图的 Gizmo 子集位置。

"U 向平铺"/"V 向平铺"/"W 向平铺"数值：这三个参数值主要用来更改贴图的重复信息，后方的翻转作用是将贴图进行单轴的镜像。

2. “通道”选项组

“贴图通道”单选按钮及数值：设置贴图通道的信息，通过贴图通道号来控制模型表面ID具有相同数字信息的面。多数用于控制多维子材质中的各个贴图，如图12.16所示。

3. “对齐”选项组

“适配”按钮：单击该按钮，贴图会自动调成与模型最大范围边界一致的尺寸。

“居中”按钮：单击该按钮，使Gizmo的中心与模型的世界坐标系中心对齐。

“位图适配”按钮：单击该按钮，使贴图的大小比例与选择的贴图大小比例相同。

“法线对齐”按钮：单击该按钮，使贴图的方向与模型法线方向垂直。

“视图对齐”按钮：单击该按钮，使贴图与激活视图对齐。

“区域适配”按钮：单击该按钮，可以通过鼠标自定义贴图坐标系。

“重置”按钮：单击该按钮，贴图坐标系恢复到默认状态。

“获取”按钮：单击该按钮，通过获取场景中其他模型的贴图坐标系来设定当前模型的坐标系，如图12.17所示。

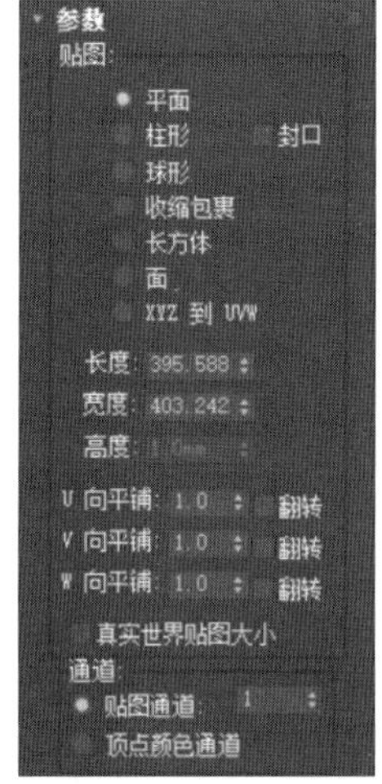

图12.16 UVW贴图“参数”卷展栏

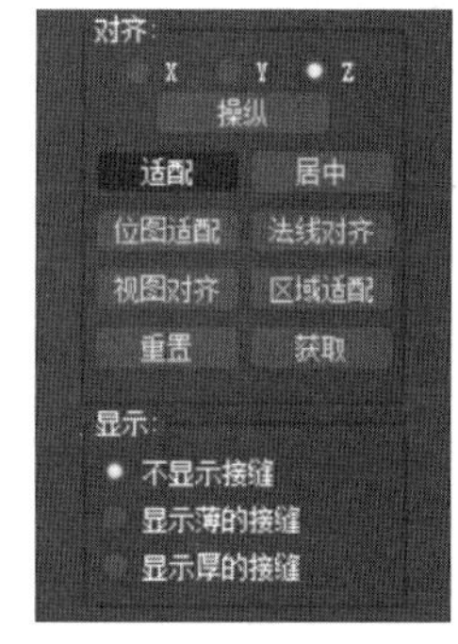

图12.17 “对齐”卷展栏

12.2.2 UVW贴图展开

UVW展开修改器应用原理是以平面的投射方式将贴图投射到模型的各个子对象上，对UV子集位置的调整，可以快速更改贴图的对应关系。UVW展开修改器可以对编辑网格、编辑多边形、编辑面片、NURBS对象进行贴图展开操作。

UVW展开修改器含有三个子集，分别是顶点、边、多边形。这里的三个子集是针对于贴图坐标的三个子集，不是模型上的子集。也就是说，这里在调整三个子集的时候，模型的结构是不变化的，更改贴图的尺寸信息，如图12.18所示。

“编辑UV”选项组中，“打开UV编辑器”按钮是用来打开编辑UVW窗框的，在弹出的面板中可以对UV信息进行编辑操作，如图12.19所示。

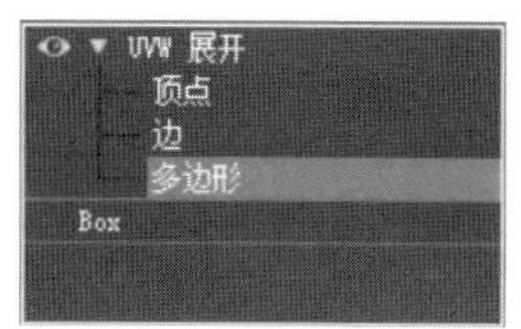

图 12.18 UVW 展开的子集

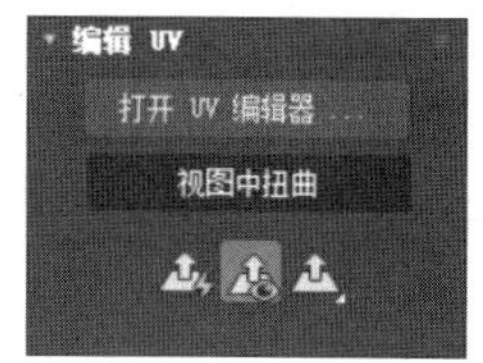

图 12.19 “打开 UV 编辑器”按钮

1. 编辑 UVW 窗口

编辑 UVW 窗口的主要部分是显示 UVW 展开子集的显示窗口，对子集的大部分操作都是在这个面板中完成的。默认的状态是模型所有的面都重叠到一起，在最上方是展平贴图的各个命令菜单和工具栏，在窗口的右侧是展平贴图的所有操作，在窗口的下方是 UVW 展开的子集及选择方式。在“编辑 UVW”窗口菜单栏中的“贴图”菜单中包含 3 种贴图展平的方式。

展平贴图：按照一定的角度限制，将模型的面展平成一张图片。在展平贴图参数中多边形角度阈值控制展开贴图的面角度，小于该属性值的面，将会作为一个整体进行展平处理。间距控制各个展平面子集的距离，间距值越大，面的距离就越大。

法线贴图：按照法线投射的方向进行展平贴图处理，如选择顶/底贴图方式，按照两个方向展平贴图，形成两组面。如果选择长方体贴图方式，就会按照长方体六个面的法线方向展平贴图，模型就会被展平六组面。

展开贴图：提供两种贴图的展平方法，分别是“移动到最近的面”与“移动到最远的面”，如果选择“移动到最近的面”选项，模型就会被从最近的面的角度开始展平，展平后的贴图是一个整体；如果选择“移动到最远的面”选项，模型会被从最远的面的角度开始展平。

编辑 UVW 工具栏用于对贴图的子集进行调整编辑。其中，移动、旋转、缩放三个按钮分别用于移动、旋转、缩放子集，镜像工具是对子集进行镜像处理的，如图 12.20 所示。

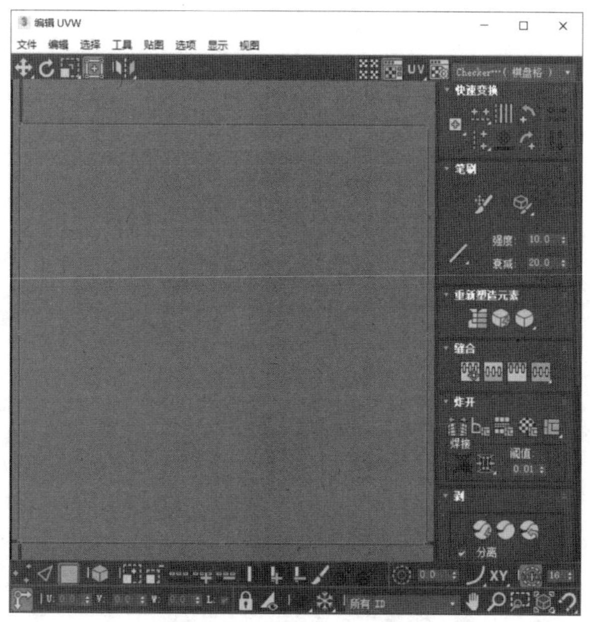

图 12.20 “编辑 UVW”窗口

2. 剥选项组

毛皮贴图：按照接缝线的边线进行展平贴图处理，它会将接缝线区域内的面放到一起展平成一个整体的面。

接缝：包含三个主要功能：编辑接缝、点到点绘制接缝、将多边形选择扩展到接缝。

编辑接缝：对已有的接缝线进行编辑，按住Ctrl键单击可以加选接缝线，按住Alt键单击可以减选接缝线。

点到点绘制接缝：可以绘制贴图展开的接缝线。单击数标左键就可以绘制。

将多边形选择扩展到接缝：便于选择接缝线的所有面。可以单击接缝线内的一个面，再次单击该按钮，就可以选择接缝线内所有的面，如图12.21所示。

图12.21 “剥”卷展栏

小结

本章主要讲解3ds Max贴图的基本功能及其在场景中的应用技巧。在学习过程中，应着重学习材质贴图通道的类型、贴图的参数、贴图通道的作用。当贴图出现变形时，要用UVW贴图、UVW展开修改器进行修改纠正，使贴图正确地显现在模型的表面。

Chapter 13

第13章

摄　影　机

本章内容简介

本章的主要内容包括摄影机的知识、标准摄影机与VRay摄影机的基本功能，了解摄影机的布置技巧，如何在三维场景中进行两点透视的构图设计，如何设置摄影机的观看视角及范围。

本章学习要点

- 摄影机的类型。
- 摄影机的创建方法。
- 摄影机的参数功能。

能力拓展

通过本章的学习，读者可以根据不同的构图创建相应的摄影机，通过相关案例的制作，知道摄影机的调节方法，并能应用所学进行相关项目案例的制作。

优秀作品

本章优秀作品如图13.0所示。

图13.0　优秀作品

13.1 标准摄影机

摄影机是在进行渲染时用到的3D元素,在三维场景中,只有存在摄影机时,才能将摄影机视图打开或者切换过去,切换的方法是按快捷键C。如果一个场景中有若干摄影机,可以通过不断地按C键进行切换。在3ds Max中创建摄影机的优点如下。

(1) 方便添加摄影机特效,如添加景深、运动模糊效果。

(2) 增大场景的空间感觉,如在室内空间渲染时,可以将镜头的镜头号调小,得到的视角就会变宽,室内的空间显得就很宽广。

(3) 固定观察角度,方便模型人员进行模型的精简与细化,优先处理离镜头近的模型,弱化离镜头远的模型。

13.1.1 标准摄影机的类型

单击“创建面板”→“摄影机”,就会打开摄影机的“创建”面板。标准摄影机的类型分为三类:物理摄影机、目标摄影机、自由摄影机,如图13.1所示。

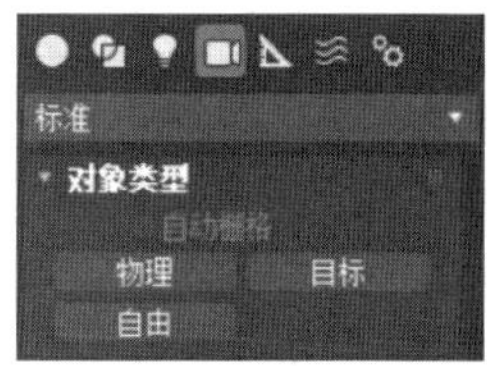

图13.1 标准摄像机类型

13.1.2 创建摄影机的方法

在3ds Max中,可以自由地创建物理摄影机,也可以手动创建任意一种类型的摄影机。

1. 自由创建摄影机

步骤1 选择透视图,透视图的边框会变成黄色,代表该视图被选择,如图13.2所示。

图13.2 透视图角度

步骤2 按快捷键Ctrl+C,就可以创建一个摄影机对象,并且摄影机对象的观察角度与透视图的角度一致,如图13.3所示。

步骤3 按快捷键Shift+F,调出视图安全框,确定摄影机视角在渲染时的观看范围,有助于后期渲染调整画面构图,如图13.4所示。

2. 手动创建摄影机

单击“创建面板”→“摄影机”选项后,在想要创建的摄影机按钮上,单击左键,在顶视图

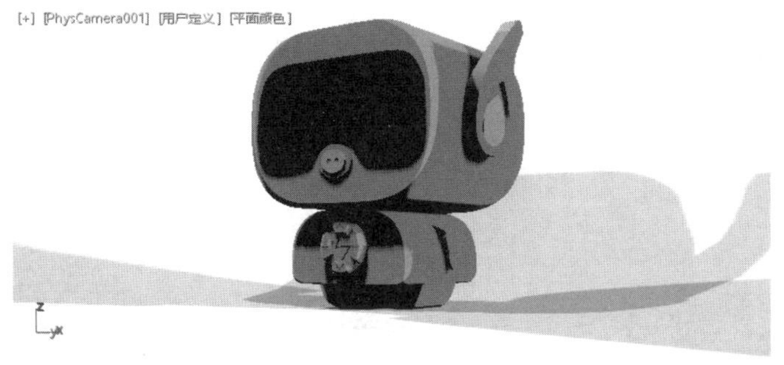

图 13.3 创建摄影机

图 13.4 安全框视角

中创建摄影机，通过调整摄影机的参数，调整好摄影机的角度，选择透视图，按快捷键 C，就可以切到摄影机视图。

步骤 1 打开本书场景文件，单击"创建面板"→"摄影机"→"标准"→"目标"按钮，在顶视图中，按住鼠标左键，移动鼠标，由下向上创建目标摄影机，如图 13.5 所示。

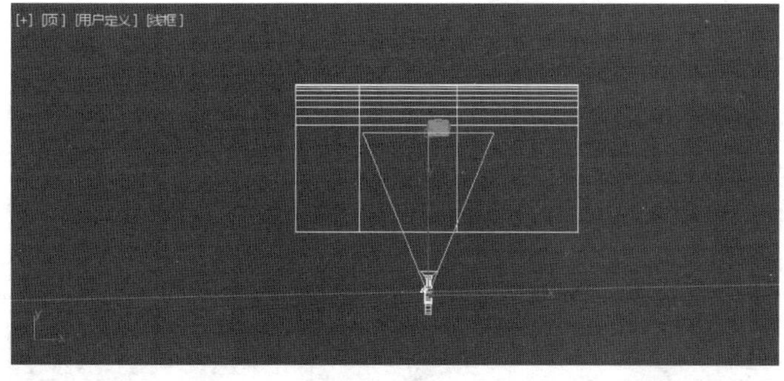

图 13.5 创建摄影机

步骤 2 选择透视图，按快捷键 C，就可以切到摄影机视图。查看摄影机视图的构图是否合理。如果不满意，可以通过改变摄影机的目标点、观测点的位置进行调整，如图 13.6 所示。

步骤 3 在步骤 2 的截图中，摄影机构图偏下，上方有大量的留白区。需要调整摄影机的目标点、观测点的位置。为了便于选择摄影机的对象元素，可以将选择过滤器设置成"C-

图 13.6 摄影机视图

摄影机”。在场景中选择物体时,就只能选择摄影机这一种类型的物体,其他类型的物体就不能被选择了,如图 13.7 所示。

步骤 4 选择透视图,按快捷键 Shift+F,调出视图安全框。在左视图中框选摄影机的观测点与目标点,运用选择并移动工具,一起移动摄影机的观测点与目标点,使摄影机视图中的构图达到要求,如图 13.8 所示。

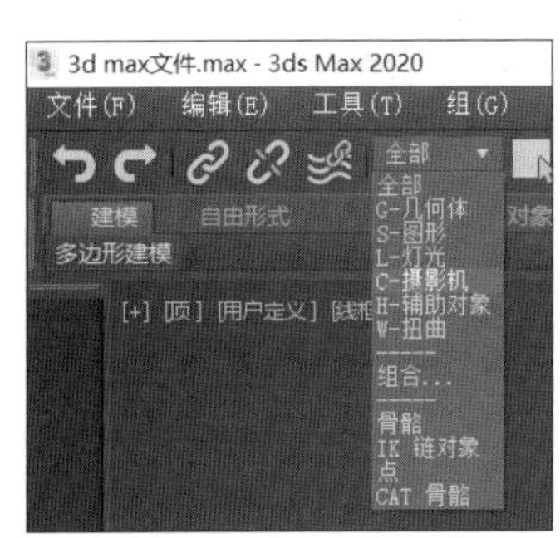

图 13.7 过滤选择器

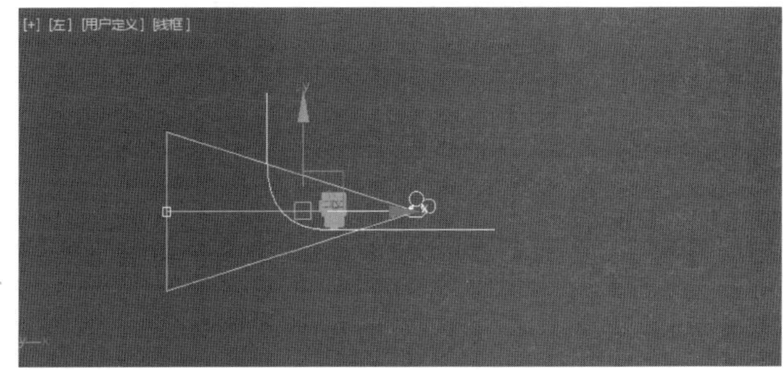

图 13.8 调整摄像机

步骤 5 摄影机视图中最终的构图如图 13.9 所示。

图 13.9 摄影机视角

步骤 6 按 F10 键或者单击“渲染设置”按钮,打开“渲染”面板,在“公用”选项卡中,设置渲染输出大小为 640×480。单击“文件”按钮,设置渲染文件输出后保存的位置路径及保存格式,如图 13.10 所示。

步骤 7 在 VRay 选项卡中，设置图像采样器的类型为渲染块；勾选渲染块图像采样器的最大细分，设置噪波阈值为 0.01，降低渲染图像的噪点；设置图像过滤器的类型为 Catmull-Rom，25 像素边缘处理器，能使图像的边缘更加清晰，如图 13.11 所示。

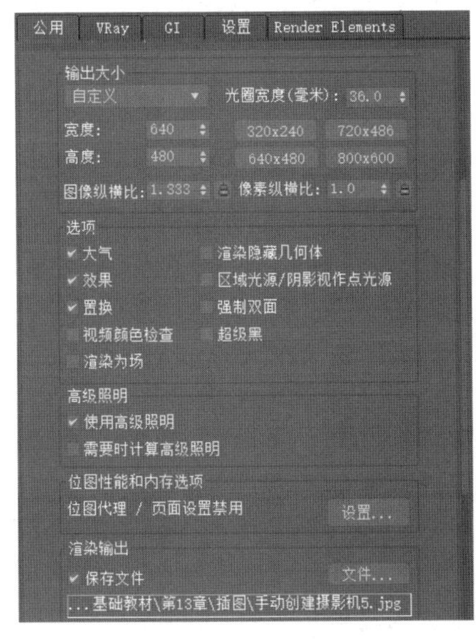

图 13.10 “公用”选项卡

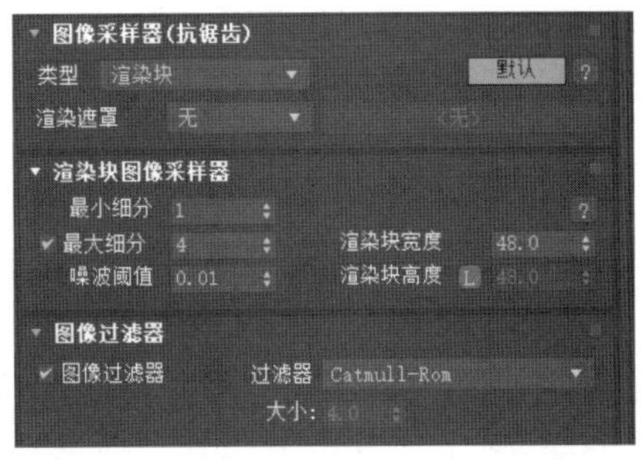

图 13.11 输出 VRay 参数面板

步骤 8 在 GI 选项卡中，设置主要引擎的类型为“发光贴图”，辅助引擎的类型为“灯光缓存”；在“发光贴图”卷展栏中，将当前预设的级别设置成“高”，提高画面的渲染质量，如图 13.12 所示。

步骤 9 单击“渲染”按钮，进行渲染，效果如图 13.13 所示。

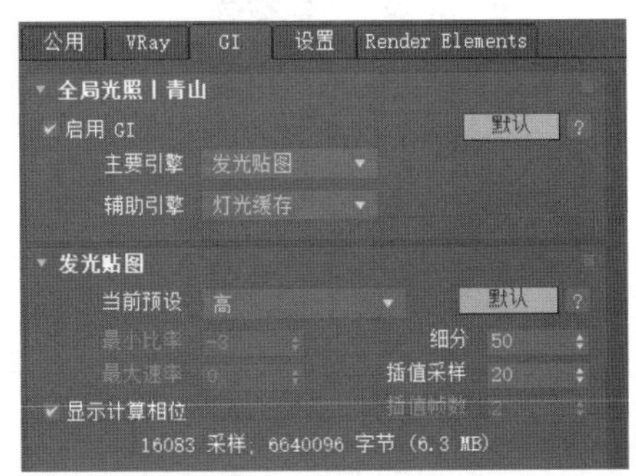

图 13.12 输出 GI 参数面板

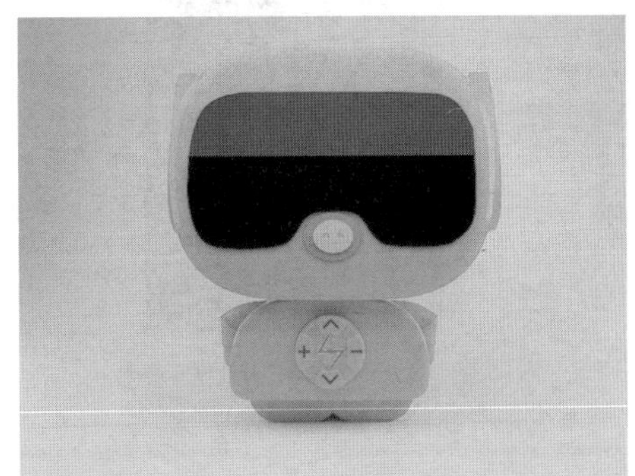

图 13.13 摄影机视图渲染效果

13.1.3 目标摄影机的参数设置

自由摄影机只包含摄影机这一个对象，它没有目标，更加灵活。例如，做建筑的 360°环绕镜头，就可以将自由摄影机约束到一条路径上，沿着路径运动一周，完成环绕镜头的制作。

目标摄影机包含摄影机和目标两个对象，摄影机代表观察点，目标代表视点的位置，可以分别调整摄影机与目标点的位置,以此控制摄影机观看的方向。

目标摄影机可以通过修改参数对摄影机的镜头焦距、镜头尺寸、观看范围以及环境进行设置。

“镜头”数值:设定摄影机的焦距。可以手动输入,也可以通过备用的镜头进行选择设定。镜头数值越小,摄影机观看的范围越宽广;镜头数值越大,摄影机观看的范围越窄小。一般镜头数值为 12～28,可以用来制作室内的镜头,显得室内空间开阔。镜头数值为 35～50,可以做人视镜头,镜头画面跟人的眼睛看到的一致,变形程度不大。

“视野”数值:控制摄影机的锥形观看范围,该值受镜头数值影响。

“备用镜头”选项组:一共提供 9 种镜头焦距。焦距小于 50mm 的镜头叫作广角镜头;大于 50mm 的镜头叫作长焦镜头。镜头参数越小,摄影机表现出离模型的距离越远;镜头参数越大,摄影机表现出离模型越近。

类型:在视图中,可以在目标摄影机与自由摄影机之间切换。

显示圆锥体:该选项被选择的时候,在视图中,摄影机呈现出锥形的显示区。

显示地平线:该选项被选择时,摄影机在视图中会出现一条暗黑色的地平线。

环境范围:分为近距范围与远距范围,用来设置摄影机在视图中看到环境效果的范围,如雾效。

剪切平面:分为近距剪切与远距剪切两个属性。近距剪切将把近距到摄影机镜头之间的模型裁切掉;远距剪切将把大于远距的模型裁切掉。通过剪切平面,可以控制摄影机沿轴向方向的观看范围,如图 13.15 所示。

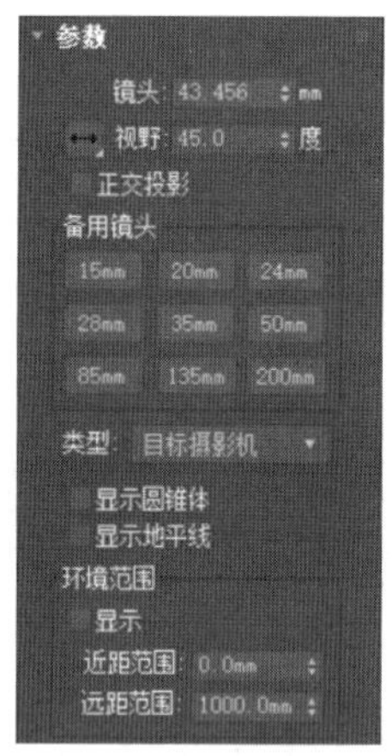

图 13.14 标准摄像机参数

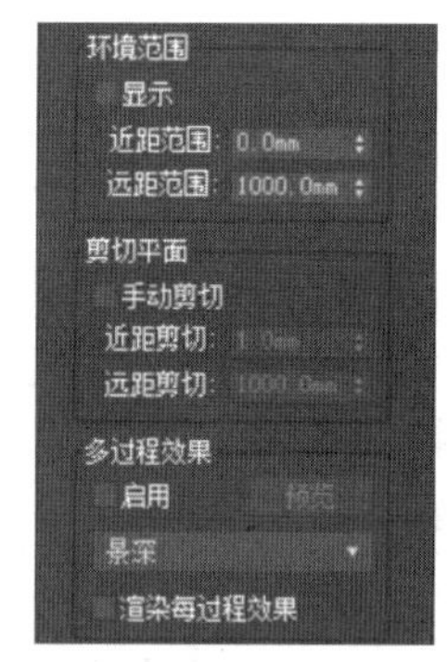

图 13.15 剪切平面参数

1. 创建室内合适角度的摄影机

本案例讲解如何运用目标摄影机制作室内场景镜头。在室内场景创建摄影机,第一点要求摄影机镜头要小,表现的视野才开阔,所以摄影机的镜头为 12～28。第二点要求摄影机要用两点透视,场景的变形程度最低,所以要将摄影机的目标点与观测点放置在同一个水平面上。

图 13.16 目标摄像机

步骤 1 打开本书场景文件,单击“创建”面板→“摄影机”→“标准”→“目标”按钮,在顶视图中,按住鼠标左键移动鼠标,创建目标摄影机,如图 13.16 所示。

步骤 2 分别选择摄影机的观测点与目标点，运用选择并移动工具，在顶视图使摄影机改为由室内向窗口观看的效果，如图 13.17 所示。

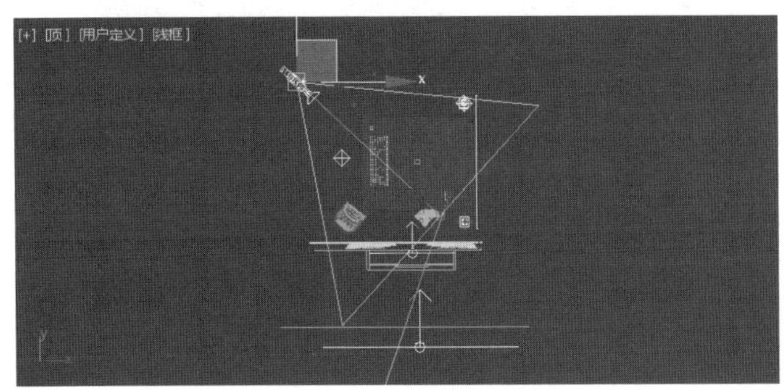

图 13.17 调整摄影机视角

步骤 3 同时选择摄影机的观测点与目标点，运用选择并移动工具，在前视图中将它们一起沿 Y 轴向上移动，如图 13.18 所示。

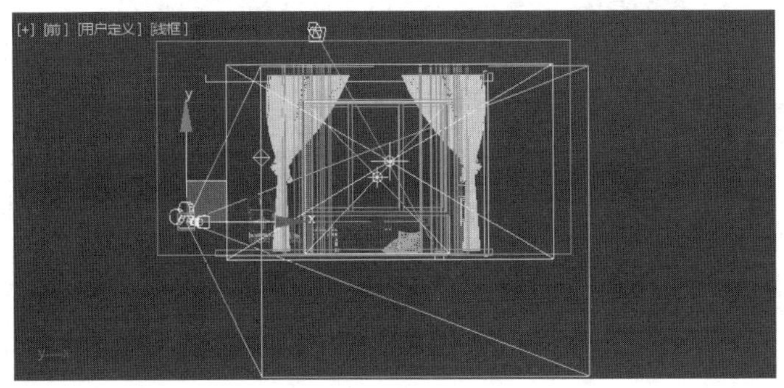

图 13.18 调整摄影机高度

步骤 4 选择摄影机的观测点，进入"修改"面板，将摄影机的镜头设置成 24mm，如图 13.19 所示。

步骤 5 在"修改"面板的剪切平面中，勾选"手动剪切"复选框，将近距剪切设置成 835，远距剪切设置成 9412。场景中的模型在摄影机近距剪切与远距剪切之间的区域会被摄影机看到，并能渲染出来；在剪切范围之外的部分不会被摄影机看到，也不能渲染出来，如图 13.20 所示。

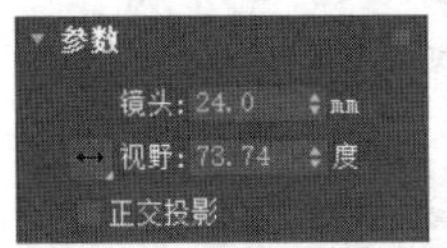

图 13.19 摄影机镜头参数

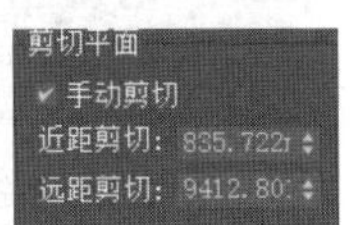

图 13.20 摄影机剪切平面

步骤 6 选择透视图，按快捷键 C，就可以切到摄影机视图。

步骤 7 选择透视图，按快捷键 Shift+F，调出视图安全框，如图 13.21 所示。

步骤 8 按 F10 键或者单击"渲染设置"按钮，打开"渲染"面板，将渲染器切换成

图 13.21 安全框视角

VRay 渲染器。单击“渲染”按钮,完成渲染,如图 13.22 所示。

图 13.22 摄影机视图渲染效果

2. 用摄影机制作景深效果

本案例讲解如何运用目标摄影机制作景深效果,景深效果的强弱取决于摄影机观测点与目标点的距离。

步骤 1 打开本书场景文件,单击“创建”面板→“摄影机”→“标准”→“目标”按钮,在顶视图中,按住鼠标左键,移动鼠标,创建目标摄影机,如图 13.23 所示。

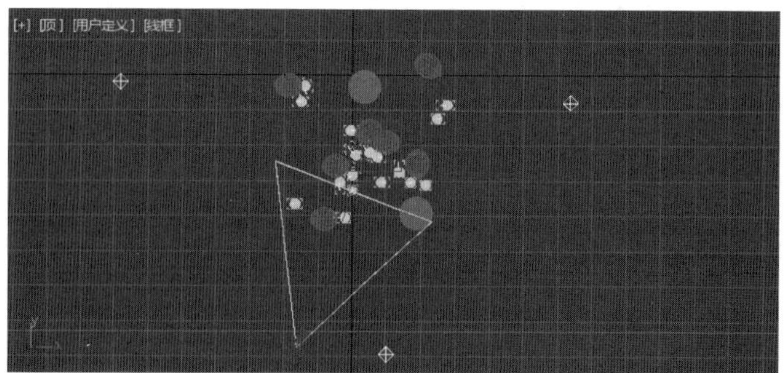

图 13.23 创建摄影机

步骤 2 选择摄影机的目标点,运用选择并移动工具,将它的位置移动到中间樱桃模型的位置，如图 13.24 所示。

图 13.24 调整目标点位置

步骤 3 选择透视图，按快捷键 C，就可以切到摄影机视图。

步骤 4 选择透视图，按快捷键 Shift+F，调出视图安全框，如图 13.25 所示。

图 13.25 安全框视角

步骤 5 按 F10 键或者单击“渲染设置”按钮，打开“渲染”面板，将渲染器切换成 VRay 渲染器。在 VRay 选项卡中，单击“摄影机”卷展栏，勾选“景深”和“从相机上获取对焦”复选框，并设置“光圈”的值为 13。光圈的值越大，景深效果越明显；光圈的值越小，景深效果越弱，如图 13.26 所示。

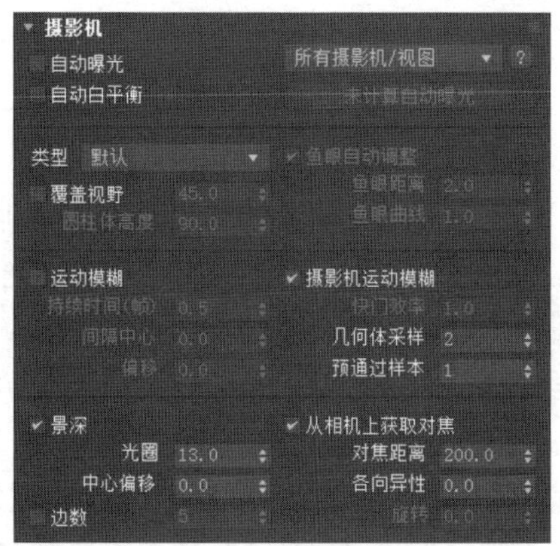

图 13.26 “渲染”面板“摄影机”卷展栏

步骤 6 单击“渲染”按钮,完成渲染,如图 13.27 所示。

图 13.27 景深效果

13.2 VRay 摄影机

13.2.1 VRay 穹顶摄影机

VRay 穹顶摄影机的摄影机观测点与目标点永远都呈直线形式,不能移动,适合渲染平面类型的图片,所以 VRay 穹顶摄影机在效果图中一般用不到。

翻转 X:在 X 轴上对摄像机进行翻转,使渲染出来的图像在 X 轴上反向。

翻转 Y:在 Y 轴上对摄影机进行翻转,使渲染出来的图像在 Y 轴上反向。

FOV:VRay 穹顶摄影机/摄像机的视角范围,如图 13.28 所示。

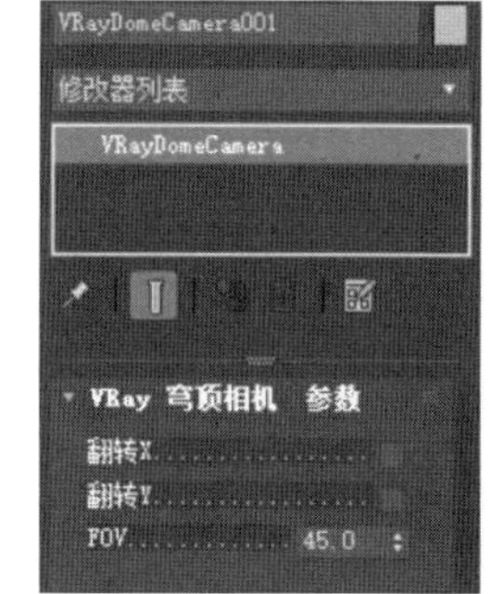

图 13.28 穹顶摄影机参数

13.2.2 VRay 物理摄影机

VRay 物理摄影机是比较常用的摄影机,该摄影机可以模拟真实相机的结构原理,包括镜头、光圈、快门和景深等,方便渲染人员对渲染效果进行控制。

相机的基本原理是很简单的,就是在一个封闭的区域内有一个小孔,光线通过小孔照射到内部的感光材料中就可以形成缩小、倒立的图像,图像效果的大小与孔所通过的光的多少有关,孔越大光线就越多,在感光材料上所得到的潜影也就越暗,最终形成的图像就越亮。当然,图像的亮度也与感光材料接收光的时间长短有关,接收光线的时间越长,在感光材料上所得到的潜影也就越暗,最终形成的图像也越亮。

镜头就是接收光线的最前端部分,主要是由一片曲面玻璃或塑料制成,以凸透镜的原理聚焦形成清晰可辨的影像,而更复杂些的镜头是由称作透镜单元的两片或更多光学玻璃组成,并将所有透镜单元组装在一起成为一个整体,它主要的功能就是聚焦光线。

光圈是控制光通过镜头的孔径大小的装置,孔径越大光线通过的光就越多,感光材料所接收的光线也就越多，最后渲染的效果图也就越亮。

快门是控制光通过镜头的时间长短的装置，它的主要功能就是控制感光材料接收光的时间。接收光线的时间越长，感光材料的感光就越多，最后渲染的效果图也就越亮。

类型：共分为 3 类，照相机、摄像机（电影）、摄像机（DV）。这里只讲解照相机的部分。

目标型：勾选此项，VRay 物理摄影机是有目标点的，更方便控制相机的方向与角度。

片门大小：调节摄影机视角的大小，但无透视。

焦距：它是控制画面透视及焦长大小的，焦距分为广角、标准和长焦，镜头除了可以改变画面的透视以外，还有一个主要的功能就是可以影响到感光材料接收光的强度。广角镜头最短，光从镜头到达感光材料的时间也最短，这时感光材料接收光也最强。反之，长焦镜头会使感光材料所接收的光线减少。

光圈系数：光圈系数和光圈相对口径成反比，系数越小，口径越大，光通过就越多，主体图片就越亮、越清晰，光圈系数与景深成正比，光圈越大景深越大。光圈数为 1 和 5 的对比效果，如图 13.29 和图 13.30 所示。

图 13.29　光圈为 1

图 13.30　光圈为 5

白平衡：无论场景中的光线如何影响白色，渲染时，都以这个颜色定义为白色。

快门速度：实际速度是快门速度的倒数。所以，该数值越大，快门速度越快，通过的光线越少，最终效果图就越暗越模糊；该数值越小，快门速度越慢，通过的光线越多，最终效果图就越亮越清晰。另外，快门速度与运动模糊成反比，值越小越模糊。快门速度为 200 和 100 的对比效果，如图 13.31 和图 13.32 所示。

图 13.31　快门速度为 200

图 13.32　快门速度为 100

胶片速度：胶片感光速度的数值越大，最终效果图越亮。胶片速度为 100 和 150 的对比效果,如图 13.33 和图 13.34 所示。

图 13.33　胶片速度为 100

图 13.34　胶片速度为 150

通过上面的讲解,光圈系数、快门速度、胶片速度三个属性值影响最终渲染图片的质量与明暗,如图 13.35 所示。

图 13.35　VRay 物理相机参数

13.2.3　VRay 摄影机制作全景图

打开软件先调整下出图设置,全景图跟普通的图有一小点不一样,先单击渲染设置,在弹出的面板里把出图的尺寸比例改成 2∶1 的比例,然后单击 VRay 下拉到最后的 Camera 相机设置,把模式改成球形,度数改成 360°,前面要勾选才能改度数,这是全景图不一样的地方,其他参数正常出图就可以。

调整完渲染设置后,再来调整下相机,把相机移动到要渲染的空间中去,相机就像人的眼睛,把它放在哪个位置就相当于人站在哪个位置看东西一样,所以自己可以多加熟练一下,调整完就可以直接渲染了。

3ds Max 里不能直接生成 360°旋转的画面,它只能生成 360°的图片,这里就要用其他的软件来生成 360°的画面。生成 360°画面的软件很多,自己可以在网上下载一个,打开生成软件,把渲染的图片放到软件里生成 360°旋转画面,这样就得到了全景图,然后自己保存好就可以了。

步骤 1　打开本书场景,新建一个目标摄像机,摄像机放在场景的中间,摄影机的镜头设置成 35mm,其他参数不用更改,如图 13.36 所示。

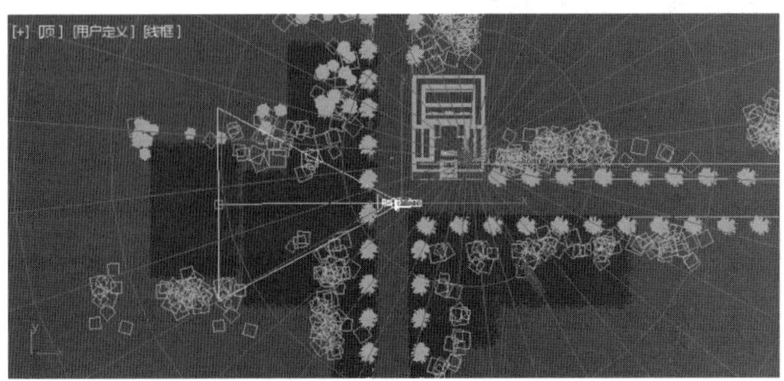

图 13.36　创建摄影机

步骤 2　运用选择并移动工具，调整摄影机的观测点与目标点，可以一边调整一边观察摄影机视图，直到摄影机视图构图满意为止。

步骤 3　按 F10 键或者单击"渲染设置"按钮，打开"渲染"面板，将渲染器切换成 VRay 渲染器。在"通用"选项卡中，将输出大小的图像纵横比设置为 2∶1，大小可以设置为 768×384，可以根据计算机的性能随意设置，如图 13.37 所示。

步骤 4　在 VRay 选项卡中，单击"摄影机"卷展栏，摄像机的类型为"球形"，勾选"覆盖视野"复选框，将角度的值设置成 360，如图 13.38 所示。

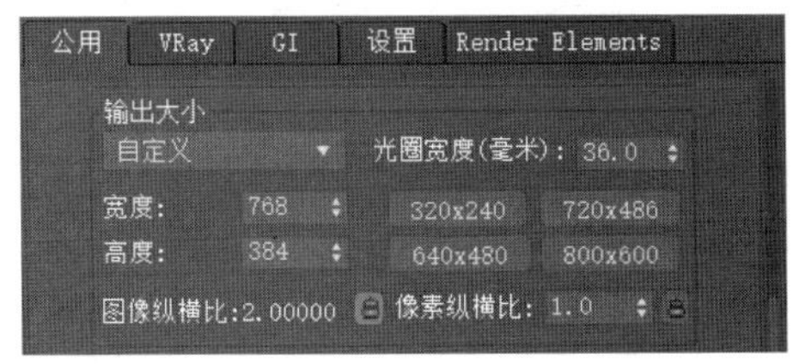

图 13.37　输出尺寸

图 13.38　摄影机类型

步骤 5　设置好上面所有的参数，就可以单击"渲染"按钮，开始渲染，一开始渲染小图测试，最后才渲染成图，如图 13.39 所示。

图 13.39　渲染效果

步骤 6　将渲染出来的文件拖入全景图制作软件 Pano2vr 中，可以设置交互式的节点、UI 皮肤编辑器，用户就可以有选择地进行全景效果图的预览了。

13.2.4　VRay 立体摄影机

红蓝立体原理解析是指人类是通过左眼和右眼所看到图像的细微差异来获得立体感的，要从一幅平面的图像中获得立体感，那么这幅平面的图像中就必须包含具有一定视差的两幅图像的信息，再通过适当的方法和工具分别传送到左右眼睛。

在"创建"面板→下方的列表中，选择 VRay 类别，在对象类型中，在 VRayStereoRig 处单击左键，在视图中创建 VRayStereoRig 控制器，VRayStereoRig 控制器允许用户组合两个独立摄像机，通过父子关系形成控制层次。在渲染的时候，两个摄像机分别渲染不同的画面，由于两个摄像机之间有距离，画面有距离、角度的偏差，以进行立体图像、视频的渲染，如图 13.40 所示。

通过对中间相机的移动、旋转可以改变立体摄像机的位置、角度,通过对两侧摄像机的移动,可以改变两个立体相机的间距,最后,在辅助物体对象 VRayStereoscopic 的辅助下,准备好立体相机拍摄的条件,将透视图切成中间摄像机的视图,就可以进行渲染测试了。

步骤 1 打开本书场景文件,在顶视图中创建 VRayStereoRig 对象,如图 13.41 所示。

图 13.40 立体摄影机

图 13.41 创建立体摄影机

步骤 2 运用选择并移动、旋转、角度捕捉等工具,对立体摄影机进行位置角度的调整。通过对中间相机的移动、旋转可以改变立体摄像机的位置、角度,通过对两侧摄像机的移动,可以改变两个立体相机的间距。可以将两侧的摄影机移动到等同于人的瞳距即可,如图 13.42 所示。

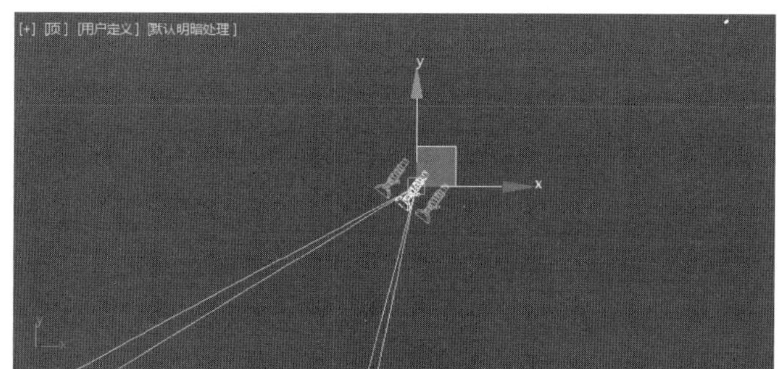

图 13.42 调节摄影机的瞳距

步骤 3 单击"创建"面板→下方的列表,选择 VRay 类别,在对象类型中,在 VRayStereoscopic 按钮上单击左键,在顶视图中单击左键,创建该对象。在立体参数中,查看眼睛距离值是否为 6.5mm,默认值都是 6.5mm,这就要求场景模型的尺寸与现实世界的真实尺寸相同,如图 13.43 所示。

图 13.43 创建立体摄影机辅助对象

步骤 4 选择透视图，按快捷键 C，在弹出的“选择摄影机”面板中，选择 Camera001，即立体摄影机对象中间的摄影机，将透视图切换成摄影机视图。

步骤 5 单击“渲染”按钮，开始渲染，一开始渲染小图测试，最后才渲染成图，如图 13.44 所示。

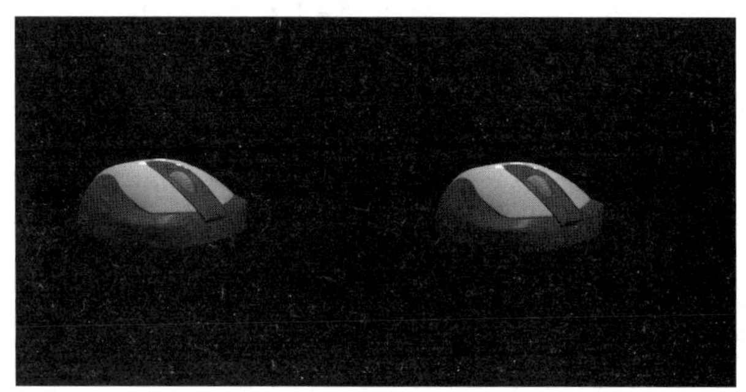

图 13.44 渲染效果

步骤 6 单击“立体 红|青”按钮，将上方两个摄影机拍摄的图片融合到一起，形成立体红蓝图片，如图 13.45 所示。

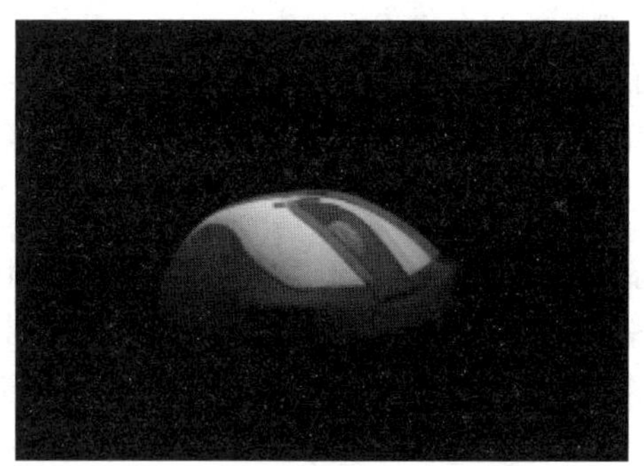

图 13.45 合成红蓝立体图片

小结

本章主要讲解 3ds Max 摄影机的基本功能及其在场景中的应用技巧。在 3ds Max 软件中，摄影机分为三类，分别是标准、VRay、Arnold。应用时可以按需要进行选择。标准摄影机的参数比较简单，操控容易。VRay 类型的物理摄像机是模拟现实世界中的单反摄像机，参数复杂，操控困难，但渲染出图的后期效果方便调节。Arnold 类型的摄影机是比较新的摄影机类型，例如，VR Camera 摄影机可以拍摄交互式的 VR 视频。

在摄影机的参数中，可以着重学习焦距、剪切平面、光圈、快门速度、胶片速度、景深等功能。在特殊类型图片或视频制作过程，可以了解立体视频、360°全景镜头如何制作。

第14章

Chapter 14

简约风格客厅设计

本章内容简介

本章学习简约风格客厅设计全流程与设置方法，通过对渲染器设置、空间中各种家具和装饰物材质的调整、室内外灯光设置以及出图渲染和后期效果图处理的方法学习，掌握使用3d Max创建完整设计方案的过程和方法。

本章学习要点

- 熟练掌握渲染器的设置方法。
- 熟练掌握各种材质的编辑方法。
- 熟练掌握客厅中各种灯光的布设方法。
- 熟练掌握渲染出图设置方法。
- 熟练掌握后期效果图处理方法。

能力拓展

通过本章的学习，掌握客厅的设计与表现方法后，可以运用材质编辑和灯光布置方法进行多种空间的设计与表现，如卧室、餐厅等室内空间，车站、咖啡馆等公共空间。虽然空间属性和布局不同，但制作思路是相通的，发挥观察力与想象力，还可以制作出更多不同类型的空间。

简约风格客厅效果

简约风格客厅效果如图14.0所示。

图14.0　简约风格客厅效果

14.1 项目案例介绍

本案例为现代简约风格客厅场景设计，色调以浅色系为主，使用 VRay 材质进行场景中各种材质设置。灯光方面使用 VRay 太阳光、VRay light、目标灯光等进行制作。在材质方面涉及的较多，有柔软的地毯、布艺沙发，也有大理石地砖、玻璃茶几等，装饰构件有软包和装饰画等。通过本案例的演示，帮助读者掌握客厅中灯光、材质和渲染设置的全过程。

14.2 项目案例制作流程

14.2.1 设置 VRay 渲染器

步骤 1 打开场景 max 文件简约风格客厅设计，如图 14.1 所示。

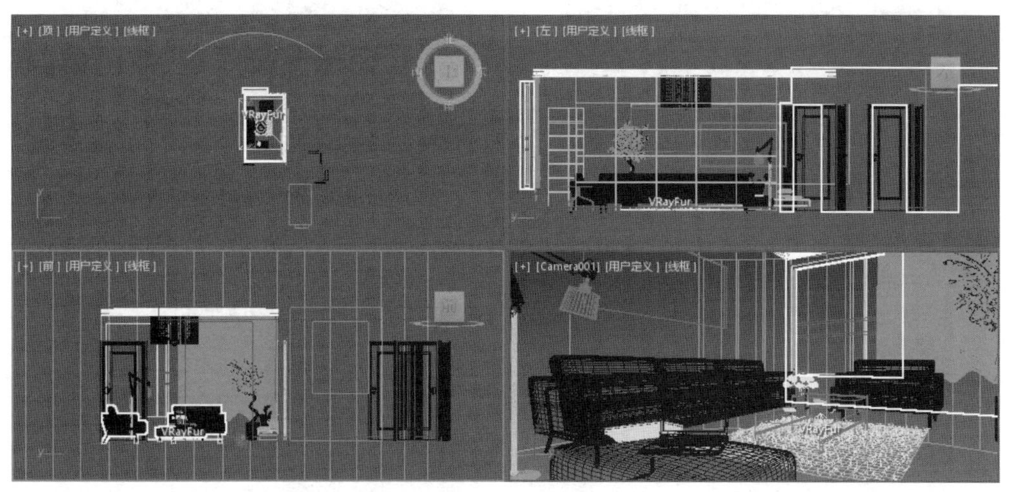

图 14.1 客厅场景

步骤 2 在菜单栏中单击“渲染”→“渲染设置”打开“渲染设置”对话框，也可使用快捷键 F10 打开“渲染设置”对话框。将渲染器设置为 VRay Adv 渲染器，或在界面上部“渲染器”处单击下拉菜单，选择 VRay Adv 渲染器。在“公用”→“公用参数”→“输出大小”中设置宽度 640、高度 480，如图 14.2 所示。

步骤 3 在 VRay 功能栏中将“图像采样(抗锯齿)”→“类型”设置为“块”，“图像过滤”→“图像过滤器”设置为“区域”，如图 14.3 所示。

步骤 4 将“颜色贴图”→“类型”设置为“指数”，勾选“子像素贴图”和“钳制输出”复选框，如图 14.4 所示。

步骤 5 在 GI 工具栏中，将“首次引擎”设置为“发光贴图”，“二次引擎”设置为“灯光缓存”，“发光贴图”→“当前预设”设置为“非常低”。勾选“显示计算阶段”和“显示直接光”复选框。在“灯光缓存”中设置“细分”值为 800，如图 14.5 所示。

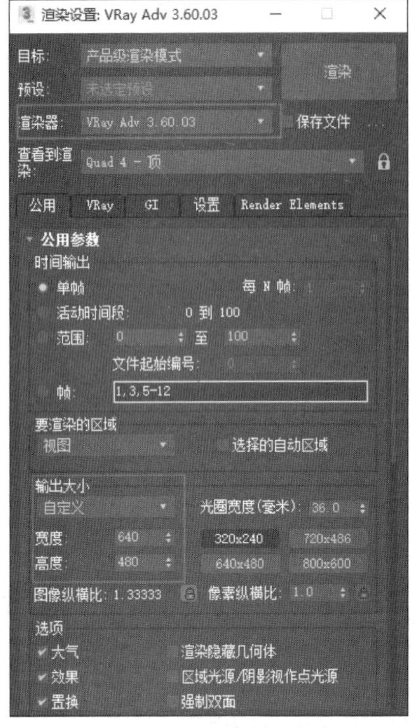

图 14.2 VRay 渲染器

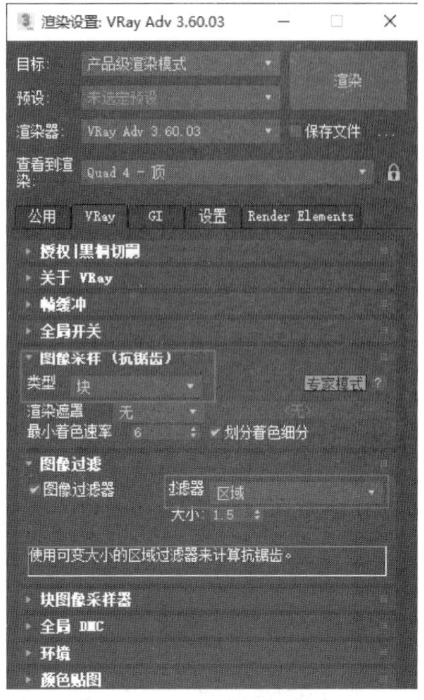

图 14.3 图像采样设置

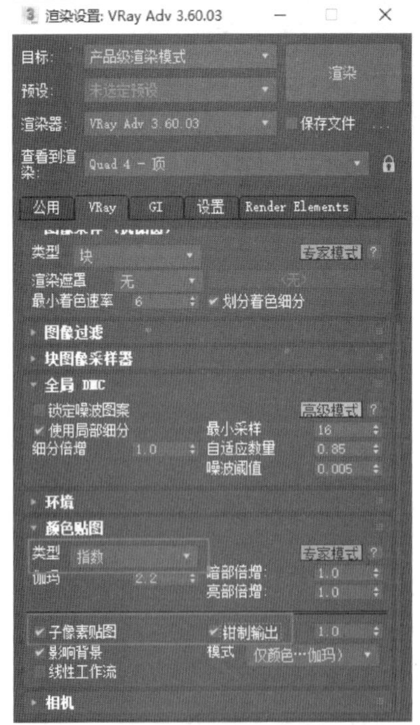

图 14.4 颜色贴图设置

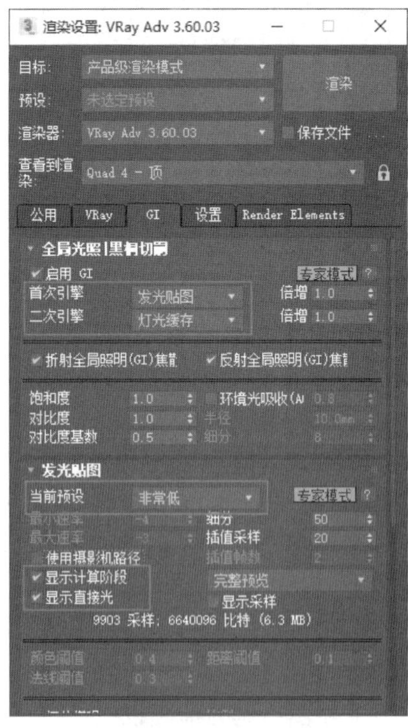

图 14.5 GI 设置

提示：在简约风格客厅场景设计中主要使用 VRay 渲染器，在深化场景前对渲染器进行测试渲染参数设置，可参考第 9 章中关于 VRay 渲染器的测试渲染和高精度渲染的参数设置内容。

14.2.2 摄影机的设置

在场景设计中，摄影机是确定观察视角的作用，就像我们通过摄影机观看场景的某个区域的效果。当在场景中布置摄影机后可通过快捷键 C 切换到摄影机视图，摄影机具有视角固定性和强化空间感的作用，因此在场景中布设摄影机是必要的。

步骤 1 在客厅场景中主要使用标准摄影机进行设置。在"创建"→"摄影机"→"标准"中选择"目标"摄影机，在 3d Max 顶视图中进行拖曳即可创建一台目标摄影机。将"镜头"设置为 24，注意"镜头"的数值不要太小，否则会因透视过大而造成变形，如图 14.6 所示。

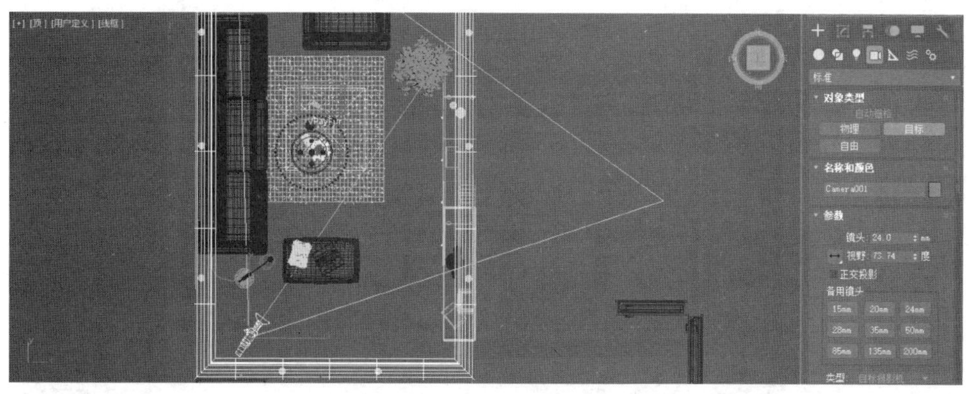

图 14.6 创建摄影机

步骤 2 为了使摄影机视角效果更真实，需要调整目标摄影机的高度用以模拟人在空间中视线的高度，在此场景中将摄影机高度设置为 1200mm 即可，将 Z 轴数值改为 1200mm，如图 14.7 所示。

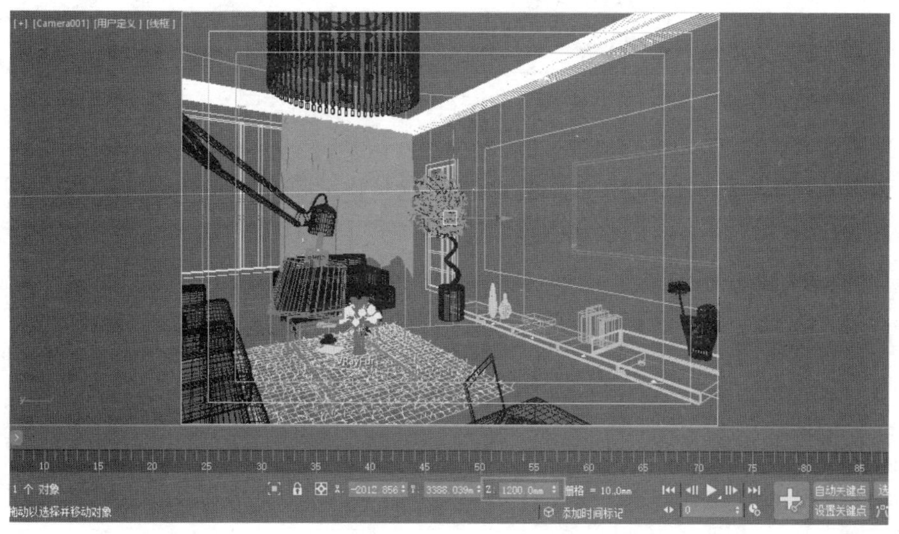

图 14.7 摄影机高度设置

步骤 3 使用同样的方法在场景中在设置一台摄影机，用以从不同角度观察客厅的设计效果，如图 14.8 所示。

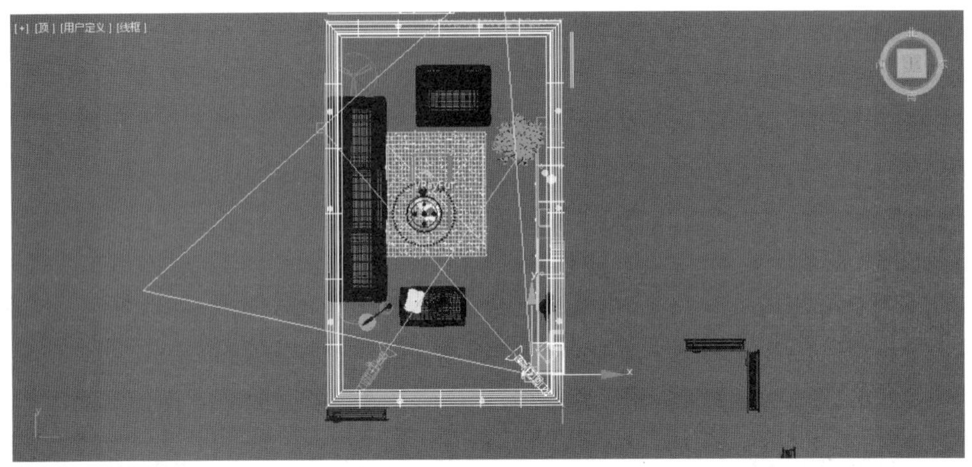

图 14.8 摄影机布置

步骤 4 在任一视图中按快捷键 C 切换到摄影机视图观察效果，如图 14.9 所示。

图 14.9 摄影机视图

在摄影机视图中检查视图时，摄影机视图所显示内容可能和渲染图并不相符，这时一定要打开安全框，按快捷键 Shift+F 打开安全框。在安全框内显示的内容与渲染出图是一致的。

14.2.3 材质的调节

本节将根据简约风格客厅场景中的墙体结构、家具以及装饰构件进行逐一材质的设置，场景中涉及的材质种类较多，软质、硬质、天然材料、人工材料、金属材料均有，在材质设置中不同材质的参数和设置方法差异也很大，要学会根据材质特性调节材质参数。

1. 大理石地砖的制作

步骤 1 按快捷键 M 打开材质编辑器，将多个材质球更改为 VRay 材质球。选择任一材质球，单击 Standard 按钮，在弹出的“材质/贴图浏览器”中选择“材质”→ VRay→ VRayMtl，单击“确定”按钮完成 VRay 材质转换，如图 14.10 所示。

图 14.10　VRay 材质编辑器

步骤 2　选取一个材质球，命名为“大理石地面”，在“基本参数”→“漫反射”后面的通道中单击，弹出“材质/贴图浏览器”对话框，单击“贴图”→“通用”→“位图”命令，单击“确定”按钮，如图 14.11 所示。

图 14.11　大理石地砖参数设置

步骤 3 在弹出的贴图路径对话框中找到教材提供的贴图素材所在文件夹,选中大理石地砖贴图后单击“打开”按钮,完成添加贴图设置,如图 14.12 所示。

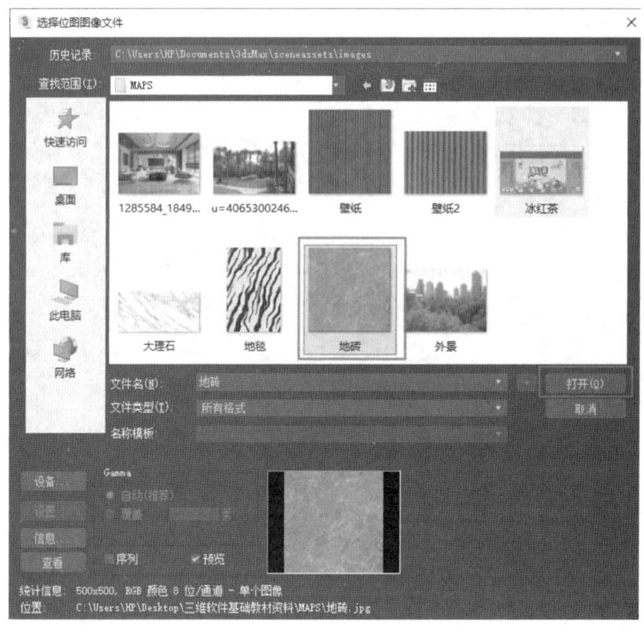

图 14.12 地砖贴图

步骤 4 在弹出的材质编辑器的“位图”面板中,取消勾选“使用真实世界比例”,“位图参数”→“位图”对应的路径为地砖贴图所在的文件位置,最后单击“转到父对象”按钮,回到材质主界面,如图 14.13 所示。

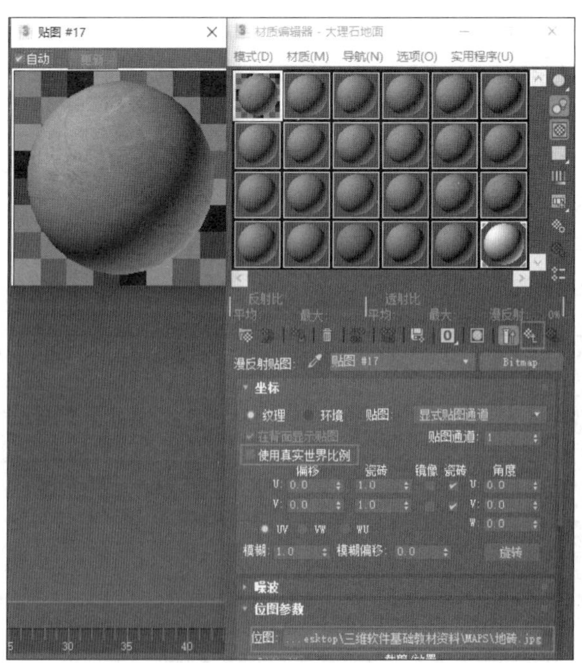

图 14.13 贴图材质编辑器

步骤 5 将地砖材质球的反射调整到如图 14.14 所示位置，数值为 180，单击“高光光泽”后的 L 按钮解锁后将数值设置为 0.65，“反射光泽”设置为 0.7。

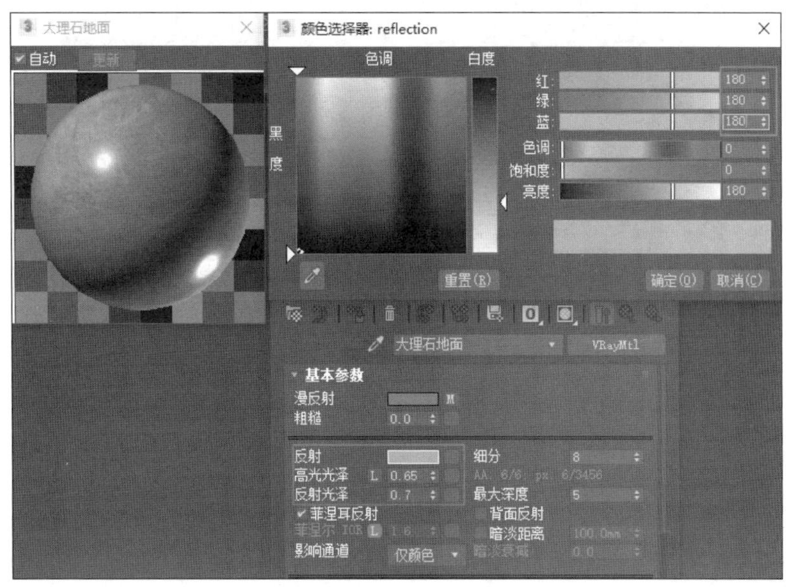

图 14.14 地砖反射设置

步骤 6 选中场景中地面，单击材质编辑器中的“将材质指定给选定对象”，再单击“在视口中显示明暗处理材质”使贴图在模型中显示效果。在“修改命令”面板→“修改器列表”中添加“UVW 贴图”，设置为“平面”，长宽参数均设置为 800mm，完成大理石地砖设置，如图 14.15 和图 14.16 所示。

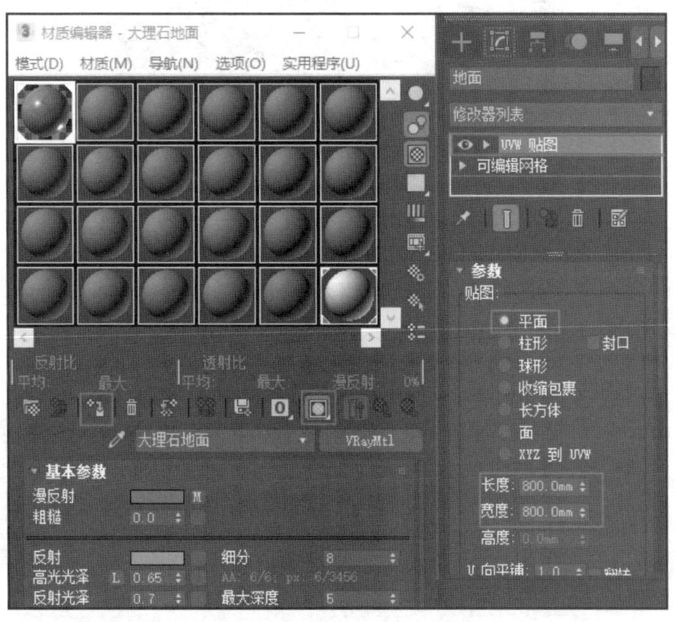

图 14.15 附加地砖材质

图 14.16　地砖效果

2. 白色墙面制作

步骤1　选择一个材质球命名为“白墙”,将“漫反射”设置为白色,“反射”设置为 30,“反射光泽”设置为 0.5,取消勾选“菲涅尔反射”,如图 14.17 所示。

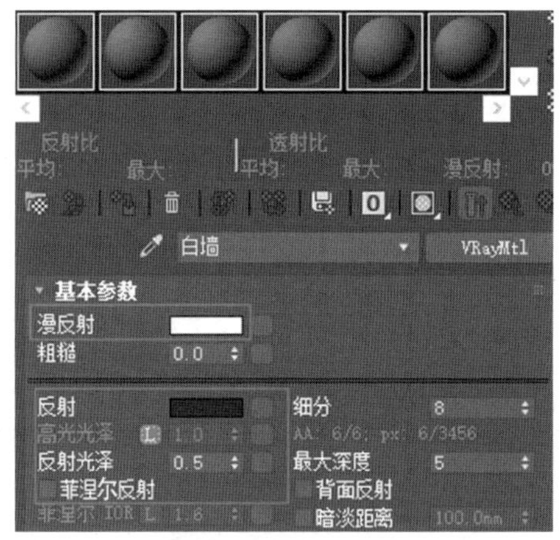

图 14.17　白墙材质

步骤2　选中场景中的墙面和顶面,单击材质编辑器中的“将材质指定给选定对象”,完成前面材质设置,如图 14.18 所示。

3. 墙面壁纸制作

步骤1　选取一个材质球,命名为“墙面壁纸”,在“基本参数”→“漫反射”后面的通道中单击,弹出“材质/贴图浏览器”对话框,单击“贴图”→“通用”→“位图”命令,单击“确定”按钮。在路径中找到壁纸贴图,单击“打开”按钮完成壁纸贴图添加,如图 14.19 所示。

步骤2　将“反射”设置为 90,“反射光泽”设置为 0.6,勾选“菲涅尔反射”。在“贴图”命令中复制“漫反射”粘贴到“凹凸”选项下,如图 14.20 和图 14.21 所示。

步骤3　选中场景中电视背景墙,单击材质编辑器中的“将材质指定给选定对象”,再单击“在视口中显示明暗处理材质”使贴图在模型中显示效果。在“修改命令”面板→“修改器

图 14.18　白墙效果

图 14.19　添加壁纸贴图

列表”中添加“UVW 贴图”，设置为“长方体”，长度为 1200mm，宽度为 2mm，高度为 2800mm，完成壁纸材质附加，如图 14.22 所示。

4. 沙发地毯制作

步骤 1　选取一个材质球，命名为“沙发”，在“基本参数”→“漫反射”后面的通道中单击，弹出“材质/贴图浏览器”对话框，单击“贴图”→“通用”→“位图”命令，单击“确定”按钮。

图 14.20　壁纸反射设置

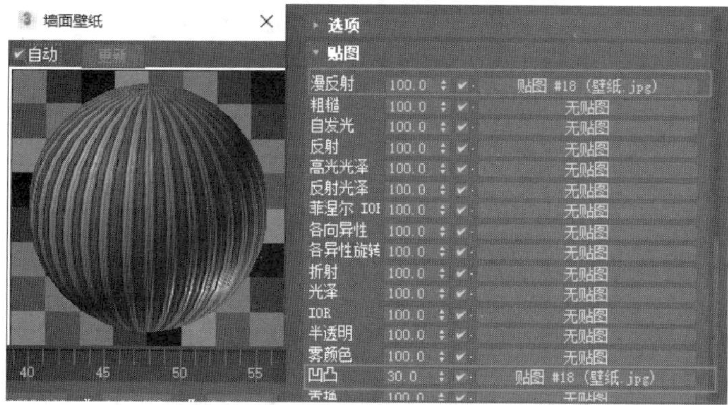

图 14.21　壁纸凹凸设置

图 14.22　电视墙壁纸效果

在路径中找到沙发贴图，单击“打开”按钮完成壁纸贴图添加，如图 14.23 所示。

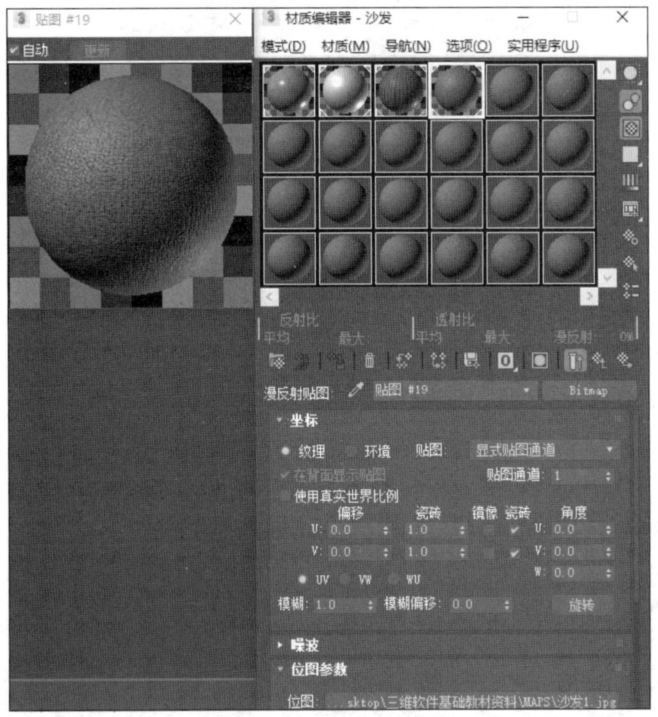

图 14.23　添加沙发贴图

步骤 2　将“反射”设置为 15，“反射光泽”设置为 0.4，取消勾选“菲涅尔反射”。在“贴图”命令中复制“漫反射”粘贴到“凹凸”选项下，如图 14.24 和图 14.25 所示。

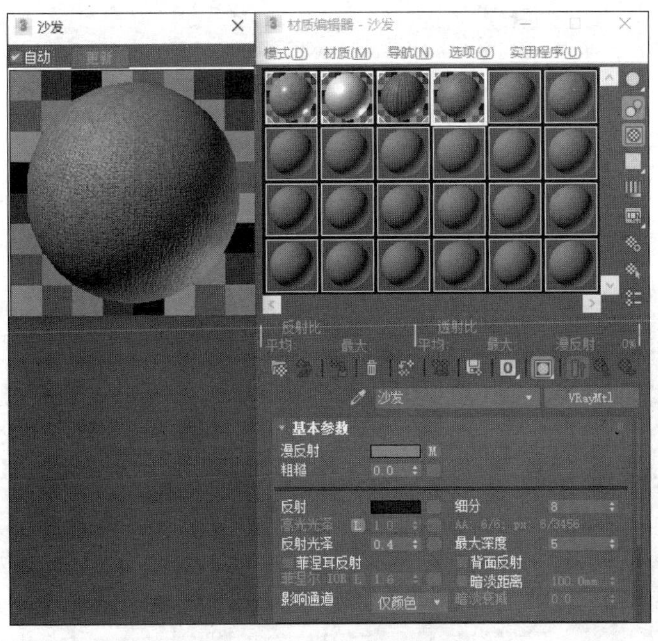

图 14.24　沙发贴图设置

贴图			
漫反射	100.0	✔	贴图 #19 (沙发1.jpg)
粗糙	100.0	✔	无贴图
自发光	100.0	✔	无贴图
反射	100.0	✔	无贴图
高光光泽	100.0	✔	无贴图
反射光泽	100.0	✔	无贴图
菲涅尔 IOR	100.0	✔	无贴图
各向异性	100.0	✔	无贴图
各异性旋转	100.0	✔	无贴图
折射	100.0	✔	无贴图
光泽	100.0	✔	无贴图
IOR	100.0	✔	无贴图
半透明	100.0	✔	无贴图
雾颜色	100.0	✔	无贴图
凹凸	30.0	✔	贴图 #19 (沙发1.jpg)
置换	100.0	✔	无贴图
透明度	100.0	✔	无贴图

图 14.25　凹凸设置

步骤 3　选中场景中的沙发,先将沙发解组,然后选中沙发单击"材质编辑器"中的"将材质指定给选定对象",再单击"在视口中显示明暗处理材质"使贴图在模型中显示效果。在"修改命令"面板→"修改器列表"中添加"UVW 贴图",设置为"长方体",长度、宽度、高度均设置为 200mm,完成沙发材质附加,如图 14.26 所示。

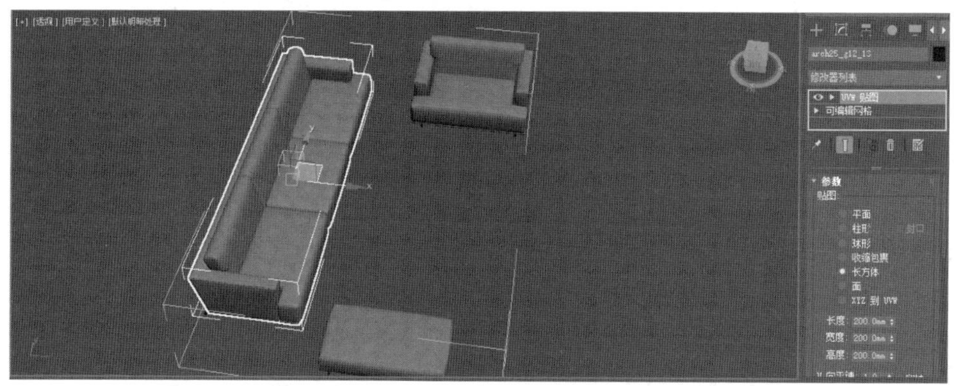

图 14.26　沙发材质效果

步骤 4　为了让效果更丰富,可以将其中一个沙发换个颜色,按照步骤 1、步骤 2 创建新的材质球,命名为"沙发 2",将材质附加给沙发后,将"UVW 贴图"设置为"长方体",长度、宽度均设置为 200mm,高度设置为 600mm,完成沙发材质附加,如图 14.27 所示。

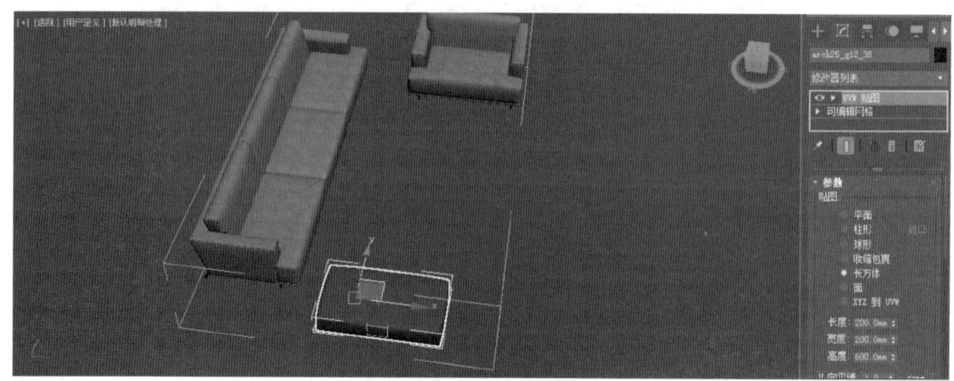

图 14.27　沙发完成效果

步骤 5　选取一个材质球，命名为“地毯”，在“基本参数”→“漫反射”后面的通道中单击，弹出“材质/贴图浏览器”对话框，单击“贴图”→“通用”→“位图”命令，单击“确定”按钮。在路径中找到沙发贴图，单击“打开”按钮完成壁纸贴图添加，取消勾选“使用真实世界比例”，如图 14.28 所示。

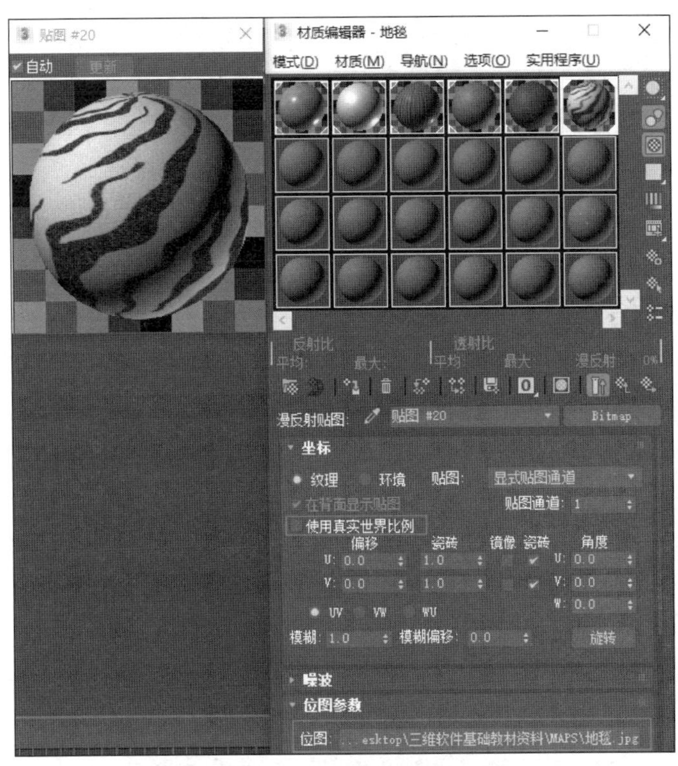

图 14.28　添加地毯贴图

步骤 6　将“反射”设置为 15，“反射光泽”设置为 0.4，取消勾选“菲涅尔反射”。在“贴图”命令中复制“漫反射”粘贴到“凹凸”选项下，如图 14.29 和图 14.30 所示。

步骤 7　选中场景中的地毯，单击“材质编辑器”中的“将材质指定给选定对象”，再单击“在视口中显示明暗处理材质”使贴图在模型中显示效果。在“修改命令”面板→“修改器列表”中添加“UVW 贴图”，设置为“长方体”，长度设置为 2000mm，宽度设置为 900mm，高度设置为 10mm，完成沙发材质附加，如图 14.31 所示。

5. 茶几和电视柜制作

步骤 1　选取一个材质球，命名为“茶几”，将“漫反射”设置为白色，“反射”设置为 230，“高光光泽”和“反射光泽”均为 0.8，勾选“菲涅尔反射”，如图 14.32 所示。

步骤 2　茶几腿是金属不锈钢材质，选择一个材质球命名为“不锈钢”，将“反射”调整到最大，“高光光泽”和“反射光泽”均设置为 0.8，取消勾选“菲涅尔反射”，完成材质设置，如图 14.33 所示。

步骤 3　选中茶几顶面，选择“材质编辑器”→“茶几”材质球中的“将材质指定给选定对象”按钮。选中茶几腿，再选择“金属”材质球，单击“将材质指定给选定对象”按钮，完成材质

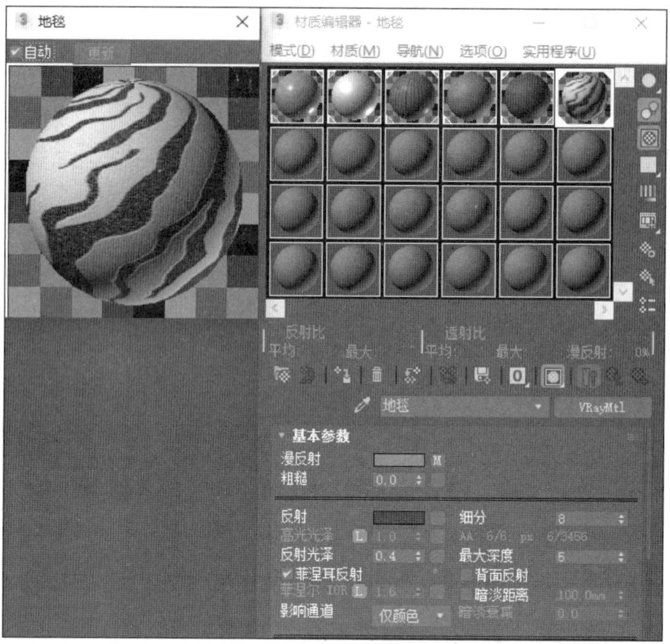

图 14.29 地毯材质设置

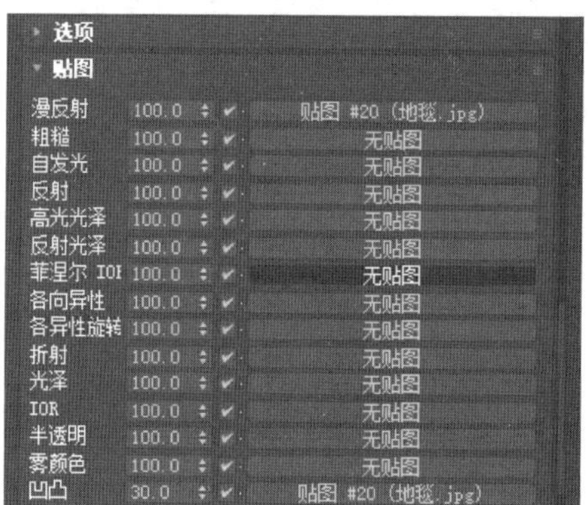

图 14.30 凹凸设置

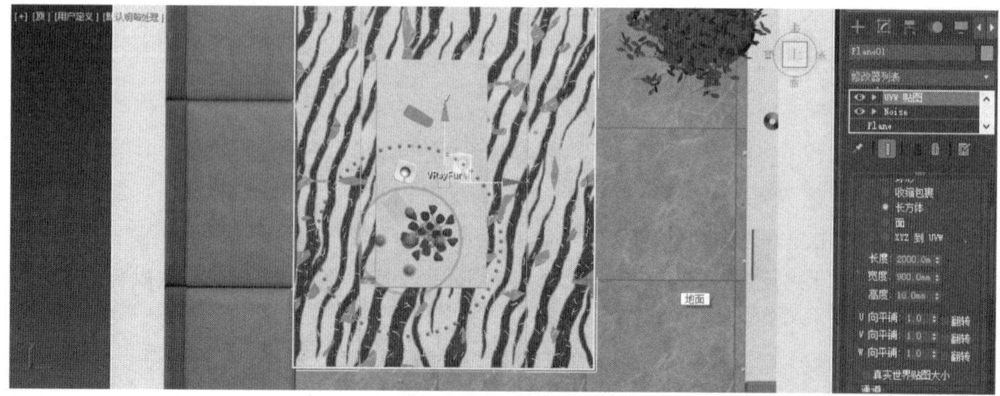

图 14.31 地毯效果

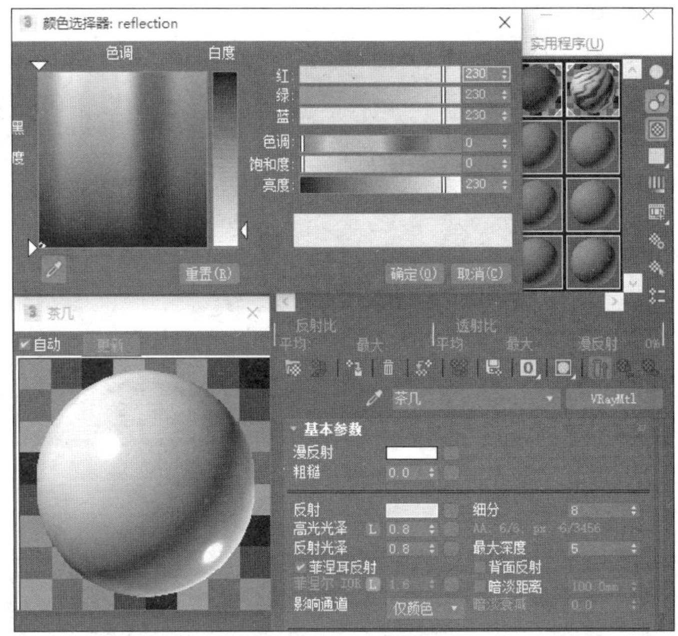

图 14.32　茶几材质设置

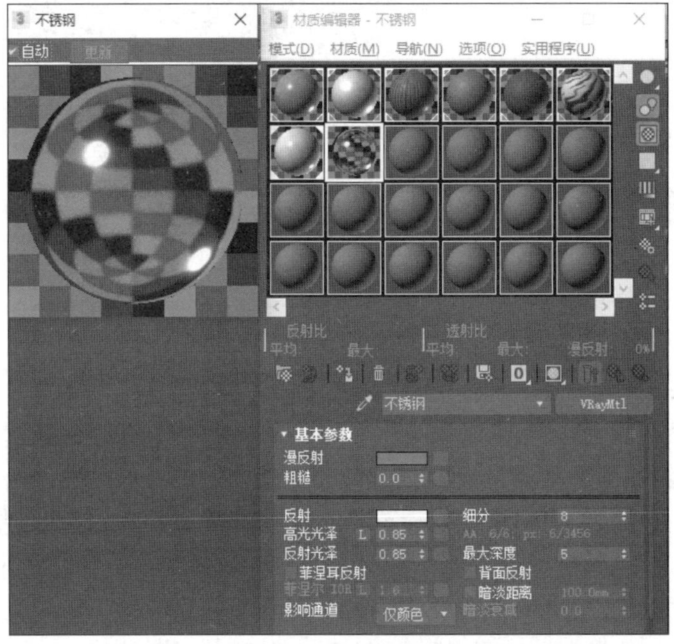

图 14.33　不锈钢设置

附加，如图 14.34 所示。

步骤 4　电视柜的材质与茶几桌面相同，由黑白两部分构成，创建一个“茶几黑色”材质球，选中电视柜后依次单击“茶几”“茶几黑色”材质球，将材质进行附加，如图 14.35 所示。

图 14.34 茶几效果

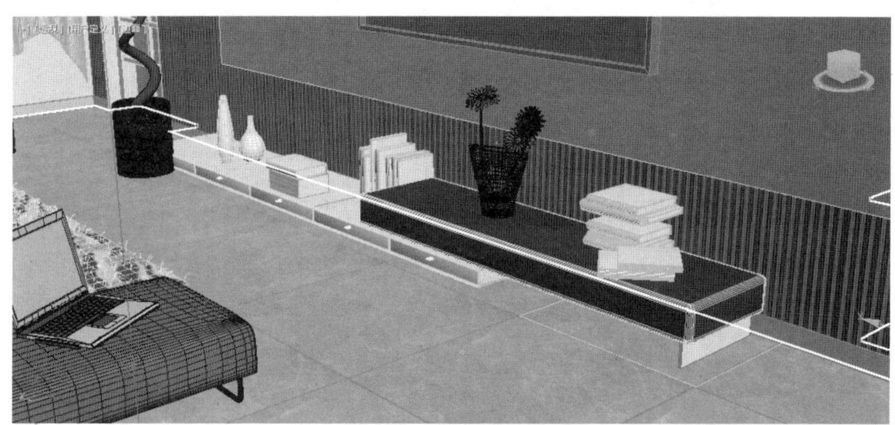

图 14.35 电视柜附加材质

6. 软包、装饰画与电视墙制作

步骤 1 选取一个材质球,命名为"软包",在"基本参数"→"漫反射"后面的通道中单击,弹出"材质/贴图浏览器"对话框,单击"贴图"→"通用"→"位图"命令,单击"确定"按钮。在路径中找到软包皮革贴图,单击"打开"按钮完成壁纸贴图添加,取消勾选"使用真实世界比例"。将"反射"设置为 100,"高光光泽"和"反射光泽"设置为 0.6,勾选"菲涅尔反射"。在"贴图"命令中复制"漫反射"粘贴到"凹凸"选项下,如图 14.36 和图 14.37 所示。

步骤 2 选取一个材质球,命名为"装饰画",在"基本参数"→"漫反射"后面的通道中单击,弹出"材质/贴图浏览器"对话框,单击"贴图"→"通用"→"位图"命令,单击"确定"按钮。在路径中找到装饰画贴图,单击"打开"按钮完成壁纸贴图添加,取消勾选"使用真实世界比例",如图 14.38 所示。

步骤 3 选取一个材质球,命名为"电视墙",在"基本参数"→"漫反射"后面的通道中单击,弹出"材质/贴图浏览器"对话框,单击"贴图"→"通用"→"位图"命令,单击"确定"按钮。在路径中找到大理石贴图,单击"打开"按钮完成壁纸贴图添加,取消勾选"使用真实世界比

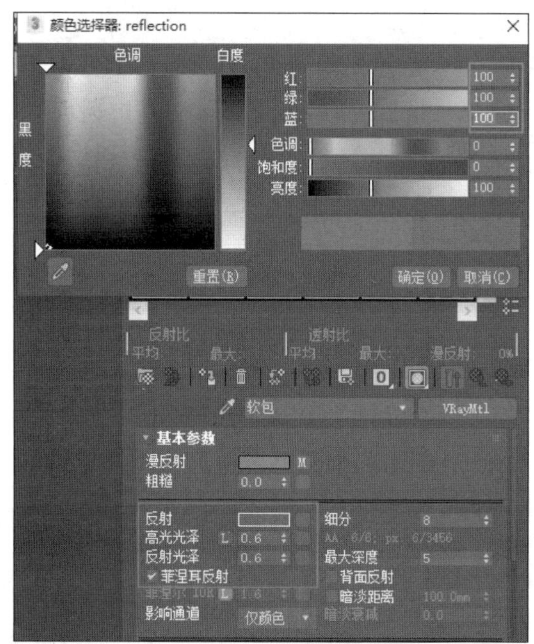

图 14.36　软包设置

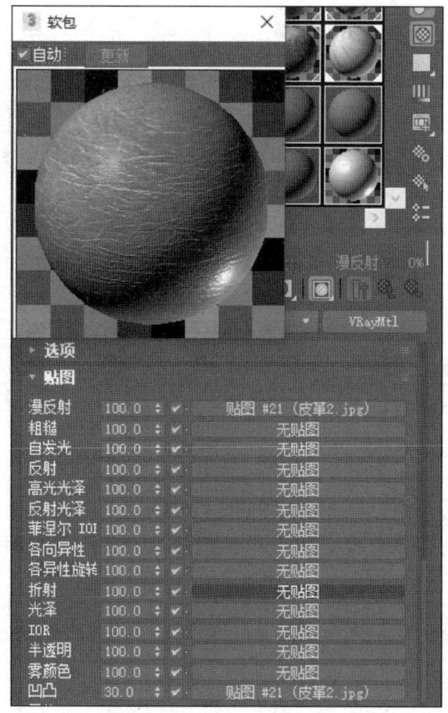

图 14.37　凹凸设置

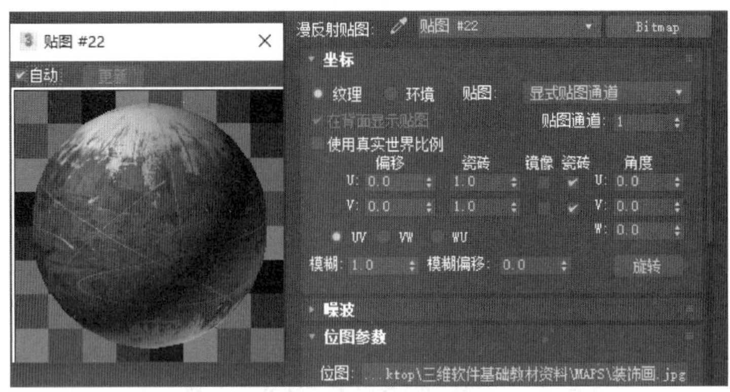

图 14.38　装饰画贴图

例”。将“反射”设置为 150，“高光光泽”和“反射光泽”设置为 0.8，勾选“菲涅尔反射”，如图 14.39 所示。

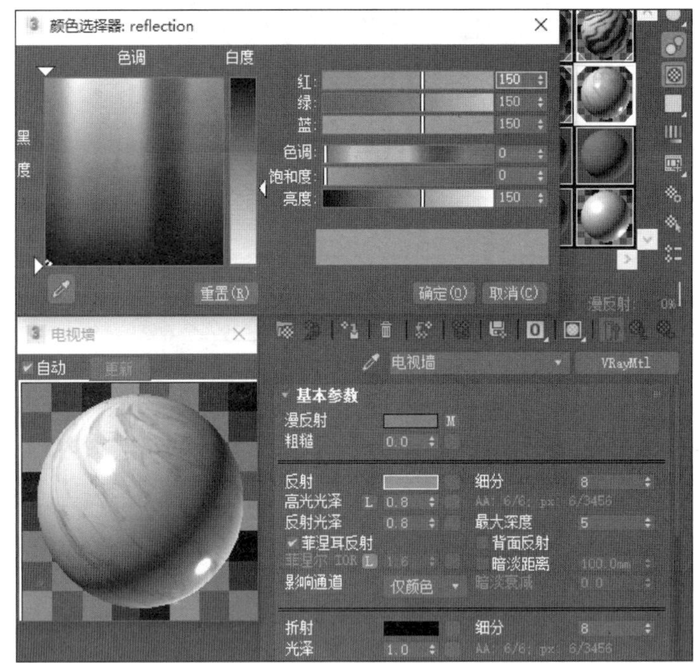

图 14.39　电视墙设置

步骤 4　选中软包模型，将“软包”材质球附件给模型，在“修改命令”面板→“修改器列表”中添加“UVW 贴图”，设置为“长方体”，长度、宽度、高度均设置为 40mm，完成软包材质附加。再次选中装饰画模型，将“装饰画”材质球附件给模型，如图 14.40 所示。

步骤 5　选中电视墙模型，将“电视墙”材质球附加给模型，在“修改命令”面板→“修改器列表”中添加“UVW 贴图”，设置为“长方体”，长度为 1500mm、宽度为 4500mm、高度为 50mm，完成材质附加，如图 14.41 所示。

图 14.40 软包装饰画附加材质

图 14.41 电视墙附加材质

7. 门窗和窗帘制作

步骤 1 选取一个材质球,命名为“门窗”,在“基本参数”→“漫反射”中设置为白色,将“反射”设置为 140,“高光光泽”和“反射光泽”设置为 0.7,勾选“菲涅尔反射”,如图 14.42 所示。

步骤 2 窗帘设置为白色半透明效果,选取一个材质球,命名为“窗帘”,在“基本参数”→“漫反射”中设置为白色,将“反射”设置为 20,“反射光泽”设置为 0.2,取消勾选“菲涅尔反射”,“折射”设置为 150,勾选“影响阴影”,如图 14.43 所示。

步骤 3 分别选中门窗和窗帘模型,将对应的“门窗”和“窗帘”材质球分别赋予对应模型,如图 14.44 所示。

8. 电器和灯具制作

步骤 1 选择一个材质球命名为“电视边框”,“漫反射”设置为黑色,“反射”设置为 90,“高光光泽”和“反射光泽”均设置为 0.8,勾选“菲涅尔反射”,如图 14.45 所示。

步骤 2 选择一个材质球命名为“电视屏幕”,在“基本参数”→“漫反射”后面的通道中单击,弹出“材质/贴图浏览器”对话框,单击“贴图”→“通用”→“位图”命令,单击“确定”按

图 14.42　门窗材质

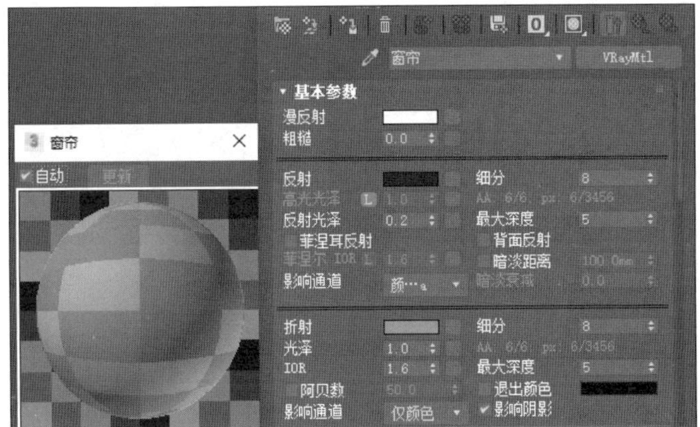

图 14.43　窗帘材质设置

图 14.44　附加门窗和窗帘材质

钮。在路径中找到电视屏幕贴图，单击“打开”按钮完成壁纸贴图添加，取消勾选“使用真实世界比例”。“反射”设置为白色，“高光光泽”和“反射光泽”均设置为 0.9，勾选“菲涅尔反射”，如图 14.46 所示。

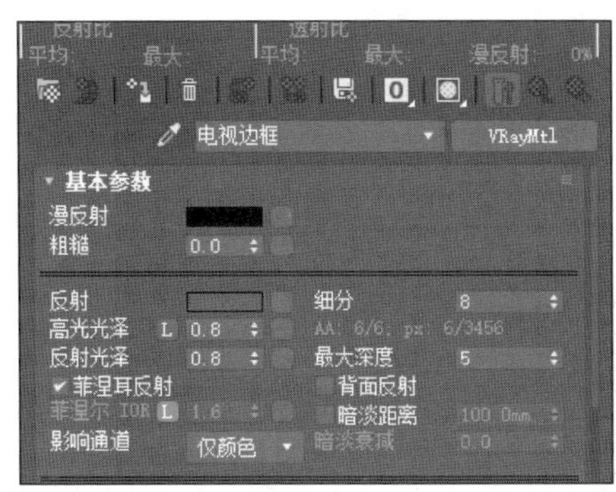

图 14.45　电视边框材质

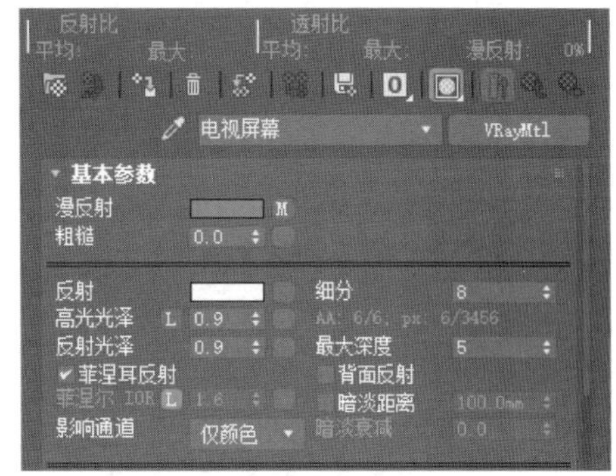

图 14.46　电视屏幕材质

步骤 3　选中电视边框和屏幕，将“电视边框”和“电视屏幕”材质球分别附加给对应模型，如图 14.47 所示。

图 14.47　电视材质效果

步骤 4　选择一个材质球命名为“电脑-金属”，“漫反射”设置为 200，“反射”调整到白色，“高光光泽”和“反射光泽”均设为 0.9，勾选“菲涅尔反射”，如图 14.48 所示。

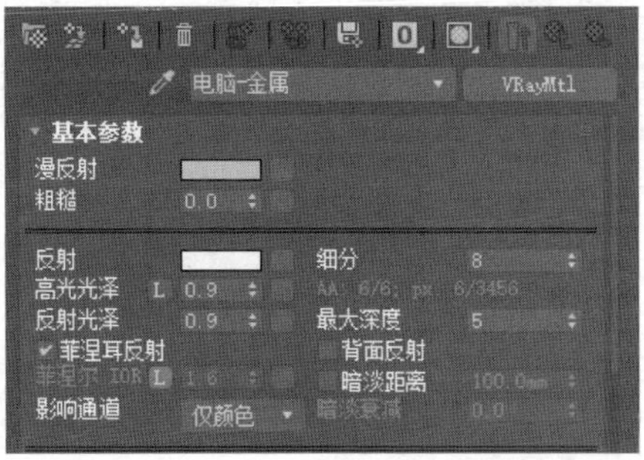

图 14.48　电脑-金属材质

步骤 5 选择一个材质球命名为“电脑-按键”,“漫反射”设置为 40,“反射”设置为 30,“高光光泽”设为 0.8,“反射光泽”设为 0.9,勾选“菲涅尔反射”,如图 14.49 所示。

步骤 6 电脑屏幕材质在此处复用电视屏幕材质即可,将电脑的各部分模型与对应的材质球一一对应进行附加,完成笔记本材质调整,如图 14.50 所示。

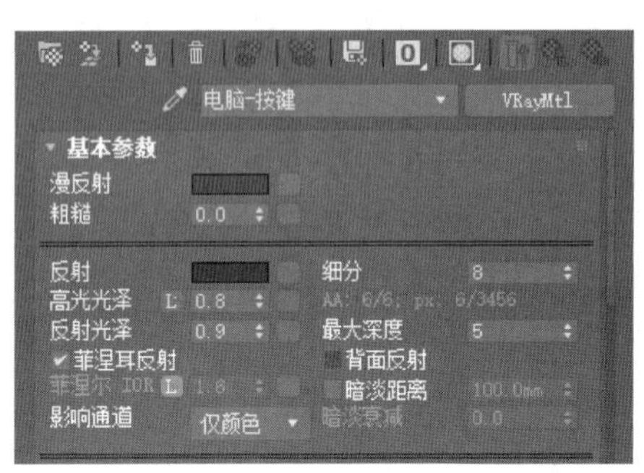

图 14.49　电脑-按键材质

图 14.50　笔记本电脑材质

步骤 7 选择一个材质球命名为“玻璃”,将“漫反射”设置为白色,“反射”设置为 200,“高光光泽”和“反射光泽”均设置为 0.9,取消勾选“菲涅尔反射”。“折射”设置为 200,勾选“影响阴影”,如图 14.51 所示。

步骤 8 选中空白材质球命名为“水晶吊灯”,“漫反射”为浅蓝色,“反射”设置为 100,“高光光泽”和“反射光泽”均设置为 0.9,取消勾选“菲涅尔反射”。“折射”设置为 150,勾选“影响阴影”,如图 14.52 所示。

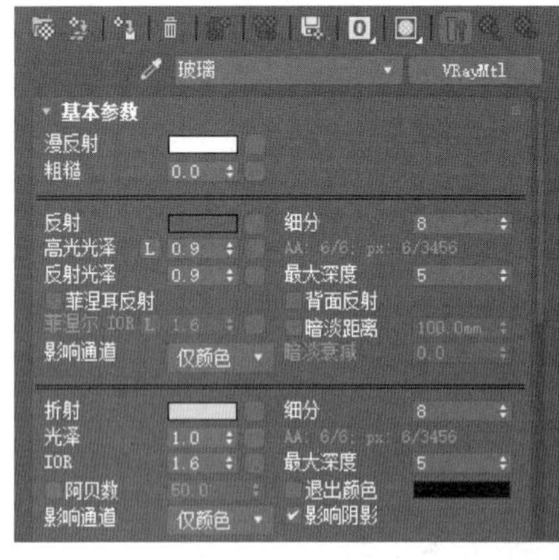

图 14.51　玻璃材质

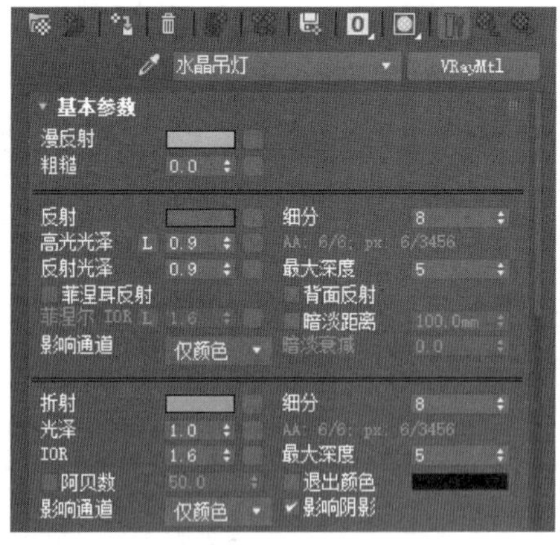

图 14.52　水晶吊灯材质

步骤 9 将“水晶吊灯”材质附加给吊灯模型,将“玻璃”材质附加给场景中的花瓶、杯子等透明模型。

9. 装饰物制作

步骤 1 选择一个空白材质球命名为“白色陶瓷”,将“漫反射”设置为白色,“反射”设置为 130,“高光光泽”和“反射光泽”均设置为 0.9,勾选“菲涅尔反射”,如图 14.53 所示。

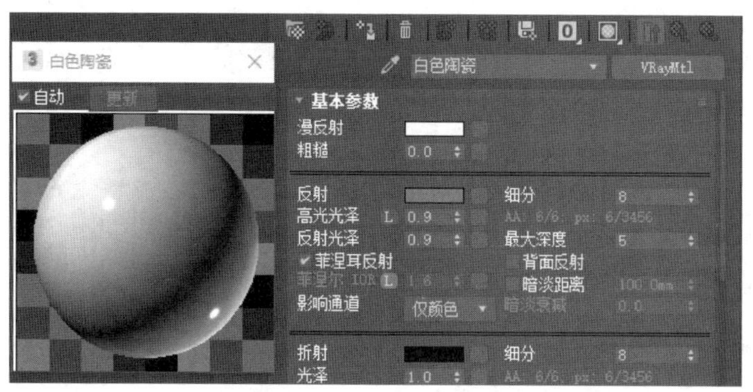

图 14.53　白色陶瓷

步骤 2　选择空白材质球命名为“书籍”,在“基本参数”→“漫反射”后面的通道中单击,弹出“材质/贴图浏览器”对话框,单击“贴图”→“通用”→“位图”命令,单击“确定”按钮。在路径中找到书籍封面贴图,单击“打开”按钮完成壁纸贴图添加,取消勾选“使用真实世界比例”。“反射”设置为 50,“高光光泽”和“反射光泽”均设置为 0.5,勾选“菲涅尔反射”,如图 14.54 所示。

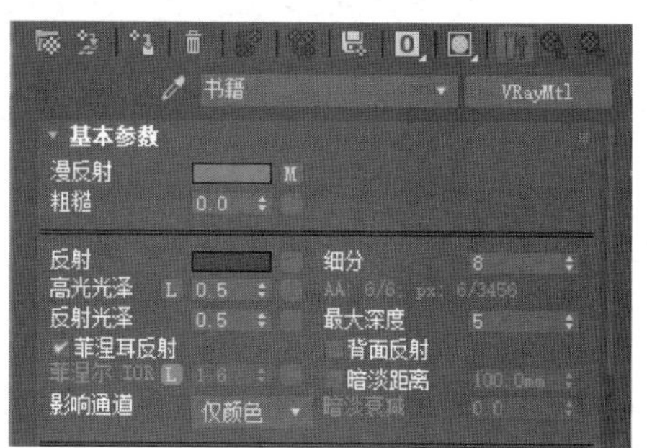

图 14.54　书籍封面

步骤 3　按上一步同样的方法多设置几个书籍封面材质,使模型中的书籍有一定的变化。在“修改器列表”→“UVW 贴图”中根据书籍的大小灵活调整长宽高数值,使贴图真实地附加在模型上即可。

步骤 4　装饰构件中的沙发柜,材质为玻璃和不锈钢,直接使用相应的材质附加即可。落地灯为不锈钢和半透明纱布材质,可直接使用“窗帘”和“不锈钢”材质。其他材质也可灵活运用已有材质,完成材质附加,效果如图 14.55 所示。

图 14.55　装饰构件附加材质

步骤 5 选择一个空白材质球命名为“环境贴图”,在“基本参数”→“漫反射”后面的通道中单击,弹出“材质/贴图浏览器”对话框,单击“贴图”→“通用”→“位图”命令,单击“确定”按钮。在路径中找到环境贴图,单击“打开”按钮完成壁纸贴图添加,取消勾选“使用真实世界比例”。将“环境贴图”材质附加给户型环境贴图模型即可,如图 14.56 所示。

图 14.56 环境贴图

简约风格客厅中所有的模型材质已经制作完成,在材质的制作过程中要从材质的光泽/粗糙度、透明度、软硬度以及纹理样式等角度进行考虑,根据材质的特点通过漫反射、反射、折射、凹凸等功能进行匹配调整,以达到还原真实材质效果的目的。

14.2.4 灯光的制作

步骤 1 设置室外自然光源,单击“创建”→“灯光”→VRay→VRaySun,使用 VR 太阳光作为室外光源,在侧视图中拖动鼠标完成灯光创建,然后调整太阳的高度和位置,如图 14.57 所示。

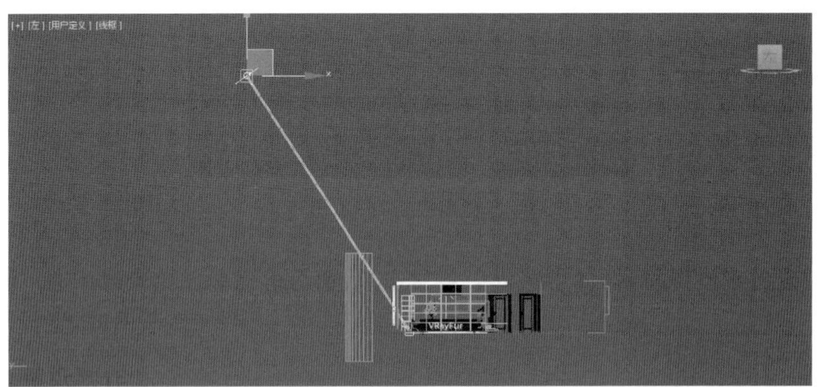

图 14.57 VR 太阳位置

步骤 2 选中 VR 太阳,在“修改”命令面板中调整灯光参数。“强度倍增”设置为 0.06,“光子发射半径”设置为 5000,如图 14.58 所示。

步骤 3 由于窗外有场景贴图模型对阳光进行遮挡,会影响室内的光线效果,因此需要将场景贴图模型进行“排除”,在“修改”命令面板下,单击“排除”按钮,在弹出的“排除/包含”对话框中,选择场景贴图模型的名称,再单击双箭头形状的“排除”按钮,最后单击“确定”按

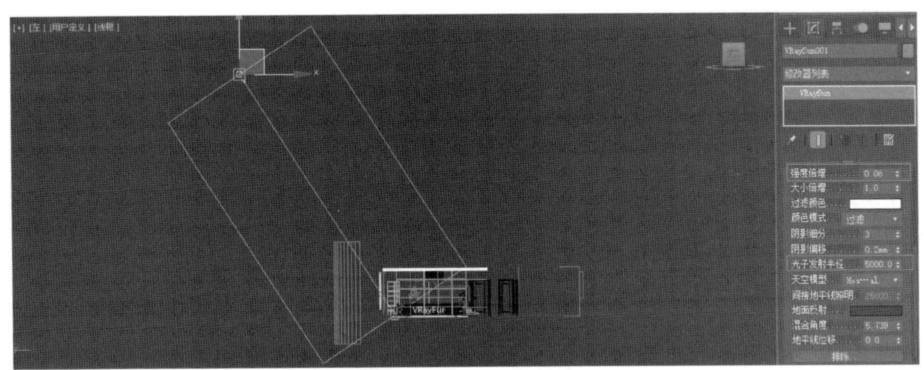

图 14.58　VR 太阳参数

钮完成操作，如图 14.59 所示。

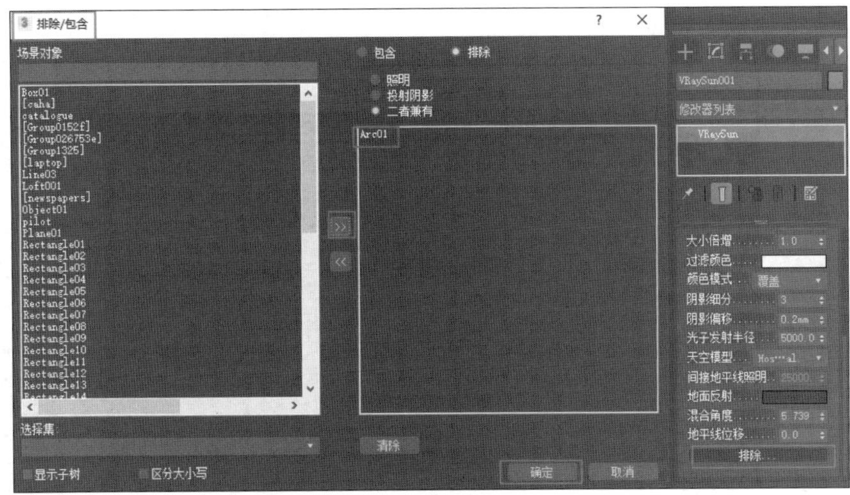

图 14.59　排除设置

步骤 4　制作一个窗外环境光，使用 VRayLight 灯光，鼠标拖曳创建灯光，在“修改”命令面板中将“半长”设置为 2000mm，“半高”设置为 1500mm，“倍增器”设置为 5，“颜色”设置为浅蓝，如图 14.60 所示。

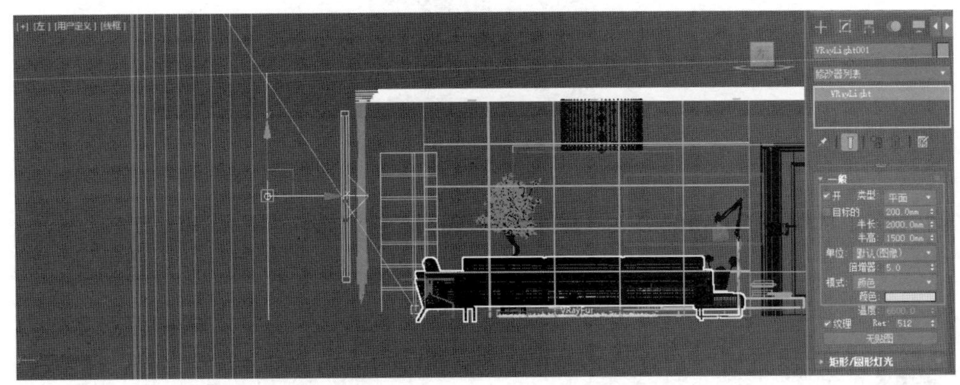

图 14.60　VRayLight 设置

步骤 5 在“修改”→“选项”中勾选“不可见”,取消勾选“影响镜面”和“影响反射”复选框,如图 14.61 所示。

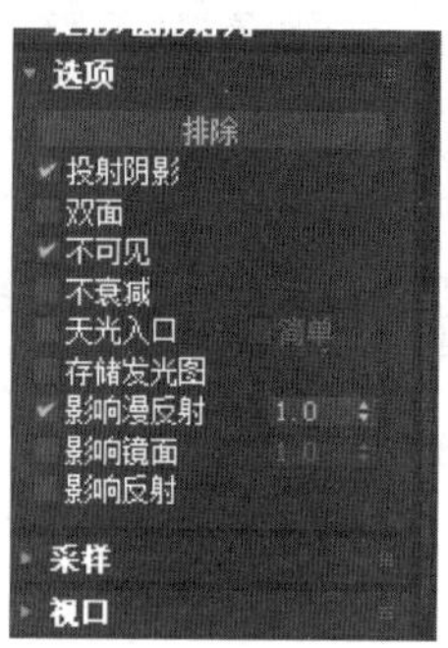

图 14.61 选项设置

步骤 6 再次创建一个 VRayLight,作为室内主光源,在“修改”命令面板中将“半长”设置为 1000mm,“半高”设置为 1500mm,“倍增器”设置为 4,“颜色”设置为浅蓝,如图 14.62 所示。

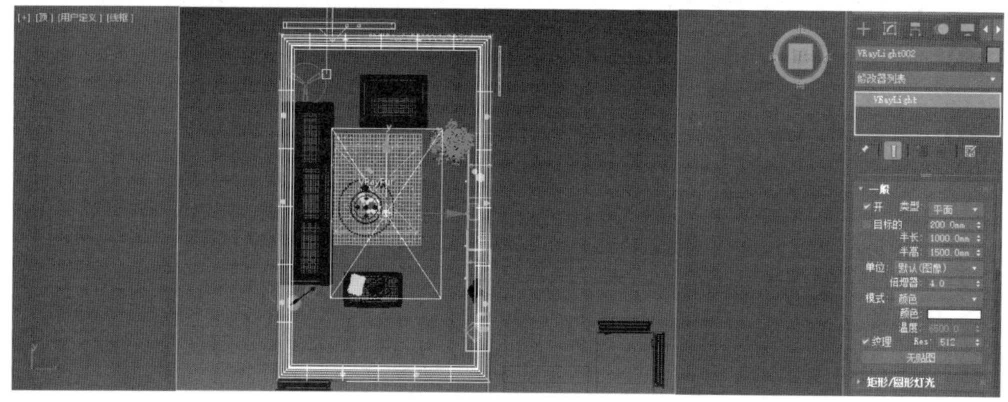

图 14.62 主光源设置

步骤 7 在“修改”→“选项”中勾选“不可见”,取消勾选“影响镜面”和“影响反射”复选框。将“采样”→“细分”设置为 20,如图 14.63 所示。

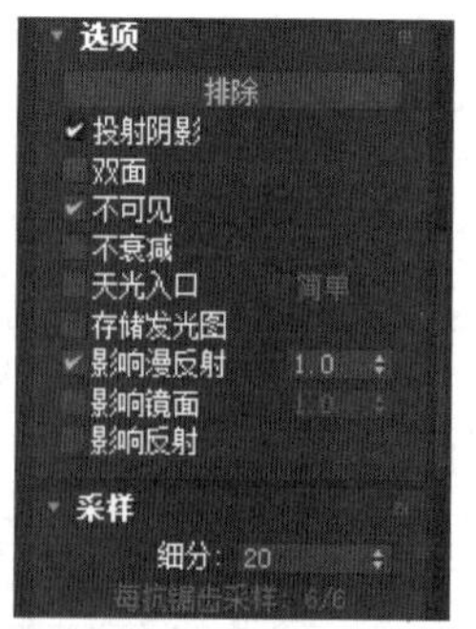

图 14.63 选项和采样设置

步骤 8 使用“创建”→“灯光”→“光度学”→“目标灯光”创建和吊灯筒灯相同位置的灯

光，选中灯光，在“修改”命令面板中将“灯光分布(类型)”改为“光度学 Web”，在“选择光度学文件”按钮处单击弹出“打开光域 Web 文件”对话框，选择 22 号文件，最后单击“打开”按钮，如图 14.64 所示。

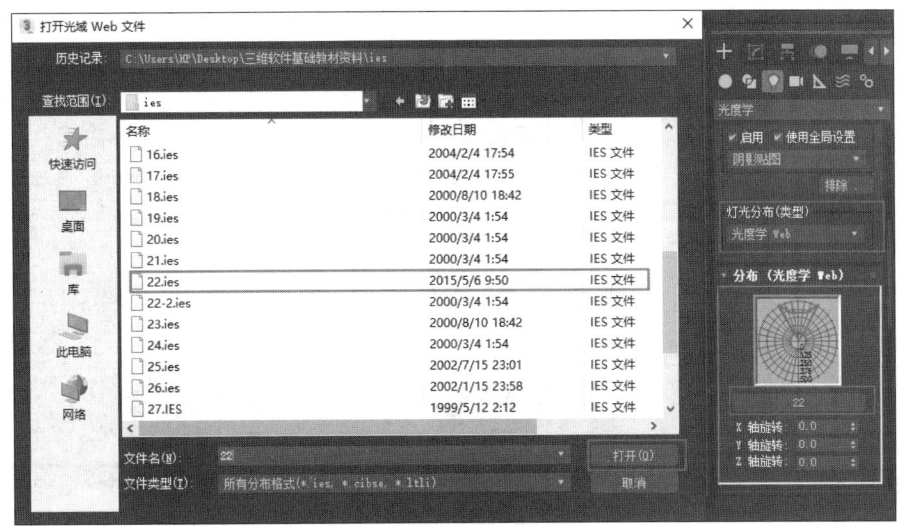

图 14.64　光域网设置

步骤 9　将“光域网”筒灯强度设置为 300，灯光位于吊顶筒灯下方即可，如图 14.65 所示。

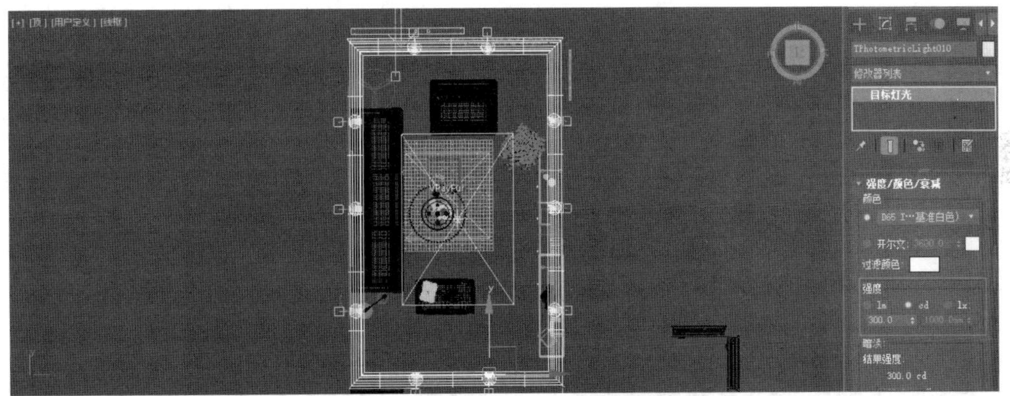

图 14.65　筒灯强度和位置设置

在简约风格客厅设计场景中的灯光制作已经完成，综合来看，场景灯光设置要从自然光、环境光、室内主光源、辅助光源几个方面来考虑，根据空间的风格和色调调整灯光的颜色和亮度的强弱，可以通过测试渲染观察灯光效果不足之处，继续进行优化设置。

14.2.5　颜色溢出控制

在场景的渲染过程中，会遇到颜色溢出的情况，对场景的最终出图造成很大影响。颜色溢出是由于某种颜色对周围环境的影响过大，造成周围环境色调改变或失真。下面就讲解如何解决颜色溢出问题。

方法一：

选中场景中溢色的模型，单击鼠标右键→“VRay 属性”，在弹出的“VRay 对象属性”对话框中将“生成 GI”后的参数改为 0.2，可以有效控制溢色情况，如图 14.66 和图 14.67 所示。

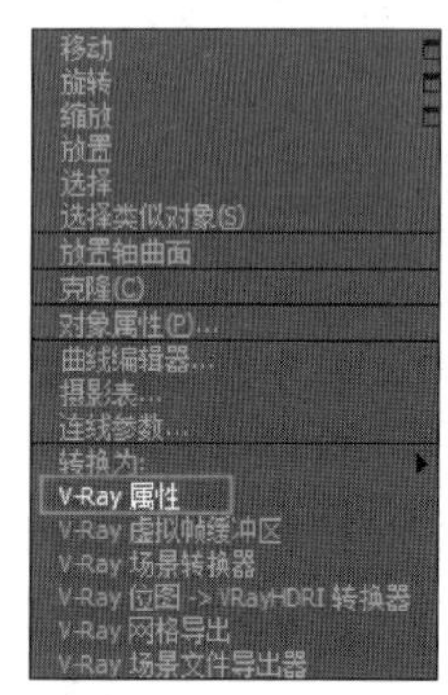

图 14.66　VRay 属性

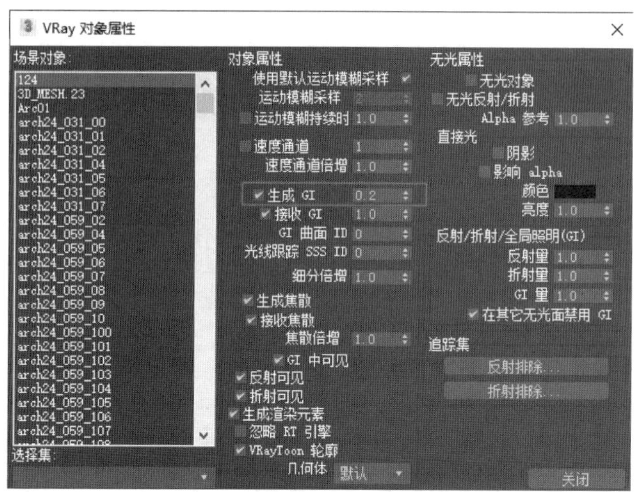

图 14.67　生成 GI 参数

方法二：

步骤 1　溢色问题还可以从材质角度进行解决。打开“材质编辑器”找到溢色的材质球，单击 VRayMtl 按钮，在弹出的“材质/贴图浏览器”对话框中，选择“材质”→VRay→“覆盖材质”，在弹出的“替换材质”对话框中选择“将旧材质保存为子材质”，单击“确定”按钮，如图 14.68 和图 14.69 所示。

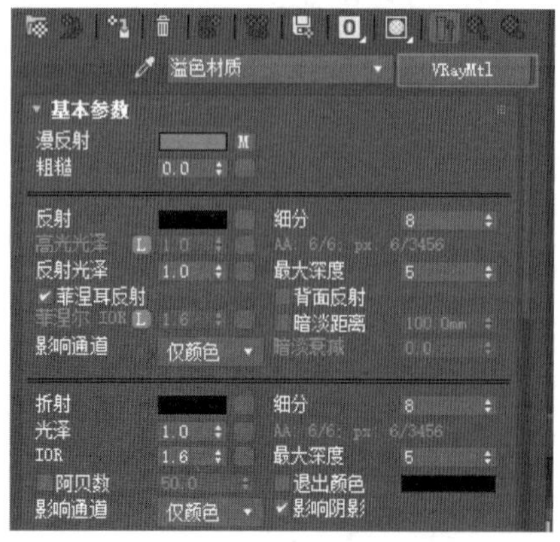

图 14.68　覆盖材质位置

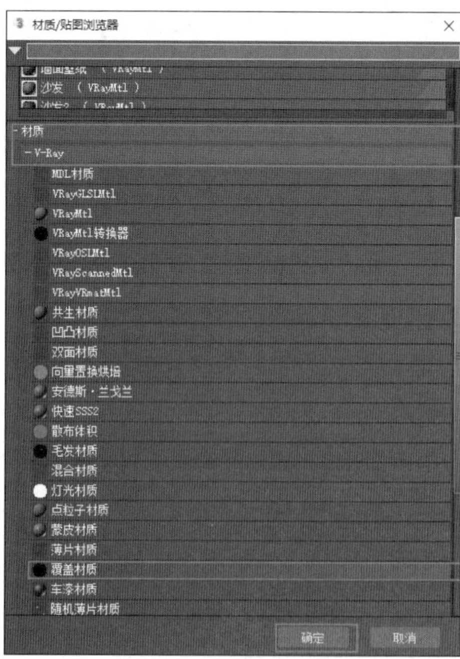

图 14.69　覆盖材质按钮

步骤 2 将“基本材质”中的材质复制到“GI 材质”中并单击打开。将“漫反射”颜色调整为饱和度较低的颜色。此处“基本材质”影响渲染时模型的效果，“GI 材质”控制该模型对周围环境的影响，因此调低饱和度后可以控制溢色问题，如图 14.70 和图 14.71 所示。

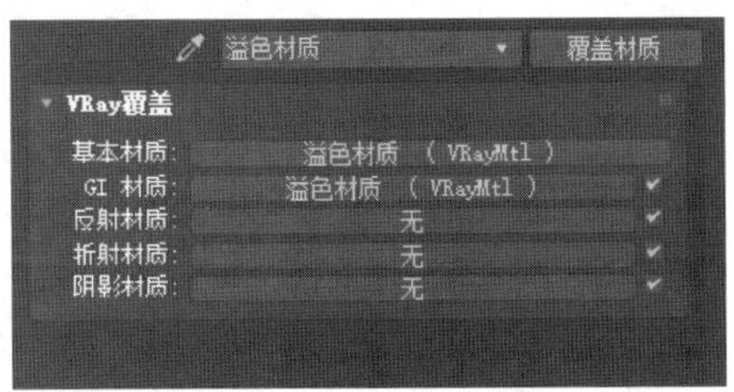

图 14.70 复制基本材质

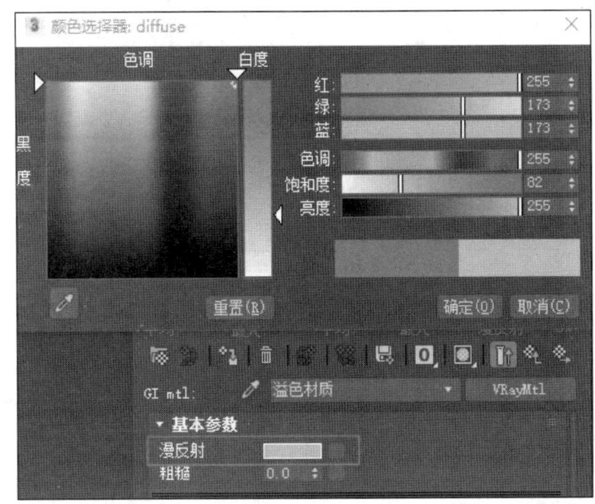

图 14.71 调整漫反射饱和度

方法三：

步骤 1 选择发生溢色的材质球，单击 VRayMtl 按钮，在弹出的“材质/贴图浏览器”中选择“VRayMtl 转换器”，单击“确定”按钮，在弹出的“替换材质”对话框中选择“将旧材质保存为子材质”，单击“确定”按钮，如图 14.72 和图 14.73 所示。

步骤 2 在弹出的材质设置对话框中，将“生成 GI”功能参数减小，如设置为 0.2 即可，如图 14.74 所示。

渲染时溢色问题本质上是材质对环境影响过大造成周围颜色发生改变，以上三种方法都可解决溢色问题，在使用时可以灵活运用任一方法进行尝试。

14.2.6 渲染参数设置

简约风格客厅材质和灯光全部设置完成，经过测试渲染已经达到预期效果的情况下将开始进行最终高精度效果图的渲染，下面将详细讲解在场景设计中渲染参数的具体设置方法。

步骤 1 打开“渲染”→“渲染设置”→“公用”，将“渲染器”改为 VRay Adv。将“输出大小”中“宽度”设为 2000，“高度”设为 1500，如图 14.75 所示。

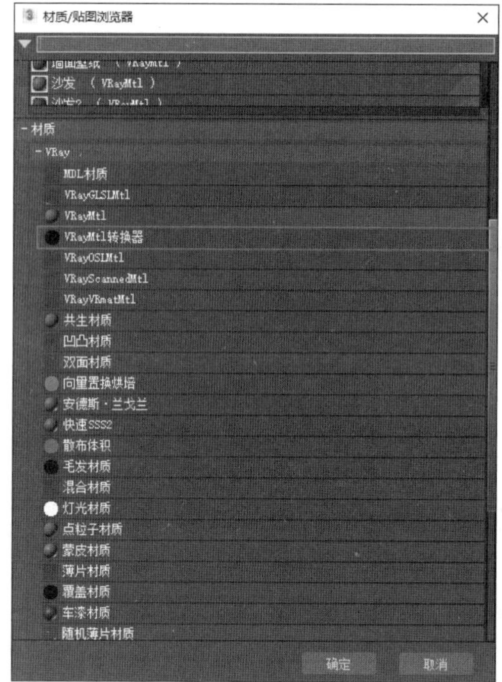

图 14.72 添加 VRayMtl 转换器

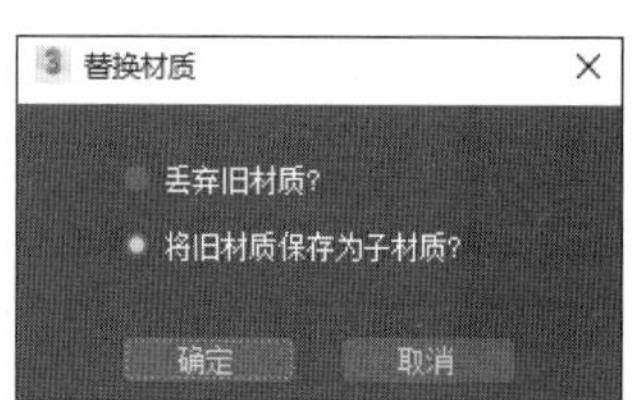

图 14.73 将旧材质保存为子材质

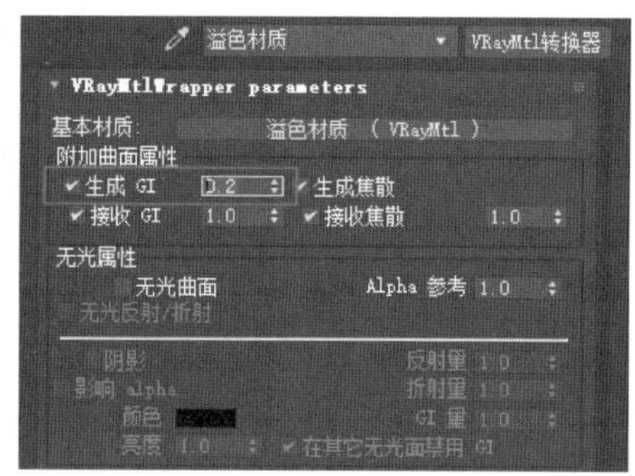

图 14.74 减小 GI 数值

步骤 2 选择 VRay 选项卡，将“图像采样(抗锯齿)”→“类型”设为“块”，“图像过滤”→“过滤器”设为 Catmull-Rom，“全局 DMC”中“自适应数量”设为 0.85，“噪波阈值”设为 0.005，如图 14.76 所示。

步骤 3 将“颜色贴图”→“类型”设为“指数”，勾选“子像素贴图”和“钳制输出”复选框，如图 14.77 所示。

步骤 4 选择 GI 选项卡，设置“全局光照明”→“首次引擎”为“发光贴图”，“二次引擎”为“灯光缓存”。设置“发光贴图”→“当前预设”为“高”，勾选“显示计算阶段”和“显示直接光”，如图 14.78 所示。

步骤 5 在“灯光缓存”中设置“细分”值为 2000，“采样大小”设置为 0.001，同时勾选“显示计算阶段”，如图 14.79 所示。

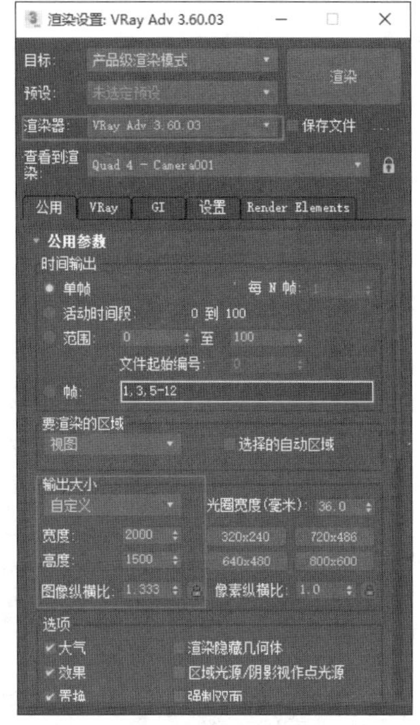

图 14.75　公用设置

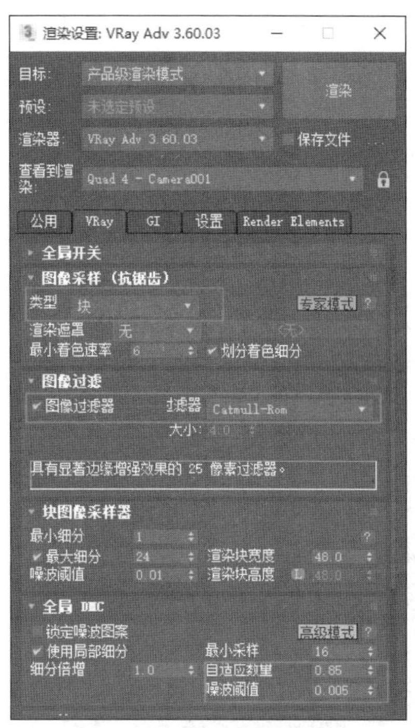

图 14.76　VRay 设置

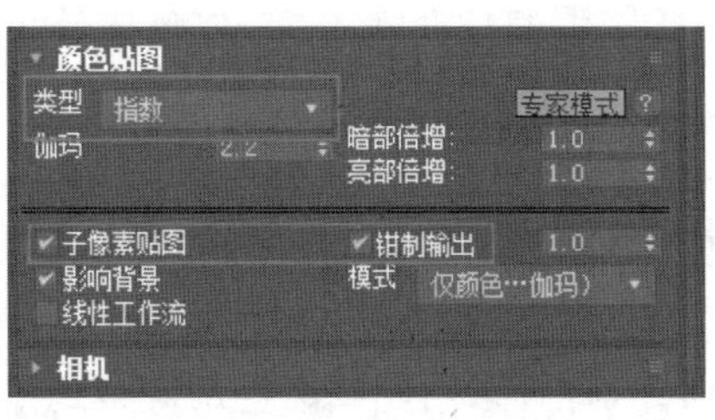

图 14.77　颜色贴图设置

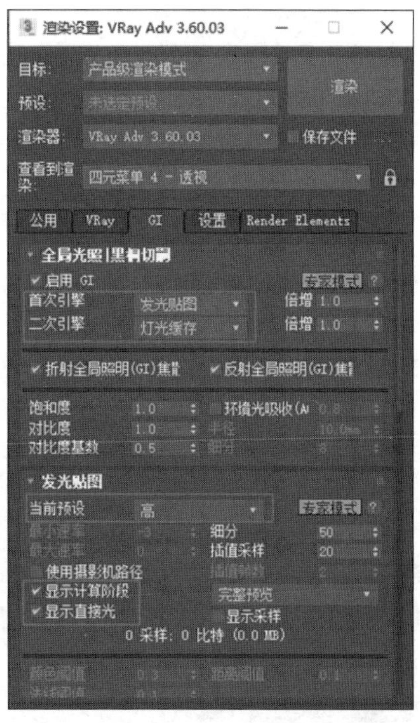

图 14.78　GI 设置

步骤 6 在“设置”选项卡中将“系统”改为“专家模式”,将“日志窗口”改为“从不”,在渲染过程中将不再显示渲染的信息,如图 14.80 所示。

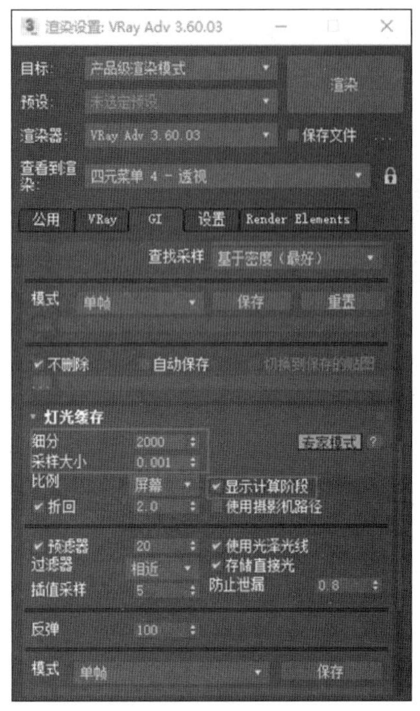

图 14.79 灯光缓存设置

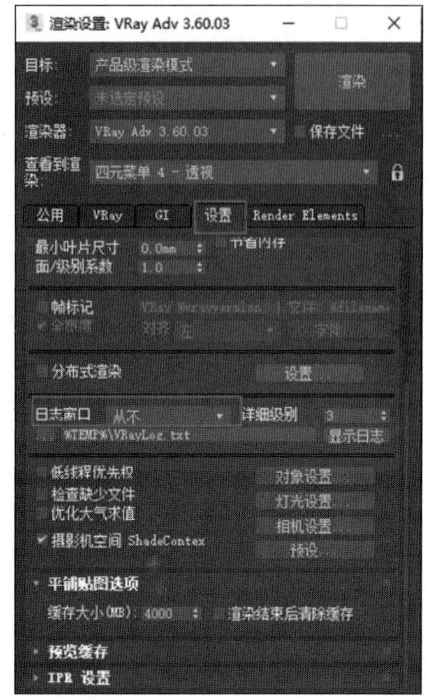

图 14.80 设置界面

渲染高精度效果图参数设置时也要根据模型的复杂程度和渲染时间需求灵活设置参数的大小,一般参数越大,透明和反光材质越多,渲染越慢,可以适度调小参数加快渲染速度,可根据模型实际情况灵活掌握。

14.2.7 Photoshop 后期处理

步骤 1 打开 Photoshop 软件,找到渲染的效果图并拖入 Photoshop 中打开。观察渲染的效果图,检视其存在的问题。效果图亮度不够、整体偏灰、对比度不足等,这些问题都使效果图的观感不佳,因此在后期用 Photoshop 处理时要着重解决这些问题,如图 14.81 所示。

步骤 2 首先使用快捷键 Ctrl+J 复制背景图层作为备份,然后选择复制的图层,执行“图像”→“调整”→“曲线”命令,在弹出的“曲线”对话框中调整曲线形态,将整体效果调亮,如图 14.82 所示。

步骤 3 执行“图像”→“调整”→“亮度/对比度”命令,在弹出的“亮度/对比度”对话框中拖动“亮度”和“对比度”滑块,画面效果层次更明显后单击“确定”按钮,如图 14.83 和图 14.84 所示。

步骤 4 执行“图像”→“调整”→“色彩平衡”命令,将效果图的冷暖色调调整到偏暖色,如图 14.85 所示。

步骤 5 使用快捷键 Ctrl+Alt+2 提取高光,再使用快捷键 Ctrl+M 打开“曲线”对话

图 14.81　Photoshop 打开效果图

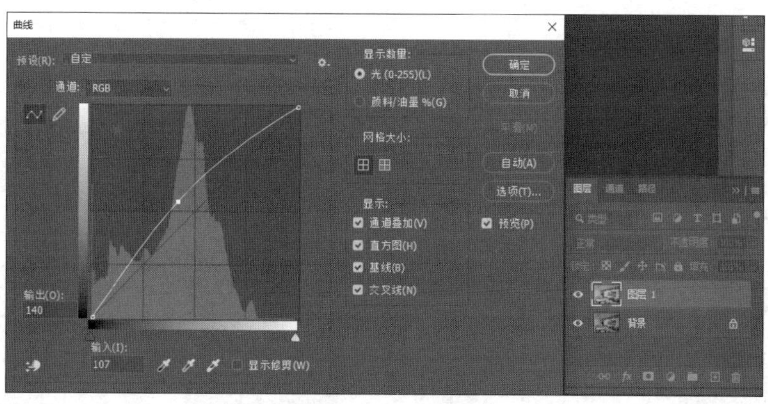

图 14.82　曲线调整

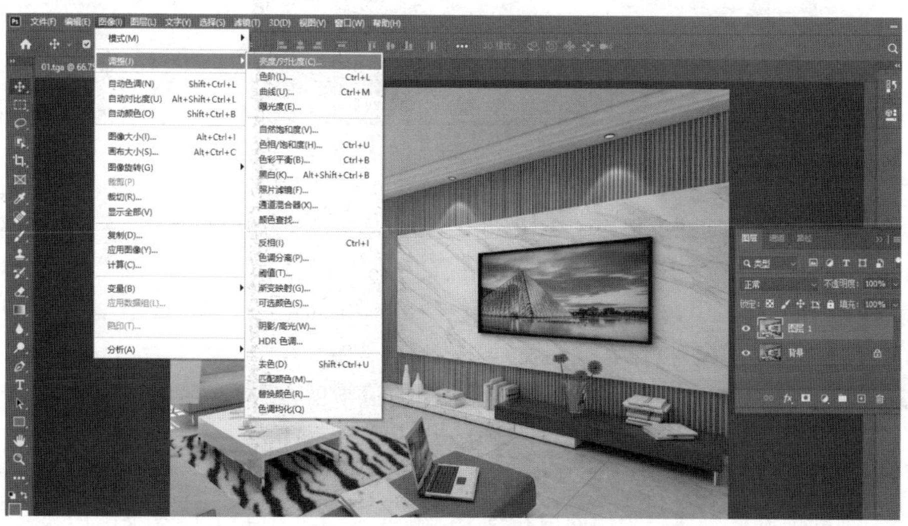

图 14.83　打开亮度/对比度

图 14.84 调整亮度/对比度

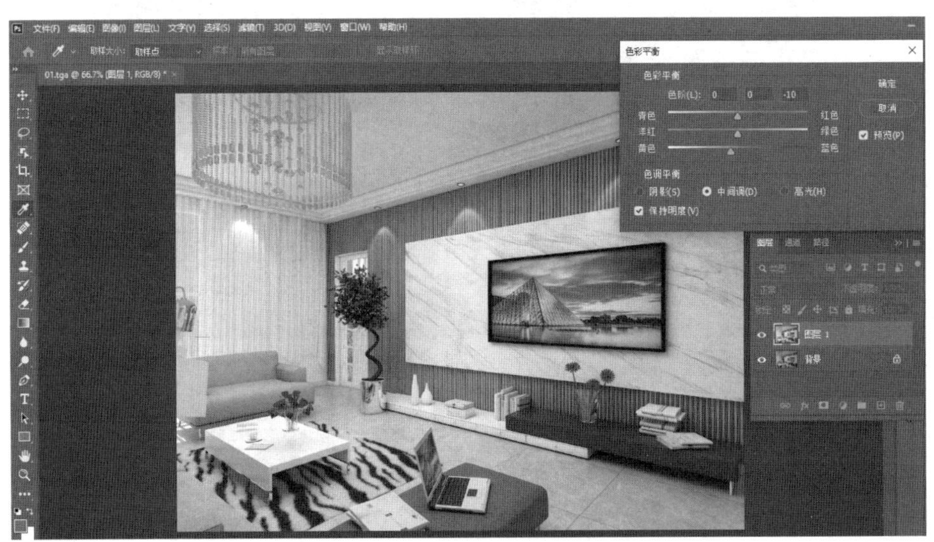

图 14.85 色彩平衡调整

框,调亮高光。再使用反选快捷键 Ctrl+Shift+I 选中暗部,打开“曲线”命令,调暗暗部,强化明暗对比,如图 14.86 和图 14.87 所示。

步骤 6 在工具栏中选择“滤镜”→“锐化”→“USM 锐化”,将“数量”设置为 43,“直径”设置为 1,最后单击“确定”按钮完成调整,如图 14.88 和图 14.89 所示。

步骤 7 使用“USM 锐化”,可以增加效果图的清晰度,至此后期处理完毕,如图 14.90 所示。

效果图后期处理是提高渲染效果图的常用方法,使用 Photoshop 调整效果图的方法很多,以上后期处理过程要理解操作的内在逻辑。在实践过程中要根据效果图的实际情况和存在的问题进行针对性优化,不可照本宣科。

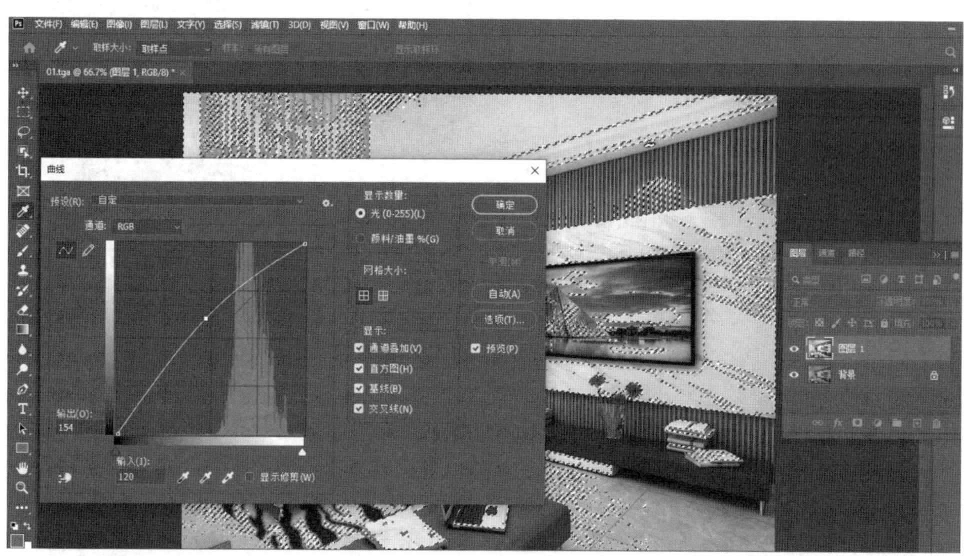

图 14.86　高光调整

图 14.87　暗部调整

图 14.88 打开 USM 锐化

图 14.89 设置 USM 锐化

图 14.90 后期处理效果

小结

本章主要介绍客厅场景的渲染，帮助读者掌握室内场景的渲染技术。室内场景渲染主要有以下几个步骤：室内场景摄影机设置，调节室内模型材质，室内场景布光，渲染输出及后期处理。可以通过不同室内场景的渲染，提高材质、布光、渲染及后期处理的能力。

第15章 Chapter 15

产品渲染

本章内容简介

本章将讲解 3ds Max 产品渲染技术，包括手机、卡宾枪、化妆品、移动电源等模型的渲染流程，通过本章的学习，读者能够对所制作的模型进行渲染，输出静帧或者动画作品。

本章学习要点

- 手机模型渲染技术。
- 化妆品模型渲染技术。
- 移动电源模型渲染技术。
- 枪模型渲染技术。

能力拓展

通过本章的学习，读者可以运用所学的布光技术、材质贴图技术与渲染技术，将相关模型进行渲染输出，以此展示作品真实的质感与艺术表现力。

优秀作品

本章优秀作品如图 15.0 所示。

图 15.0 优秀作品

15.1　项目案例介绍

渲染技术能让产品的效果图更加具有吸引力、更具特色、更加饱满丰富；并能够让产品立体效果更加明显，加上阴影和光照的效果，使产品更具观赏价值，更能满足受众的需求。

如何能够提高产品的渲染质量？本章通过对手机、卡宾枪、智能门锁、化妆品、音响等项目的全流程介绍，帮助读者掌握产品的建模、材质贴图、灯光与摄影机、渲染输出等方面的技术。为了能渲染出优秀的作品，需要做以下方面的准备。

- 收集与整理资料。素材收集方面，收集一些实拍的产品效果图，可以帮助读者了解材质和打光，提升创意。
- 整理与修改正模型。产品在渲染前，要对模型的棱边进行倒角处理，圆滑的倒角区域会出现高光区，增强画面明暗对比，使产品更吸引眼球，细节更丰富。
- 布光与材质结合调整。由于材质的细微差别，灯光在材质上的反应也不同。当读者了解材质的受光反应后，就会布光了。反射低的材质，高光就会较暗，反射高的材质，高光就会较亮；磨砂度高，光就会散，磨砂度低，光就会汇聚。每种材质都有它的特点，当一个产品材质细微的差别都作出来了，产品自然就真实耐看了。

15.2　手机渲染与后期制作

步骤 1　打开本书手机场景文件，按快捷键 F10，在打开的“渲染”面板中，将渲染器切换成 VRay 5 渲染器，如图 15.1 所示。

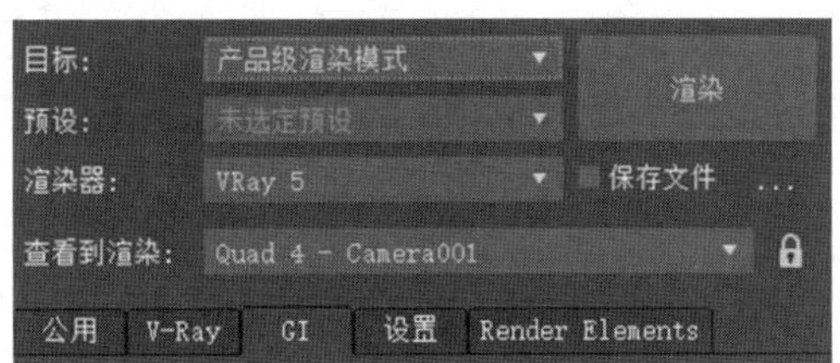

图 15.1　VRay 渲染器

步骤 2　将手机复制。选择手机模型，运用选择并移动工具，配合快捷键 Shift，将模型进行位移复制。运用选择并旋转工具，将模型进行旋转，如图 15.2 所示。

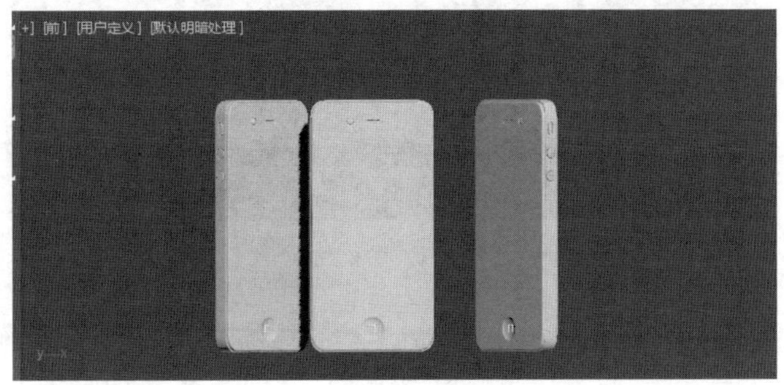

图 15.2　手机模型

步骤3 构建场景环境。在左视图中,单击"创建"面板→"图形"→样条线下方的线,在左视图中绘制L形的二维图形。进入线的顶点层级,选择拐角处的顶点,运用"圆角"命令,将拐角点一分为二,形成圆弧状的拐角,如图15.3所示。

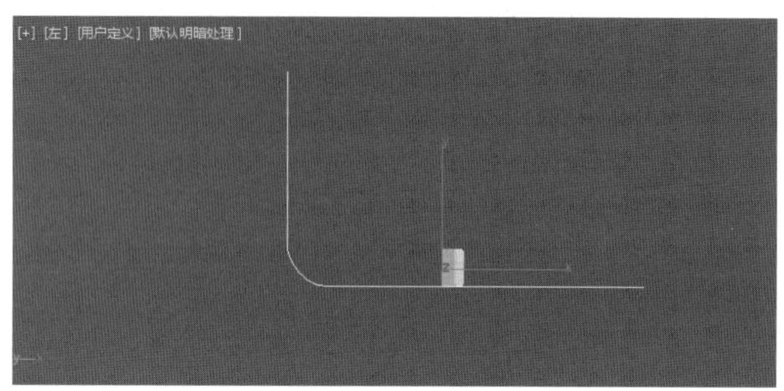

图15.3 L形图形

步骤4 选择L形的样条线,在"修改"面板中为其添加挤出修改器,将挤出的数量值调大,要远远大于场景中的手机模型,如图15.4所示。

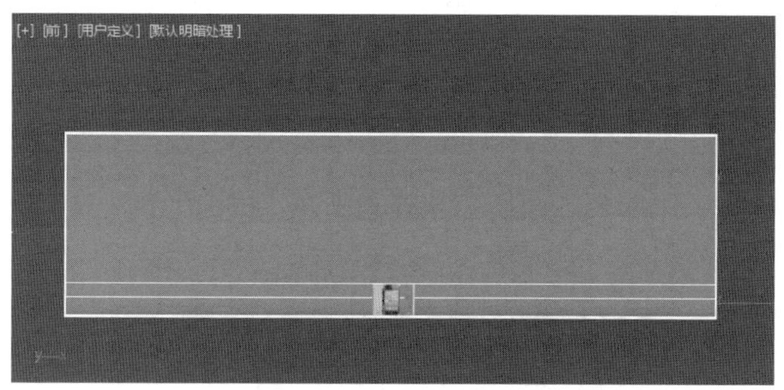

图15.4 挤出L形样条线

步骤5 调节手机材质。将手机模型进行材质ID的设定,并用多维/子对象材质分别调节不同区域的材质,如图15.5所示。

图15.5 手机材质

步骤6 调节手机侧面的拉丝金属材质。在维/子对象材质中,找到侧面的多边形对应的材质ID,进入该子材质中,将材质类型切换成VrayMtl。将预设改成"银(粗糙)"后,在将粗糙度设置成 0.3,让其具有一定的模型反射,如图 15.6 所示。漫反射贴图通道与反射贴图通道中添加“金属.jpg”位图,控制拉丝效果,如图 15.7 所示。

(7) :
拉丝金属
VRayMtl
基本参数
漫反射
M
预设
银(粗糙)
粗糙度
0.0
反射
M
最大深度
5
粗糙度
0.3
背面反射
菲涅尔反射
暗淡距离
100.0mm
菲涅尔 IOR
L
1.0
暗淡衰减
0.0
金属度
1.0
影响通道
仅颜色

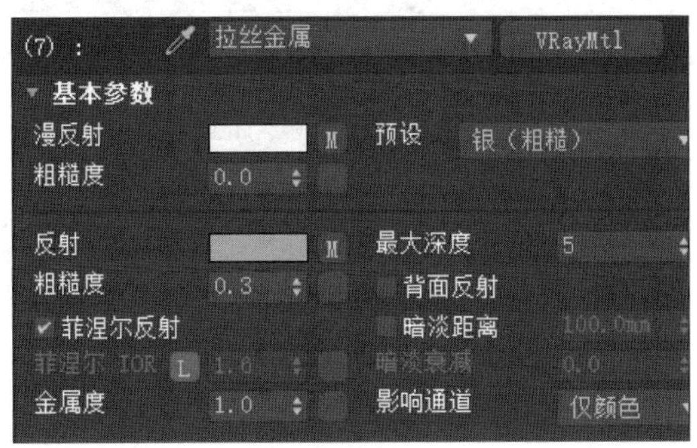

图 15.6　VRay 材质

图 15.7　金属拉丝贴图

步骤 7　调节地面材质。将材质类型切换成 VRayMtl,将漫反射的颜色值设置成[47,47,47],将反射的颜色值设置成[8,8,8],让其具有一定的反射能力,如图 15.8 所示。

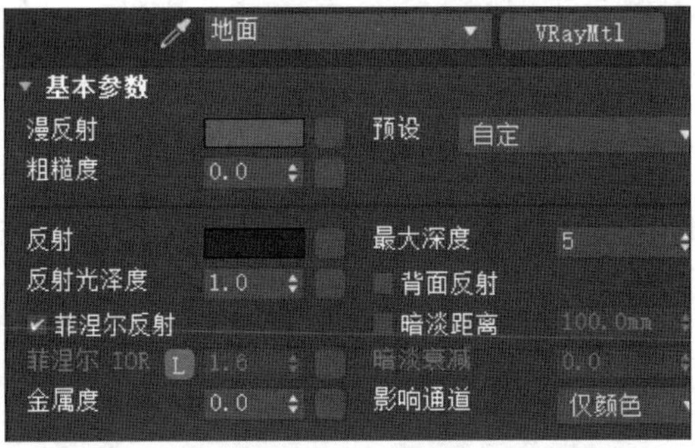

地面
VRayMtl
基本参数
漫反射
预设
自定
粗糙度
0.0
反射
最大深度
5
反射光泽度
1.0
背面反射
菲涅尔反射
暗淡距离
100.0mm
菲涅尔 IOR
L
1.6
暗淡衰减
0.0
金属度
0.0
影响通道
仅颜色

图 15.8　地面材质

步骤 8　设置摄影机。在顶视图中,单击“创建”面板→“摄影机”→标准下方的物理摄影机按钮,由下向上拖曳鼠标左键创建摄影机。运用选择并移动工具调整摄影机的拍摄角度,直到构图合适为止,如图 15.9 所示。

步骤 9　布置灯光。在顶视图中,单击“创建”面板→“灯光”→ VRay 下方的 VRayLight 按钮,在顶视图中拖曳鼠标左键创建该灯光。运用选择并移动工具调整

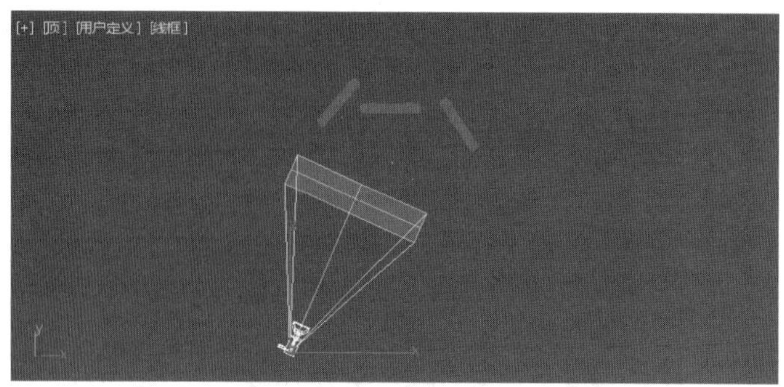

图 15.9 设置摄影机

VRayLight 的照射位置。在左视图中,运用选择并旋转工具,旋转该灯光,使其以 45°角的方向照射手机模型,如图 15.10 所示。

步骤 10 选择 VRayLight 灯光,在“修改”面板中更改灯光的参数。将灯光的“倍增”值设置成 3,颜色设置成浅蓝色。打开“选项”卷展栏,勾选“不可见”属性,灯光作用依然存在,但灯光却隐藏不见,如图 15.11 所示。

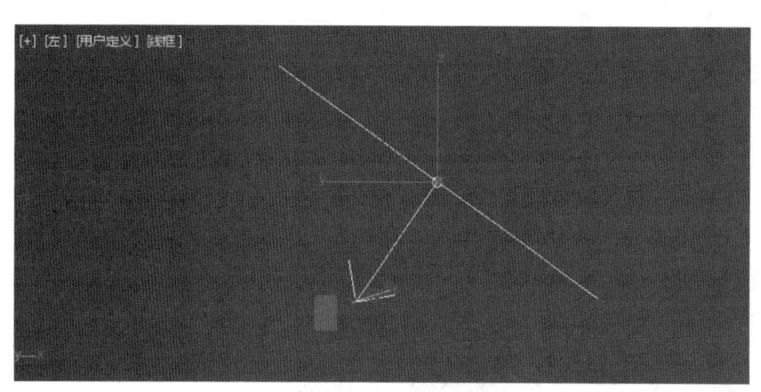

图 15.10 布置灯光

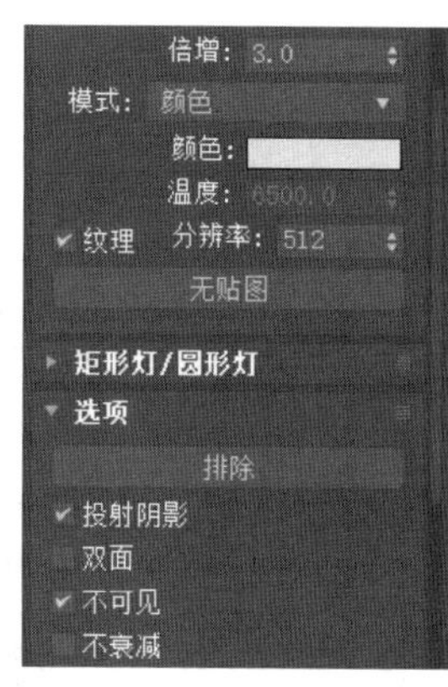

图 15.11 VRay 灯光参数

步骤 11 创建灯光矩阵。在这个案例中,用高范围动态贴图充当灯光矩阵照射场景。单击菜单栏“渲染”→“环境”,打开“环境”面板,在环境贴图下方单击“无”按钮,在弹出的“材质/贴图浏览器”窗口中选择 VRay 位图,单击“确定”按钮,VRay 位图就被添加到环境贴图上,如图 15.12 所示。

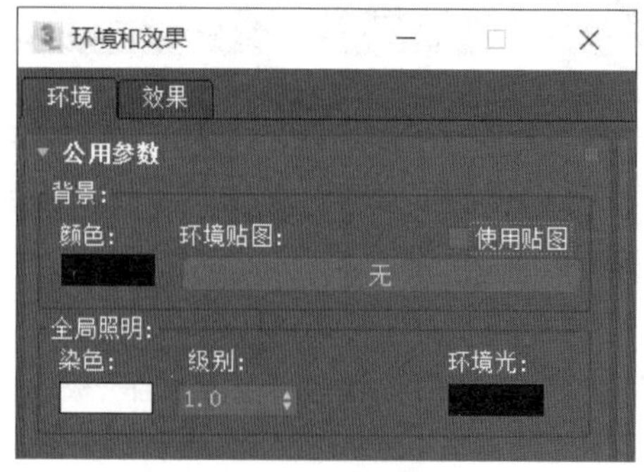

图 15.12 “环境”面板

步骤 12 按快捷键 M,打开材质编辑器,在环境贴图下方的按钮上按住鼠标左键,将其拖曳到一个空的材质球上,以复制的方式采用"实例"复制,如图 15.13 所示。

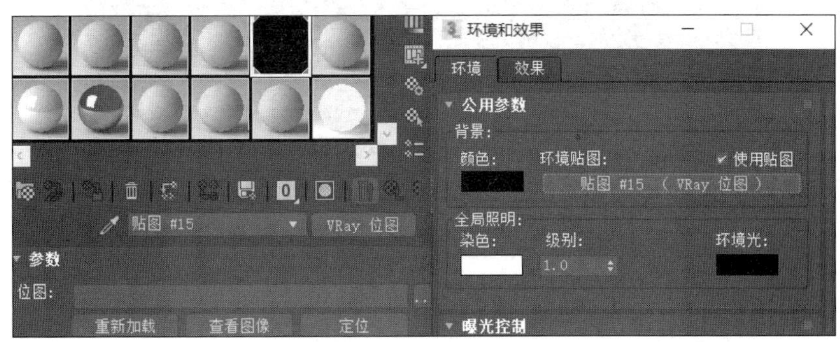

图 15.13 VRay 位图

步骤 13 在材质编辑器下方"参数"卷展栏中,单击位图右侧的"浏览"按钮,在素材中找到高范围动态贴图,将其添加到 VRay 位图里面。将"映射类型"设置成"球形"。该贴图就会被贴到球的内表面照射场景中的模型,如图 15.14 所示。

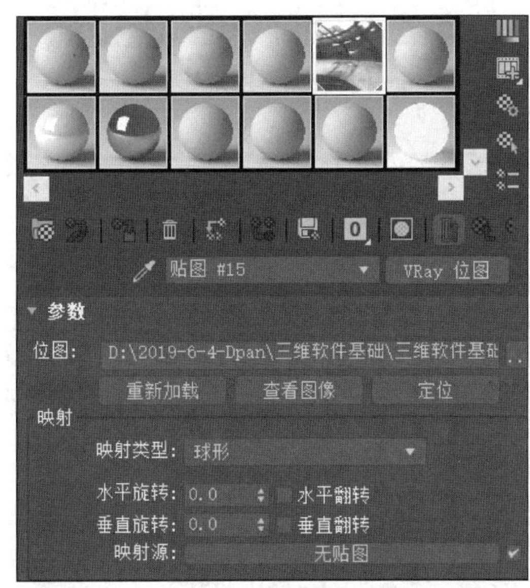

图 15.14 Hdr 贴图参数面板

步骤 14 创建反光板。在顶视图中,单击"创建"面板→"几何体",创建出一个长方体模型。进入"修改"面板,将长方体的高度设置为 30mm,长度和宽度设置的大一些,覆盖住场景中的手机模型。运用选择并移动工具,调整反光板的位置,如图 15.15 所示。

步骤 15 调节泛光板材质。将材质类型切换成 VRay 灯光材质,将参数下方的颜色值设置成[255,207,151],将灯光的倍增设置成 3,提高反光板材质的亮度,如图 15.16 所示。

步骤 16 设置反光板对摄影机不可见。选择反光板模型,单击鼠标右键选择对象属性。在打开的对象属性面板中,取消勾选"对摄影机可见",单击"确定"按钮。这样,渲染摄影机视图时,反光板就不可见了,如图 15.17 所示。

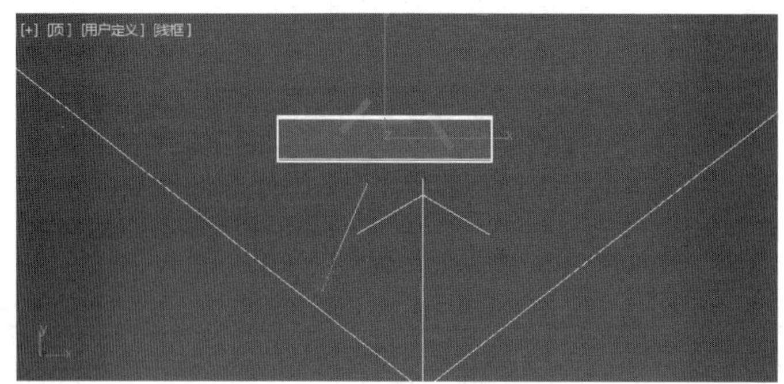

图 15.15　反光板模型

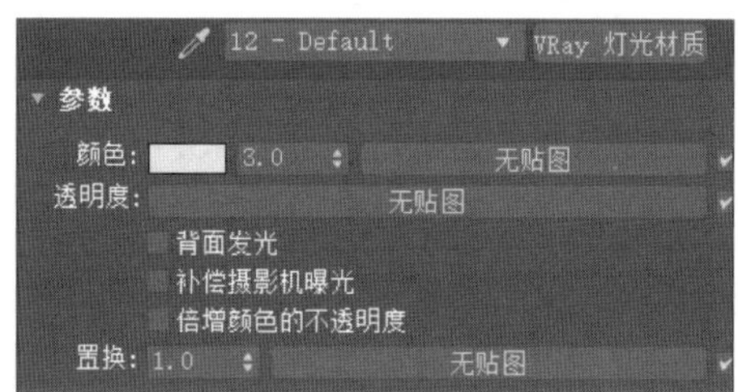

图 15.16　反光板材质

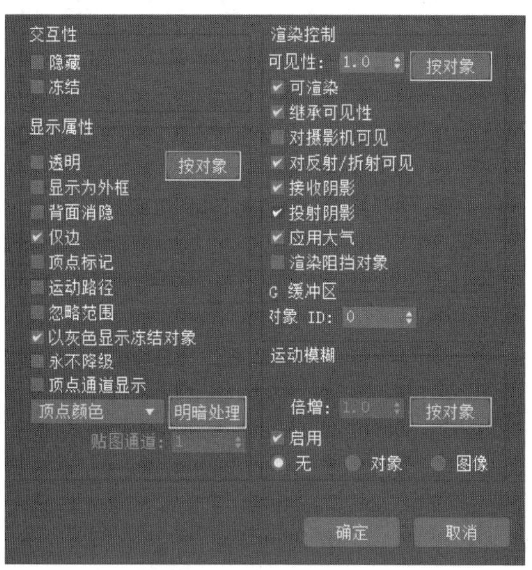

图 15.17　反光板对象属性

步骤 17　渲染精度设置。按快捷键 F10,打开渲染面板。在"公用"选项卡下方设置输出大小为 1280×720。单击"渲染输出"右侧的"文件"按钮,设置渲染文件的保存位置,如图 15.18 所示。

步骤 18　在 VRay 选项卡中,设置图像采样器的类型为渲染块,勾选渲染块图像采样器的"最大细分",设置图像过滤器的类型为 Catmull-Rom,如图 15.19 所示。

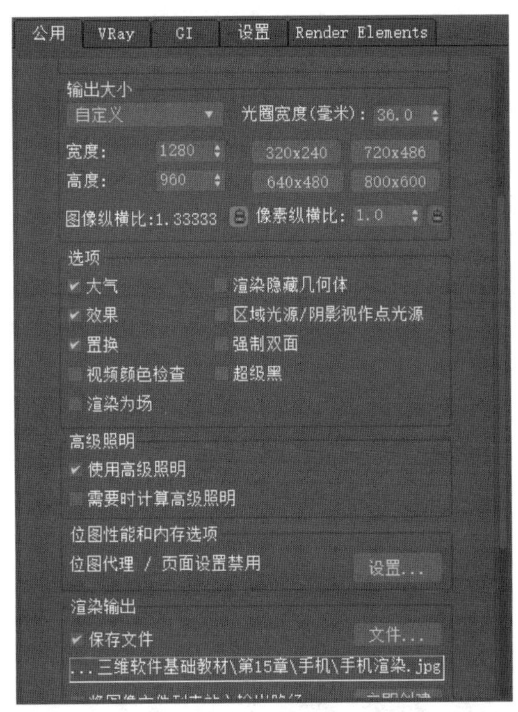

图 15.18　渲染公用参数面板

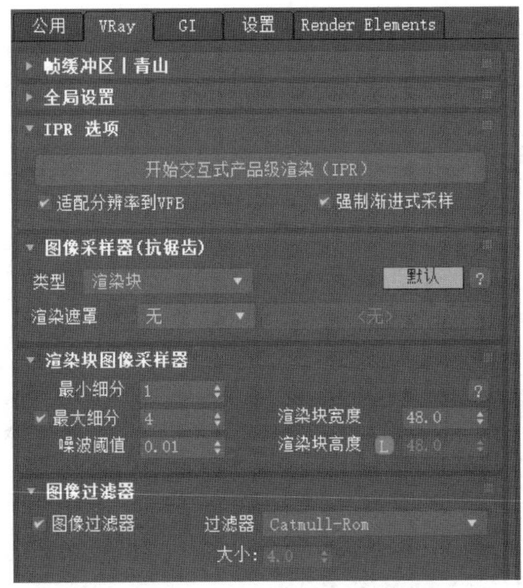

图 15.19　渲染 VRay 参数面板

步骤 19　在 GI 选项卡中，将“主要引擎”设置成“发光贴图”，将“辅助引擎”设置成“灯光缓存”；将发光贴图的“当前预设”设置为“高”；将灯光缓存的“细分”设置为 1000，提高作品的渲染精度，如图 15.20 所示。

步骤 20　将透视图切换成摄影机视图，单击“渲染”按钮，进行渲染测试，如图 15.21 所示。

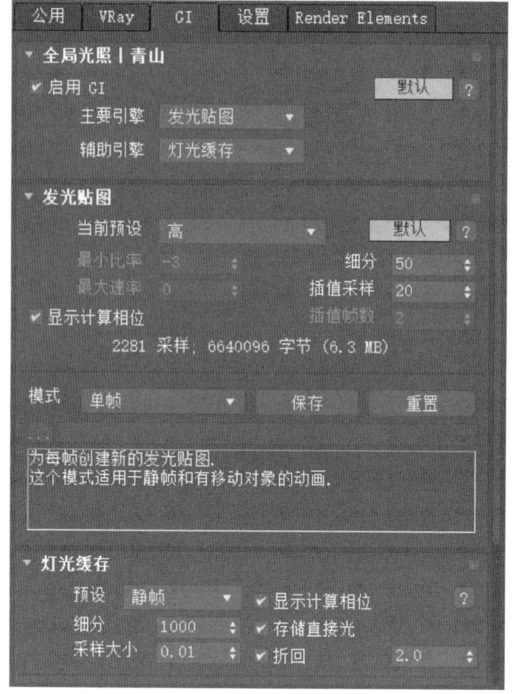

图 15.20 渲染 GI 参数面板

图 15.21 渲染效果图

15.3 化妆品渲染与后期制作

步骤 1 打开本书化妆品场景文件，按快捷键 F10，在打开的“渲染”面板中，将渲染器切换成 VRay 5 渲染器，如图 15.22 所示。

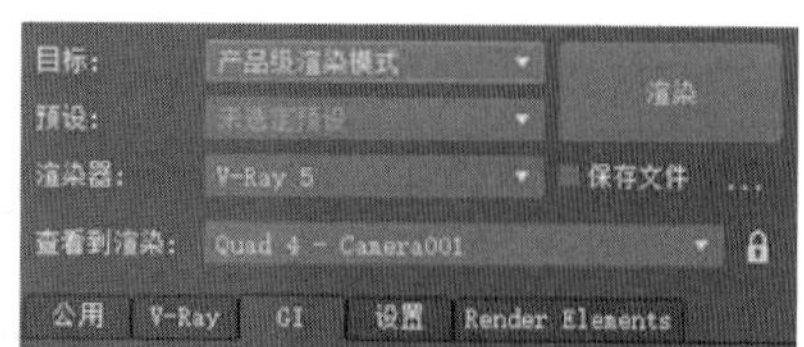

图 15.22 VRay 渲染器

步骤 2 在左视图中，单击“创建面板”→“样条线”→“线”，创建 L 形的线，命名为“地面”。进入“修改”面板，单击“修改器列表”，为线添加编辑样条线修改器。进入编辑样条线的顶点子级，单击“圆角”命令，将L形样条线的拐角点改变成光滑的转角，如图15.23所示。

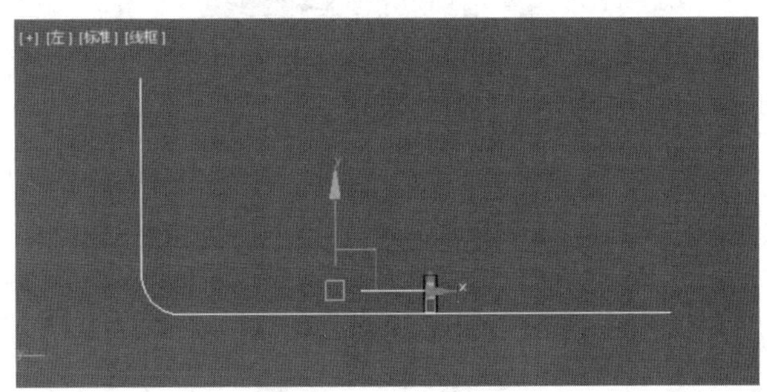

图15.23　L形样条线

步骤3　在“修改”面板中，为地面添加“挤出”修改器，将挤出的数量值设置成30 000mm。在透视图中，旋转、移动透视图，调整好观看的角度，按快捷键Ctrl+C，按照透视图的角度创建出摄像机，透视图自动转换为摄影机视图，如图15.24所示。

图15.24　摄影机视图

步骤4　按M键打开材质编辑器，选择一个材质球。在VRay Toolbar面板中，单击材质浏览器工具，打开VRay资源浏览器。在资源浏览器中集成了大量的预设材质，可以挑选任意材质应用到场景中，也可以对挑选的材质进行更改。在左侧选择Metal类别，选择Gold_Blurry材质样例球，右击选择“添加到场景”选项。该材质会将材质编辑器中的材质球进行替换，将该材质命名为“黄色金属”，如图15.25所示。

步骤5　在“材质编辑器”窗口中，选择黄色金属材质样例球。在“基本参数”卷展栏中，将“菲涅尔IOR”的属性值设置成2，提高物体的反射程度。并将该材质赋予场景中口红黄色外壳模型，如图15.26所示。

步骤6　在材质编辑器中，选择一个空的材质球。在“VRay资源浏览器”面板中，在左侧选择Plastic类别，在右侧选择Shiny_Black材质样例球，右击选择“添加到场景”选项。该材质将材质编辑器中的材质球进行替换，将该材质命名为“黑色外壳”。并将黑色外壳材质赋予场景中口红外壳模型，如图15.27所示。

步骤7　在材质编辑器中，选择一个空的材质球。在“VRay资源浏览器”面板中，在左侧选择Metal类别，在右侧选择Red_5cm材质样例球，右击选择“添加到场景”选项。该材

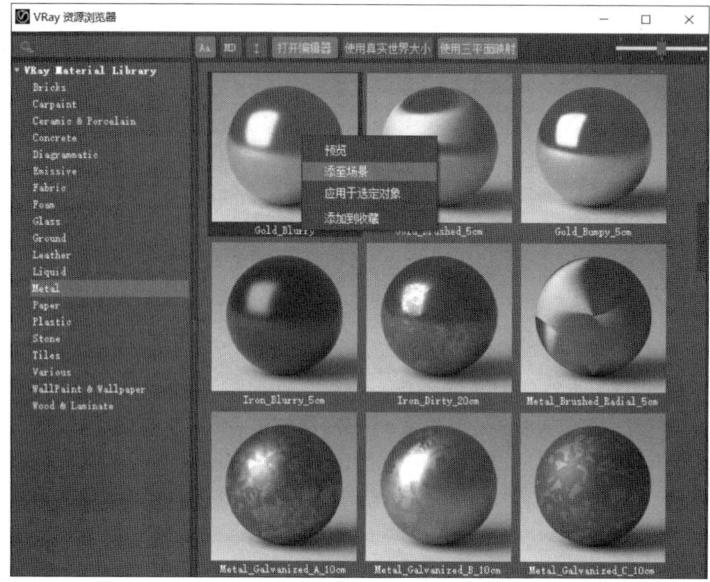

图 15.25　黄色金属材质

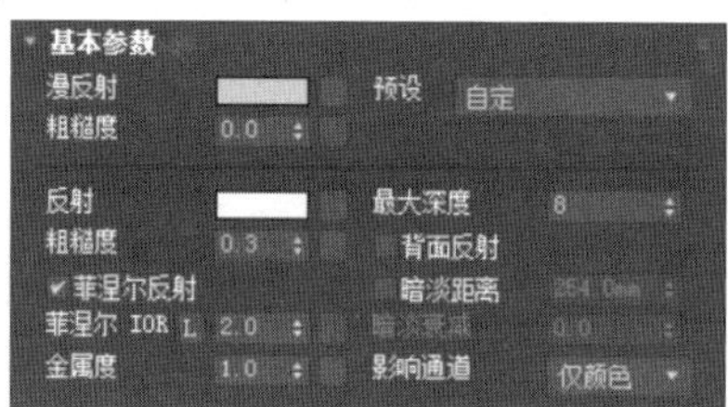

图 15.26　金属材质调节

图 15.27　黑色外壳材质

质将材质编辑器中的材质球进行替换,将该材质命名为"口红"。并将口红材质赋予场景中的口红模型,如图 15.28 所示。

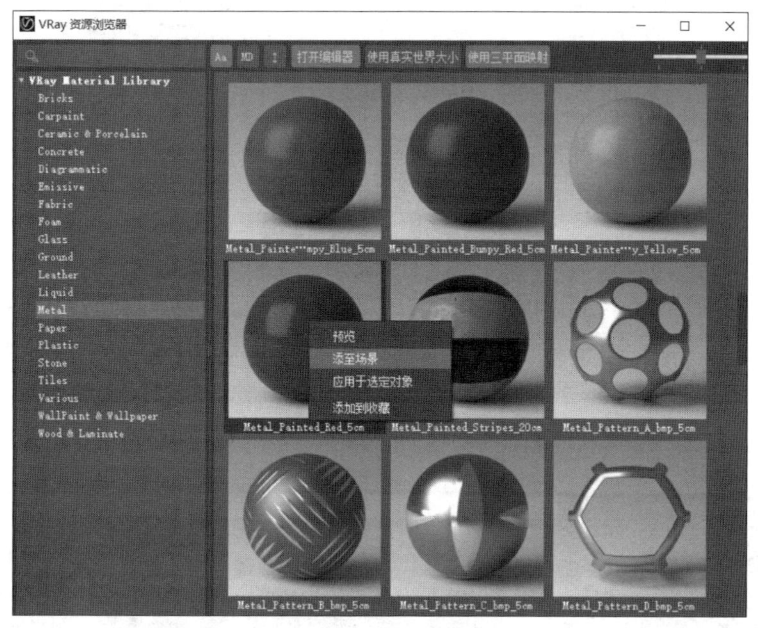

图 15.28 口红材质

步骤 8 在材质编辑器中,选择下一个空的材质球,将材质命名为"地面"。将漫反射颜色的 RGB 三个通道调节成 49,将该材质赋予场景中的地面,如图 15.29 所示。

步骤 9 在材质编辑器中,选择一个空的材质球,将材质命名为"包装"。单击漫反射颜色右侧的"贴图"按钮,在弹出的"材质/贴图浏览器"窗口中选择"位图",单击"确定"按钮,在素材资料中找到包装.jpg 文件。将包装材质赋予场景中的包装模型。在"修改"面板中为包装模型添加"UVW 贴图"修改器,调整贴图的对位关系,如图 15.30 和图 15.31 所示。

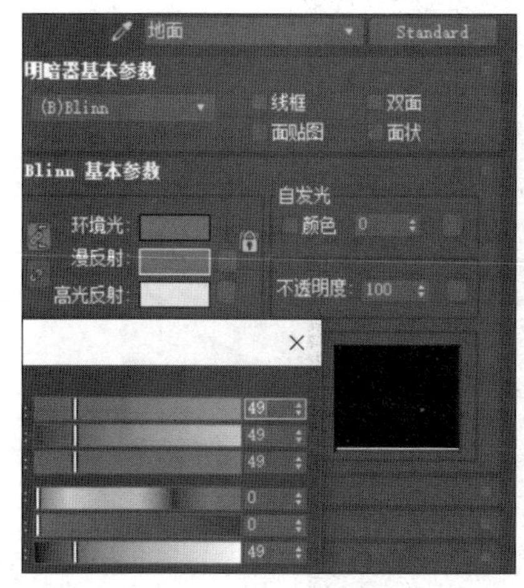

图 15.29 地面材质

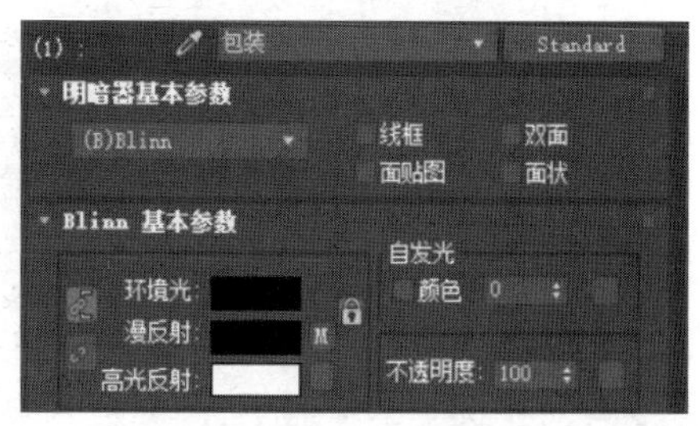

图 15.30 包装材质参数

步骤 10 单击"创建"面板→"灯光"→VRay,在顶视图中创建一个 VRayLight 灯光。

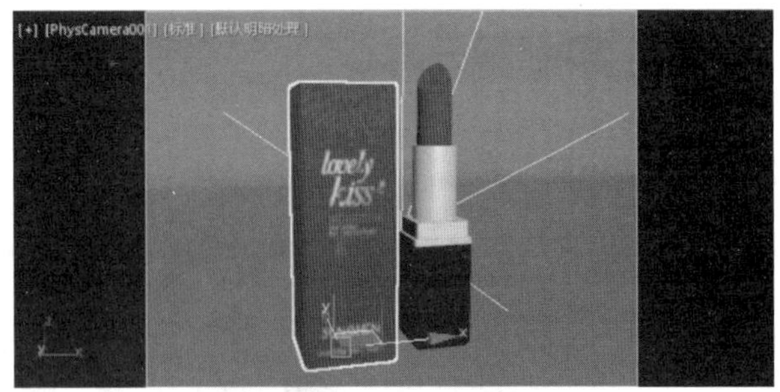

图 15.31　包装材质效果

进入“修改”面板，将 VRayLight 的倍增值设置成 2，颜色设置成浅蓝色。进入“选项”卷展栏，勾选“不可见”属性。在左视图中，运用选择并旋转、选择并移动工具调整 VRayLight 灯光的位置与角度，如图 15.32 和图 15.33 所示。

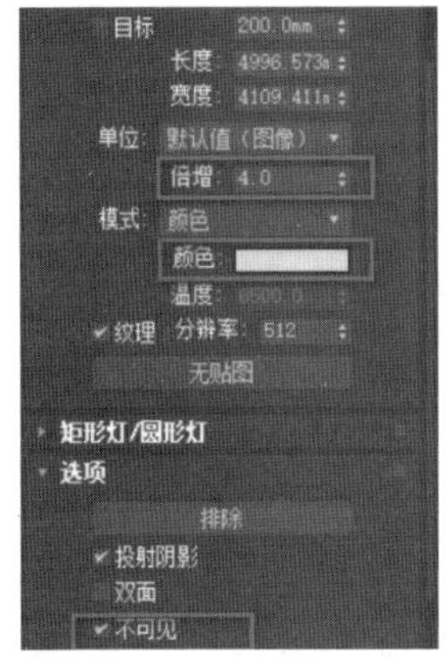

图 15.32　VRayLight 参数

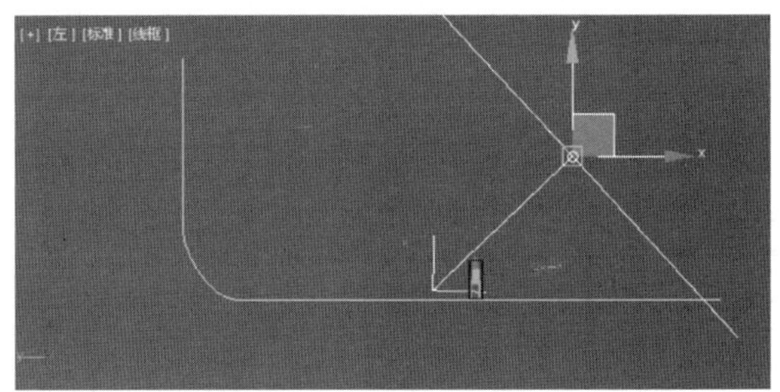

图 15.33　VRayLight 位置角度

步骤 11　按快捷键 M，打开材质编辑器，在环境贴图下方的按钮上按住鼠标左键，将其拖曳到一个空的材质球上，以复制的方式采用“实例”复制，如图 15.34 所示。

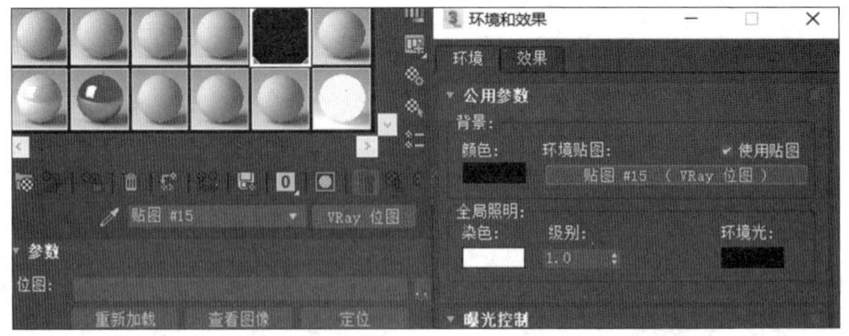

图 15.34　VRay 位图

步骤 12　在材质编辑器下方“参数”卷展栏中，单击“位图”右侧的“浏览”按钮，在素材中找到高范围动态贴图，将其添加到 VRay 位图里面。将“映射类型”设置成“球形”，该贴图就会被贴到球的内表面照射场景中的模型，如图 15.35 所示。

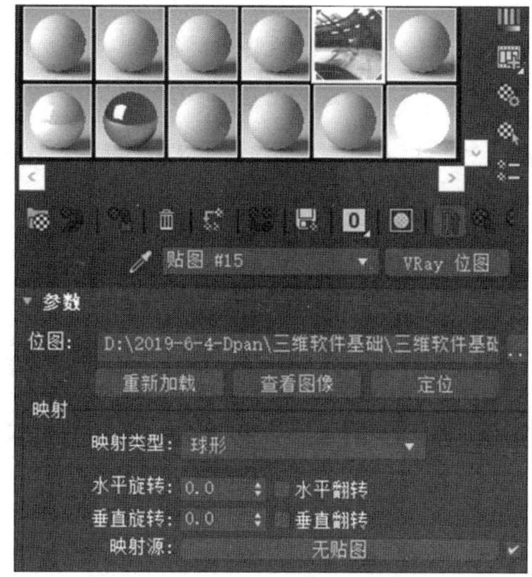

图 15.35 Hdr 贴图参数面板

步骤 13 按 F9 键，渲染测试，如图 15.36 所示。

图 15.36 渲染效果图

15.4 移动电源渲染与后期制作

步骤 1 打开本书移动电源场景文件，按快捷键 F10，在打开的“渲染”面板中，将渲染器切换成 VRay 5 渲染器，如图 15.37 所示。

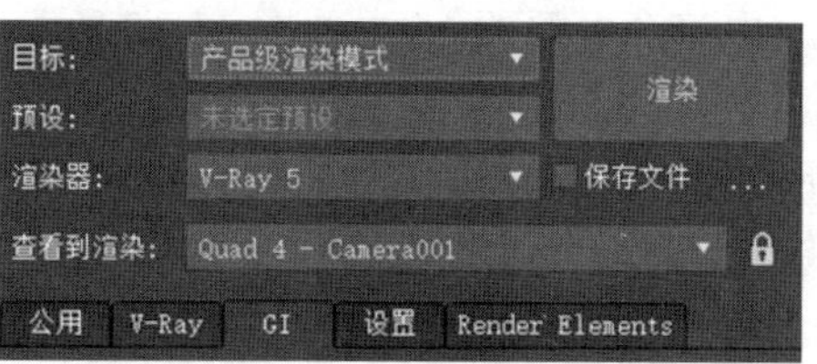

图 15.37 VRay 渲染器

步骤 2 在左视图中,单击“创建”面板→“样条线”→“线”,创建 L 形的线。进入“修改”面板,单击“修改器列表”,为线添加编辑样条线修改器。进入编辑样条线的顶点子级,单击“圆角”命令,将 L 形样条线的拐角点改变成光滑的转角,如图 15.38 所示。

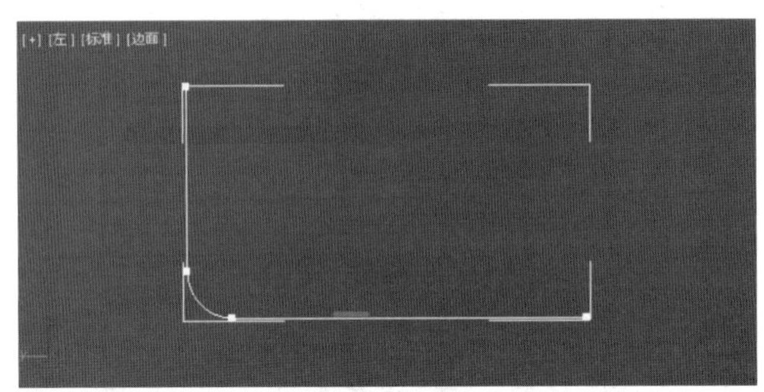

图 15.38　L 形样条线

步骤 3 在“修改”面板中,为线添加“挤出”修改器,将挤出的数量值设置成 30 000mm。在透视图中,旋转、移动透视图,调整好观看的角度,按快捷键 Ctrl+C,按照透视图的角度创建出摄像机,透视图自动转换为摄影机视图,如图 15.39 所示。

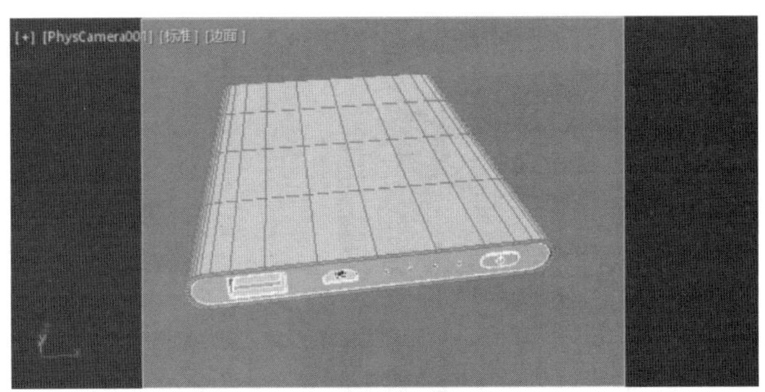

图 15.39　摄影机视图

步骤 4 按 M 键打开材质编辑器,选择一个材质球。在 VRay Toolbar 面板中,单击材质浏览器工具,打开 VRay 资源浏览器。在资源浏览器中集成了大量的预设材质,可以挑选任意材质应用到场景中,也可以对挑选的材质进行更改,如图 15.40 所示。

步骤 5 在“VRay 资源浏览器”面板中,在左侧选择 Metal 类别,选择 DarkGray 材质样例球,右击选择“添加到场景”选项。该材质将材质编辑器中的材质球进行替换。将该材质命名为“外壳”,如图 15.41 所示。

步骤 6 在“材质编辑器”面板中,将“菲涅尔 IOR”的属性值设置成 2,提高物体的反射程度。并将该材质赋予场景中移动电源的外壳,如图 15.42 所示。

步骤 7 在材质编辑器中,选择下一个空的材质球。在“VRay 资源浏览器”面板中,在左侧选择 Metal 类别,选择 Clear 材质样例球,右击选择“添加到场景”。该材质将材质编辑器中的材质球进行替换,将该材质命名为“底面”。并将该材质赋予场景中的底面模型,如图 15.43 所示。

步骤 8 在材质编辑器中,选择下一个空的材质球,将材质命名为“地面”。将漫反射颜

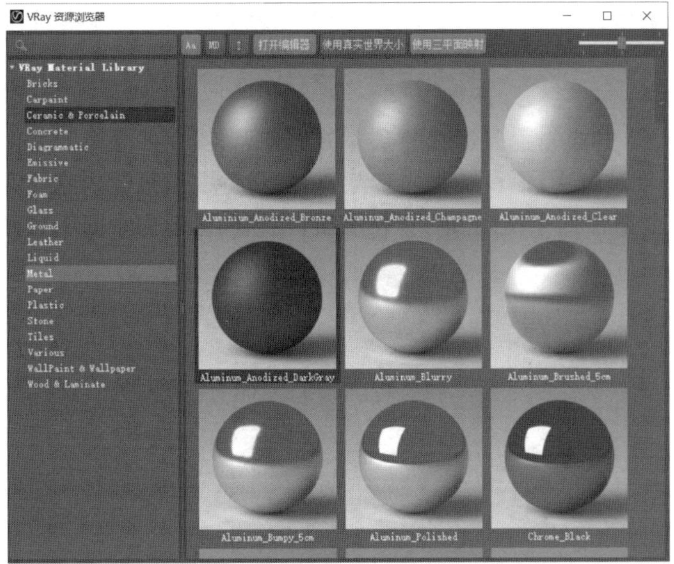

图 15.40 VRay 资源浏览器

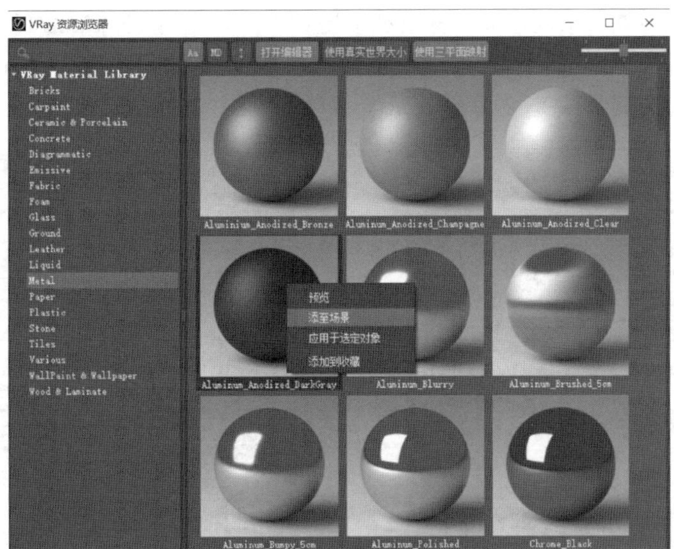

图 15.41 外壳材质

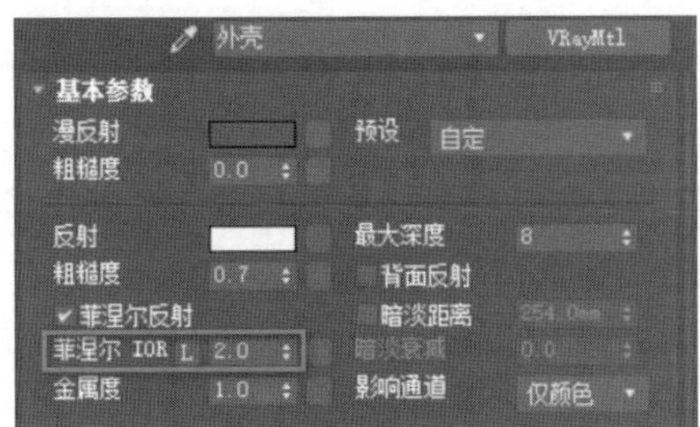

图 15.42 菲涅尔反射参数

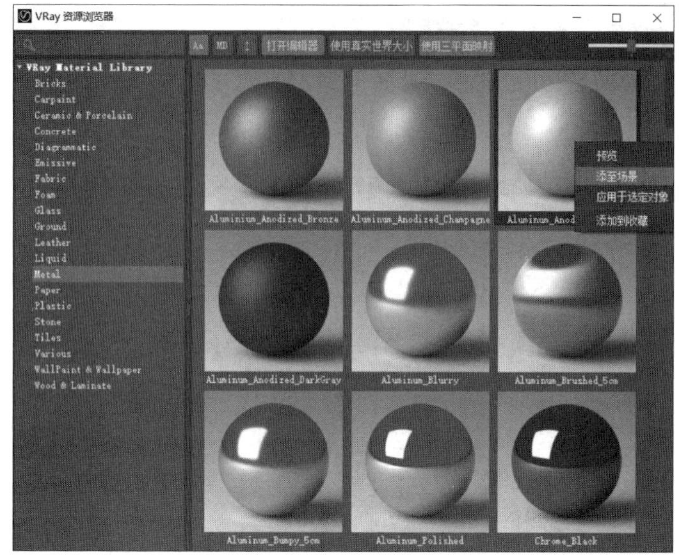

图 15.43　底面材质

色的 RGB 三个通道调节成 49,将该材质赋予场景中的地面,如图 15.44 所示。

步骤 9　在材质编辑器中,选择下一个空的材质球,将材质命名为“接口”。将漫反射颜色的 RGB 三个通道调节成 2,将该材质赋予移动电源的接口模型,如图 15.45 所示。

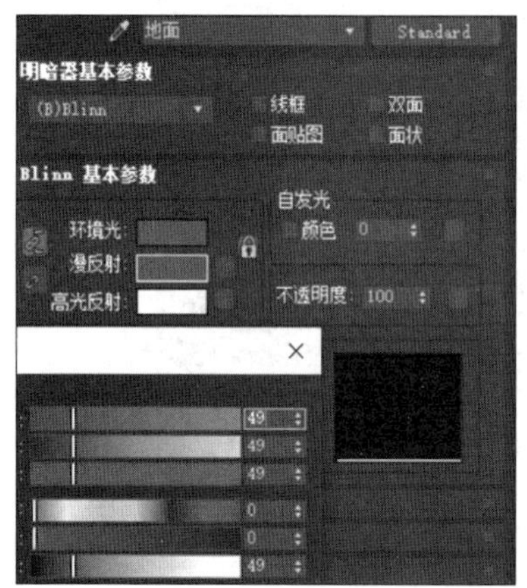

图 15.44　地面材质

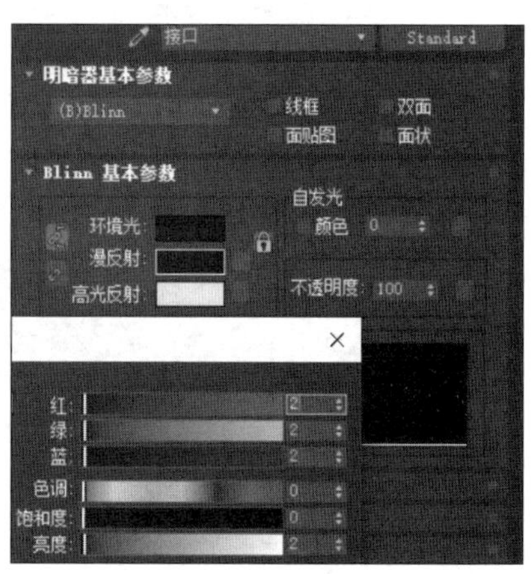

图 15.45　接口模型材质

步骤 10　单击“创建”面板→“灯光”→VRay,在顶视图中创建一个 VRayLight 灯光。进入“修改”面板,将 VRayLight 的倍增值设置成 2,颜色设置成浅黄色。进入“选项”卷展栏,勾选“不可见”属性。在左视图中,运用选择并旋转、选择并移动工具调整 VRayLight 灯光的位置与角度,如图 15.46 和图 15.47 所示。

步骤 11　按 F9 键,渲染测试。打开 Photoshop 软件,提高图像的对比度。运用减淡工具,擦亮高光区,如图 15.48 所示。

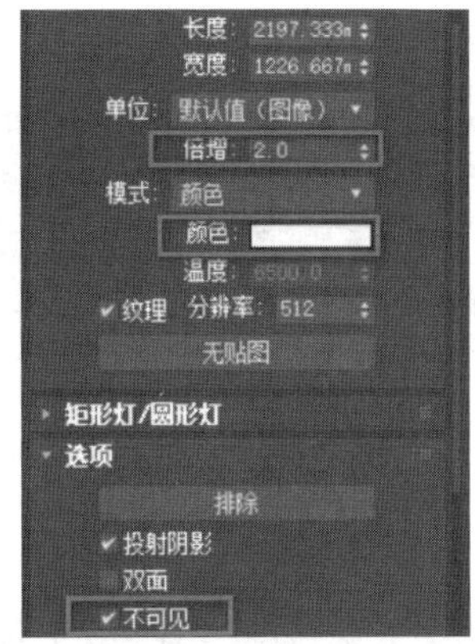

图 15.46　VRayLight 参数

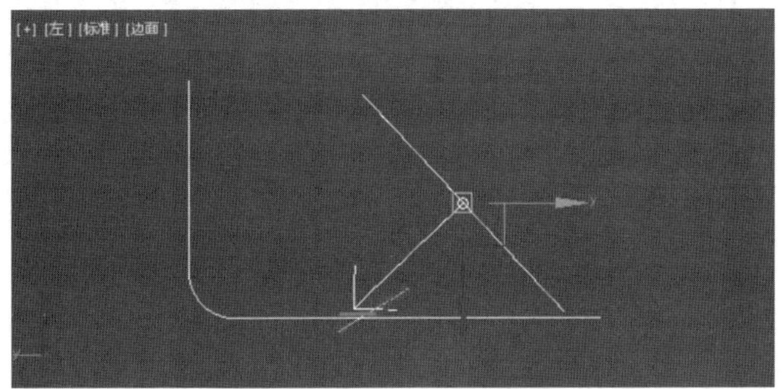

图 15.47　VRayLight 位置角度

图 15.48　移动电源渲染效果图

15.5　卡宾枪渲染与后期制作

步骤 1　打开本书枪场景文件，按快捷键 F10，在打开的“渲染”面板中，将渲染器切换成 VRay 5 渲染器，如图 15.49 所示。

步骤 2　将枪复制。选择枪模型，运用选择并移动工具，配合快捷键 Shift，将模型进行

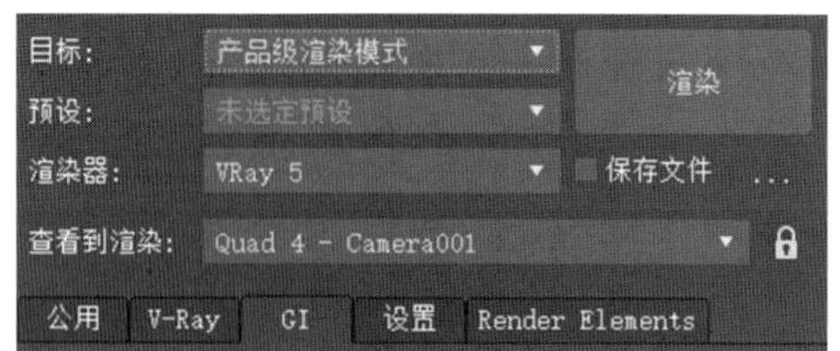

图 15.49 VRay 渲染器

位移复制。运用选择并旋转工具,将模型进行旋转,如图 15.50 所示。

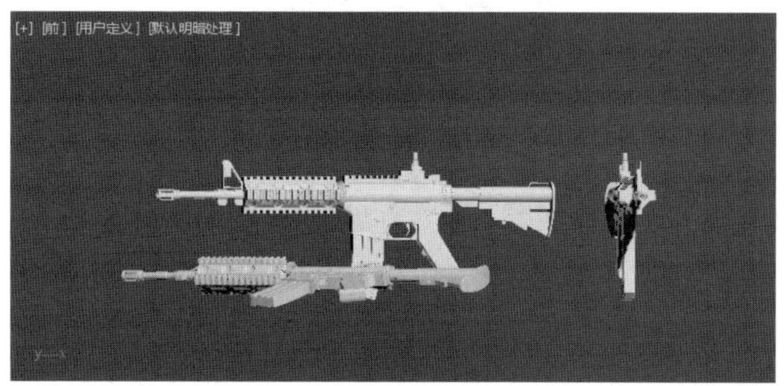

图 15.50 场景模型

步骤 3 构建场景环境。在左视图中,单击"创建"面板→"图形"→样条线下方的线,在左视图中绘制 L 形的二维图形。进入线的顶点层级,选择拐角处的顶点,运用"圆角"命令,将拐角点一分为二,形成圆弧状的拐角,如图 15.51 所示。

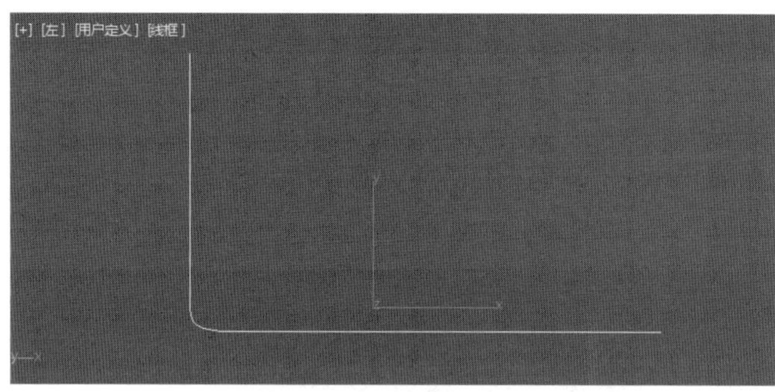

图 15.51 L 形样条线

步骤 4 选择 L 形的样条线,在"修改"面板中为其添加挤出修改器,将挤出的数量值调大,要远远大于场景中的枪模型,如图 15.52 所示。

步骤 5 调节新枪模型的材质。在材质编辑器中,将材质类型切换成 VRayMtl。将漫反射的颜色值设置成[20,20,20]。将反射的颜色值设置成[255,255,255],增加材质的反射能力;将"粗糙度"设置成 0.6,使材质表面出现凹凸不平的纹理;将"菲涅尔 IOR"设置成 1.002,控制反射程度。调节好材质后,将材质赋予场景中左侧及前面的枪模型,如图 15.53 所示。

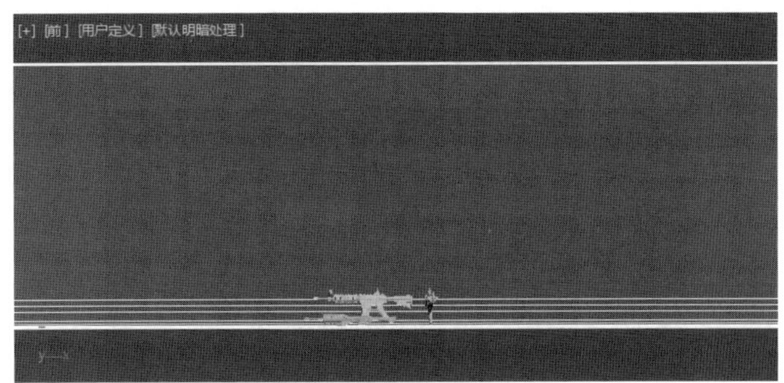

图 15.52 挤出模型

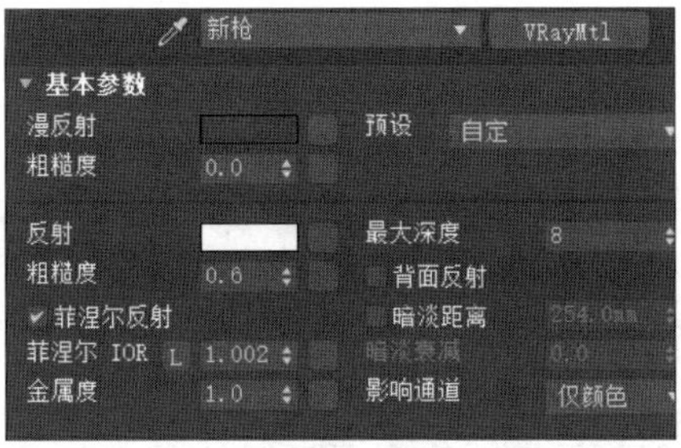

图 15.53 枪材质参数

步骤 6 调节旧枪模型的材质。在材质编辑器中,将材质类型切换成 VRayMtl 混合材质。将步骤 5 中的材质复制到 VRayMtl 混合材质的基础材质。调节混合材质通道 1 中的做旧材质。在漫反射贴图中添加混合贴图,通过黑白图控制混合贴图颜色的比例,使材质产生斑驳痕迹。在反射的贴图中添加黑白图,增加材质的局部反射能力;将“粗糙度”设置成 0.6,使材质表面出现凹凸不平的纹理;将“菲涅尔 IOR”设置成 1.18,控制反射程度。在金属度通道中添加黑白图控制材质的金属质感。单击“转到父对象”,在涂层材质贴图通道 1 中添加黑白图控制两种材质的混合量,在调节好材质后,将材质赋予场景中右侧的枪模型,如图 15.54～图 15.56 所示。

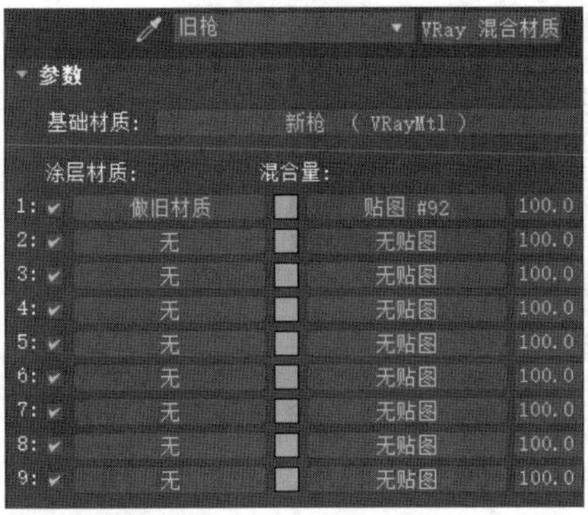

涂层材质:	混合量:	
1: 做旧材质	贴图 #92	100.0
2: 无	无贴图	100.0
3: 无	无贴图	100.0
4: 无	无贴图	100.0
5: 无	无贴图	100.0
6: 无	无贴图	100.0
7: 无	无贴图	100.0
8: 无	无贴图	100.0
9: 无	无贴图	100.0

图 15.54 基础材质

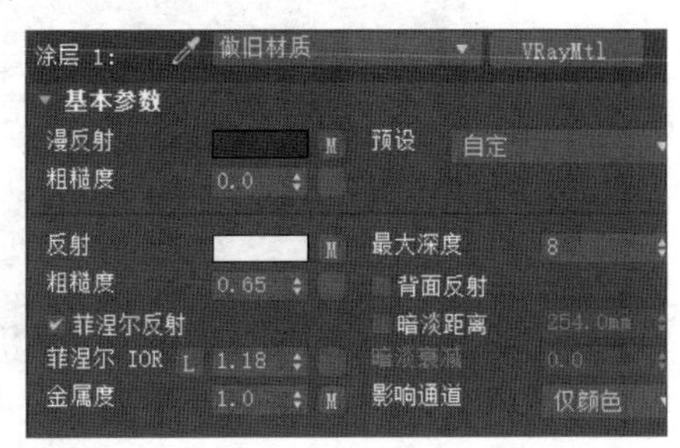

图 15.55 做旧材质

步骤 7 设置摄影机。在顶视图中,单击“创建”面板→“摄影机”→标准下方的目标摄

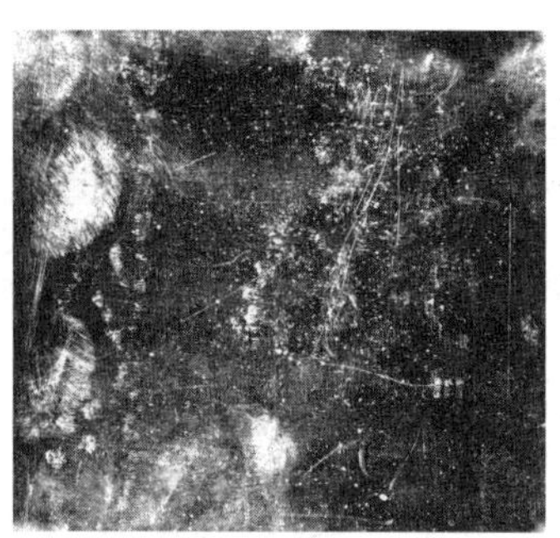

图 15.56 黑白图

影机按钮,由下向上拖曳鼠标左键创建摄影机。进入"修改"面板,将摄影机的镜头设置为 20mm,扩大摄影机的视野。运用选择并移动工具调整摄影机的拍摄角度,直到构图合适为止,如图 15.57 所示。

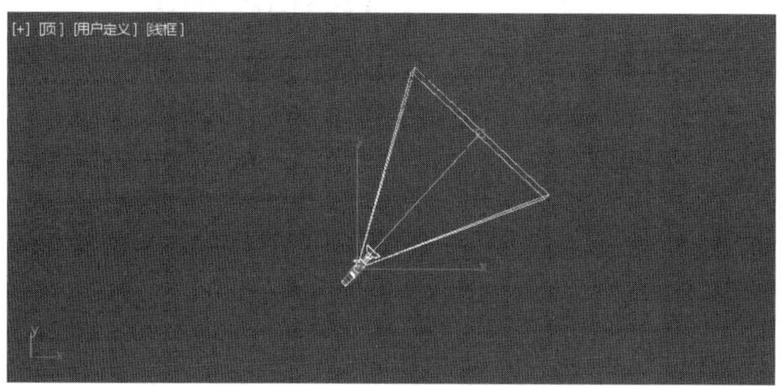

图 15.57 摄影机视图

步骤 8 布置灯光。在顶视图中,单击"创建"面板→"灯光"→VRay 下方的 VRayLight 按钮,在顶视图中拖曳鼠标左键创建该灯光。运用选择并移动工具调整 VRayLight 的照射位置。在左视图中,运用选择并旋转工具,旋转该灯光,使其以 45°角的方向照射手机模型,如图 15.58 所示。

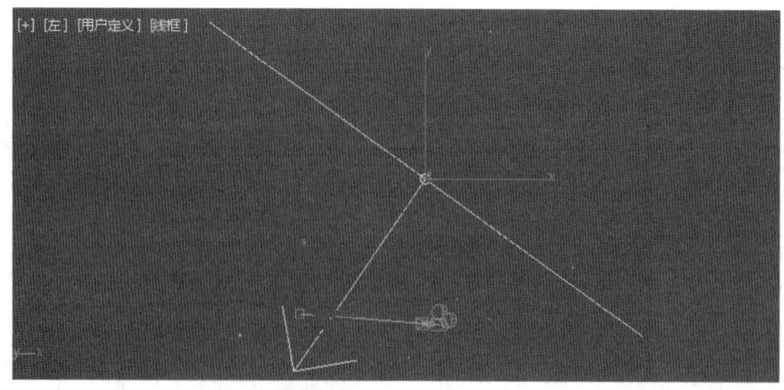

图 15.58 灯光位置角度

步骤 9 选择 VRayLight 灯光,在"修改"面板中更改灯光的参数。将灯光的"倍增"值设置成 1,颜色设置成浅蓝色。打开"选项"卷展栏,勾选"不可见"属性,灯光作用依然存在,但灯光却隐藏不见，如图 15.59 所示。

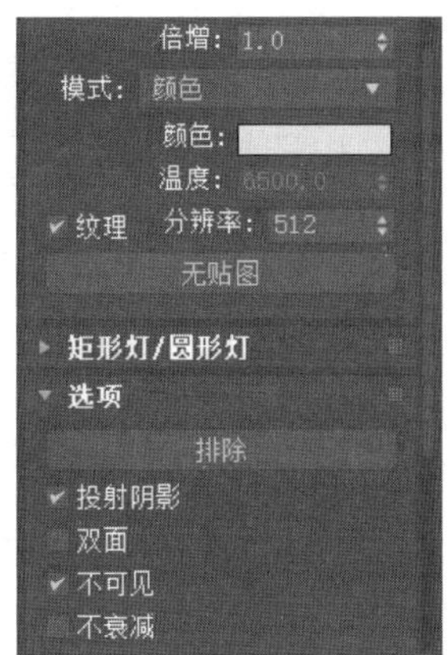

图 15.59　灯光参数面板

步骤 10　布置主光，单击"创建"面板→"灯光"标准灯光下方的目标平形光，在顶视图中，从左下方向模型方向创建主光源。进入"修改"面板，在平行光参数的卷展栏中，将聚光区/光束的值设置成 2700mm，如图 15.60 所示。

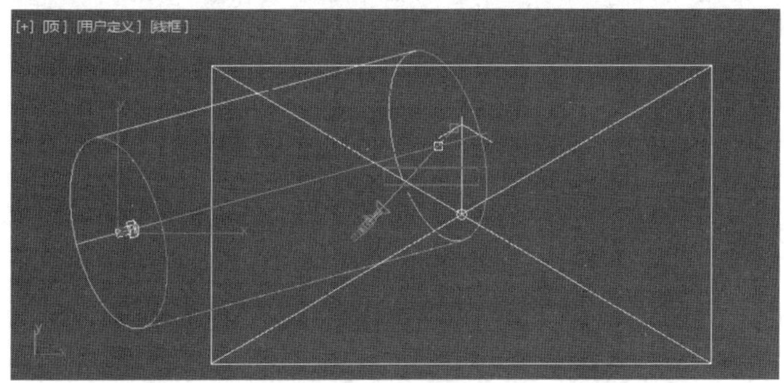

图 15.60　目标平行光

步骤 11　布置辅助光源，单击"创建"面板→"灯光"→"标准"类别下的目标平形光按钮，在顶视图中，从右下方向模型方向创建辅助光源。进入"修改"面板，将灯光的"倍增值"设置成 0.6，在平行光参数的卷展栏中，将"聚光区/光束"的值设置成 2700mm，如图 15.61 所示。

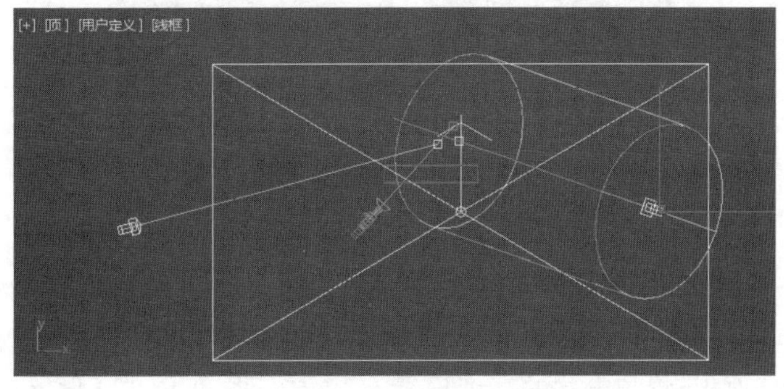

图 15.61　辅助光源

步骤 12 创建灯光矩阵。在这个案例中,用高范围动态贴图充当灯光矩阵照射场景。单击菜单栏“渲染”→“环境”,打开“环境”面板,在环境贴图下方单击“无”按钮,在弹出的“材质/贴图浏览器”窗口中选择“VRay 位图”,单击“确定”按钮。VRay 位图就被添加到环境贴图上,如图 15.62 所示。

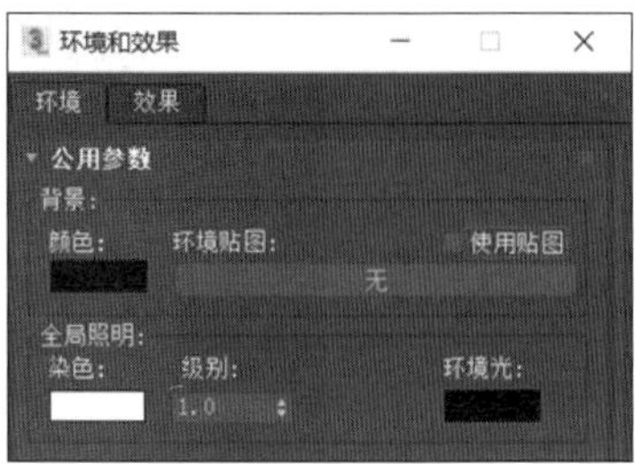

图 15.62 “环境”面板

步骤 13 按快捷键 M,打开“材质编辑器”,在环境贴图下方的按钮上按住鼠标左键,将其拖曳到一个空的材质球上,以复制的方式采用“实例”复制,如图 15.63 所示。

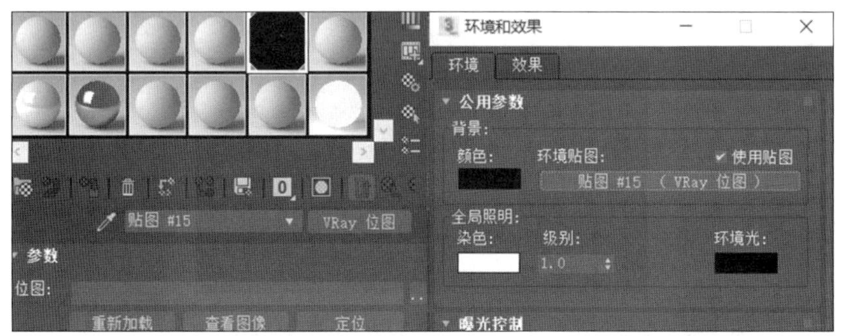

图 15.63 VRay 位图

步骤 14 在材质编辑器下方“参数”卷展栏中,单击“位图”右侧的“浏览”按钮,在素材中找到高范围动态贴图,将其添加到 VRay 位图里面。将“映射类型”设置成“球形”,该贴图就会被贴到球的内表面照射场景中的模型,如图 15.64 所示。

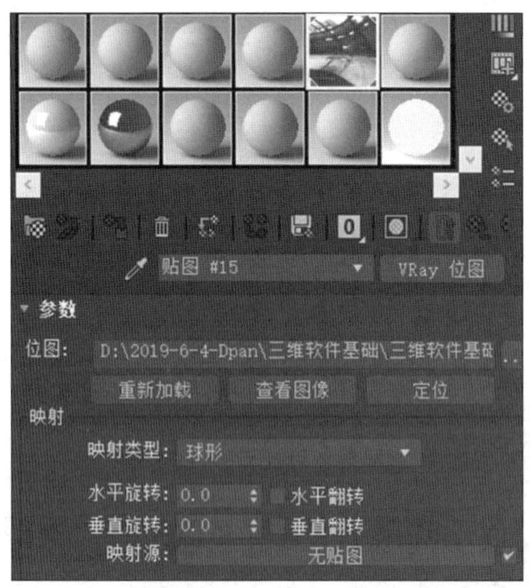

图 15.64 Hdr 贴图参数面板

步骤 15 创建反光板。在顶视图中,单击“创建”面板→“几何体”,创建出一个长方体模型。进入“修改”面板,将长方体的高度设置为 30mm,长度和宽度设置得大一些,覆盖住场景中的手机模型。运用选择并移动工具，调整反光板的位置，如图 15.65 所示。

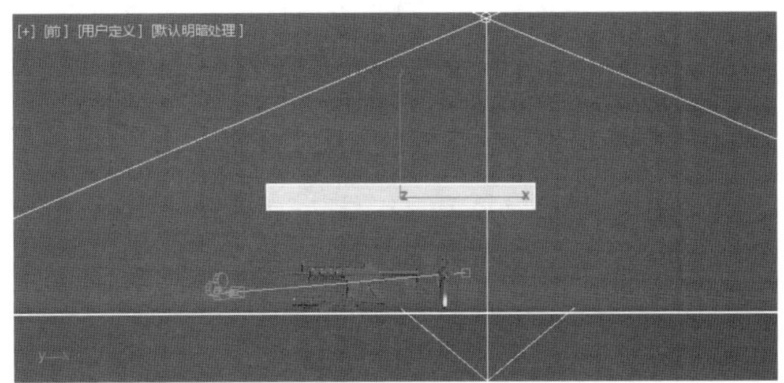

图 15.65　反光板模型

步骤 16　调节泛光板材质。将材质类型切换成 VRay 灯光材质，将参数下方的颜色值设置成[163,187,254]，将灯光的倍增设置成 1，如图 15.66 所示。

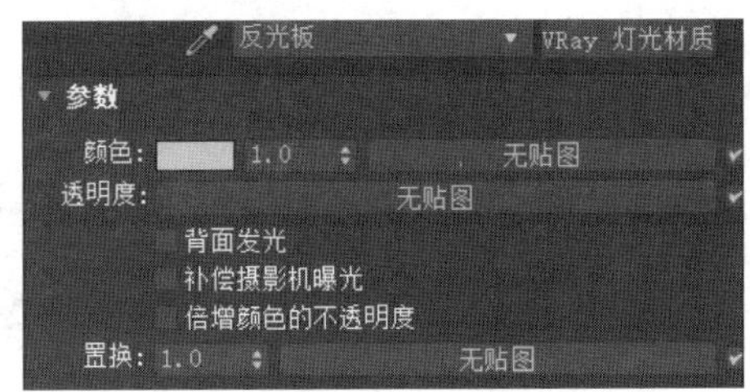

图 15.66　反光板材质

步骤 17　设置反光板对摄影机不可见。选择反光板模型，单击鼠标右键选择“对象属性”。在打开的对象属性面板中，取消勾选“对摄影机可见”，单击“确定”按钮。这样，渲染摄影机视图时，反光板就不可见了，如图 15.67 所示。

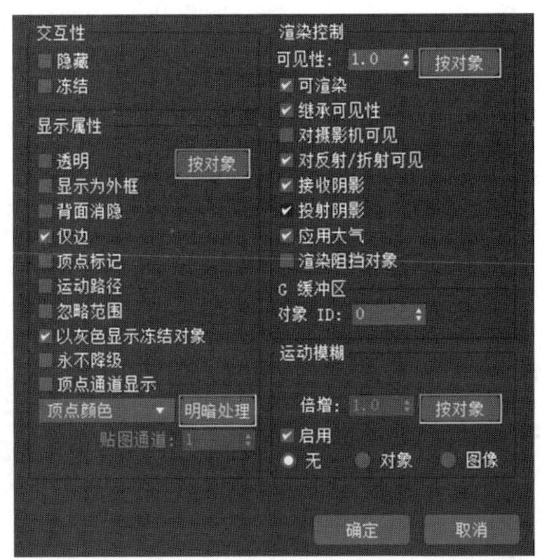

图 15.67　对象属性面板

步骤 18 渲染精度设置。按快捷键 F10,打开"渲染"面板。在"公用"选项卡下方设置输出大小为 1280×720。单击"渲染输出"右侧的"文件"按钮,设置渲染文件的保存位置。

步骤 19 在 VRay 选项卡中,设置图像采样器的类型为"渲染块",勾选渲染块图像采样器的"最大细分",设置图像过滤器的类型为 Catmull-Rom。

步骤 20 在 GI 选项卡中,将"主要引擎"设置成"发光贴图",将"辅助引擎"设置成"灯光缓存";将发光贴图的"当前预设"设置为"高";将灯光缓存的"细分"设置为 1000,提高作品的渲染精度。

步骤 21 将透视图切换成摄影机视图,单击"渲染"按钮,进行渲染测试,如图 15.68 所示。

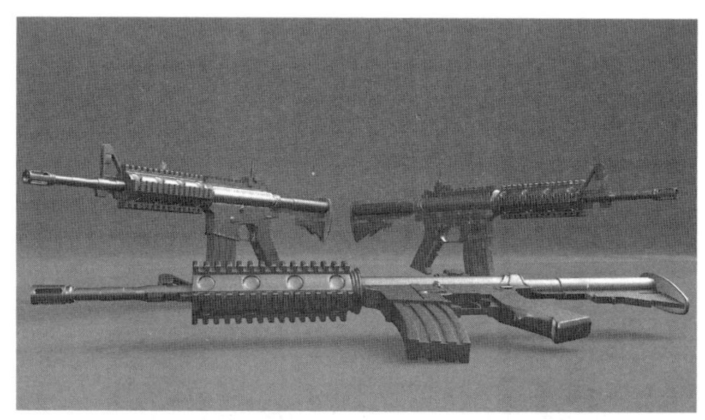

图 15.68 枪渲染效果图

小结

本章主要通过对手机、卡宾枪、化妆品、移动电源等模型的渲染,帮助读者掌握产品的渲染技术。渲染产品主要有以下几个步骤:构建地面环境、调节模型材质、场景布光、渲染输出及后期处理。可以通过不同产品的渲染,提高渲染的质量,从而为制作出高质量的作品奠定基础。

参考文献

[1] 曹茂鹏. 中文版 3ds Max 2018 从入门到精通[M]. 北京：中国水利水电出版社，2019.

[2] 张岩. 3ds Max 三维室内设计实用教程[M]. 北京：中国建筑工业出版社，2011.

[3] 骆驼在线课堂. 中文版 3ds Max 2020 实用教程(微课视频版). 北京：中国水利水电出版社，2020.

[4] 耿晓武. 3ds Max 2019 从入门到精通[M]. 北京：中国铁道出版社，2019.

[5] 陈贻品，匡成宝. 3ds Max 角色设计实例精讲教程[M]. 北京：中国铁道出版社，2019.

[6] 董洁. 3ds Max 2018 动画制作基础教程[M]. 北京：清华大学出版社，2019.

图书资源支持

感谢您一直以来对清华版图书的支持和爱护。为了配合本书的使用，本书提供配套的资源，有需求的读者请扫描下方的“书圈”微信公众号二维码，在图书专区下载，也可以拨打电话或发送电子邮件咨询。

如果您在使用本书的过程中遇到了什么问题，或者有相关图书出版计划，也请您发邮件告诉我们，以便我们更好地为您服务。

我们的联系方式：

地　　址：北京市海淀区双清路学研大厦 A 座 714

邮　　编：100084

电　　话：010-83470236　010-83470237

客服邮箱：2301891038@qq.com

QQ：2301891038（请写明您的单位和姓名）

资源下载：关注公众号“书圈”下载配套资源。

书圈

获取最新书目

观看课程直播